触摸屏应用技术

从入门到精通

章祥炜 编著

化学工业出版社
·北京·

西门子公司的新款精简/精智系列触摸屏，连同新型 S7-1200/1500 PLC，在博途自动化工程软件中集成，可以方便、高效、快捷地组态设计构建自动化、智能化控制系统，去完成中小型机电设备、大中型成套机械设备的工艺控制任务。

本书面向实际项目应用，力求用通俗易懂的语言、大量的图表和操作案例，循序渐进，系统详细地讲解西门子精简系列和精智系列面板的性能参数和功能用法，用图表实例的方式，详细讲解如何用 TIA Portal V13 SP1（博途集成组态设计软件）操作和开发精简/精智系列面板在控制系统中的应用。

本书适合自动控制工程师，工厂等企事业单位电气设备研发、维护技术人员学习使用，同时也可用作大中专院校、职业院校相关专业的教材及参考书。

图书在版编目（CIP）数据

触摸屏应用技术从入门到精通/章祥炜编著. —北京：化学工业出版社，2017.5 (2025.2 重印)

ISBN 978-7-122-29321-3

Ⅰ. ①触… Ⅱ. ①章… Ⅲ. ①触摸屏 Ⅳ. ①TP334.1

中国版本图书馆 CIP 数据核字（2017）第 057577 号

责任编辑：要利娜　　装帧设计：王晓宇

责任校对：边　涛

出版发行：化学工业出版社（北京市东城区青年湖南街 13 号　邮政编码 100011）

印　　装：北京盛通数码印刷有限公司

787mm×1092mm　1/16　印张 18¼　字数 459 千字　2025 年 2 月北京第 1 版第 14 次印刷

购书咨询：010-64518888　　售后服务：010-64518899

网　　址：http://www.cip.com.cn

凡购买本书，如有缺损质量问题，本社销售中心负责调换。

定　　价：59.00 元

版权所有　违者必究

Preface
前言

随着计算机技术、工业互联网技术和半导体显示技术的蓬勃发展，各种品牌的工控触摸屏、控制面板等人机交互设备以创新的设计、丰富的功能和宜人、安全、可靠、通用的应用体验，融合并突出工业互联网技术的应用，不断推陈出新，竞相争奇斗艳。

西门子公司是全球知名的工业自动化技术和产品的供应商，执全集成自动化技术之牛耳，以卓越的技术底蕴和品质引领最新技术潮流，凭周到的技术支持和服务蜚声海内外。其各种款式的触摸屏、控制面板（西门子公司定义并统称为 HMI 设备）在中国工厂、矿山、交通、医院、建筑等企事业单位获得广泛的应用。

2010 年前后，西门子采用全新设计的各系列 SIMATIC HMI 面板陆续推出上市，以满足各种应用现场的需求。主要包括 SIMATIC HMI 按键面板、SIMATIC HMI 精简系列面板、SIMATIC HMI 精智系列面板和 SIMATIC HMI 移动面板等，与旧型号面板产品同时供应市场。

2012 年 6 月，西门子官方正式发布面向高端复杂应用的 SIMATIC HMI 精智系列面板在中国市场出品。同时，被取代的各系列老型号面板陆续宣布停产。

2014 年 6 月，面向简单 HMI 任务的第二代精简面板发布上市。

同期前后，西门子公司还相继推出了新型 S7-1200/1500 PLC，并发布了全球第一款将所有自动化任务整合在一个工程设计环境下的软件——TIA Portal（博途自动化工程设计组态软件）。

2014 年 10 月，西门子公司官方宣布用于已停产型号 SIMATIC Panel 和 Multi Panel 的 SIMATIC WinCC Flexible 组态装置停止供货，更是标志新型精简系列、精智系列触摸或键控面板，TIA Portal 博途组态软件等以开拓创新、高性能高效率的崭新面貌实现转型换代。

目前，世界各主要工业化国家都在深化互联网与工业、服务业的深度融合发展。美国提出了偏重软件的“工业互联网”计划，德国颁布了偏重硬件的“工业 4.0”计划，中国则制定了《中国制造 2025》顶层设计发展规划及 11 个实施行动指南等配套文件，并全面转入实施阶段。各国工业发展规划殊途同归地都指向了——制造业互联网化和智能化。虽然这个过程至少需要 20 年的时间，但是，那种竞争的紧迫感确实是越来越强，起步晚了，节拍慢了，差距就会越拉越大。

西门子公司的精简/精智系列触摸屏，连同新型 PLC，在博途自动化工程软件中集成，可以方便、高效、快捷地组态设计构建自动化、智能化控制系统，去完成中小型机电设备、大中型成套机械设备的工艺控制任务。触摸屏应用技术、PLC 技术、PROFINET 网络技术等成为装备制造、生产制造网络化及智能化的技术支柱。智能化中的一个非常重要的环节就是人机交互，人机交互的方法屈指可数：鼠标交互、触摸交互、语音交互等。在各种各样的实际应用环境中，触摸屏设备和应用技术当是佼佼者。新型的触摸屏是如何工作的？它在自动化控制系统中扮演什么样的角色？常规控制系统的触摸屏项目都由哪些部分组成？如何使用自动化工程组态软件？如何在自动化工程组态软件中设计构建触摸屏应用项目？为了帮助广大读者学习和使用触摸屏，特别是在生产制造、服务一线工作的机械电气、自动化技术维护革新改进人员，机电设备控制系统设计制造技术人员，大中专院校相关专业的师生等，我们组织编写了这本介绍这方面应用基础技术的书籍。

本书力求用通俗易懂的语言、大量的图表和操作案例，循序渐进，从入门到精通，面向实际项目应用，系统详细解说西门子精简系列和精智系列面板的性能参数和功能用法，用图表实例的方式，详细解说如何用 TIA Portal V13 SP1（博途集成组态设计软件）操作和开发精简/精智系列面板在控制系统中的应用。

本书由章祥炜主持编著，浩天、昊迪、岳媛、孙宁、高宁、岳菲凡、罗平、廖世宏等参与资料整理和书中所有案例的仿真测试、图表编制等工作。

感谢西门子公司技术工程师潘骏硕士、卞朋兵工程师等的鼎力支持。感谢章文编辑在文稿初期给予的指导。

由于知识水平和经验的局限性，书中难免有疏漏之处，敬请广大读者朋友批评指正。
编著者邮箱：zxw978@163.com。

章祥炜

2017 年 3 月

CONTENTS 目录

第八章　数据记录（日志）和趋势视图　171

第九章　报表输出和计划任务　183

第十章　HMI 设备的用户管理　196

第十一章　系统函数和自定义函数　206

Chapter 01

第一章 人机界面设备和博途自动化工程软件

第一节 人机界面设备（HMI）概述

一、西门子主要新型 HMI 设备及特点

HMI 是 Human Machine Interface（人机交互界面）的简称，泛指操作人员和机器设备交换信息的设备，即触摸显示屏、操作显示面板等。操作人员为使机器设备可靠正确地工作，需要把控制指令、工艺参数、信息图片文档数据等通过 HMI 设备输入到机器设备的控制和运算单元，主要是 PLC（可编程控制器），PLC 检测和获取机器设备的状态和控制流程信息，通过 HMI 设备反向传送和显示给操作人员。西门子把这类用于人机信息交流互动、双向沟通的人机界面设备统称为 HMI 设备。

早期的人机界面器件主要是按钮、开关、指示灯、机械记录仪和一些计量表计等。后来出现了拨码开关、电子数码管、半导体数码管、电子记录仪等用来输入、显示和记录一些简单的机器参数。工业计算机应用于生产现场以后，用 CRT 显示器和机械式键盘作为人机交互设备。西门子公司也先后推出了基于 LCD 液晶显示技术的各种操作员面板（OP177 等，OP 指 Operator Panel），触摸面板（TP177 等，TP 指 Touch Panel）和多功能面板（MP277 等，MP 指 Multi Panel），这些型号的 HMI 设备在我国自动化领域获得非常广泛的应用。进入 21 世纪的第一个十年，液晶显示器（LCD）技术日趋成熟，性价比不断提高，各大自动化设备厂商不断研发生产了型号功能各异的控制显示面板和触摸屏等。西门子公司自 2008 年起陆续发布了 4″、6″Basic 面板 KTP400、KTP600 等产品。随着高画质显示器技术蓬勃发展，人们对人机界面设备技术的认识和要求不断提高，2012 年 6 月西门子公司发布了面向高端应用的 SIMATIC HMI 精智系列面板的产品 ，如 KP900、TP1200 等，以替代之前的多功能屏等高端产品，这是一个具有里程碑意义的系列产品，之前的许多面板产品陆续停产。为应对中小规模控制系统的要求，在对之前众多型号的精简面板进行技术整合，提升性能之后，2014 年 6 月第二代精简系列面板产品发布。

HMI 人机界面设备在自动化控制系统中的主要作用：

① 将机器生产系统控制过程中的数据信息(如转速、温度、工作时间、用电数等)集中动态地显示在画面或图表中，生产和服务系统的过程量可以通过 HMI 设备画面中的显示输出域、量表、棒图、曲线、表格、动画、文字等形式实时动态地显示出来。对于操作员来说，控制过程的状态和信息直观、醒目，容易识别、分析、判断和记忆。

② 机器操作人员通过图形可视化的界面操作和监控机器的整个工作过程，通过画面上的按钮、开关、数据输入输出域、图形视图、报警视图控件等操控机器的启动停止，为机器配置和修改工艺参数，监视和查看整个工作控制过程，记录过程信息等。

③ 报警功能，机器设备运行必须满足必要的条件，条件不满足即报警，这包含故障隐患报警，并可以提供报警原因分析。例如冷却水温不得高于某值，当超温时，将触发自动报警系统。

④ 记录（归档）功能，无论是控制过程量的实时值，还是不定时可能发生的报警信息，都可以数据记录的形式记录下来，以某种文件的形式归纳成电子文档。当需要查看历史记录的时候，检索调阅即可。也可以通过网络打印机打印输出报表文件。

⑤ 工艺参数的配方化管理，可以将众多产品的工艺参数一次性全部存储在 HMI 设备中，根据当前生产计划订单，随时调出装载到 PLC，进行生产。

⑥ 处理视频信号和视频文件，现场实时监控。

⑦ 可以方便地接入互联网，实现远程诊断、远程维护，或通过手机查看诊断等应用。

⑧ 配合 PLC 控制器的工作，与之构成生产服务控制系统的主要单元设备。

PLC 控制器设备、HMI 设备都是机器生产控制系统中的重要设备，它们通过高速网络连接通信，特别是突出应用了工业以太网技术——PROFINET 网络以后，兼容应用互联网技术，发展潜力巨大，展望远景广阔，是现代电气自动化的主要技术支柱之一，也是工业 4.0 时代装备制造智能化的主要技术之一。

现代机器设备控制系统的 HMI 设备主要有按键式面板、触摸式显示屏、按键式显示屏、既有按键又可触摸输入的显示屏、无线/有线传输移动面板、工业计算机（PC）等。随着大规模集成电路技术、LED 显示器技术、软件工程和互联网技术的高速发展，日益成熟可靠，各自动化设备公司结合新技术、新工艺陆续推出新型控制面板（显示屏），处理信息的速度更快，存储数据信息的容量更大，紧密融合互联网技术，显示像素和色彩更加丰富逼真，信息交互功能越来越强，工作也更加稳定可靠。图 1-1-1 为西门子公司推出的一系列新款控制面板。

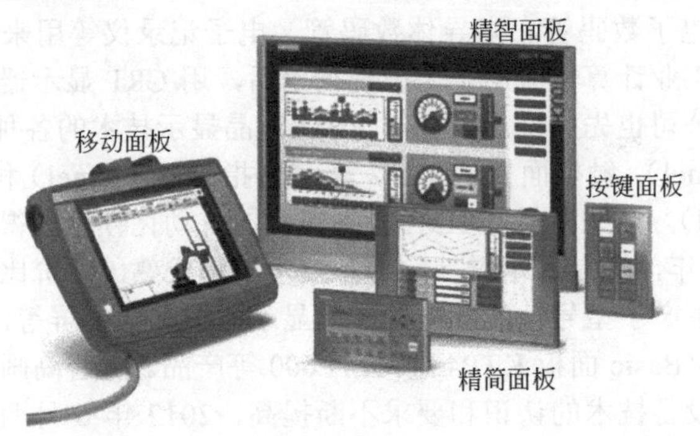

图 1-1-1 西门子公司 2015 年 HMI 设备样图

西门子公司新推出的SIMATIC HMI 控制显示面板在工厂、电力、矿山、医院、航空航海、服务等各行业深耕细作，精益求精，应用已日趋广泛，已逐步取代老型号显示面板。这些面板不仅具有创新的设计和卓越的性能，而且还可通过 TIA 博途中的SIMATIC WinCC 工程软件进行组态。其无与伦比的工程组态效率，使应用者得心应手、受益匪浅。老型号控制显示面板中的项目组态方案可以很方便地移植到新型显示面板中。新型面板突出强调了 PROFINET 网络技术的应用。

由于通过 SIMATIC WinCC 工程软件编辑组态的用户项目软件可以根据用户实际项目的发展变化需求进行灵活扩展改变，因而对于一个新的用户项目可以先采用一个能够满足当前用户需求的经济解决方案，日后再根据具体需求，通过增加过程变量等方式进行扩展。这些过程都非常简洁高效。与此同时，创新的图形化用户界面，操作与监控更为直观便捷。用户只需根据应用，选择相应的显示屏规格和操作方式（触屏式或/和按键式）即可。

1. SIMATIC HMI 按键面板

图 1-1-2 为按键面板主要型号样图。

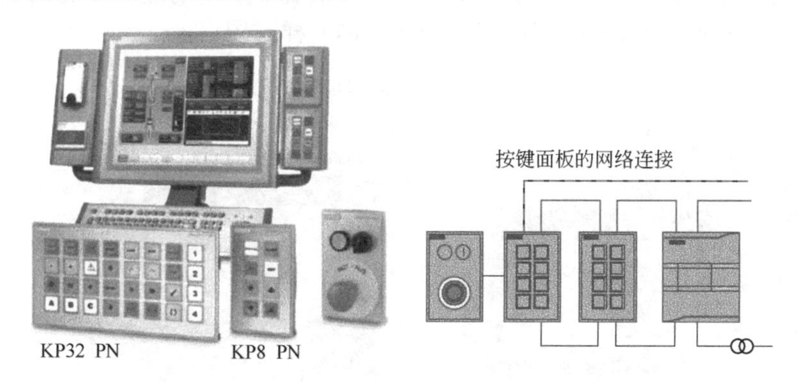

图 1-1-2 SIMATIC HMI 按键面板主要型号样图

KP8 PN 和 KP32 PN 是新型可编程 8 个和 32 个功能键的按键控制面板，5 种 LED 颜色显示，前面板/背板为 IP65/IP20 防护等级，可靠性高，可以适应恶劣的工作环境，通过 PROFINET 以太网与 S7-300/400，S7-1200/1500 PLC 连接，通过 STEP V5.5 或 Portal V1X 工程软件编辑组态。

各种参数设置选项，大幅提高设备应用的灵活性，面板的后背板集成有数字量 I/O，可连接按键开关和指示灯等，按键面板集成 PROFINET 双端口交换机，支持总线型和环型拓扑结构，有效降低硬件成本并支持共享设备功能。故障安全型面板可直接连接急停设备和其它故障安全传感器，兼容所有标准 PROFINET 主控 CPU（含第三方产品），适用于所有应用的机器设备，在各种工厂或生产线的不同位置进行轻松操作。

2. SIMATIC HMI 精简面板

图 1-1-3 为第二代精简系列面板型号样式图。

SIMATIC HMI 精简面板早期的型号、款式较多，有单色、256 色 LCD 液晶显示等，很方便地连接 PROFINET 网络，适用于低成本的简单应用场合。

第二代精简系列面板在色彩、清晰度和内在功能上都有很大提升，包含了 HMI 所有重要的基本功能，可广泛应用于机械工程各领域的操作和监控；采用全新设计的 USB 接口可连接键盘、鼠标或条形码扫描仪，可快速实现 U 盘数据归档。通过 PROFIBUS 或

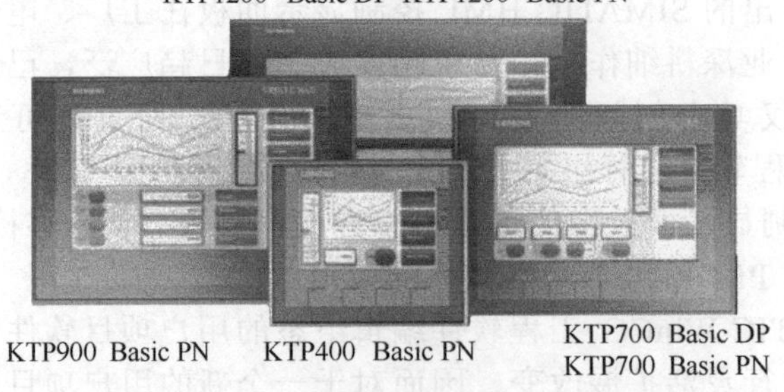

图 1-1-3 第二代精简系列面板型号样式图

PROFINET 接口，新一代 SIMATIC HMI 精简面板可快速连接各种 PLC。结合紧凑型模块化控制器 SIMATIC S7-1200，优势更为突出。

第二代精简系列面板通过 WinCC Basic V13 或更高版本的软件组态。

3. SIMATIC HMI 精智面板

能够完成各种苛刻控制任务，开放性和可扩展性最高，是功能齐备的高端控制面板。图 1-1-4 为精智系列面板 TP（左侧）和 KP（右侧）样式图。

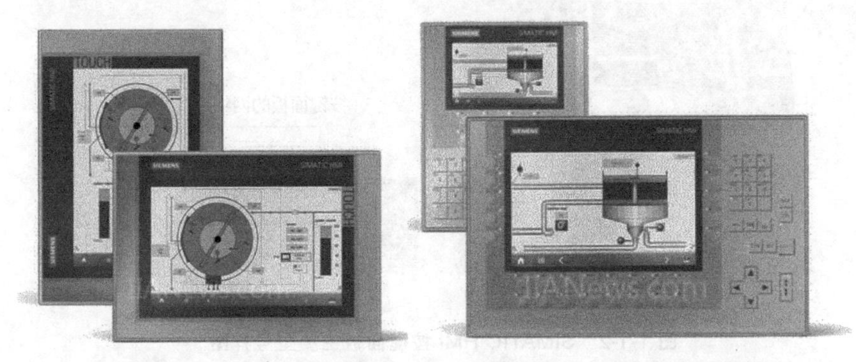

图 1-1-4 SIMATIC HMI 精智系列（TP 和 KP）面板的实物样式图

SIMATIC HMI 精智面板是全新研发的触摸型面板和按键型面板产品。该产品系列包括下列型号：

① 显示屏尺寸分别为 4″、7″、9″、12″ 和 15″ 的五种 KP 按键型面板（通过键盘操作）；

② 显示屏尺寸分别为 7″、9″、12″、15″、19″ 和 22″ 的六种 TP 触摸型面板（通过触摸屏操作）；

③ 显示屏尺寸为 4" 的按键型和触摸型面板（通过键盘和触摸屏操作）。

SIMATIC HMI 精智面板的主要特点如下。

（1）高分辨率显示屏

宽屏显示比之前的多功能屏增加高达 40% 的显示空间，可完美显示各种复杂操作画面，而且操作与监控更为清晰明了。16M 色的高分辨率，可详尽显示所有操作过程，显著优化了面板显示清晰度。与此同时，170° 的超宽视角，也极大确保了最优显示清晰度。

（2）创新的图形化用户界面

由于显示色彩和清晰度的提高，使得用户界面和画面对象得到创新重建，例如棒图、量表等画面元素对象和图表、配方等控件在画面中色彩鲜明、观感细腻，画面表现力更加丰富，可以更加清晰逼真地表现机器设备控制对象，极大提高了设备操作和监控直观性、易用性和宜人性。

（3）集成各种高端功能

SIMATIC HMI 精智面板属于功能齐备的高端控制面板，所有规格的面板均具有数据记录和归档、VB 脚本运行、可浏览各种工厂文档（如 PDF 或网页文件）等功能。其新增的阅读 PDF 控件可以使面板画面处理文档文件更加得心应手。而另一项创新之举则是实现了系统诊断与 SIMATIC 控制器的完美交互，可直接通过精智面板读取相应的诊断信息，而在此之前只能使用编程器进行读取。

（4）高效能源管理

通过 PROFIenergy 标准协议，可统一断开冗余能源负载并快速检测能源消耗值。因而，可在短暂的停机时段，关断精智面板显示屏，从而有效降低能源损耗。

（5）电源故障时，数据安全万无一失

该精智面板的断电保护功能，可确保重要数据万无一失，而无需额外连接不间断电源。这一功能适用于 SIMATIC HMI 存储卡中以 RDB 格式保存的配方和归档数据。

（6）适合于恶劣环境

坚固耐用的 SIMATIC HMI 精智面板在许多国家和地区的各种不同领域中的成功应用再次证明，这款面板可完美满足当前日益增加的所有需求。7″以上的精智面板均配备有坚固耐磨的铝制框架。

（7）集成各种接口

SIMATIC HMI 精智面板可轻松集成到 PROFINET 和 PROFIBUS 网络中，还集成有 USB 接口。7″以上的精智面板还配备有一个双端口以太网交换机接口，15″以上的精智面板则配有一个 PROFINET 千兆以太网接口。详见本节有关图表及说明。

（8）项目传输更为简单快捷

无需使用专用电缆，标准电缆即可实现通过 PROFINET 以太网或 USB 端口进行 HMI 项目下载。组态时，系统同步完成相应的设备设置，无需再额外设置面板参数，从而极大简化了调试过程。项目数据和面板设置均保存在面板中所集成的系统卡内，可自动进行更新。此外，通过这一系统卡，还可将项目传送到其它设备中。

（9）新功能——通过网络摄像头进行监控

SIMATIC WinCC V13 SP1 新增的摄像机控件使精智面板可以处理视频文件。通过网络摄像头和摄像头控件，对工厂状况进行快速监控：

① 通过精智面板，监控各种远程操作；

② 对操作人员难以进入的区域进行视频监控；

③ 对机器状态进行归档和保存。

（10）打印和归档

① 无纸化打印 PDF/HTML 文件；

② 归档过程值和报表。

（11）轻松驾驭户外的极端环境

对于极端的环境条件，例如冷藏间、船舶或石油天然气等应用场合，SIMATIC HMI 精智系列户外面板都可以轻松驾驭，它们具备：

① 足够坚固和防紫外线的前面板（IP65 防护等级）；

② 7″和 15″宽屏非反射显示屏幕和背光亮度自动调节，可应用于不同亮度环境；

③ 精智系列户外面板可以应用于不同行业和不同场合，−30～60℃的温度范围和最大 90%的环境湿度，以及全面的产品认证。

精智面板通过 WinCC Comfort V11 或更高版本编辑组态，本书叙述的 WinCC Advabced V13 SP1 更新应用了许多新的功能。

4. SIMATIC HMI 移动面板

便于携带，可以在不同的地点灵活使用，适用于总线连接的操作与监控。不管何种场合或应用，当机器和工厂的现场操作和监控需要移动时，可以选用有线版和无线版移动操作员面板。图 1-1-5 为新一代移动式控制面板样图。

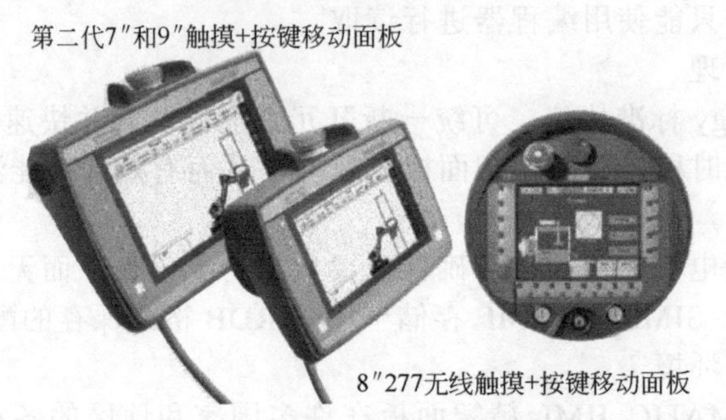

图 1-1-5　SIMATIC HMI 移动面板

二、控制系统中的 HMI 设备——精简系列和精智系列面板

1. 案例一

对于中小规模的控制系统，采用 S7-1200 PLC+精简系列面板组成的基本控制系统就能较好地完成控制任务，S7-1200 PLC 继承了 S7-200 PLC 的优点，同时借鉴了 S7-300 PLC 的程序编制控制流程和组态方法，运算速度更快，存储容量更大；采用第二代精简系列面板，对于中小规模的项目已经没有了之前画面对象不够用、色彩单调、组态方法和画面表现方法捉襟见肘的情况。S7-1200 PLC+精简系列面板显著突出了 PROFINET 工业以太网技术的应用，同时保留了 PROFIBUS 网络总线技术。图 1-1-6 是一个采用 S7-1200

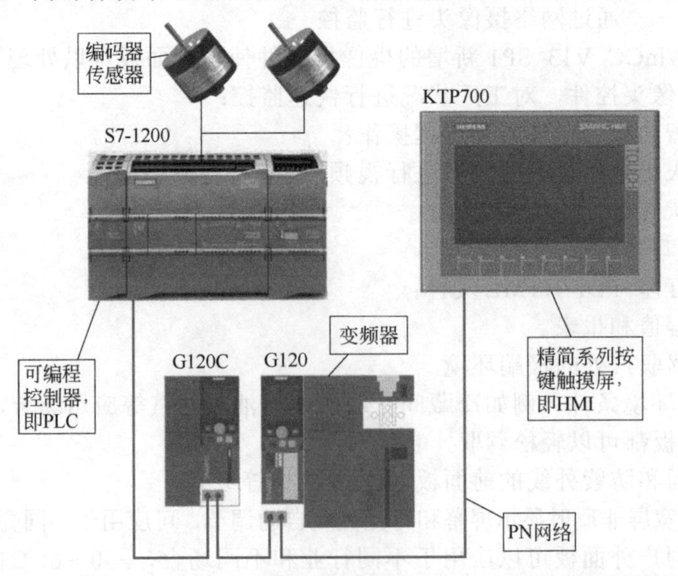

图 1-1-6　S7-1200 PLC+精简系列 HMI 设备+PN 网络的控制系统图

PLC+精简系列 HMI 设备+PN 网络的典型控制系统图。

在图 1-1-6 的控制系统中，采用 KTP700 Basic PN 精简系列面板作为系统的 HMI 设备，PN 网络结构为直线式。

2. 案例二

对于中大规模的控制系统，当程序量较大，过程控制实时性要求较高，或者工艺过程控制的数据运算处理量较大，较为复杂，或者运算处理的速度要求更快，运算精度更高等情况，为了满足用户项目的这种要求，就必须考虑采用 S7-300/400 PLC、S7-1500 PLC，为使机器设备控制系统的人机交互更加高效宜人，HMI 设备就要采用 SIMATIC HMI 精智系列面板。例如在有些用户控制系统项目中，采用 32 位或 64 位的数据类型变量可能更加方便高效编辑组态用户项目程序，提高控制精度。这时通常采用 S7-1500 PLC+精智系列面板+变频器+PN 网络组成控制系统。图 1-1-7 是该方案的控制系统示意图。

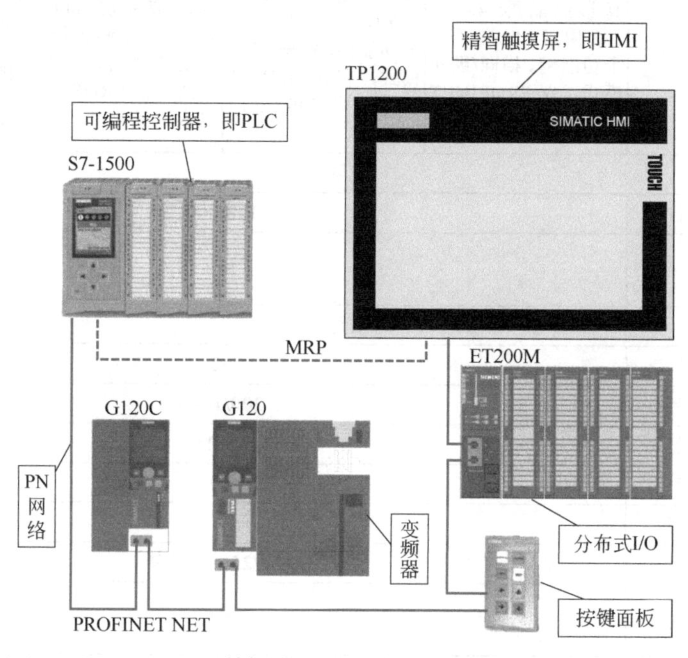

图 1-1-7　S7-1500 PLC+精智系列 HMI+变频器+PN 网络的典型控制系统图

图 1-1-7 控制系统示意图中，PLC 的型号为 S7-1500 系列中的 CPU1515-2PN，HMI 的型号为精智系列面板中的 TP1200 触摸屏，变频器型号为 G120，由 PROFINET 工业以太网连接构成。图中采用了 PROFINET 网络的分布式 I/O 控制设备 ET200M（或 ET200SP、CPU1512SP 等），以提高工业现场分布式控制的可靠性。图中因生产线方便操作的需要，将西门子按键式面板的 HMI 设备也接入 PROFINET 网络中。

TP1200 是西门子公司新推出的用于完成要求苛刻的人机界面任务的精智系列控制面板中的一款，是指屏宽 12 英寸的触摸屏，TP 指 Touch Panel，即触摸屏或触摸式控制面板。在精智系列控制面板中，还有按键操作的显示面板，如 KP1200，Key Panel，即按键操作显示屏。

一般来说，精智系列面板配合 S7-1500 PLC 出品应用，同样适用于 S7-300/400 PLC。

精简系列面板和精智系列面板都是西门子公司新推出的升级换代产品，在性能参数等各方面都有很大改善，采用创新设计，不同于以往的产品，已逐步获得推广应用，并为 S7-1200/1500 PLC 产品配套，逐步替代之前出品的 OP177B、TP177、MP277 等老型号的面板。同时组态软件也由之前的 WinCC flexible 进步到博途组态软件中的 WinCC Basic/Comfort/Advanced/Professional V1X 等。

三、精简系列和精智系列面板的主要功能参数

表 1-1-1 和表 1-1-2 给出了精简系列和精智系列面板的一些性能参数。由于精智系列面板性能更加强大，且包含精简系列面板的所有功能，本书 HMI 设备主要介绍这两款控制显示面板，并重点介绍精智系列面板的组态应用技术。

表 1-1-1　第二代精简系列面板性能参数表

参数项目	KTP400 Basic	KTP700 Basic	KTP900 Basic	KTP1200 Basic
外部特性	4 英寸，64K 色 TFT 真彩液晶屏 480×272 像素、触摸屏+4 个功能键、横向/纵向模式，仅 PROFINET 以太网端口	7 英寸，64K 色 TFT 真彩液晶屏 800×480 像素、触摸屏+8 个功能键、横向/纵向模式，有 PROFINET 以太网接口和 DP 口两种	9 英寸，64K 色 TFT 真彩液晶屏 800×480 像素、触摸屏+8 个功能键、横向/纵向模式，仅 PROFINET 以太网端口	12 英寸，64K 色 TFT 真彩液晶屏 1280×800 像素、触摸屏+10 个功能键、横向/纵向模式，有 PROFINET 以太网接口和 DP 口两种
变量				
项目中的变量数目	128/800			
每个数组中的元素个数	100			
报警				
报警类别的数目	32			
离散量报警的数目	200/1000			
模拟量报警的数目	15/25			
报警的字符长度	80			
报警中的变量数目	8			
报警缓冲区容量	128/256 个报警			
队列中的报警事件数目	64			
同时确认报警	16			
画面				
画面数目	50/100			
每个画面的域数目	30/100			
每个画面的变量数目	30/100			
每个画面的复杂对象数目	5/150			
配方				
配方的数目	5/50			
每个配方中的元素数目	20/100			
每个配方的数据记录数目	20/100			

续表

参数项目	KTP400 Basic	KTP700 Basic	KTP900 Basic	KTP1200 Basic
趋势				
趋势数目	25			
每个视图的趋势	4			
文本列表和图形列表				
图形列表的数目	100			
文本列表的数目	150/300			
总列表数	150			
每个文本或图形列表条目数	30			
图形对象的数目	500/1000			
文本元素的数目	500/2500			
用户管理				
用户组数量	50			
用户数量	50			
权限数量	32			

注：/（斜杠）前为第一代精简系列屏参数。

表 1-1-2　精智系列面板性能参数表

<table>
<tr><th>参数项目</th><th>KTP400/KP400 Comfort</th><th>TP900/ KP900 Comfort</th><th>TP1200/ KP1200 Comfort</th><th>TP1900Comfort</th></tr>
<tr><td rowspan="2">外部特性</td><td>KTP400 Comfort 4.3英寸TFT显示屏480×272像素，16M色；按键式和触摸式操作，4个功能键；横向/纵向模式，1×MPI/PROFIBUS DP，1×支持RT PROFINET/工业以太网接口；2×多媒体卡插槽；2×USB</td><td>TP900 Comfort 9英寸TFT显示器800×480像素、16M色、触摸屏、横向/纵向款式，1×MPI/PROFIBUS DP，1×支持MRP和RT/IRT的PROFINET/工业以太网接口（2个端口）；2×多媒体卡插槽；3×USB</td><td>TP1200 Comfort 12.1英寸TFT显示屏，1280×800像素，16M色；触摸屏、横向/纵向两款；1×MPI/PROFIBUS DP，1×支持MRP和RT/IRT的PROFINET/工业以太网接口（2个端口）；2×多媒体卡插槽；3×USB</td><td rowspan="2">18.5英寸TFT显示屏，1366×768像素，16M色；触摸屏；1×MPI/PROFIBUS DP，1×支持MRP和RT/IRT的PROFINET/工业以太网接口（2个端口）；1×以太网（千兆位）；2×SD卡插槽；3×USB</td></tr>
<tr><td>KP400 Comfort 4.3英寸TFT显示屏480×272像素，16M色；按键操作，8个功能键，28个系统键；1×MPI/PROFIBUS DP，1×支持RT的PROFINET/工业以太网接口；2×多媒体卡插槽；2×USB</td><td>KP900 Comfort 9英寸TFT显示器800×480像素、16M色、按键操作、26个功能键，28个系统键，1×MPI/PROFIBUS DP，1×支持MRP和RT/IRT的PROFINET/工业以太网接口（2个端口）；2×多媒体卡插槽；3×USB</td><td>KP1200 Comfort 12.1英寸TFT显示屏，1280×800像素，16M色；按键操作，34个功能键，28个系统键；1×MPI/PROFIBUS DP，1×支持MRP和RT/IRT的PROFINET/工业以太网接口（2个端口）；2×多媒体卡插槽；3×USB</td></tr>
<tr><td colspan="5">变量</td></tr>
<tr><td>项目中的变量数目</td><td>1024</td><td colspan="3">2048</td></tr>
<tr><td>每个数组中的元素个数</td><td colspan="4">1000</td></tr>
<tr><td>局部变量的数目</td><td colspan="4">1000</td></tr>
</table>

续表

参数项目	KTP400/KP400 Comfort	TP900/ KP900 Comfort	TP1200/ KP1200 Comfort	TP1900Comfort
结构的数目	999			
结构元素的数目	400			
报警				
报警类别的数目	32			
离散量报警的数目	2000	4000		
模拟量报警的数目	200			
报警的字符长度	80			
每个报警的过程值数目	8			
报警缓冲区容量	1024 个报警			
队列中的报警事件数目	500			
画面				
画面数目	500			
每个画面的域数目	400			
每个画面的变量数目	400			
每个画面的复杂对象数目	20			
配方				
配方的数目	100	300		500
每个配方中的元素数目	1000			
每条数据记录的用户数据长度	256KB			
每个配方的数据记录数目	500			
内部内存数据记录的空间	2MB			
趋势				
趋势数目	300			
文本列表和图形列表				
图形列表的数目	500			
文本列表的数目	500			
每个文本或图形列表条目数	500			
图形对象的数目	4000			
文本元素的数目	4000			
日志				
日志数	10	50		200
每个日志的条目数	20000			

续表

参数项目	KTP400/KP400 Comfort	TP900/ KP900 Comfort	TP1200/ KP1200 Comfort	TP1900Comfort
日志段的数目	400			
变量记录的周期性触发器	1s			
每个日志可记录的变量数目	2048			
脚本				
脚本数目	50	100		200
通信				
连接数目	8			
OPC 连接数	8			
基于“MHI HTTP”的连接数	8			
所连 Sm@rtClient 的最大数	3			
用户管理				
用户组数	50			
授权数	32			
用户数	50			
时间触发的调度任务数	48			
语言数	32			

表 1-1-3 给出了精智面板替代老式面板的型号对照。第二代精简面板比之前的第一代精简面板也有很大进步。例如对于显示面板的色彩数和像素数来说，第二代精简面板已经超过了过去应用相当广泛的多功能面板 MP277。表 1-1-3 仅是个推荐替换参数表，掌握了新款 HMI 设备的应用原理后，具体使用根据现场实际情况和客户要求灵活采用。

表 1-1-3 精智系列面板替代老式设备参考表

老式设备	MLFB	新款设备	MLFB
OP77B	6AV6641-0CA01-0AX1	KP400 Comfort	6AV2124-1DC01-0AX0
OP177B MONO	6AV6642-0DC01-1AX1	KP700 Comfort	6AV2124-1GC01-0AX0
OP177B Color	6AV6642-0DA01-1AX1		
OP277	6AV6643-0BA01-1AX0		
TP177B 4″Color	6AV6642-0BD01-3AX0	KTP400 Comfort	6AV2124-2DC01-0AX0
TP177B MONO	6AV6642-0BC01-1AX1	TP700 Comfort	6AV2124-0GC01-0AX0
TP177B Color	6AV6642-0BA01-1AX1		
TP277	6AV6643-0AA01-1AX0		
MP177	6AV6642-0EA01-3AX0		
MP277 8″Touch	6AV6643-0CB01-1AX1	TP900 Comfort	6AV2124-0JC01-0AX0
MP277 8″Key	6AV6643-0DB01-1AX1	KP900 Comfort	6AV2124-1JC01-0AX0
MP277 10″Touch	6AV6643-0CD01-1AX1	TP1200 Comfort	6AV2124-0MC01-0AX0
MP277 10″Key	6AV6643-0DD01-1AX1	KP1200 Comfort	6AV2124-1MC01-0AX0

续表

老式设备	MLFB	新款设备	MLFB
MP377 12″Touch	6AV6644-0AA01-2AX0	TP1500 Comfort	6AV2124-0QC01-0AX0
MP377 12″Key	6AV6644-0BA01-2AX1	KP1500 Comfort	6AV2124-1QC01-0AX0
MP377 15″Touch	6AV6644-0AB01-2AX0	TP1900 Comfort	6AV2124-0UC02-0AX0
MP377 19″Touch	6AV6644-0AC01-2AX1	TP2200 Comfort	6AV2124-0XC02-0AX0

表 1-1-4 给出了 SIMATIC HMI 精简和精智面板能够连接的控制器型号，含其他著名自动化设备厂商的一些设备。

表 1-1-4　第二代精简系列和精智系列面板可连接的控制器

<table>
<tr><th>控制器
面板型号</th><th>SIMATIC S7/
SIMATIC WinAC</th><th>SIMATIC S5/
SINATIC 505</th><th>SINUMERIK/
SIMOTION</th><th>Allen Bradley/
Mitsubishi</th><th>Modicon/
Omron</th></tr>
<tr><td colspan="6">第二代精简系列面板</td></tr>
<tr><td>KTP400 Basic PN</td><td rowspan="6">√/√</td><td rowspan="6">×/×</td><td rowspan="6">×/×</td><td rowspan="6">√/√</td><td>√/×</td></tr>
<tr><td>KTP700 Basic DP</td><td>√/√</td></tr>
<tr><td>KTP700 Basic PN</td><td>√/×</td></tr>
<tr><td>KTP900 Basic PN</td><td>√/×</td></tr>
<tr><td>KTP1200 Basic DP</td><td>√/√</td></tr>
<tr><td>KTP1200 Basic PN</td><td>√/×</td></tr>
<tr><td colspan="6">精智系列面板</td></tr>
<tr><td>KTP400 Comfort
KP400 Comfort</td><td rowspan="4">√/√</td><td rowspan="4">×/×</td><td rowspan="4">×/×</td><td rowspan="4">√/√</td><td rowspan="4">√/√</td></tr>
<tr><td>TP700 Comfort
KP700 Comfort</td></tr>
<tr><td>TP900 Comfort
KP900 Comfort</td></tr>
<tr><td>TP1200 Comfort
KP1200 Comfort</td></tr>
</table>

注：√表示可以，×表示不可以。

图 1-1-8、图 1-1-9 给出精简和精智系列面板的电源、PROFINET、USB 等接口实物示意图。

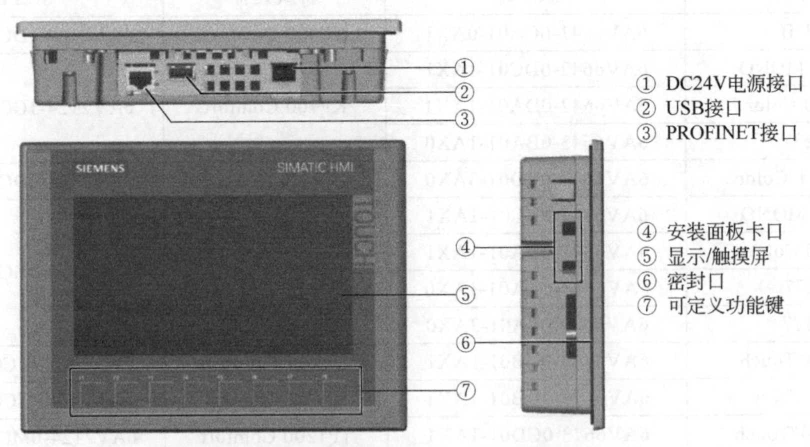

图 1-1-8　第二代精简系列面板各种接口示意图

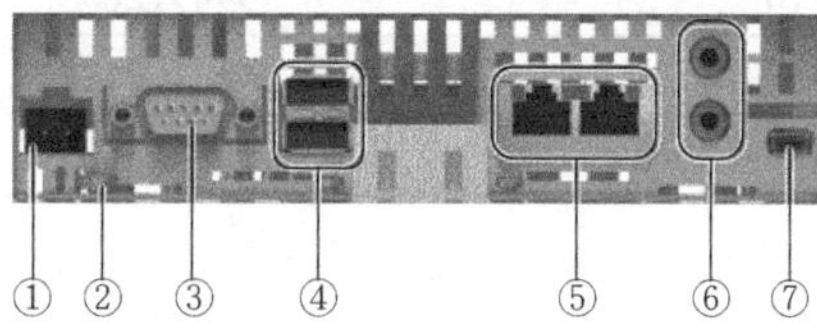

① X80电源接口
② 电位均衡接口(接地)
③ X2 PROFIBUS(Sub-D RS422/485)
④ X61/X62 USB A型
⑤ X1 PROFINET(LAN)，10/100MBit
⑥ X90音频输入/输出线
⑦ X60 USB迷你B型

图 1-1-9　精智系列面板各种接口示意图

图 1-1-10 和表 1-1-5 给出了这两款面板的正面尺寸和安装尺寸示意图和参数表。

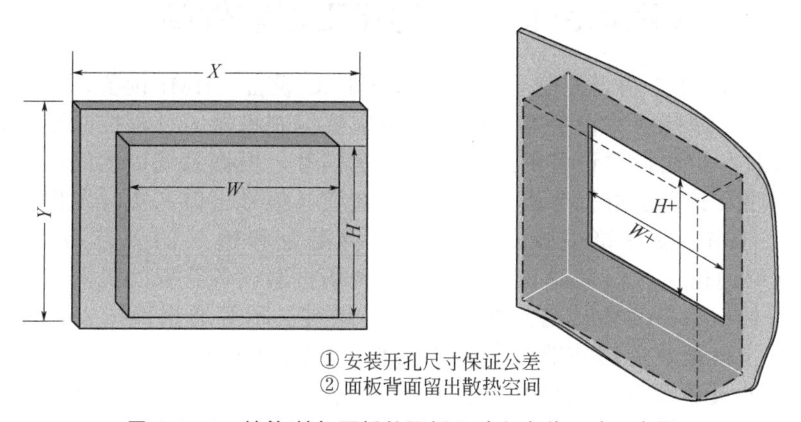

图 1-1-10　精简/精智面板的面板尺寸和安装尺寸示意图

表 1-1-5　精简/精智系列面板尺寸和安装尺寸　　单位：mm×mm

HMI 面板型号	$X \times Y$	$W \times H$
第二代精简系列面板		
KTP400 Basic	140×116	122×98
KTP700 Basic DP/PN	214×158	196×140
KTP900 Basic	267×182	249×164
KTP1200 Basic DP/PN	330×245	308×219
精智系列 KP/TP 面板		
KP400 Comfort	152×188	134×170
KP700 Comfort	308×204	280×176

续表

HMI 面板型号	X×Y	W×H
KP900 Comfort	362×230	336×204
KP1200 Comfort	454×289	432×267
KP1500 Comfort	483×310	448×289
KTP400 Comfort	140×116	122×98
TP700 Comfort	216×158	196×140
TP900 Comfort	274×190	249×164
TP1200 Comfort	330×241	308×219
TP1500 Comfort	415×310	394×289
TP1900 Comfort	483×337	463×317
TP2200 Comfort	560×380	540×360

对于立式面板，上述尺寸要前后互换位置。

第二节 TIA 博途自动化工程开发软件

一、西门子 TIA Portal 博途自动化工程软件简介

图 1-1-6 和图 1-1-7 两个控制系统案例包含 PLC 设备、HMI 设备、变频器等驱动器设备、PROFINET 通信网络设备等。PLC 设备需要编制机器的过程控制程序，分配通道(信号入口)接收和检测机器设备的工艺和操作等信号，根据系统提供的控制工艺模型或通过自编的程序及其算法进行分析运算，分配通道（信号出口）实时发出控制指令和传送工艺数据；HMI 设备接受操作人员的控制指令和输入的工艺数据信息，通过 PROFINET 网络通信传送信息到 PLC，PLC 从现场机器设备获取的机器状态和过程控制信息进行分析处理后，有些传送到 HMI 设备，通过显示等通报操作人员；驱动设备需配置正确的工作参数才能够按照控制要求工作；PROFINET 通信网络设备将所有需要交换传送数据的设备配置通信的地址，连接成网络系统，建立可靠的通信机制。所有上述设备及工作内容和技术工艺要求都是通过 TIA Portal（博途自动化工程软件）组态编辑的。这些庞大枯燥、相互关联的数据，复杂、细微、结构化、系统化的工作过程由于博途自动化工程软件而变得高效快捷清晰。“组态”（Configration）含有设置和分配参数，组织和编辑要素的含义。通过 TIA Portal（博途自动化工程软件）可以很快地将图 1-1-6 和图 1-1-7 所示系统以项目程序文件的形式组态构建起来，使之正确可靠地工作。

在博途应用软件之前，西门子 HMI 设备通过 ProTool、WinCC flexible 软件组态编辑，WinCC flexible 是在 ProTool 的基础上发展而来。PLC 设备中的 S7-300/400 PLC 通过 STEP7 V5.X、S7-200 PLC 通过 STEP 7 V4.0 MicroWIN 等软件进行程序编辑组态。STEP7 V5.X 和 WinCC flexible 是两种设备的项目创建组态软件，起初是分开来的两款软件。后来，可以将 WinCC flexible 集成到 STEP 7 中，这样两款软件访问同一个数据库，共用一个符号名称命名变量，工程组态效率明显提高。这些都为博途工程软件的问世奠

定了技术基础。西门子推出新款 S7-1200/1500 PLC 和创新型精简系列、精智系列 HMI 设备后，新设备的一系列创新设计决定了崭新的组态软件——博途（Portal）自动化工程软件的问世，S7-1200/1500 PLC 和精简系列与精智系列面板等必须由博途（Portal）工程软件组态编辑，同时仍然可以组态编辑大部分的原有型号 HMI 和 PLC 设备，以保证技术设备使用的连续性。博途（Portal）提供移植技术，支持将原型号 HMI 设备和 PLC 设备上的项目程序文件移植到博途（Portal）工程组态软件中来，由博途软件再编辑编译，融合新的工艺技术设备器件，或下载到老型号设备中，也可下载到新设备中，即下载到 S7-1200/1500 PLC 或精简系列、精智系列面板中。

Totally Integrated Automation Portal (全集成自动化博途)自动化工程软件是一个全新的工程设计软件平台，它把 PLC(可编程控制器)、HMI（人机交互界面设备）和驱动器（如变频器）等通过 PROFINET、PROFIBUS 等网络连接起来构成的控制系统以项目设计组态的形式统一归纳在该工程软件设计平台上，在这个崭新的开发环境下，使用统一的数据库和编程组态工具，能够高效快捷地设计组态自动化控制系统项目。博途（TIA Portal）代表着软件开发领域的一个里程碑，它是世界上第一款将所有自动化任务整合在一个工程设计环境下的软件。西门子的 TIA 博途软件，是一款优秀的工程组态平台，适用于全球所有行业领域中自动化解决方案的实施，从自动化系统的规划、调试、运行和维护，直至系统扩展，一应俱全。TIA 博途可显著缩短工程组态时间，从而大幅降低工程成本。

博途问世以来，也经历了多个版本的发展过程，如 Portal V11、Portal V12、Portal V13、Portal V14 等。每个版本向下兼容，功能越来越丰富强大，工作可靠。本书重点介绍 Portal V13 SP1。

V13 SP1 版本的 TIA 博途软件平台包括：SIMATIC STEP7 V13 SP1，SIMATIC WinCC V13 SP1，SINAMICS Startdrive V13 SP1 等。

SIMATIC STEP7 V13 主要包括：SIMATIC STEP7 Basic V13（STEP7 V13 基本版，用于组态 S7-1200），SIMATIC STEP7 Advanced V13（STEP7 V13 高级版）和 SIMATIC STEP7 Professional V13（STEP7 V13 专业版，用于组态 S7-1200、S7-1500、S7-300/400 和 WinAC）等。

SIMATIC WinCC V13 主要包括：SIMATIC WinCC Basic V13（WinCC V13 基本版），SIMATIC WinCC Comfort V13（WinCC V13 精智版），SIMATIC WinCC Advanced V13（WinCC V13 高级版），SIMATIC WinCC Professional V13（WinCC V13 专业版）。其中 WinCC Advanced，WinCC Professional 又分为开发工具软件（Engineering Software）和运行工具软件（Runtime）。

运行工具软件（即 HMI 设备运行系统）分为 WinCC Runtime Advanced 和 WinCC Runtime Professional 两种。本书主要叙述 WinCC Runtime Advanced 在 HMI 面板上的操作应用。

SIMATIC STEP7 V13 适用于组态所有的 SIMATIC 控制器到项目系统中，特别是支持 S7-1500 系列的高端 CPU,如 CPU1515、CPU1518 等。能够对项目系统实现团队编程，即多人同时组态编辑项目，具有更高水准的操作保护功能，全新的 4 级访问权限设置（HMI 连接需要密码），有更好的知识产权保护。

SIMATIC WinCC V13 适用于所有的 HMI 应用，从使用精简系列面板的简单操作到精智系列面板的高端应用，再到基于 PC 多用户系统的 SCADA 应用，增加了对新一代精简面板的支持，支持测试和调试功能，可在工程组态PC上仿真HMI项目，可在编译器中根据报警消息直接跳转到错误处或故障源，支持对原使用 WinCC flexible 软件组态的项目文件进行完整移植。

SINAMICS StartDrive V13 适用于所有驱动装置和控制器的项目组态，可对驱动器的硬件进行组态，参数设置以及调试和诊断操作。

SCADA是Supervisory Control And Data Acquisition的英文缩写，国内流行叫法为数据采集和监控系统。它不属于机器的控制系统，而是位于控制设备之上，侧重于企业资源的系统管理。

二、SIMATIC WinCC Advanced V13

从图1-2-1看出，HMI设备的各种项目应用主要是由TIA Portal V13 中的 SIMATIC WinCC V13完成的。SIMATIC WinCC Advanced V13能够承担精简面板、精智面板和PC单站等HMI项目的组态任务。

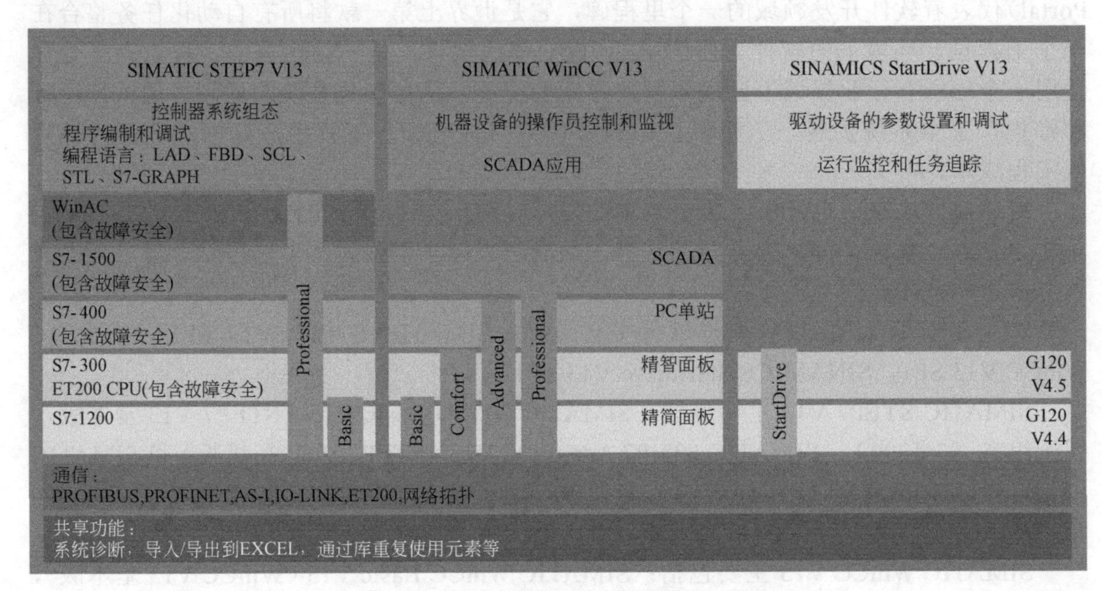

图1-2-1 TIA Portal V13 组件用途一览

SIMATIC WinCC Advanced保留WinCC flexible的优点，工作界面宜人高效，易于上手。

（1）实现最高组态效率

通过TIA博途的WinCC，可直接在各种目标系统中使用独立于面板的组态数据，而无需进行转换，而且操作界面可按照目标设备的功能特性进行自动调整。如可通过复制粘贴的方法将TP1200面板的画面对象和变量数据转换到TP700面板上来。在TIA博途中，还可统一管理各种跨项目数据（报警类别、项目文本等），可以将这些项目数据导出到Excel表格中，并在不同的设备中使用。此外，TIA博途的WinCC中的HMI组态向导工具等与设备无关，可快速、简便地创建各种显示架构。

（2）图形化编辑器，快速高效完成图形组态

① 可通过拖放操作，生成网络连接图形设备对象，如PLC与HMI设备的网络互联。

② 定义有现成的图形模板和功能，也可定义用户自己常用的图形模板和功能。

③ 画面和模板支持多达 32 层的层技术，组态画面灵活，功能多样化。

（3）面向对象的数据管理方式

① 搜索和更改功能更为方便易用。

② 可直接在 HMI 变量表中进行变量属性更改和归档组态，无需按照编辑器进行逐一修改。

③ 可通过交叉索引列表直接访问所有对象，如更改或选择对象。

（4）集成组态对象的库

① 可在库中归档所有组态对象，而无需考虑是系统预定义还是用户自定义(如块对象、全图形对象抑或是变量对象）。

② 可在面板上直接编译客户提供的简单图形对象或项目特定对象；通过块定义，还可统一执行面板更改。

（5）支持测试和调试

① 可在自动化项目组态 PC 上仿真 HMI 项目、PLC 项目和系统集成项目。

② 可在相应的编辑器上直接标记组态不完整或错误信息。

③ 可根据编译程序的消息报警功能，方便快捷查找出错位置和原因。

（6）轻松移植现有 HMI 项目

可完整导入由 WinCC flexible 创建的项目数据，以方便再编辑。

在 TIA 博途中，可通过易于扩展的 SIMATIC WinCC 软件对 SIMATIC HMI 面板进行直观组态。因而，可以非常便捷地使用各种 TIA 产品组件，例如 SIMATIC 控制器。凭借与 STEP 7 的完美交互，还可有效避免数据的重复输入，从而确保系统中数据的高度一致。

图 1-2-2 形象表达了在博途组态软件中可组态的 HMI 面板设备，从基本的按键面板到新一代精简面板、移动面板，再到面向高端应用的精智面板。

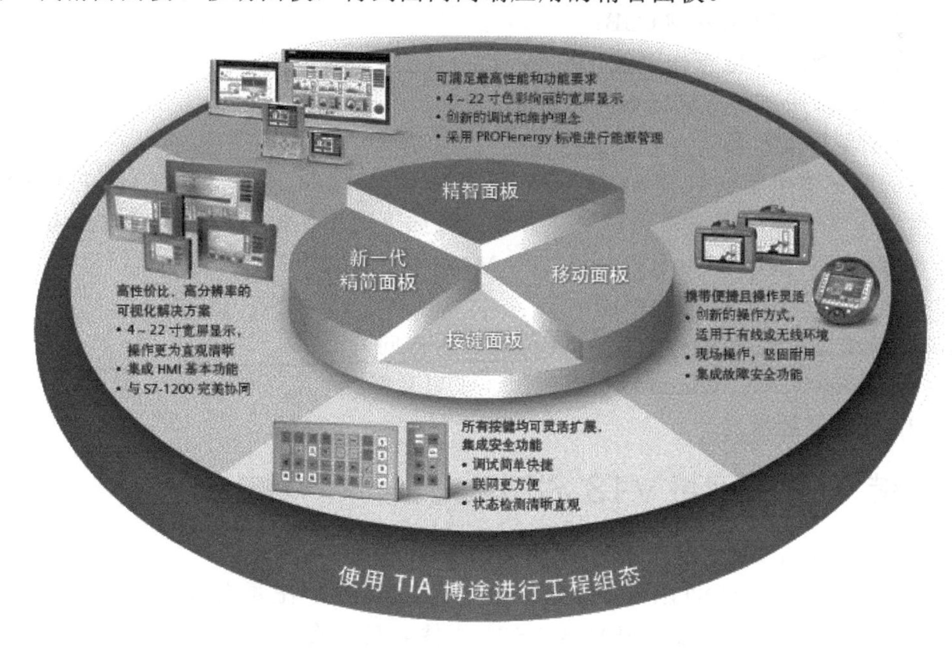

图 1-2-2　博途平台上可组态编辑的 HMI 面板

第三节 TIA 博途自动化工程开发软件安装

一、安装 TIA Portal 自动化工程软件计算机的基本配置

TIA Portal V13 SP1 属于超大型软件，必须作为一个整体安装使用，其安装和运行工作空间容量比较大，比之前的 STEP7 V5.5 和 WinCC flexible 的集成系统，以及博途 V11、V12 等对计算机的配置要求要高。

西门子推荐安装 TIA 博途自动化工程软件的台式计算机的最低要求配置如下。

① 处理器：Intel® Celeron® Dual Core 2.2 GHz（Ivy/Sandy Bridge）；

② RAM：4GB；

③ 可用硬盘空间：8GB；

④ 操作系统：Windows 7（32 位）SP1 专业版或旗舰版；
Windows 7（64 位）SP1 专业版或旗舰版；
Windows 8.1（64 位）专业版或企业版；
Windows Server（64 位）；
Windows Server 2008 R2 StdE SP1（完全安装）；
Windows Server 2012 R2 StdE（完全安装）；

⑤ 屏幕分辨率：15.6″宽屏显示器 (1024×768)。

笔者的台式计算机，选件组装，运行 TIA Portal V13 SP1 软件组态稳定可靠、比较流畅。配置参数如下，仅供参考。

① 处理器：Intel(R) Core(TM) i3-4130 CPU @3.40GHz 3.40GHz；

② 安装内存（RAM）：8.0GB；

③ 系统类型：64 位操作系统；

④ Windows 版本：Windows 7 旗舰版；

⑤ 21.5″宽屏显示器。

笔者的笔记本电脑安装有 STEP7 V5.5、WinCC flexible 2008 sp2 和 TIA Portal V13，能够正常工作（编程组态编辑调试），具体配置如下，不是推荐，仅供对比参考。

① 处理器：Intel(R) Core(TM) i5 CPU M480 @2.67GHz 2.67GHz；

② 安装内存（RAM）：4.0GB；

③ 系统类型：32 位操作系统（64 位是应用方向）；

④ Windows 版本：Windows 7 旗舰版，没有升级；

⑤ 16.5″宽屏显示器。

二、安装 TIA Portal V13 SP1

安装 TIA Portal V13 SP1 软件步骤如图 1-3-1～图 1-3-6 所示。

首先安装 SIMATIC STEP 7 Professional V13.0 SP1，在要安装的计算机光驱中插入 SIMATIC STEP 7 Professional V13.0 SP1 软件光盘，在光盘（或安装文件）目录中打开 SIMATIC STEP 7 Professional V13.0 SP1 文件夹，双击其中的安装开始文件 Start，

软件程序自动安装，依次出现下列安装画面，逐个点击“下一步”按键，耐心等待一段时间。

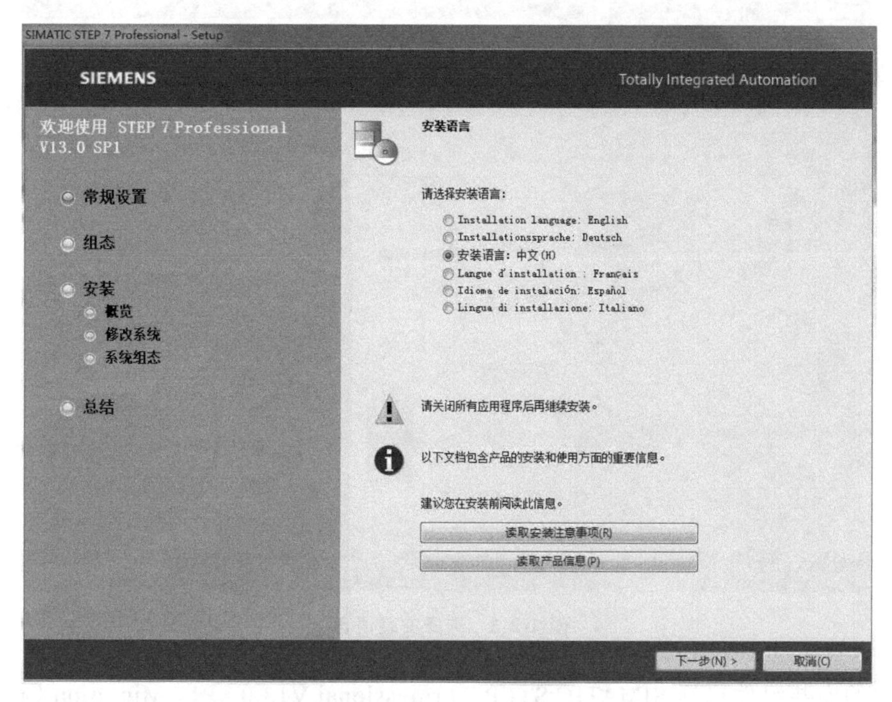

图 1-3-1　开始安装 SIMATIC STEP 7 Professional V13.0 SP1

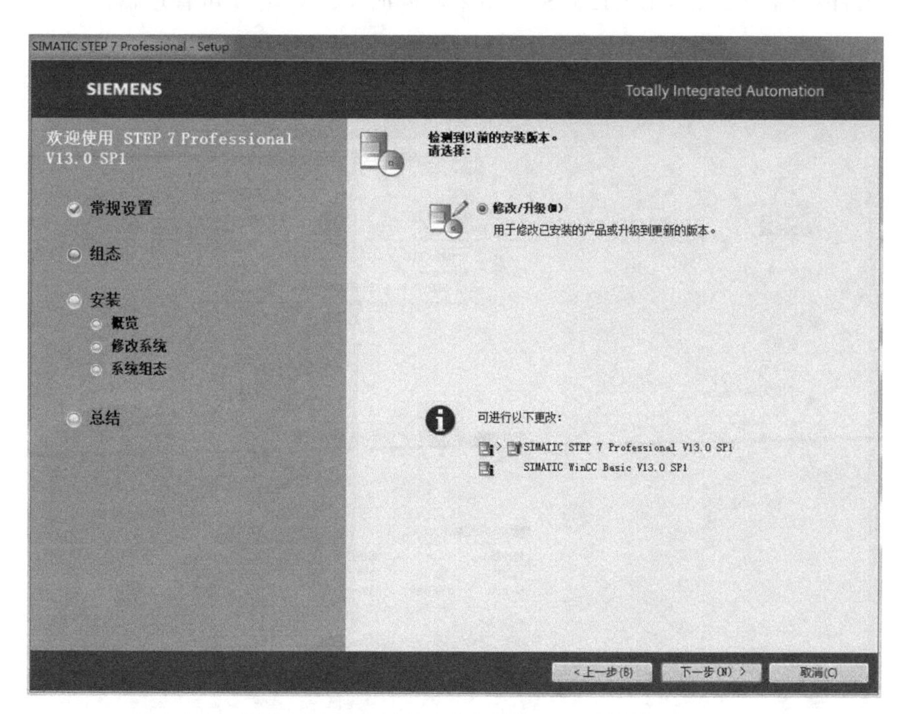

图 1-3-2　升级安装,原电脑中安装有博途 V13,现升级到 V13 SP1

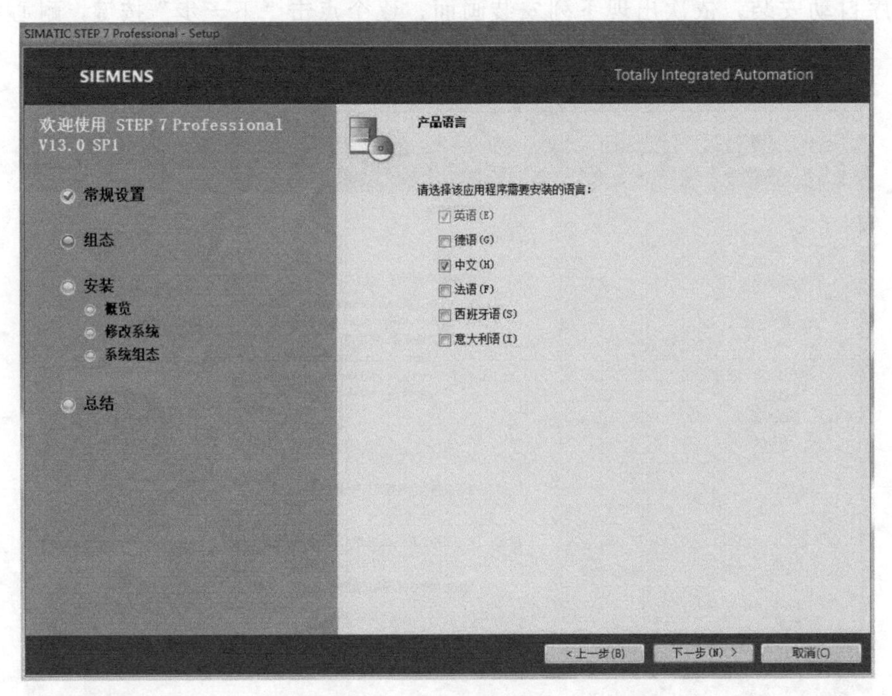

图 1-3-3　选择安装语言

选定的安装组件包括 SIMATIC STEP 7 Professional V13.0 SP1，Migration（移植工具软件）可以对原组态软件 STEP 7 V5.4 SP5 或更高版本软件组态编辑的项目文件移植到 SIMATIC STEP 7 Professional V13.0 SP1 中来，同时安装自动许可管理器。

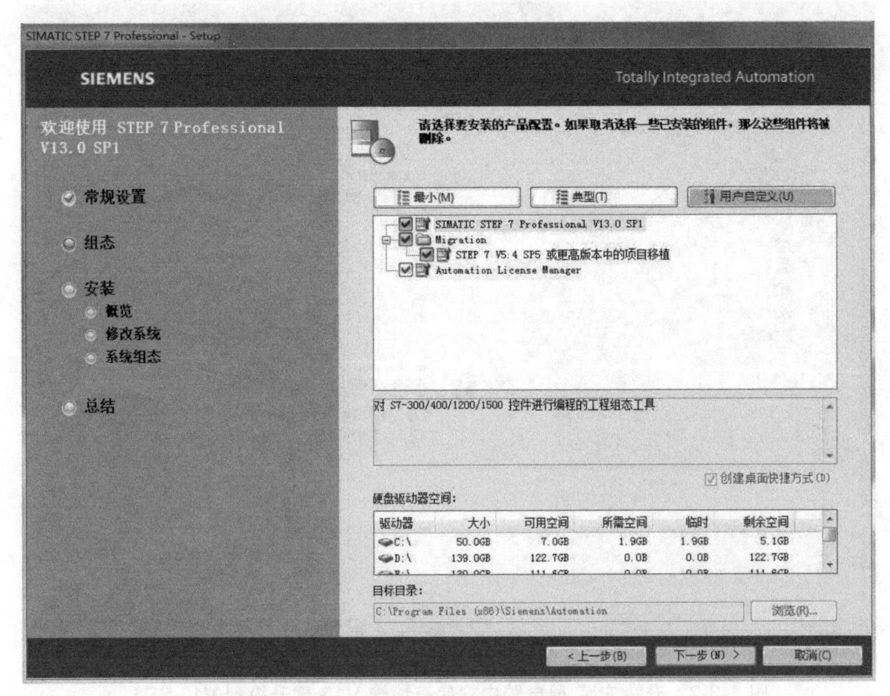

图 1-3-4　勾选安装组件，指定安装位置

自动创建桌面快捷方式图标。查看安装所需存储空间，指定当前安装位置。

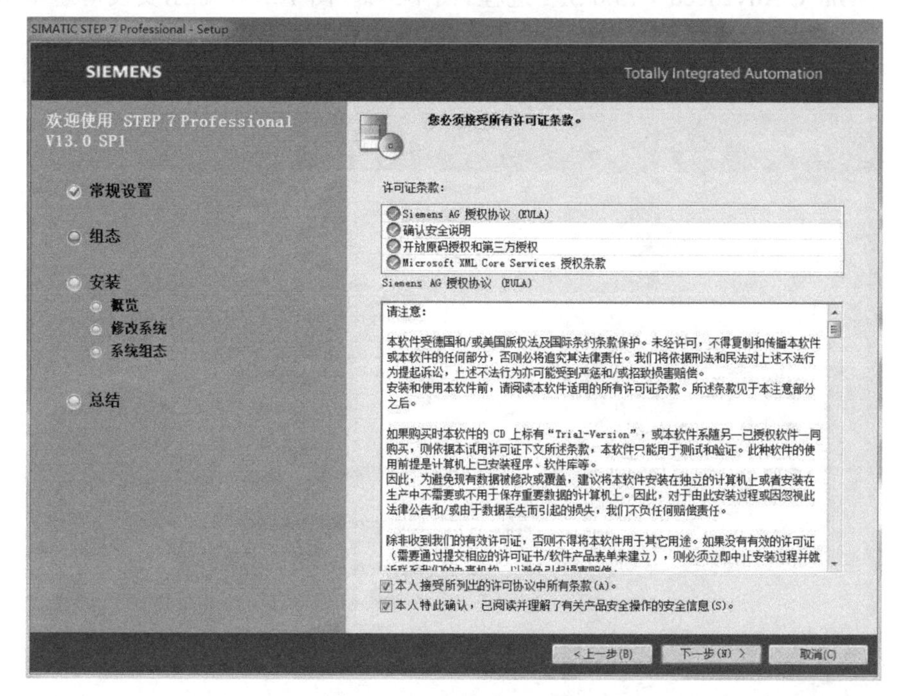

图 1-3-5　勾选安装协议条款

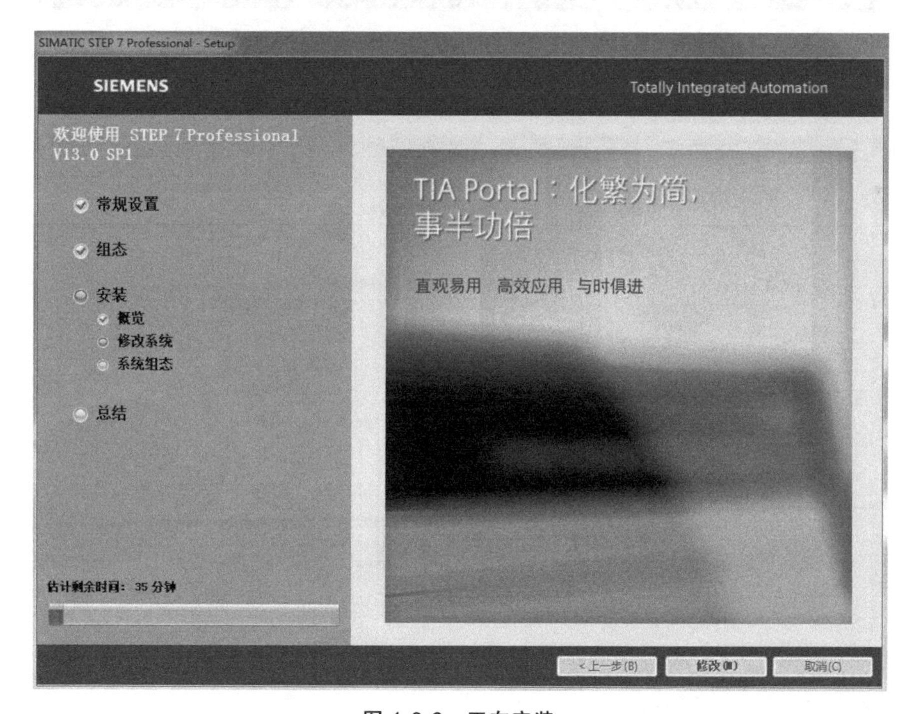

图 1-3-6　正在安装

在 SIMATIC STEP 7 Professional V13.0 SP1 安装结束后，随后安装 SIMATIC WinCC Advanced V13.0 SP1。在 SIMATIC WinCC Advanced V13.0 SP1 光盘中打开其中的

SIMATIC WinCC Advanced V13.0 SP1 文件夹，双击执行其中的 Start 文件，进入安装 SIMATIC WinCC Advanced V13.0 SP1 进程。图 1-3-7～图 1-3-12 显示安装博途 WinCC 的画面。

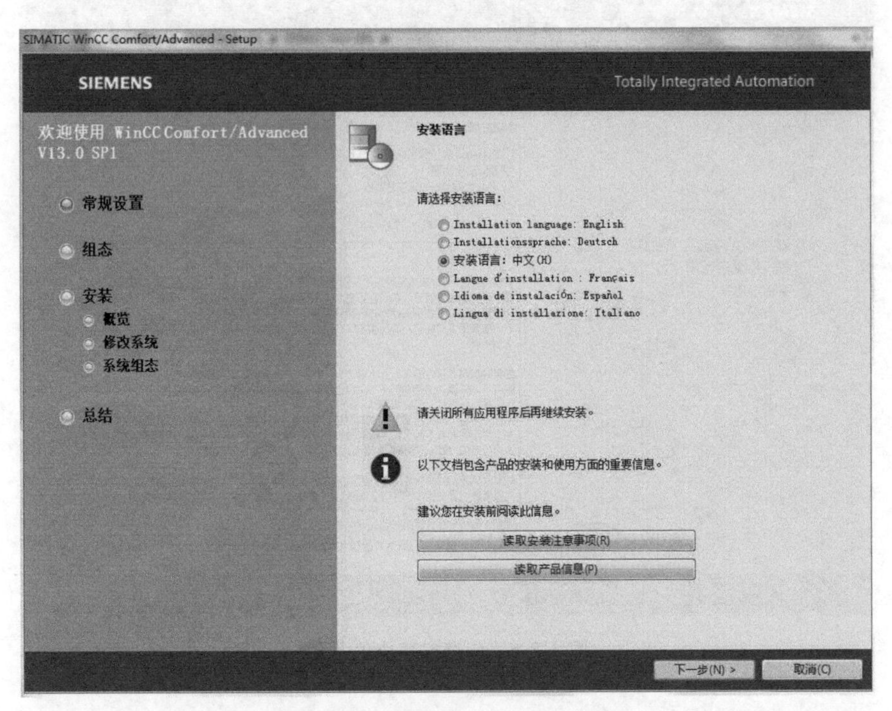

图 1-3-7　开始安装 SIMATIC WinCC Advanced V13.0 SP1

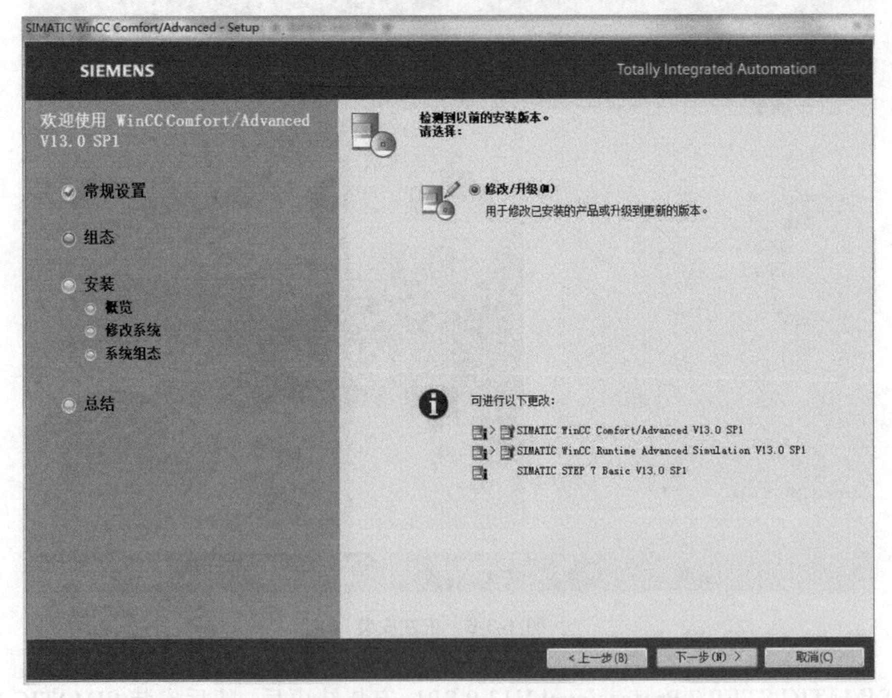

图 1-3-8　升级安装 SIMATIC WinCC Advanced V13.0 SP1

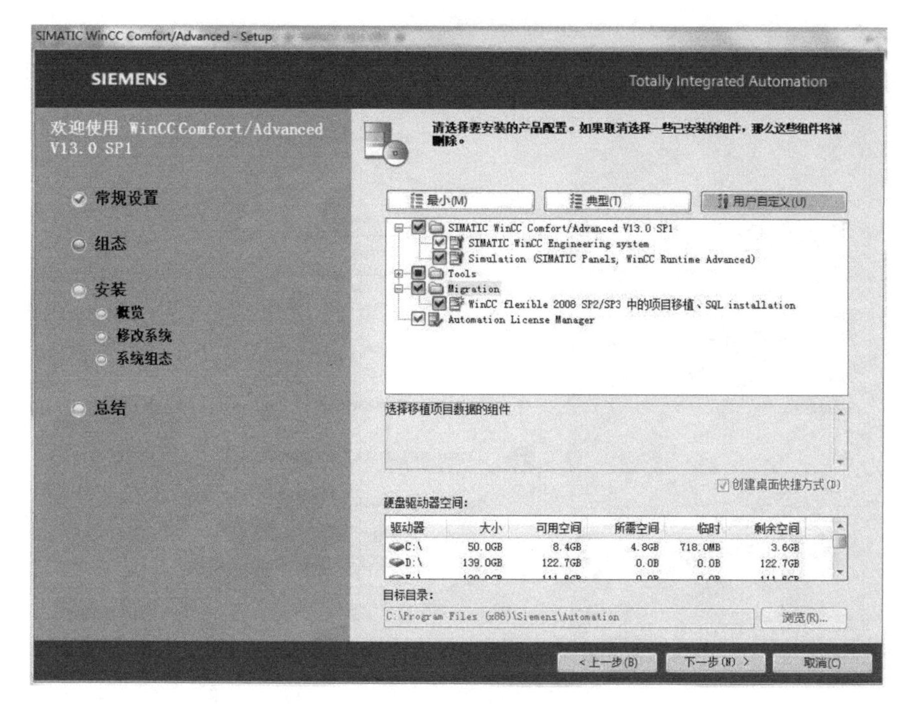

图 1-3-9　勾选安装选件

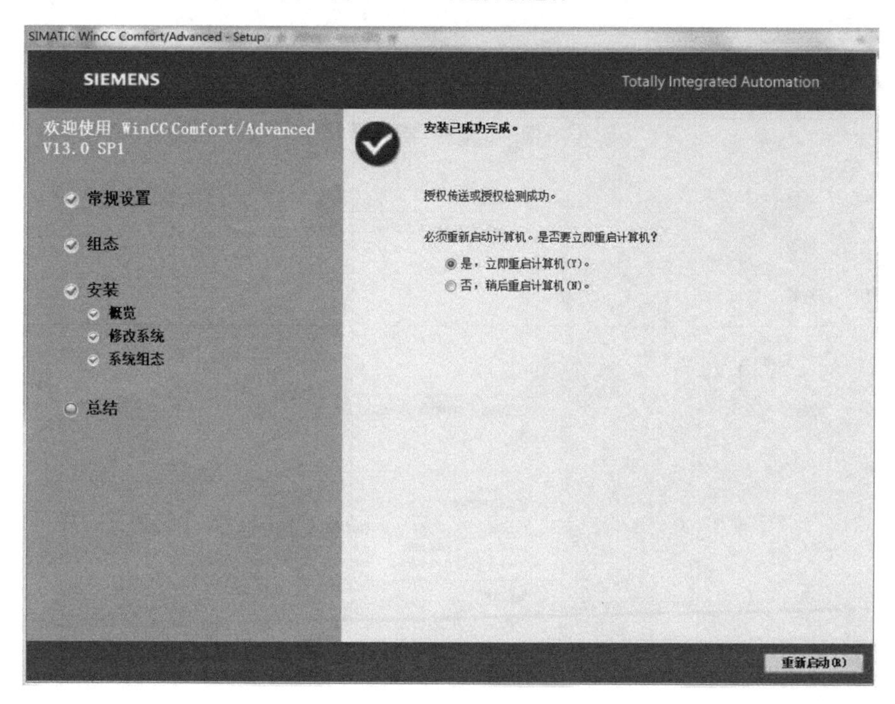

图 1-3-10　安装结束，重新启动计算机

安装的组件 SIMATIC WinCC Comfort/Advanced V13.0 SP1 包含 SIMATIC WinCC Engineering system(组态开发项目的工程系统软件)和 Simulation(SIMATIC Panel, WinCC Runtime Advanced)(SIMATIC 面板项目仿真软件和实时运行系统高级版)。

安装的组件 Migration(WinCC 面板项目移植工具软件)能够移植 WinCC flexible 2008 SP2/SP3 创建的项目，还有 SQL 安装组件。

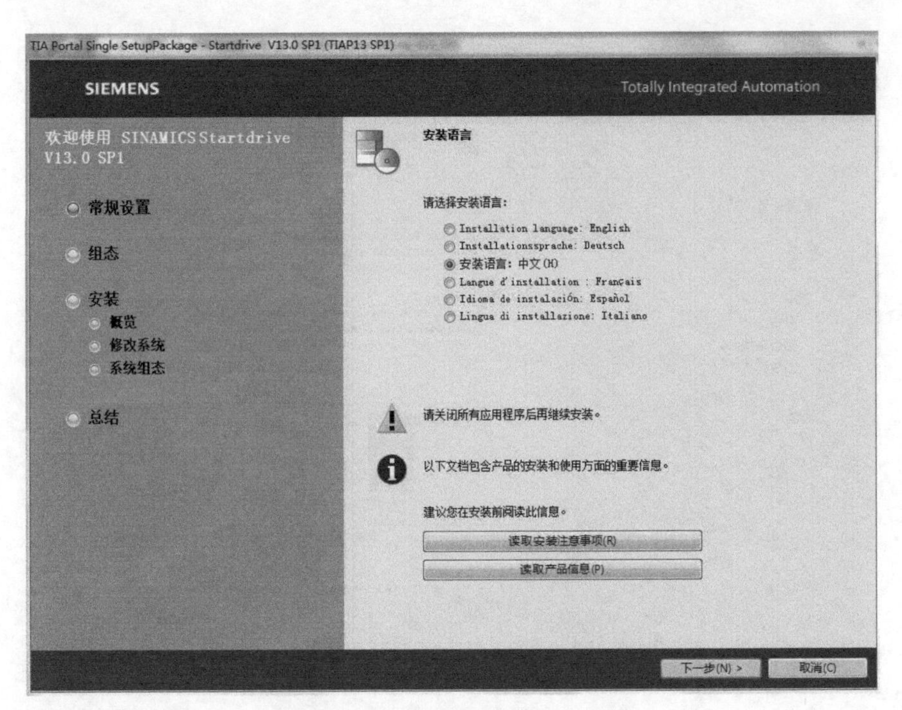

图 1-3-11 安装驱动器调试软件

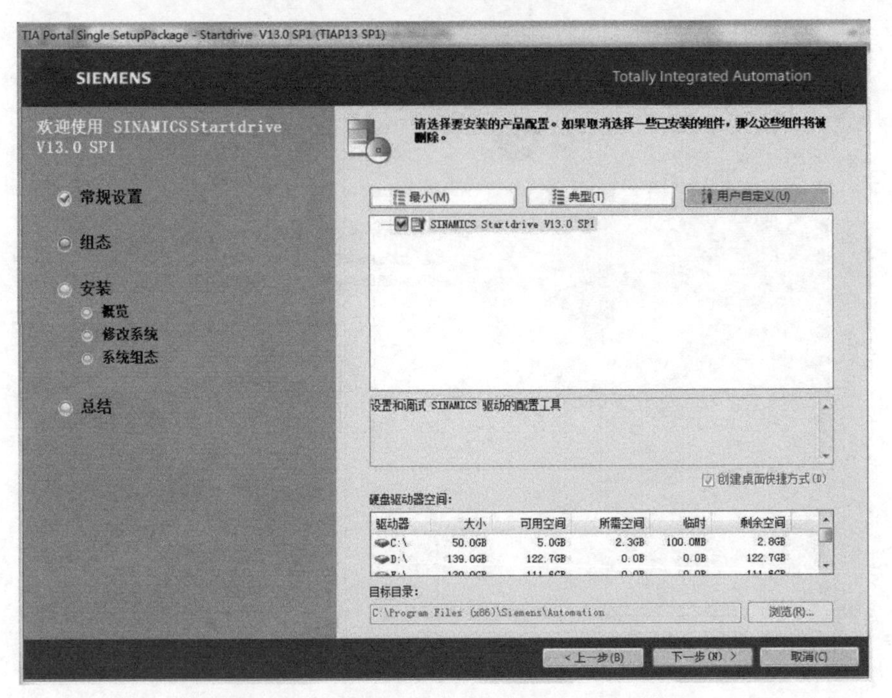

图 1-3-12 选装驱动器调试软件组件和安装位置

自动创建桌面快捷方式图标。查看安装所需存储空间，指定当前安装位置。

使用软件前，双击打开桌面上软件使用许可注册管理器，将许可证密钥传送到安装盘中，确认有效密钥传送成功。

双击图 1-3-13 电脑桌面上的 TIA Portal V13 快捷图标，打开博途工程软件，就可以开始工作了。

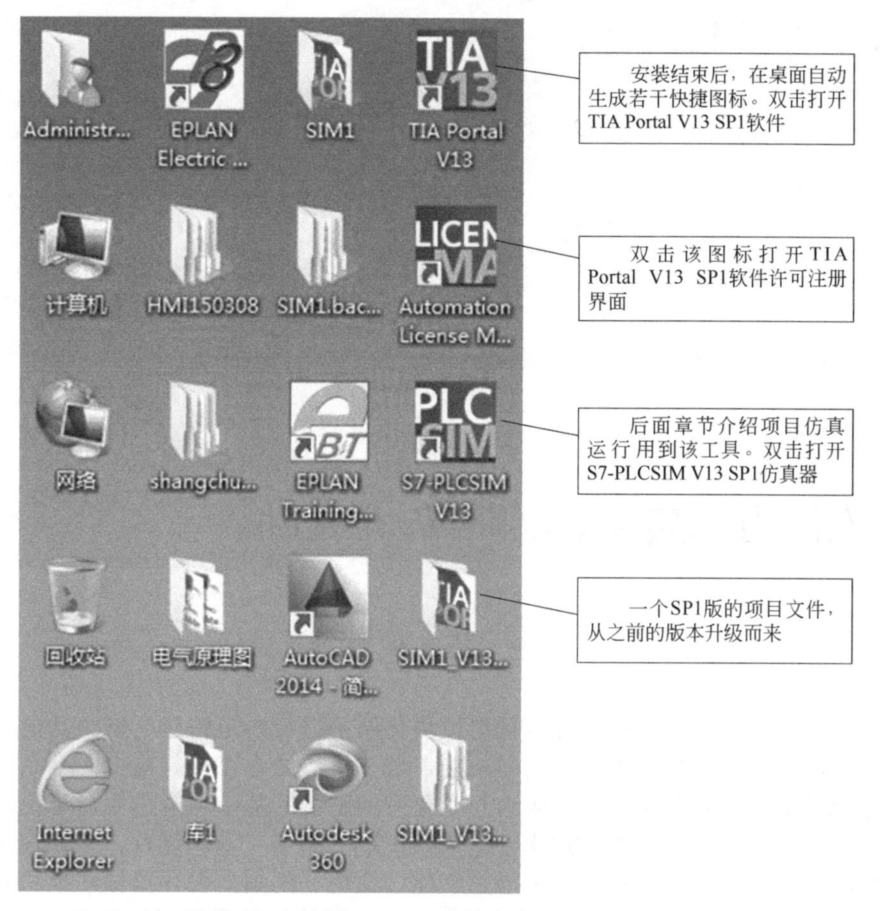

图 1-3-13　安装 TIA Portal V13 SP1 后的电脑桌面快捷启动工程软件图标

自动化工程软件会随着技术、工艺和设备器材的改进而不断更新，甚至改版。例如，每隔一段时间会对软件进行 UPD1、UPD2…之类的更新，继而是 SP1、SP2…的升级，然后会是 V12、V13、V14…之类的改版。所以用户可以根据自己的需要及时更新自动化工程软件，特别是控制系统设计组态改进维护人员，及时运用新技术、新设备，可以同服务商联系或登录西门子官网浏览和下载所需的更新软件、文档等。

Chapter 02

第二章 博途软件组态自动化控制系统项目

现代机器设备自动化控制系统多采用模块化结构进行系统构建，每个功能模块可以单独设计组建，有自己的名称、属性和功能，若干模块结合在一起构成一个系统，也可以看成是构成了一个大模块，从而成为一个更大的系统的基础功能模块。每个模块作为“对象”看待，“对象”是计算机编程语言中的概念，“对象”及其属性、事件等概念的应用，使得用计算机程序语言和图形化语言创建、描述、刻画、设计模块和模块系统更加方便准确高效。TIA Portal（博途工程软件）就是按照这样的原理工作的。

例如由 PLC 控制器、HMI 设备和 PROFINET 网络等构成的机器设备自动化控制系统就是模块化结构，对于中大型较为复杂的控制系统，在构建设计组态时，可以分解为 PLC 控制器、HMI 设备等几个模块，这些模块（分系统）可以单独组态设计，也可集成组态设计。可以开展团队（Team Design）组态设计工作，在同一个工程设计软件平台上同时或不同时工作，各自做不同内容的工作，每个成员可以组态设计不同的模块，共同完成一个较大的系统构建。通过 TIA Portal V13（博途工程软件）组态设计自动化控制系统时，在组态软件中就是组建了一个控制系统项目（Project），这个项目（Project）用图形化的计算机语言设计、描述、组态与硬件实物准确一致的控制系统，并且可以在博途工程软件中模拟演示这个控制系统的工作过程，测试设计组态工作。既可以组态设计一个关于 HMI 设备的项目，也可以组态设计一个能够完成控制任务的系统的项目；既可以个人独自工作，也可以团队戮力完成。

本书主要介绍 HMI 设备的组态编辑应用技术。我们先用一章的篇幅，通过两个实例介绍用 TIA Portal V13（博途工程软件）设计组态机器设备控制系统的框架结构，这是组建控制系统任务的重要一步，这两个实例创建过程使我们认识和熟悉 TIA Portal V13（博途工程软件）的大致结构和应用方法，认识和熟悉 HMI 设备设计组态应用在整个控制系统的组态设计过程中的位置和作用，初步认识和熟悉西门子自动化控制系统中的较为新型的设备和器件。

在第一章的图 1-1-6 和图 1-1-7 中，我们认识了两个基本控制系统以及系统中的 HMI 设备。现在我们用已经安装的 TIA Portal V13（博途工程软件）来创建这两个基本控制系统项目。

第一节
博途创建 S7-1200 PLC+精简面板系统模块构架实例

一、可视化创建过程

步骤一 创建名称为“1200 精简屏项目”的项目文件

双击电脑桌面上的 TIA Portal V13 软件快捷启动图标，打开 TIA Portal V13 自动化工程项目开发软件，弹出图 2-1-1 所示画面。画面中，在软件启动阶段，有如下几项命令：

① 打开现有项目　执行此命令，可以选择打开已有的项目文件。

② 创建新项目　开始创建一个新的项目。

③ 移植项目　可以移植 STEP7 V5.4、WinCC flexible 组态软件编制的程序到博途软件中来。

④ 已安装的产品　通过此命令，查看当前电脑安装的有关博途软件的版本、组件等情况。

⑤ 用户界面语言　指定当前博途软件工作界面使用的语言，中文/英文可选。

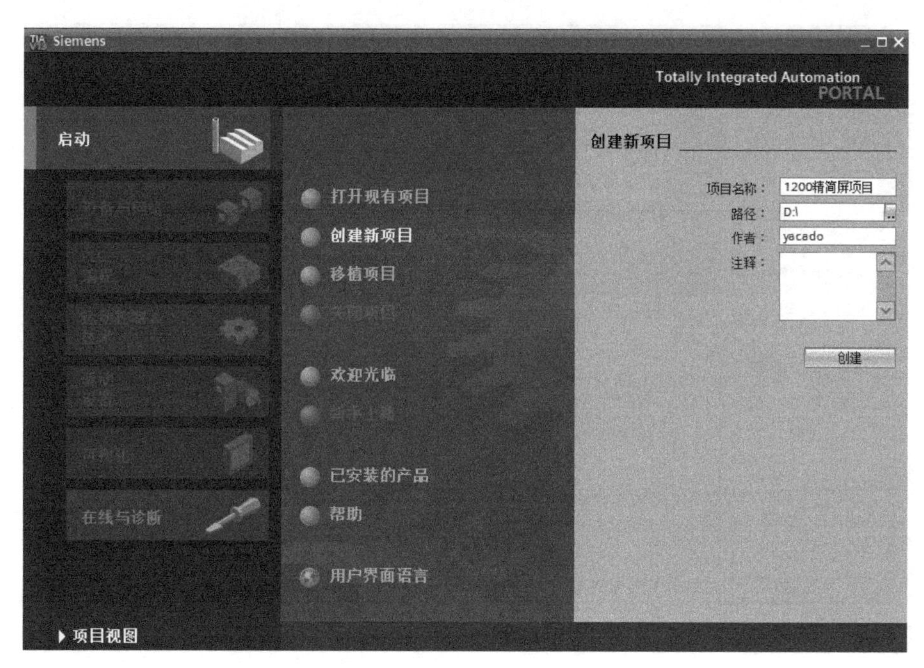

图 2-1-1　开始创建新项目画面

现在要创建“1200 精简屏项目”，点击图中“创建新项目”命令项，在右侧随动显示的窗格中，在“项目名称”格中输入自定义的项目名称，如“1200 精简屏项目”，指定项目文件存储路径和位置，还可标注作者和项目注释。点击“创建”按钮。

博途软件自动为我们搭建“1200 精简屏项目”可视化文件结构，随后打开“1200 精简屏项目”的 Portal 视图，如图 2-1-2 所示。点击左下角的“项目视图”命令，弹出图 2-1-3 画面。

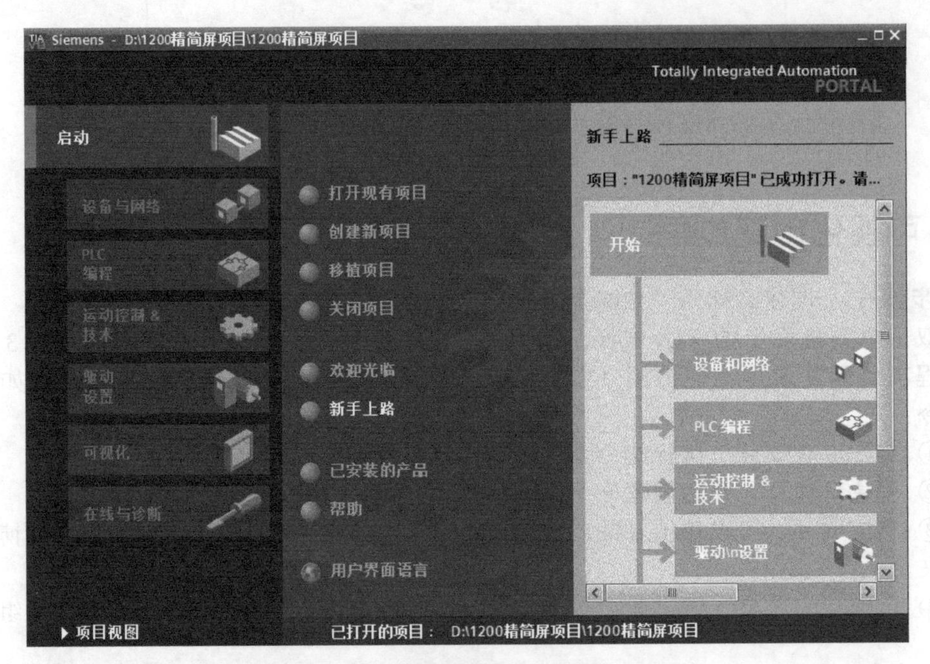

图 2-1-2 “1200 精简屏项目”的 Portal 视图

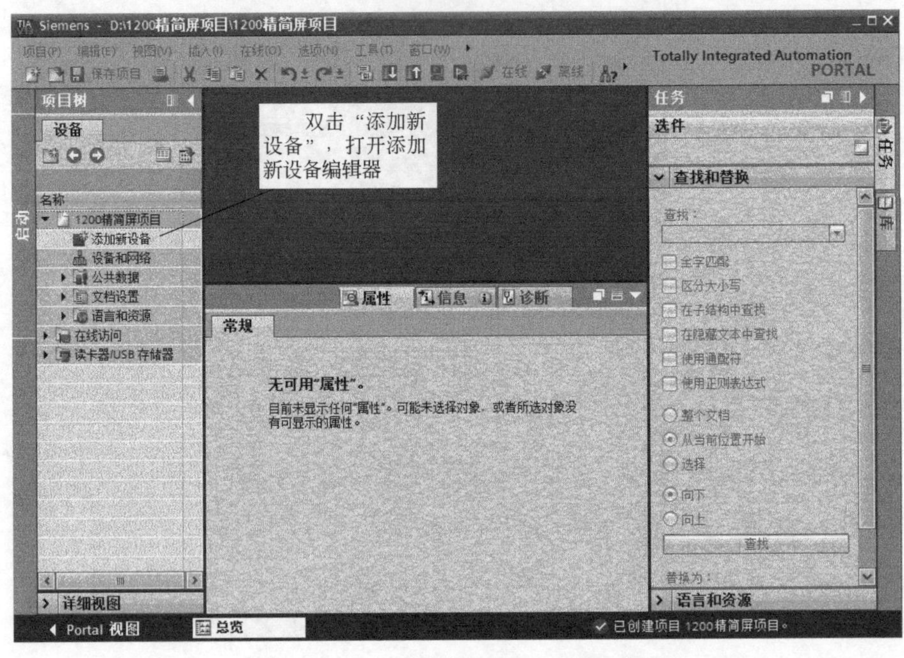

图 2-1-3 “1200 精简屏项目”的项目视图

图 2-1-3 是“1200 精简屏项目”的“项目视图”画面，这是开始创建一个新项目的主要工作画面，可以看到，“1200 精简屏项目”目前只是一个项目文件空壳，具有博途自动化项目文件的所有模块化结构要素，但是没有具体的设备内容。下面我们根据第一

章的图 1-1-6 控制系统的构建设想或系统规划，为“1200 精简屏项目”添加设备，在博途组态软件中搭建控制系统。“项目视图”这个画面上的很多应用知识将在后续章节中介绍，现在的任务是在 TIA Portal V13 软件系统中创建第一章的图 1-1-6 示意规划的控制系统，使实物控制系统设计方案变为计算机的项目文件。

步骤二 为“1200 精简屏项目”添加设备

在图 2-1-3 左侧的项目树窗格中，双击“设备”→“1200 精简屏项目”→“添加新设备”（本书皆采用此行文格式，意即双击“设备”项下的“1200 精简屏项目”项下的“添加新设备”文字图标或编辑器，每个层级用符号“→”表示，在项目树导航窗格中，每个前有三角符号的编辑器项点击可以分解出分项），弹出图 2-1-4“添加新设备”对话框。

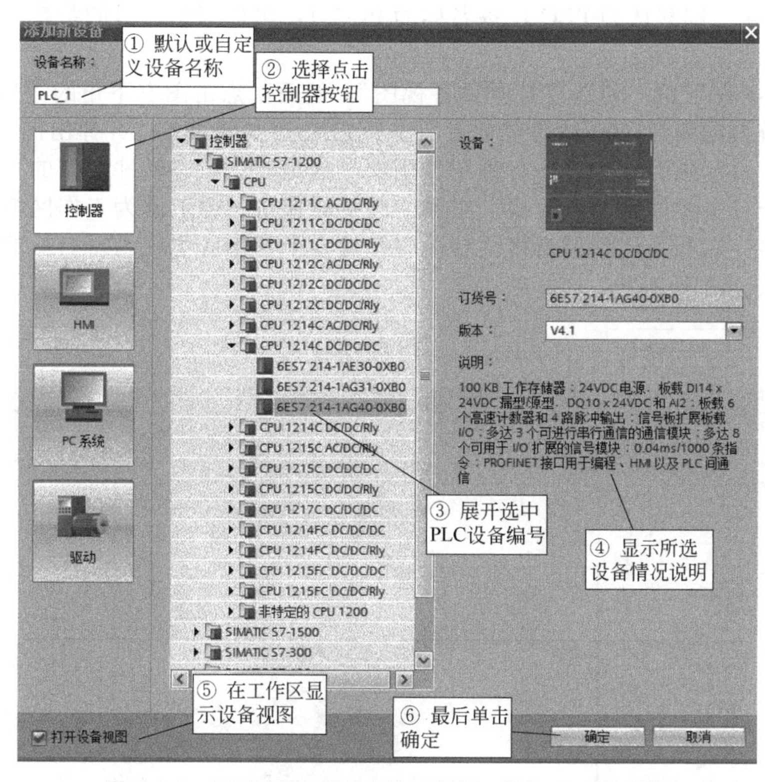

图 2-1-4 打开“添加新设备”对话框，添加 PLC 控制器

（1）“添加新设备”对话框使用说明

图 2-1-4“添加新设备”对话框，是我们为项目选择和添加设备时经常要操作的窗口，图中左侧有四个选项图标按钮，供选择四类设备用，目前能够在博途组态软件中组态和构建控制系统的主要有四大类设备。组态设计人员可根据西门子公司发布的新设备信息，更新所用组态软件的设备种类数据库。

① 控制器 主要是可供选择和组态的西门子公司的各种 PLC,如 S7-1200/1500、S7-300/400 系列的 PLC。设计组态人员根据项目系统的要求选择使用。在图 2-1-4 中间的窗格中罗列各系列 PLC 的详细名单和订货号，对应着当前选择，画面右侧显示所选设备的略图、名称、订货号、版本和说明等。

② HMI 主要是 SIMATIC 面板，SIMATIC 精简系列和精智系列面板，移动式面板和众多工厂中仍在使用的（已停产）多功能面板等。同样图 2-1-6 画面右侧会显示所选

HMI 设备的略图、订货号、版本号和基本性能参数等。

③ PC系统　主要是 SIMATIC 基于 PC 自动化解决方案的组件和模块，例如基于以太网连接的工业计算机系统等。

④ 驱动　主要是驱动器和启动器等，目前版本组态软件仅可组态 SINAMICS G120 系列的变频器等。

（2）添加 PLC 控制器设备，选用 S7-1200 系列 PLC

如图 2-1-4 所示，为新项目选择 PLC 设备，点选“控制器”图标按钮，在图 2-1-4 中间窗格中对应显示可供选择的众多 PLC 中，选择 SIMATIC S7-1200 系列中的 CPU1214C DC/DC/DC 作为本例新项目系统的 PLC 控制器，若干性能参数见图右侧显示说明。

在图 2-1-4 上部默认的 PLC 设备名称为 PLC_1，可以根据项目的特定含义重命名，便于识别记忆。

在图 2-1-4 左下角，勾选“打开设备视图”。然后，点击图右下角的“确定”按钮，组态软件系统自动为“1200 精简屏项目”添加 PLC 控制器设备，并弹出图 2-1-5 所示画面。图 2-1-5 所示画面称为“项目视图”画面，这是博途组态软件工作的主要编辑组态工作画面之一，主要分为四个窗格：左侧为项目树窗格；中上部为工作区窗格；中下部为巡视区窗格；右侧为选项板窗格。首先记住这几个窗格（也称为窗口）的名称，它们的作用和用法会陆续介绍。

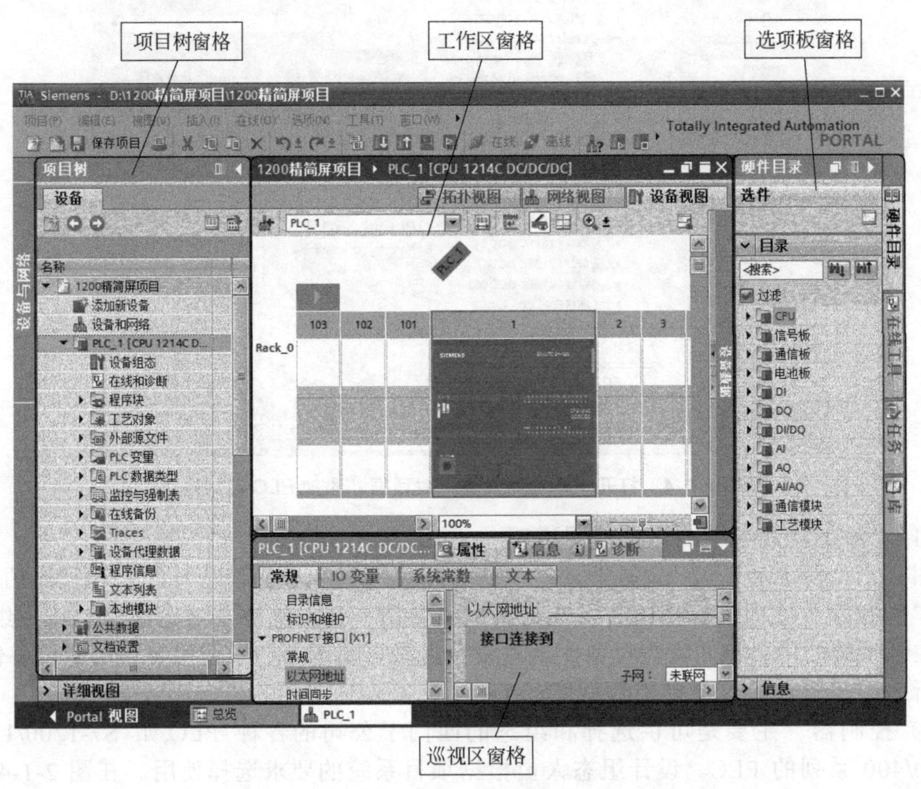

图 2-1-5　添加了 PLC 控制器后的项目视图

经过以上操作，在图 2-1-5 的项目树窗格，新增了名称为“PLC_1”的 PLC 设备及其组态该设备的各种编辑器。工作区窗格显示该设备的“设备视图”。工作区的显示内容会因打开的编辑器不同而不同，有时显示各种视图，有时显示表格等，是组态编辑项目的主要操作窗格，所以称工作区窗格或工作区窗口。

（3）添加 HMI 设备,选用 KTP700 Basic 精简系列面板

下面为新项目添加 HMI 设备，双击图 2-1-5 项目树窗格中的“设备”→“1200 精简屏项目”→“添加新设备”，系统再次弹出“添加新设备”对话框，见图 2-1-6，这次添加 HMI 设备。

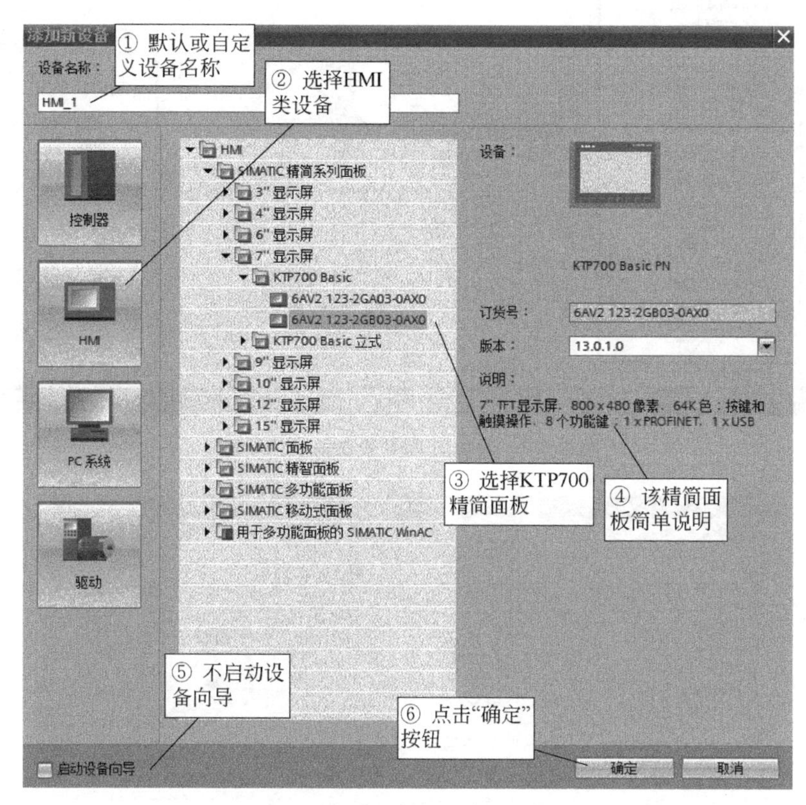

图 2-1-6　打开“添加新设备”对话框，添加 HMI 设备

为新添加的 HMI 设备命名，本例默认为“HMI_1”；点选左侧的“HMI”选项按钮（被选中则按钮高亮显示）。按照图 2-1-6 所示，选择订货号为“6AV2 123-2GB03-0AX0”，型号为“KTP700 Basic”的精简系列面板，图 2-1-6 右侧可以看到该型号按键触摸面板的主要性能参数，详细数据可参阅设备手册。点击“确定”按钮，弹出图 2-1-7 项目视图。

图 2-1-7 是“1200 精简屏项目”添加了 HMI 设备后的项目视图，在项目树窗格能看到新增加的 HMI 设备模块及结构，即 KTP700 Basic 精简面板及组态该面板属性的所有编辑器。在工作区窗格，显示当前面板的设备视图；巡视窗格显示所选面板的属性等选项卡内容；选项板区当前显示的是工具箱的内容，即可用于精简系列面板的各种画面对象。

（4）添加驱动器设备，选用 G120 系列变频器

如图 2-1-8 所示，采取同样方法，调出“添加新设备”对话框，为新项目添加驱动器设备，选用 G120C PN 2.2kW 变频器，该变频器具有两个 PN 端口，即采用 PROFINET 网络通信，设备名称默认为“驱动_1”。

图 2-1-7　添加了 HMI 设备的项目视图

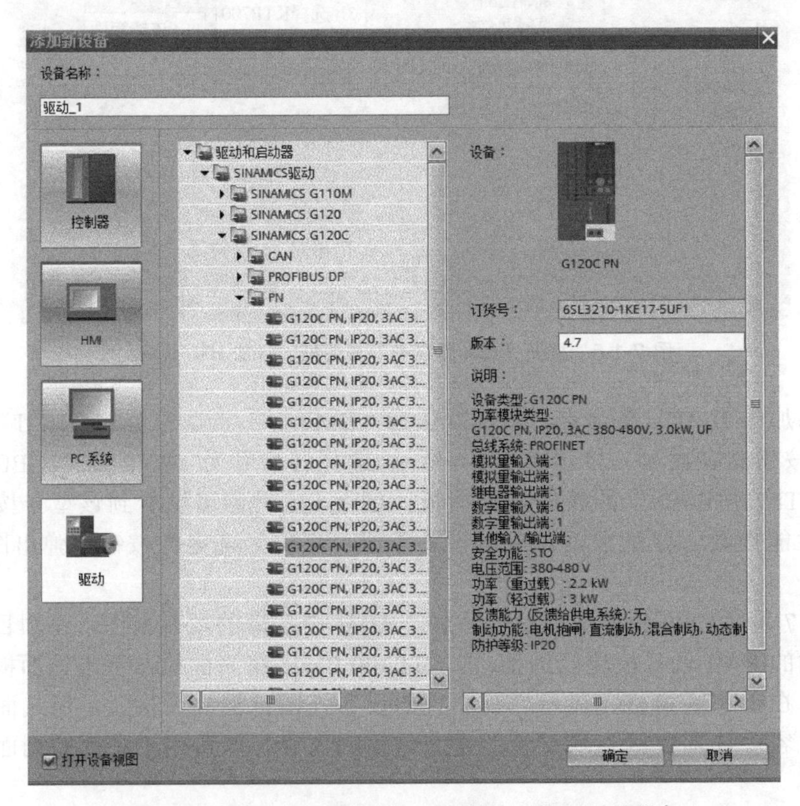

图 2-1-8　通过“添加新设备”对话框，添加驱动器设备

按照第一章图 1-1-6 的系统方案，需要配置两个变频器，第二个变频器功率为 30kW，选用 SINAMICS G120 变频器。如图 2-1-9 所示，再次调用“添加新设备”对话框，选择变频器控制单元 CU240-2PN，加入项目后，显示画面如图 2-1-10 所示。在工作区窗格中

的设备视图中，变频器设备仅有控制单元，功率单元空置，在选项板窗格的“硬件目录”选项板中，点击小三角符号展开“功率单元”文件夹，双击选择配置 PM240 30kW 的功率单元。配置结果如图 2-1-11 所示。

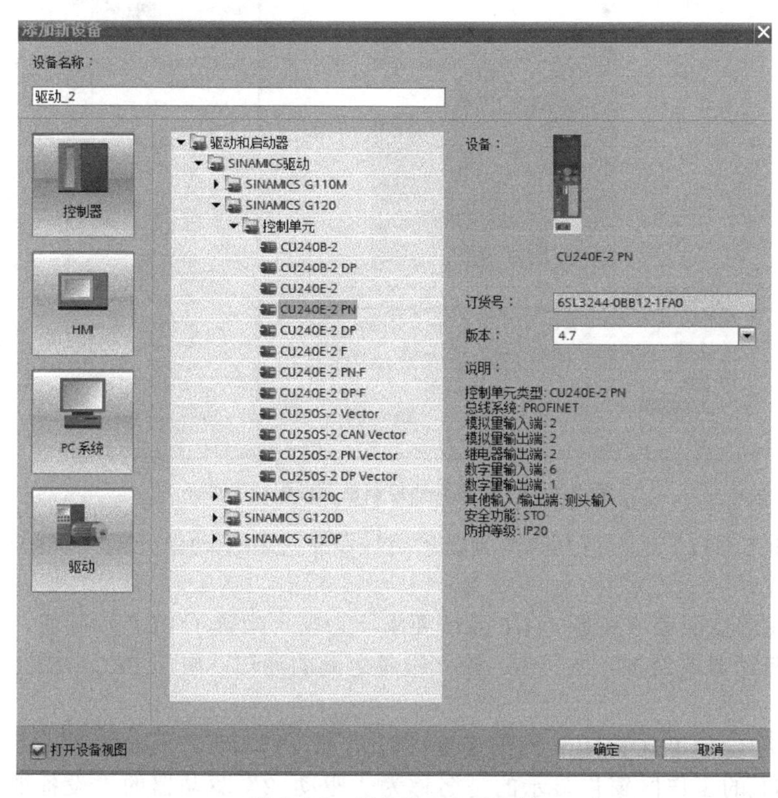

图 2-1-9　添加第二个驱动器

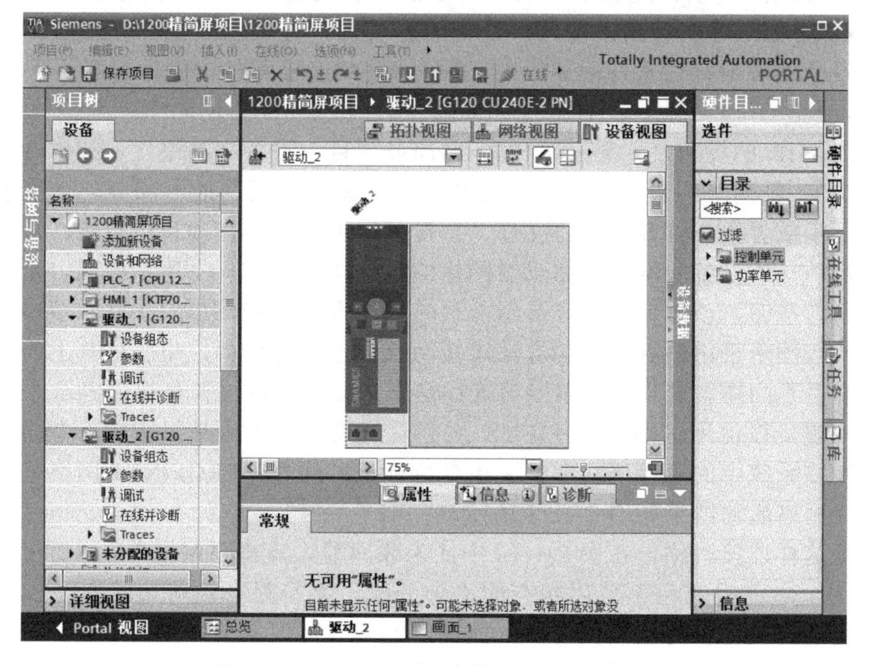

图 2-1-10　添加了两个变频器后的项目视图

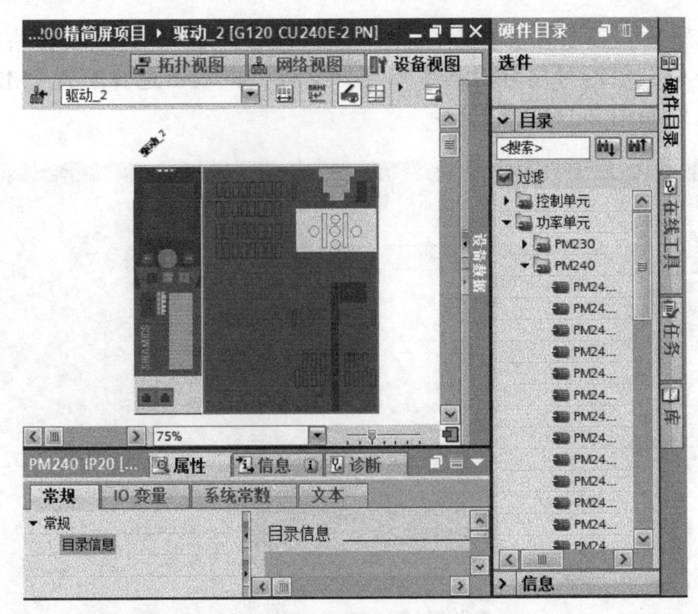

图 2-1-11　为驱动器控制单元增配功率单元

SINAMICS G120 功率稍大的变频器采用控制单元和驱动单元的模块化结构，分别组态，灵活集成。

至此，我们按照第一章图 1-1-6 系统要求，为项目配置了 PLC 控制器、HMI 面板和两个变频器驱动器等设备。下一步，建立设备之间的通信，应用 PROFINET 网络连接各个设备。

步骤三　运用 PROFINET 网络连接“1200 精简屏项目”各个设备

图 2-1-11 的工作区窗格显示的是名称为“驱动_2”驱动器的“设备视图”，此时已经为基本控制系统项目配置了规划所需要的所有设备，点击“网络视图”选项卡，如图 2-1-12 所示，可以看到表示四个设备的方块图，方块图上标明设备名称、设备基本型号、设备实物的略图和 PROFINET 工业以太网连接网口。图中设备方块可以移动调整位置。

见图 2-1-12 的标题栏，显示“1200 精简屏项目→设备和网络”，初学者注意，这实际是“1200 精简屏项目”下的“设备和网络”编辑器画面的一部分。当不慎关闭了该画面的显示或者重新打开该项目文件，想显示该画面时，在项目树窗格，双击“1200 精简屏项目”→“设备和网络”编辑器图标即可。按照图 2-1-12 所示说明，点选工具栏中的“网络”按钮，该按钮呈高亮显示，这时四个设备的 PROFINET 联网端口亦呈高亮绿色显示，按图示采用鼠标拖拽的方法连接网络。连接过程中，电脑屏幕上的鼠标箭头显示图标会呈不同图案变化，示意当前连线是否可行，注意这种可视化提示。

我们知道，以前用过的 PROFIBUS 网络总线连接，无论是组态软件中的网络图连接，还是实物系统中的连接网线都是采用紫色标记；同理，PROFINET 网络采用绿色色标。连接成网络后的结果如图 2-1-13 所示。

也可以这样连接网络，在图 2-1-12 中，未联网前，点击“网络”按钮后，两个驱动器方块图中，之前呈灰色不可用状态的“未分配”字符呈彩色可用状态显示，“未分配”表示驱动器设备没有连接具有 IO 控制器的网络，现在呈彩色显示表示可以连接网络，选择分配 IO 控制器。

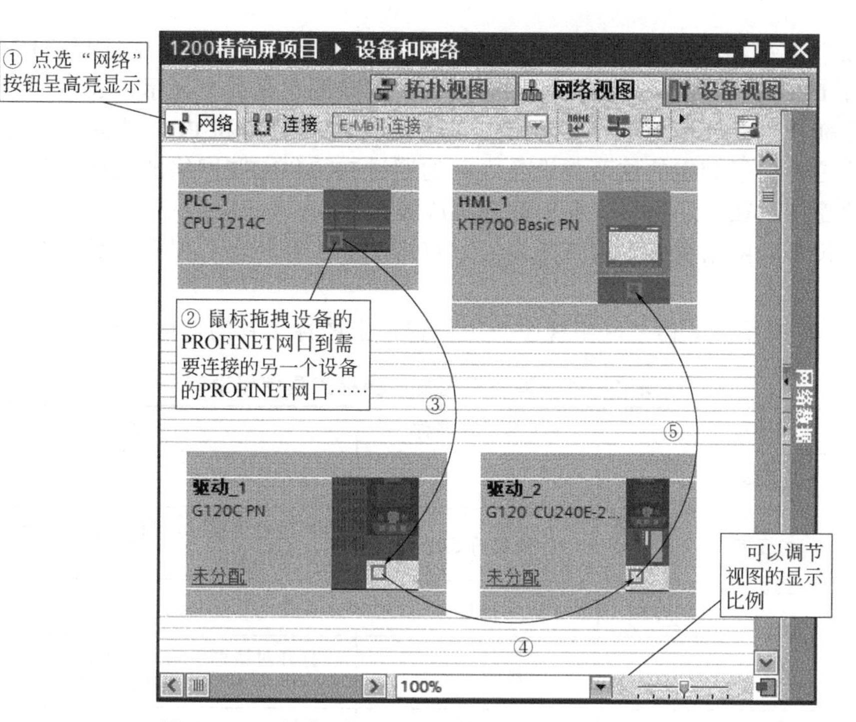

图 2-1-12　未联网的“1200 精简屏项目”网络视图

图 2-1-13　连接成 PROFINET 网络的“1200 精简屏项目”网络视图

点击彩色状“未分配”字符，在随即弹出的选框中选择 IO 控制器的“PLC_1.PROFINET 接口_1”即将驱动器连接到 PLC 控制器。在右击“未分配”字符的快捷菜单中，执行“分配给新 IO 控制器”命令同样连接网络，并分配指定控制器。

在设备之间组成网络后，在 PLC 设备和 HMI 设备之间还要建立“HMI 连接”，点击“连接”按钮，使按钮呈高亮显示，在后面的连接下拉选项格中选择“HMI 连接”项，此时 PLC 和 HMI 设备方块图上的设备实物略图也呈高亮显示，表示可以连接的设备。同样拖拽鼠标连接两个设备的网口即建立了 HMI 设备和 PLC 设备之间的“HMI 连接”，这是西门子制定的这两类设备之间的通过PROFINET网络的快速通信协议。区别于之前的连接，在博途组态软件中称为集成连接。

项目设备联网结束后，检查无误后，点击图标工具栏上“保存项目”命令按钮保存项目。

表 2-1-1 为图 2-1-13“网络视图”工作窗口上图标工具的使用说明。

表 2-1-1　网络视图窗口图标工具使用说明

工具图标	工具图标名称	说明
网络	设备联网	联网设备模式
连接	创建新连接	创建连接模式。可以使用相邻的下拉列表来设定连接类型
HMI连接	下拉列表	连接选项下拉列表
	分配设备名称	打开对话框手动为 PROFINET 设备命名。为此，IO 设备必须已插入并与 IO 系统在线连接
	显示地址	显示网络接口地址
	显示分页符	启用分页预览。打印时将在分页位置显示虚线
	缩放选择	可以在操作过程中使用缩放符号放大（+）或缩小（–）视图，或者在要放大的区域拖出一个框来进行放大
	保持窗口设置	保存当前的表格视图。表格视图的布局、列宽和列隐藏属性被保存

如图 2-1-13 所示，在组网过程中，博途组态软件默认命名网络名称为 PN/IE_1，并为每个网中设备默认定义以太网地址，用户可以修改自定义地址。点击“网络视图”侧边上的收放按键，可以在工作区窗格交替显示网络视图和网络数据表格，电脑屏幕够大时，可同时对照显示“网络视图”和“网络数据”，这也是在推荐选用应用博途软件的电脑时，希望电脑显示屏大些为好的原因之一。

网络数据画面以表格的形式显示当前网络视图的概览数据，诸如设备、型号、子网地址、子网名称等，显示目前创建存在的连接和 IO 通信等。

当在视图工作窗口选中一个设备时，在巡视窗格工作区将显示所选设备的属性等，可以在属性巡视窗格组态设定一些地址、名称、参数等。

在图 2-1-13 右侧“硬件目录”选项板上，罗列目前可以加入到项目网络视图中的设备和器件，通过鼠标拖拽的方法将设备或器件从“硬件目录”上拖拽到“网络视图”中，在项目树窗格同时看到新增的设备项，这等同于通过“添加新设备”对话框为项目添加新设备。也就是组态编辑设备控制系统时，在项目树导航窗口，通过双击打开“设备和网络”编辑器（不再通过打开“添加新设备”编辑器），选择“网络视图”选项卡，在“硬件目录”选项板上筛选需要的硬件设备器件，拖拽到“网络视图”中，然后使用窗口上方的图标工具等建立网络和连接。我们将在下一节用这种方法组建设备网络系统。

二、实物系统和博途项目文件

如图 2-1-14 所示，图右侧是几个主要设备构建的 PROFINET 网络控制系统,图左侧是前面用博途组态软件创建的“1200 精简屏项目”项目文件的项目树，每个设备都是相对独立的一个模块项目，或者说是模块文件，模块文件和实际设备一一对应，所谓一一对应还体现在，在按照图中基本控制系统接线通电调试时，模块文件要下载到对应的实际设备中去，特别是实际系统中有大量相同型号的设备时，不可弄混下载次序。所以，每个设备都必须有唯一的设备名称，下载文件参数前，必须在线分配好网络设备名称，保证正确地对应下载设备文件参数等。

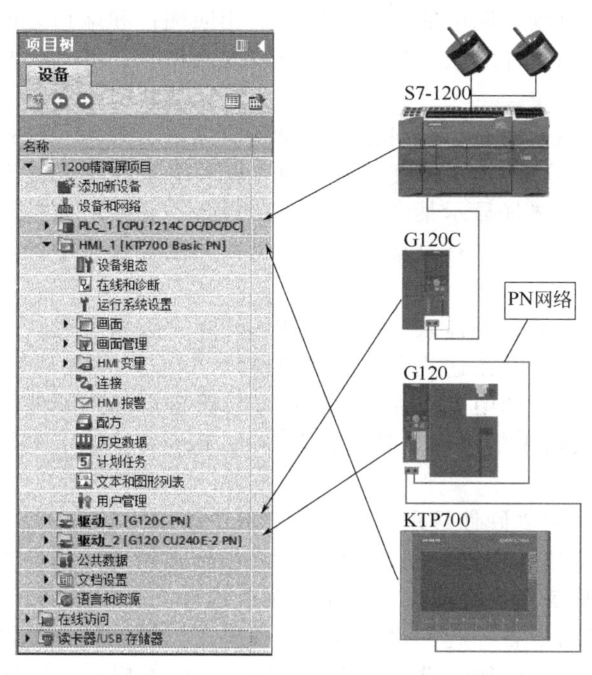

图 2-1-14　中小型基本控制系统和博途项目文件

每个设备可以单独创建、组态和编辑。点击项目树中设备文件夹前的小三角符号，可展开该设备文件夹，通过文件夹内方方面面的编辑器，进一步组态编辑调试设备各个方面的性能和参数，使之按照机器设备的工艺目的要求工作。图 2-1-14 展开了其中精简屏设备“HMI_1”的文件夹结构，显示出很多 HMI 设备的编辑器、组态工具、编辑表格等，还需要通过这些编辑器等创建 HMI 变量、编辑与控制过程以及控制系统自身相关的画面等一系列工作，进一步组态编辑 HMI 设备的性能参数。

第二节
博途创建 S7-1500 PLC+精智面板系统模块构架实例

我们再来介绍一个创建系统架构的实例，以增强对博途组态软件创建自动化系统项目的理解和认识。不同的是本例创建第一章图 1-1-7 所示的由 S7-1500 PLC 和精智屏为主构建的基本控制系统，从“设备和网络”编辑器入手创建项目。

这是一个面向中大规模控制系统的基本控制系统案例，如果机器设备工艺系统要求更高，还可以选用更高端的 CPU 模块，例如 CPU1518 等，这已相当于或超过之前 S7-300/400 PLC 的技术指标。

一、“设备和网络”编辑器简介

“设备和网络”编辑器是一个集成开发环境，用于对设备和模块进行组态、联网和参数分配。该编辑器可为自动化项目的实现提供非常多的帮助。打开该编辑器可看到工作区窗格有三种不同的视图，即拓扑视图、网络视图和设备视图。

在拓扑视图中，可以在图中的以太网模块的相应端口和端口之间互联。可以在此添加其它带以太网接口的硬件对象，显示和组态以太网拓扑，要求要与实物端口准确一一对应。

在网络视图中，显示所有与网络相关的设备、网络、连接和关系。在图中，可以添加硬件目录中的设备，通过其接口使其彼此相连以及组态通信设置等。

在设备视图中，可选择显示某个硬件组件或设备，必要时它们彼此间通过一个或多个机架来分配给对方。对于带有机架的设备，可以将硬件目录中的其它硬件对象安装到机架的插槽中。

可以根据项目组态编辑的需求，如生成和编辑单个设备和模块、整个网络和设备组态或项目的拓扑结构，随时在这三个视图间切换。

在网络视图和拓扑视图中有多种方法将可连接设备添加到硬件配置中。

① 双击打开项目树中的“添加新设备”（Add new device）对话框，这个方法在上一节中已经介绍。

② 在选项板窗格的“硬件目录”选项板中双击所选中的设备。

③ 在网络视图或拓扑视图中从“硬件目录”中拖拽所选设备的“订货号”文本条目。

④ 使用“硬件目录”中相应设备的快捷菜单进行复制和粘贴。

合适的机架将随新设备一起创建。所选设备插在机架上第一个允许的插槽中。

无论选择哪种方法，添加的设备在项目树以及“设备和网络”编辑器的“网络视图”中都可见。

在“设备和网络”编辑器的巡视窗格包含当前所选定标记对象的相关信息，如设备硬件属性等。在此处可设定或修改所选定标记对象的属性等。

二、可视化创建过程

步骤一 创建名称为“1500 精智屏项目”的项目文件

方法同上节示例相同。

双击电脑桌面上的 TIA Portal V13 软件快捷启动图标，打开 TIA Portal V13 自动化工程项目开发软件，在软件“启动”画面中，点选“创建新项目”命令项，在画面右侧显示的窗格中，在“项目名称”格中输入项目名称“1500 精智屏项目”，指定项目文件存储路径和位置，点击“创建”按钮。

随后打开“1500 精智屏项目”的“项目视图”，画面如图 2-2-1 所示。

步骤二 为“1500 精智屏项目”添加设备

（1）添加 PLC 控制器设备，选用 S7-1500 系列 PLC

在图 2-2-1 中，双击打开项目树窗格中的“设备和网络”编辑器，在工作区窗口，

①点击打开“网络视图”选项卡。②在图右侧选项板窗口，点击打开“硬件目录”选项板，在选件目录中找到PLC设备订货号，双击该订货号条目。③“网络视图”窗格会自动显示PLC设备方块示意图，在设备方块图中，博途软件系统会自动为设备定义默认名称“PLC_1”和设备型号等。同时，我们在项目树窗格中，看到“1500精智屏项目”项目项下新增了“PLC_1”设备项。至此，我们为当前项目添加了一个控制器设备。

图 2-2-1 “1500精智屏项目”项目视图画面，添加PLC设备

如果要了解和编辑该设备，还可以打开“设备视图”对设备进行组态编辑。“设备视图”是对一个设备进行组态编辑的视图画面，在该画面中，可任意选择显示控制系统中的一个设备进行编辑，例如在对应设备的属性巡视窗口，可以重新自定义设备名称，修改网络地址等。

（2）添加HMI触摸屏设备，选用TP1200精智系列HMI设备

同样，继续在“硬件目录”选项板上，选择HMI设备，可以采用搜索功能，在图2-2-2右侧“硬件目录”选项板搜索方格内输入所搜索的设备型号，如TP1200，点击“向上搜索”或“向下搜索”按钮命令，系统会自动显示所搜索的设备项，双击该设备订货号，即添加该设备。

可以在项目树窗格看到新添加的设备项，可以在此更改设备名称，可直接在设备名称上修改，例如本例将PLC设备名称修改为“PLC_2”，HMI设备名称修改为“HMI_2”。

（3）添加驱动器设备，选用G120变频器

按照同样方法，为项目添加两个变频器，见图2-2-3。

（4）添加按钮面板HMI设备，选用KP8 PN按钮面板

按照同样方法，搜索KP8 PN，添加按钮面板，见图2-2-3。

图 2-2-2　为“1500 精智屏项目”添加 HMI 设备

（5）添加分布式 PROFINET IO 设备，选用 ET200MP

按照同样方法，搜索 ET200MP（或者选用 ET200SP），添加 PROFINET IO 分布式设备接口模块 IM155-5 PN ST 及机架，见图 2-2-3。这里，根据机器设备工艺控制的要求，

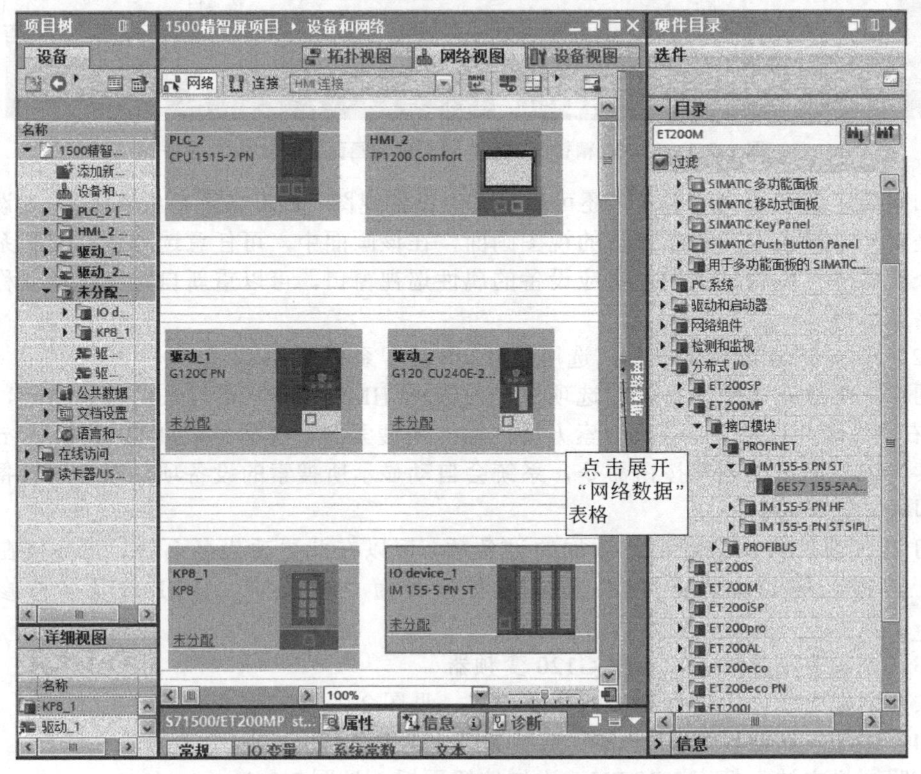

图 2-2-3　为“1500 精智屏项目”添加其它设备

可以在“设备视图”选项卡，进一步为 ET200MP 的接口模块 IM155-5 PN ST 配置其它硬件模块，即将所选设备插在机架上允许的插槽中。

在图 2-2-3 项目树窗格中，博途组态软件系统把暂时没有分配网络设备名称的设备归纳在“未分配设备”文件夹中。

步骤三 运用 PROFINET 网络连接“1500 精智屏项目”各个设备

上一节已介绍，通过鼠标拖拽的方法，将添加的各个设备联网。联成 PROFINET 网络后的“1500 精智屏项目”网络视图见图 2-2-4。检查并保存项目。

图 2-2-4 左侧网络视图显示 PROFINET 网络名称为“PN/IE_1”，各个设备在网络中的名称和地址。图右侧显示当前网络的网络概览数据。从网络概览表格中看出，网中每个设备都有内置网络交换机的两个网络端口，便于设备联成直线形网络或者环形网络。

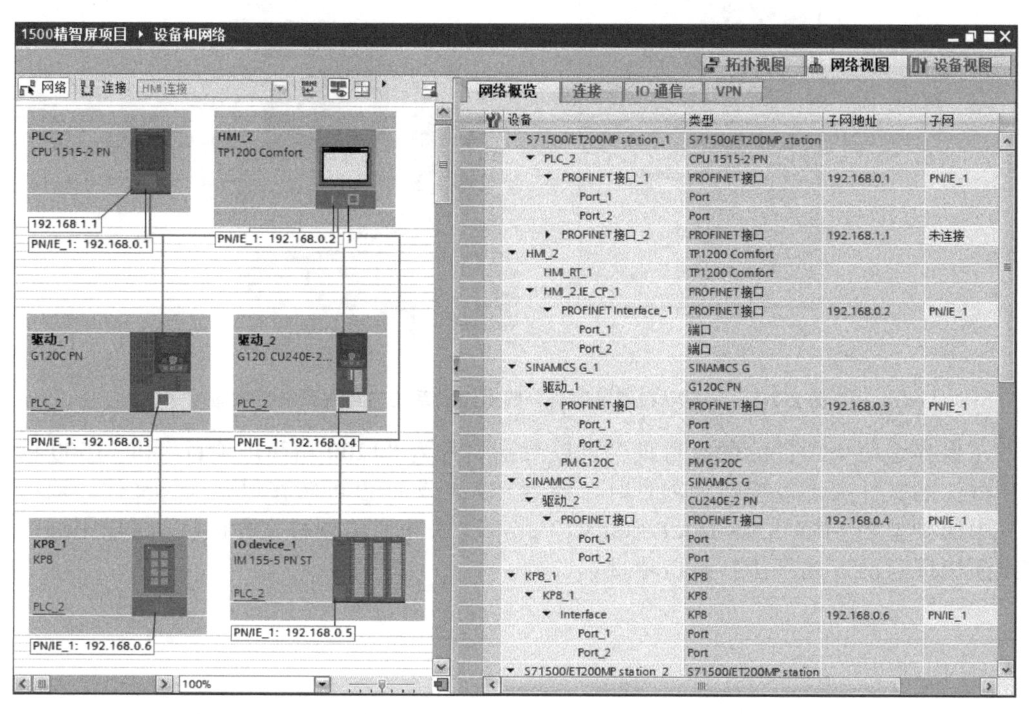

图 2-2-4 “1500 精智屏项目”联网后“网络视图”及网络数据概览

图 2-2-5 是“1500 精智屏项目”全部主要设备联网后的项目树导航窗格图和实物系统示意图的对照。其中展开了 HMI 设备项目组态的各个编辑器的情况，从第三章开始，我们将通过实际应用项目中的一些案例介绍这些 HMI 设备编辑器如何使用，如何定义和编制 HMI 变量表，如何组态编辑项目画面，如何运用画面对象，如何建立 HMI 设备与 PLC 设备的通信等。

本章我们使用博途组态软件创建了两个基本的自动化系统项目，这仅是项目的设备网络架构，每个设备还没有组态编辑参数。需要 Team Design 时，可以在此基础上，分头进行设备的组态编辑，并充分利用库任务卡的功能（见第十三章介绍）。例如熟悉 PLC 编程的人员围绕机器控制工艺组态设计编制 PLC 控制程序等；熟悉 HMI 面板应用的人员组态编辑项目画面，与 PLC 正确通信完成项目管理和控制；熟悉 SCADA 的人员准备与企业资源规划和管理相关的项目内容的设计和组态工作。很多时候，一两个人就可以完成整套系统的组态设计编辑调试工作，这也是博途自动化工程组态软件高效快捷的卓越之处。本书力求初学者通过对本书的学习，从入门到精通西门子最新 HMI 设备的应用技术。

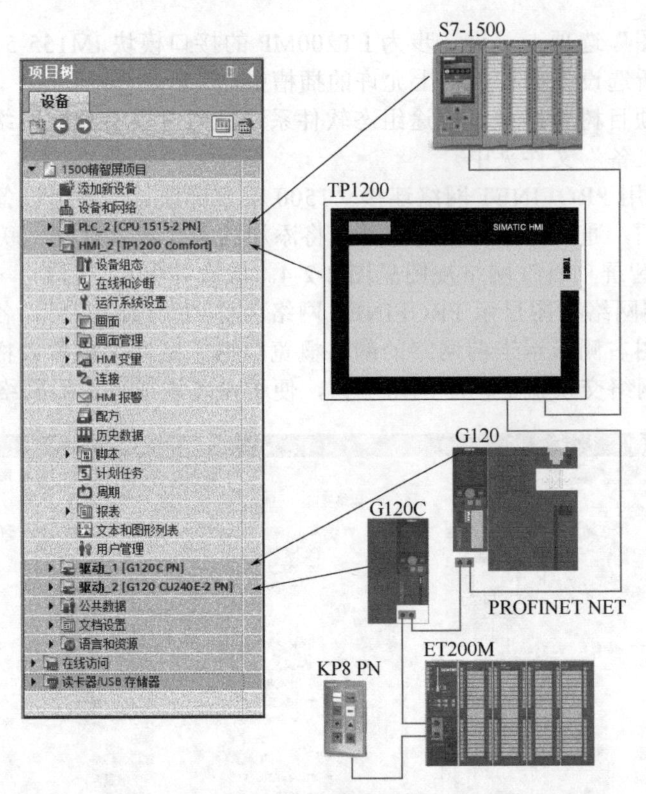

图 2-2-5 “1500 精智屏项目”博途组态系统与实物系统示意图

在保存这两个项目的硬盘目录中可以看到名称为“1200 精简屏项目”和“1500 精智屏项目”的文件夹。需要传递项目时，通过 SD 卡或 U 盘可转移保存项目文件。双击文件夹中的类型为 SIEMENS TIA Portal V13 project 快速启动项目文件图标，可以不通过电脑桌面快捷启动方式直接打开该项目。

Chapter 03

第三章 通过HMI设备向导创建HMI项目

第一节 创建一个新项目

HMI 设备是控制系统中的人机交互设备，PLC 设备是控制系统中过程量检测、分析、判断、运算和发出操作指令的核心控制单元设备，这两个是控制系统的主要设备。一个基本的控制系统通常由 PLC(控制器)、HMI 设备和它们之间的通信机制构成，HMI 设备通过 PROFINET 总线网络与 PLC 通信，交互数据信息，也支持 PROFIBUS 等多种通信协议。本章首先通过 TIA 博途工程设计组态软件运用上一章介绍的方法创建一个新项目。这个新项目是由 S7-1513 PLC、TP900 精智触摸屏和 PN 通信总线组成的一个基本的控制系统。在为新项目添加 HMI 设备（即本例中的 TP900 触摸屏）时重点介绍运用 TIA 博途软件的“HMI 设备向导”创建一系列项目画面，解说这些画面和画面内容，使读者有一个初步认识,同时介绍有关博途组态软件的工作界面窗口和其中的命令工具等。

步骤一 创建控制系统项目——内含 HMI 设备项目

读者练习按照第二章介绍的方法，在博途自动化工程项目组态软件中创建一个名称为“PLC1513 和精智屏”的项目。

打开“PLC1513 和精智屏”的“项目视图”如图 3-1-1 所示。

此时，已创建的新项目仅仅是一个需要添加和编辑很多内容的空架构，在图 3-1-1 的项目树（即项目组态导航窗口）栏目中，需要为新项目选择配置设备。

步骤二 为控制系统添加硬件设备——CPU1513 和 TP900

在图 3-1-1 项目树窗格中，双击“设备”→“PLC1513 和精智屏”→“添加新设备”，弹出“添加新设备”对话框，首先点选控制器类设备，选择 CPU1513-1PN，点击“确定”添加 PLC 设备。其中 1PN 表示该 PLC 具有一个 PROFINET 接口，支持工业以太网通信，其它细

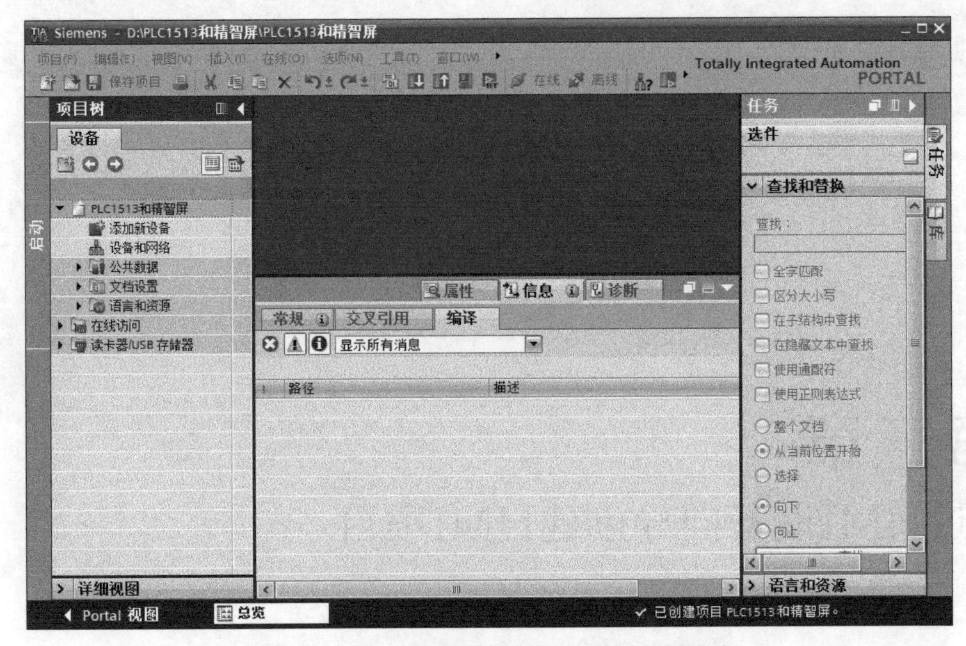

图 3-1-1 “PLC1513 和精智屏”的项目视图界面

节见右侧的显示说明。默认的 PLC 设备名称为 PLC_1，也可以根据项目的特定含义重命名。

继续为“PLC1513 和精智屏”项目添加 HMI 设备，再次调出“添加新设备”对话框，如图 3-1-2 所示，添加 HMI 设备。系统默认为其命名为“HMI_1”，选择订货号为“6AV2

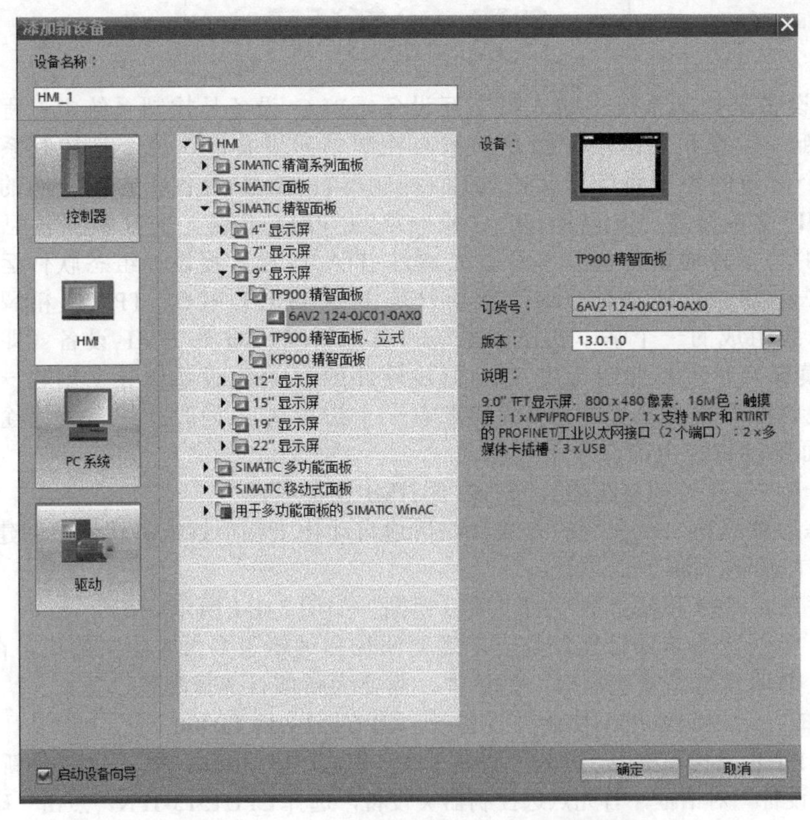

图 3-1-2 “添加新设备”添加 TP900 精智面板

124-0JC01-0AX0”,型号为“TP900 Comfort”的精智触摸面板，TP 表示触摸屏面板，900 表示显示屏大小为 9 英寸，Comfort 表示为精智型。

第二节 “HMI 设备向导”应用

步骤一 由“HMI 设备向导”连接 HMI 和 PLC 两个主要设备——联网

勾选图3-1-2左下角“启动设备向导”，点击图3-1-2右下角的“确定”按钮，弹出图 3-2-1“HMI 设备向导”开始画面。博途组态软件系统会在后台为新项目自动添加所选择的 HMI 设备，并在项目树中显示 HMI 设备及各种设备属性编辑器，同时转入“HMI 设备向导”连续操作显示画面。

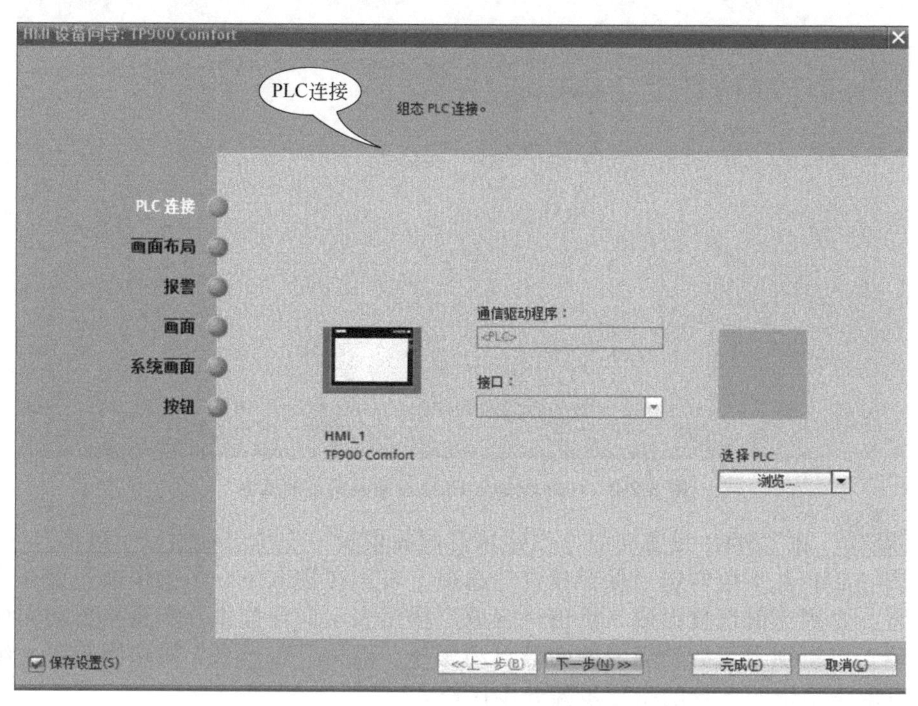

图 3-2-1 将选择的 HMI 设备与 PLC 连接

“HMI 设备向导”是博途组态软件系统提供的一组辅助组态设计人员快捷添加 HMI 设备，连接 HMI 和 PLC 之间通信,组态编辑 HMI 设备关联控制系统的画面、画面对象和画面结构的连续画面组态操作向导。了解这个向导和其中的主要内容是学习 HMI 设备应用的重要环节，可以帮助读者学习和了解博途组态软件对在自动控制系统中组态 HMI 设备的基本思路和控制系统画面的基本结构和画面对象，强化学习知识的系统性。当读者对 HMI 设备的组态应用比较熟练和有较全面的认识后，也可以不使用“HMI 设备向导”，直接创建项目画面等，这方面的知识在下一章中介绍。

下面先来认识“HMI 设备向导”，进入“HMI 设备向导”对话框，见图 3-2-1。

首先是组态 PLC 连接，即将已经创建的名称为“HMI_1”的精智系列触摸屏与先前创建的 PLC 进行通信连接。该画面还显示出，如果连接成功将显示通信所采用的通信驱动程序和使用的连接接口。之前我们通过一系列设备操作手册，已经知道 TP900 Comfort 触摸屏和 CPU1513-1PN 可编程控制器支持多种通信驱动程序，都具有 RJ45 接口，支持 PROFINET 工业以太网通信。

点击图 3-2-1 右下方“选择 PLC”下的浏览选项按钮，在随之弹出的选项窗口中（无图示），点选前面已经创建的名称为“PLC_1”的 PLC 控制器，然后点击呈勾选标记的确认按钮。呈现图 3-2-2 画面，显示 HMI 设备已与 PLC 设备连接。

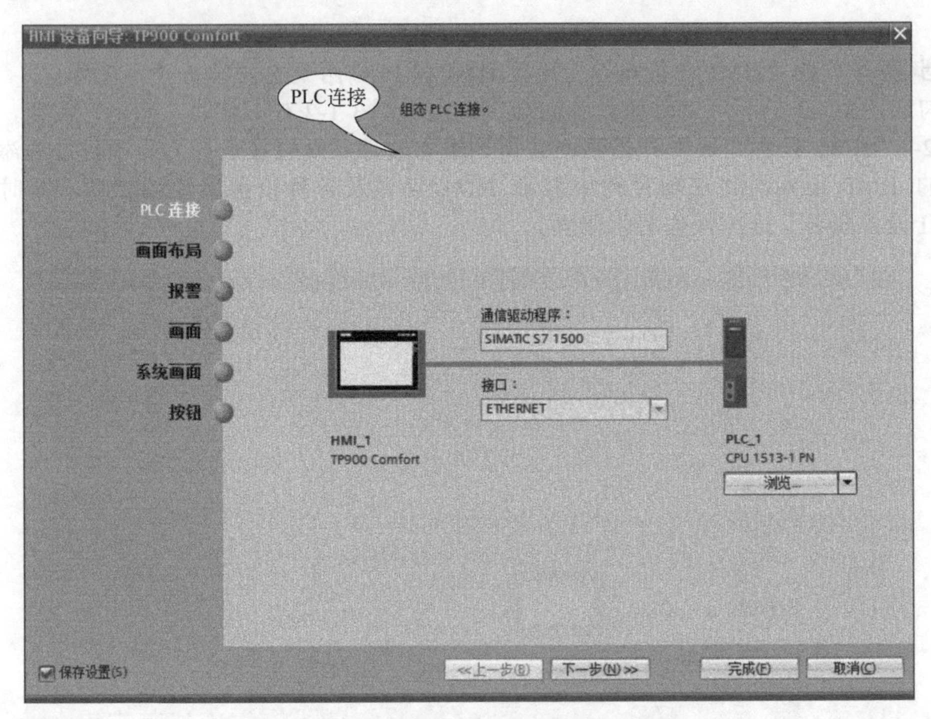

图 3-2-2　HMI 设备与 PLC 设备连接后的画面

步骤二　由“HMI 设备向导”创建项目画面模板——统一画面显示风格

在图 3-2-1 左下角勾选“保存设置”选项，表示在进入下一步操作前，保存当前所作的设置，否则当前设置无效。点击“完成”按钮表示向导操作一步直接自动完成，点击“取消”按钮则表示取消当前的向导自动操作。点击“下一步”按钮则表示由组态设计人员有取舍地依照向导的指导步骤分步操作。

点击图 3-2-2 中的按钮“下一步”，进入“画面布局”对话框，如图 3-2-3 所示。

如果选择了图 3-2-3“画面布局”中的诸选项，则所建新项目中的所有画面都具有所选的统一显示格式。例如为图 3-2-3 中“画面”→“背景色”选定了一种颜色，则当前项目所有画面的背景色都是该颜色。

同样道理，图 3-2-3 中勾选了“页眉”及“页眉”下的“浏览域”，“日期和时间”和“Logo”等选项，这表示项目中的所有画面上部都有“页眉”，且“页眉”中的显示内容是一样的。本例“页眉”中的这个浏览域中存储有项目的所有画面的名称清单，例如根画面、画面 0、画面 1 等，在触摸屏实际运行系统中，点选浏览域中任一画面名称，即显示该画面，而且在项目的所有画面中都可以看到和操作这个浏览域，其作用是使 HMI 操作者可以随时方便地查看任意画面。

勾选“日期/时间”项，表示每个画面都有显示当前 HMI 系统日期和时间的显示区域。

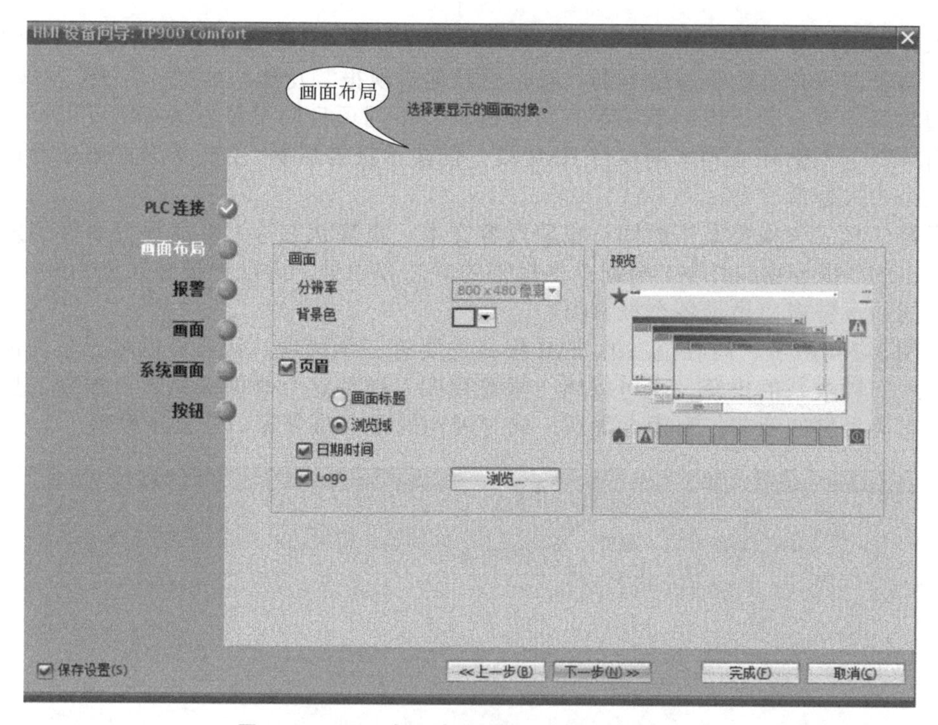

图 3-2-3　画面布局使画面具有风格一致的样式

点击 Logo 项后面的“浏览”按钮，可以选择 Logo 图标，例如本例图 3-2-3 预览框中的红色五角星。

图 3-2-3“画面布局”的做法，实际是通过后面章节还要详细介绍的画面“模板”编辑器实现的，编辑和制作模板，可以使一个项目的各个画面具有统一协调的画面显示风格，突出为一个控制任务服务的含义。

“HMI 设备向导”的“画面布局”根据在该画面中做出的选择自动预定画面模板，定制画面布局。在后面章节的画面“模板”编辑器的学习中，可以看到当前 HMI 设备向导自动定制的模板，可以在“模板”编辑器中修改，可以灵活调整和更换该模板中的画面对象。

点击“下一步”按钮，进入项目“报警”功能的组态对话框。

步骤三　由“HMI 设备向导”创建项目报警功能画面

“报警”是由 PLC 和 HMI 设备构成的自动化控制系统中的重要概念。为了保证控制系统安全可靠地工作运行，人们非常关心控制系统中一些过程和过程量、对象和参数、事件和操作等的运作变化情况，它们的工作数据和动态信息是否处在正常合理的变化区间内，关系到整个控制系统的安全可靠工作运行。具体一点的实例就是：温度是否超过限值，传感器当前检测值是否在正确区间内，程序运算结果是否溢出错误，通信是否出现干扰，打印机是否故障等。对这些情况进行检测监控，当异常时，通过 HMI 设备准确快速地显示传递出来，告知相关人员，这就是报警。现场操作或相关人员对 HMI 报警给予及时响应，干预系统运行，解除危害因素，清除故障，维护电气控制系统（或者更大范围的生产设备工艺系统）的安全可靠工作。这就是报警的作用。

为了实现和完善报警机制，PLC 和 HMI 设备都在发展自己越来越丰富易用的报警功能。例如 PLC 控制器有诊断报警指令和机制，可以对 PLC 自身高速复杂的运行过程进行诊断检测，并将检测结果以代码的形式保存在存储缓冲区内，供取用分析等。HMI 设备有报警视图控件、报警窗口和报警指示器等画面对象，它们通过博途工程软件的“HMI报警”编辑器等有机地组态结合到一起，更好地实现报警功能。

通常每一个自动化控制系统都有报警机制，不同项目的报警方法有所不同。“HMI设备向导”也不例外地为本例项目HMI设备创建了报警机制，主要是为本例项目自动生成了三个“报警窗口”。

报警信息（含报警发生时间、报警内容文本、报警状态等）伴随报警事件的发生显示在弹出的“报警窗口”中，根据众多报警的状态和出处，可以把报警划分为几个类别，通过不同的报警窗口显示各个报警类。

如图3-2-4所示，向导组态的HMI报警主要有三个选项，代表可以用三个“报警窗口“显示三种类别的报警。也可以用“报警视图”控件这个画面对象显示报警信息，用法详见有关报警的章节，后面会知道，向导使用的是“报警窗口”显示报警。

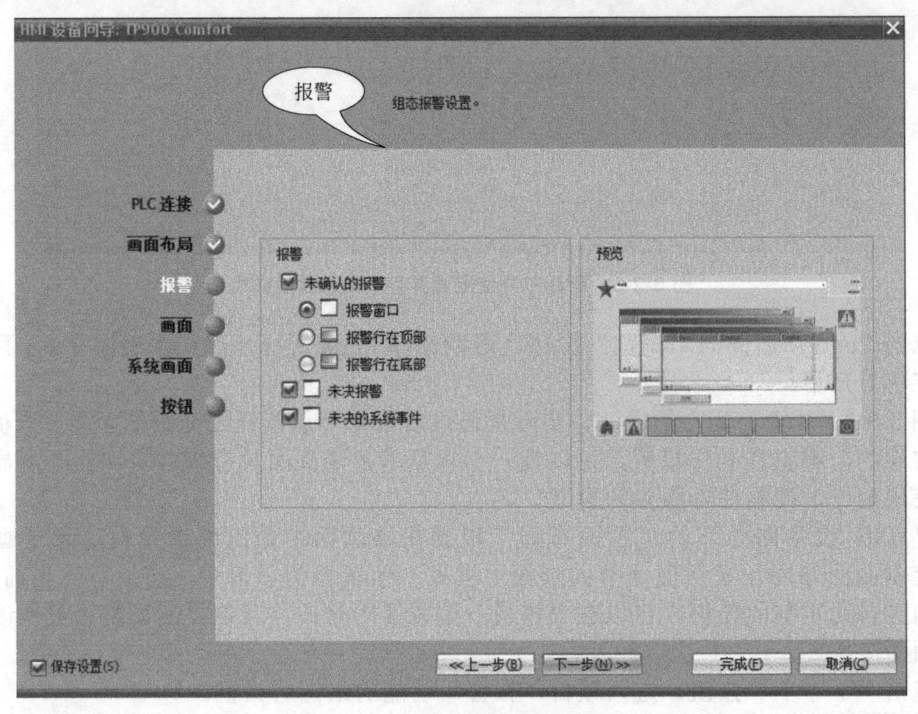

图3-2-4 组态项目的报警设置

①“未确认的报警” “确认”在HMI报警组态中是指某报警事件发生后，其报警信息通过HMI设备显示出来，现场操作人员看到HMI显示的报警信息，知道出现了报警事件，必须对HMI设备的报警指示进行回应，通常是点击HMI设备报警窗口或报警视图画面上的“确认”键以示知晓了报警事件。这个过程就叫“确认”。“未确认的报警”的报警窗口自动弹出显示的都是自动控制系统或者生产工艺设备系统出现的报警信号，而相关操作人员尚不知晓或尚未确认。报警窗口会一直显示在HMI设备上，直至相关操作人员确认，方才自动关闭。

②“未决报警” 注意，确认报警不代表报警事件消失了，可能不良或危害因素仍然存在于系统中。那些没有被解决清除的报警，叫未决报警。不管已确认还是未确认，组态到这一类中的报警一旦发生都通过自动弹出“未决报警”报警窗口显示。

③“未决的系统事件” 报警窗口显示PLC和HMI运行过程的诊断信息，它们的显示内容是系统预置好的，只可读取不可更改。在自动控制技术人员调试运行程序时，可

以参考这个报警窗口，了解系统的运行情况，当控制程序调试运行正常，可以取消该窗口的组态。

经过以上选择组态，“HMI 设备向导”为本例项目自动创建了报警机制，即以三个“报警窗口”显示不同范围的系统中出现的报警信息，辅助相关人员快速了解问题，维护好系统的安全运行。

在预制了较一致的画面显示格式和项目报警机制后，现在需根据项目的具体生产工艺控制内容和具体要求创建项目画面。点击图 3-2-4 中“下一步”按钮，进入“画面浏览”对话框，向导预先创建一组初步画面，组态设计人员根据自己项目内容的逻辑关系安排画面的先后次序，命名画面，围绕系统控制，使人机交互更加方便、快捷、宜人。

步骤四 由“HMI 设备向导”编辑项目画面的先后顺序

图 3-2-5 的画面浏览组态向导，只是给出了一个组态画面及浏览顺序的初始模型。实际项目的控制流程和人机交互要求的复杂与否决定画面数量的多少和浏览顺序。

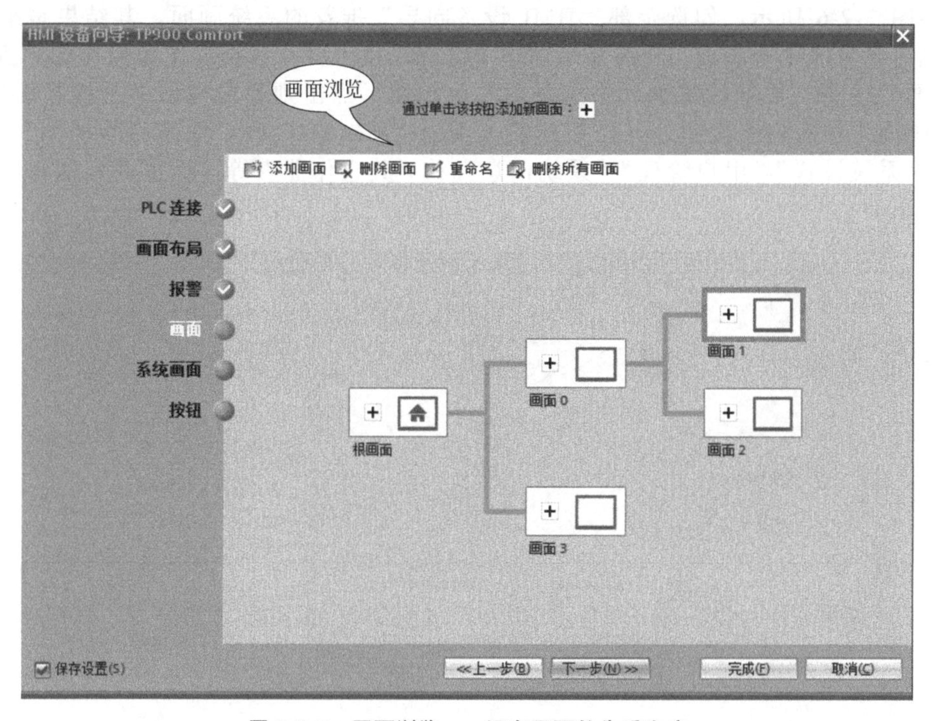

图 3-2-5 画面浏览——组态画面的先后次序

一幅幅的画面通常是从“根画面”(也称为起始画面）开始向下浏览的。一般设定 HMI 设备（对于触摸屏板等有时也习惯称之为 HMI 面板）上电初始化后即显示“根画面”，从根画面起翻页向后浏览，在图 3-2-5 中，从根画面可以翻页查看画面 0 和画面 3，同样，从画面 0 可以翻页查看画面 1 和画面 2。单击图 3-2-5 中的“+”符号，可以在当前页面下添加新的空白画面。不需要的画面可以选择该画面后，执行画面上的“删除画面”命令清除之。

可以重命名画面，例如将画面 0 重命名为“工艺参数预置”等。

在操作向导的“画面浏览”这一步时，组态设计人员要对控制项目需要的画面及先后顺序、画面名称等有一个规划，确认项目的人机交互需要哪些画面，画面的先后浏览顺序如何。

通过向导创建的这些画面还是一个个空白的画面，只是确定了画面的名称和先后次序，就像写书前编写好了创作提纲和目录。画面的具体内容要等到执行完“HMI 设备向导”后，在项目视图的项目树中的 HMI 设备项下的“画面”编辑器中，打开画面进行画面的编辑细化工作，如根据画面的内容要求，为画面组态画面对象（例如各种文字符号、线条、图表、按钮、棒图、控件、图片等），组态画面对象的属性、动画、事件和文本等。

“画面浏览”创建的是与项目控制系统工艺内容密切相关的画面组。还有一些 HMI 设备的操作管理，例如 PLC 和 HMI 设备自己的系统设置、系统运行正确与否的诊断，HMI 设备操作的用户管理等需要用画面的形式表现，便于现场人员的操作设定，同时向现场操作人员显示控制系统的工作运行信息。这一类画面都归为“系统画面”。下面介绍“HMI 设备向导”通过“系统画面”为组态设计人员推荐的一组可供选择组态的系统画面。

步骤五 由“HMI 设备向导”创建项目的系统画面

点击图 3-2-5 中的“下一步”按钮，弹出图 3-2-6“系统画面”对话框。

如图 3-2-6 所示，勾选全部“HMI 设备向导”推荐的系统画面，其结果是组态软件系统自动生成七个画面，全部显示前述 PLC 和 HMI 设备系统工作和操作的内容。在“根画面”中有一显示标签为“系统画面”的按钮，点击则弹出显示“系统画面”，在“系统画面”中有六个按钮，其按钮标签分别为“SIMATIC PLC 系统诊断视图”“项目信息”“系统设置”“用户管理”“系统信息”和“其它作业”等，点击则分别弹出显示对应的画面。

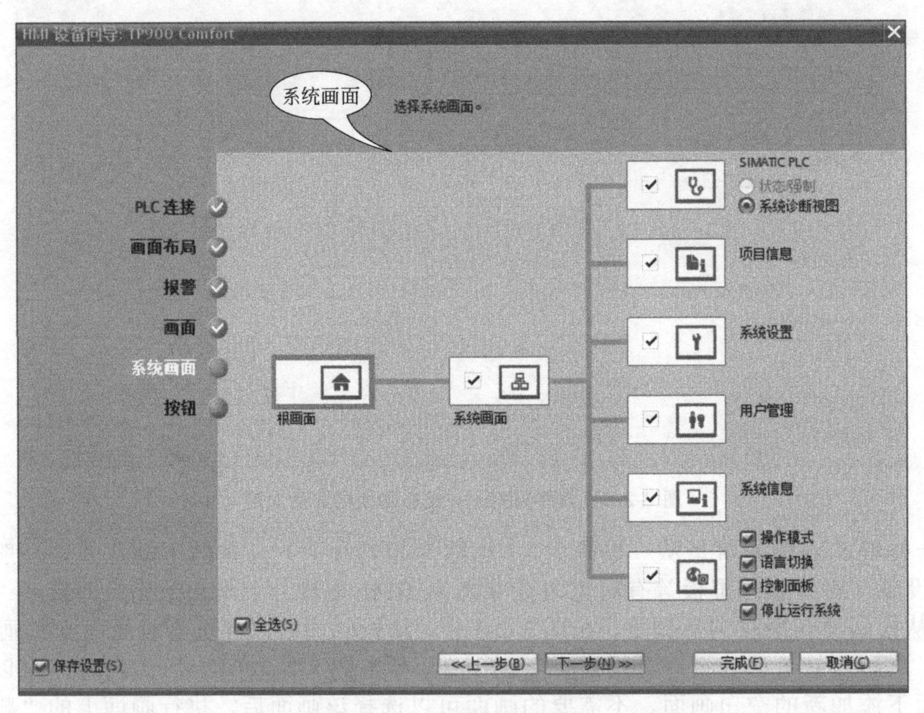

图 3-2-6 系统画面的构建

“SIMATIC PLC 系统诊断视图”画面中，“HMI 设备向导”为我们预置了一个名称为“诊断概览”的“系统诊断视图”控件，用来显示整个控制系统（包含 PLC 和 HMI 设备）的诊断数据，包含可能出现的警告、错误、原因及相关设备等，可以概览整个设备系统的状况。

“项目信息”画面中，介绍自动化控制项目的名称、创建日期、作者、项目描述等内容，可以用文字符号标签、线条、表格、图片、动画等画面对象及方法表现之。

“系统设置”画面中，设置有“校准画面”和“清洁屏幕”等按钮，点击执行相应的功能。

“用户管理”画面中，向导预置一个“用户视图”控件，是一个专用画面对象，用于管理操作 HMI 设备（本例即为 TP900 精智触摸屏）的很多用户的功能部件。在实际机器生产操作现场，需要操作 HMI 设备的人员很多，如生产线操作人员、工艺技术人员、计划管理人员、维护检修人员等。他们登录 HMI 设备，操作的画面和数据是不同的，而很多技术工艺数据也是需要保密或不得随意更改的。这样就要求为不同的用户建立不同的登录密码，查看权限许可的数据和画面。这些都是“用户管理”视图所要完成的功能，通常是 HMI 设备必备功能之一，故向导为我们创建了一个“用户管理”画面，归在“系统画面”组里。

同样道理，具体的用户名称、用户群的结构等组态，也要在当前向导执行完后，在项目视图的项目树中的 HMI 设备项下，打开其中的“用户管理”编辑器，结合“用户管理”画面中的“用户视图”控件属性等组态编辑，具体详见后面的“用户管理”相关章节。

“系统信息”画面主要描述 PLC 和 HMI 设备构成的控制系统中各种设备的型号、硬件和软件版本、连接通信协议等信息。

“其它作业”例如置系统于在线或离线状态，HMI 设备处于传送状态，显示 Windows 操作系统的控制面板，停止 WinCC 运行系统的运行等。

上述诸多系统画面是“HMI 设备向导”推荐创建的画面，读者可根据据项目实际情况取舍。

点击图 3-2-6 的“下一步”按钮，弹出图 3-2-7 对话框。

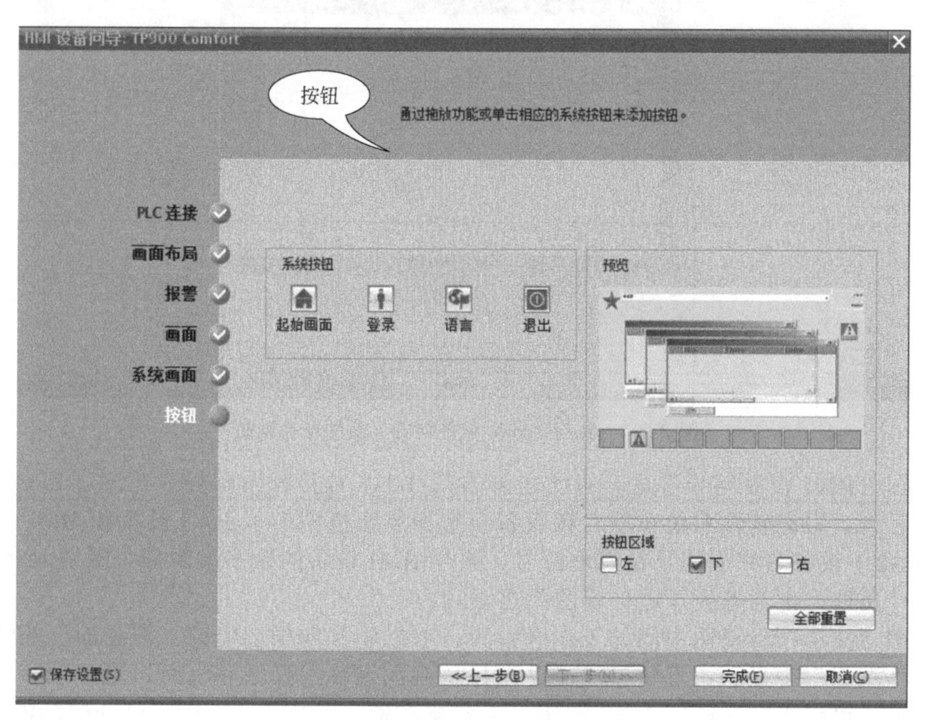

图 3-2-7　添加系统按钮

步骤六　由“HMI 设备向导”设置项目画面的功能按钮

在一般控制系统的 HMI 设备画面中，还有一些常用的功能通过点击按钮执行。例如

“返回起始画面”“显示登录窗口”“选择画面语言”“退出运行系统”等，如图 3-2-7 所示，如果需要在画面上布置这些按钮，可以勾选。“HMI 设备向导”会将这些按钮添加在本例画面的“模板”上，即图 3-2-3 步骤二的画面布局向导后创建了一个由页眉、Logo 图标等构成的模板，可以看到，在该“模板”上组态软件系统“HMI 设备向导”还生成了 10 个备用按钮，其中一个已用作“弹出未确认报警窗口”的功能按钮，其余 9 个按钮功能等待组态或预留或删除。在图 3-2-7 步骤六中的按钮选择就是为先前的“模板”上的预置按钮设定实际控制功能。由于是在“模板”中的组态，则在每一个预定此模板的画面上都可以看到这些按钮，并可点击执行这些按钮的功能。例如在任意画面，可以点击“起始画面”按钮，功能是从任意画面回到显示起始画面（根画面）。

在图 3-2-7 中，可以组态将“模板”上的按钮布置在“模板”的左边、下边或者右边。

多余没有用到的按钮可以在打开的“模板”中删除或预留。

点击图 3-2-7 的“完成”按钮，结束“HMI 设备向导”的整个过程。组态软件系统会在后台为新项目创建 HMI 设备及与控制项目有关的画面等，添加在项目树设备组态导航窗格内，见图 3-2-8。下面就看一下“HMI 设备向导”为我们创建的这一组项目画面。进一步熟悉“项目视图”工作界面，HMI 设备组态的主要工作就在这个界面上展开。

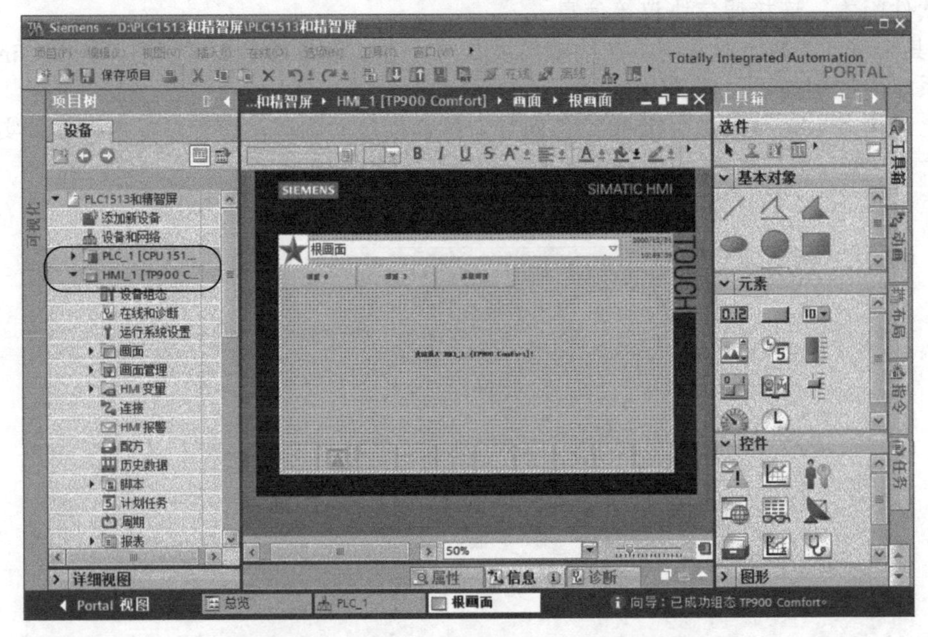

图 3-2-8　执行“HMI 设备向导”后的项目视图

执行“HMI 设备向导”后，对比之前的图 3-1-1 项目视图画面，在图 3-2-8 的项目视图中看到，组态软件系统在项目树设备组态导航窗格添加了 PLC 设备和 HMI 设备。点击 HMI_1 设备名称前的下拉三角符号，展开 HMI 设备的众多编辑器，围绕 HMI 设备的功能、属性、事件等展开进一步的组态设计。

在图 3-2-8 项目视图中间的工作区窗口，可以看到向导创建的“根画面”的情况。在所谓“页眉”中显示了五角星 Logo 图标、画面名称选择域和时间日期显示域。画面下部显示了可以组态功能的 10 个按钮一字并排布置，其中第二个按钮已分配功能。这些都是在“模板”中组态的。在当前根画面中仅组态了三个用于激活显示其它画面的命令按钮和一个示意性的说明文本域（中间一行字符）。

点击“项目树”→“设备”→“HMI_1[TP900 Comfort]”→“画面”前的下拉三角

符号，可以展开向导创建的一系列画面名称，见图 3-2-9 左侧设备树窗格，向导共创建了 12 个画面，双击画面名称可以逐一打开并深入编辑画面。读者可以逐一打开画面，对照之前在向导中的选择操作，查看生成的画面及内容是否与操作预期一致。

图 3-2-9 “PLC1513 和精智屏”项目“设备和网络”的“网络视图”

同样展开“画面管理”编辑器，可以查看和编辑向导创建的“模板”。

双击图 3-2-9“项目树”→“设备”→“PLC1513 和精智屏”项下的“设备和网络”编辑器项。在窗格中部弹出“网络视图”窗口，可以看到 PLC 和 HMI 两台设备的略图和它们之间的 PN 总线连接。这个项目的网络视图是“HMI 设备向导”根据我们之前在向导中的组态操作而自动创建的。这个画面的一系列操作，我们在第二章已做了详细介绍，即可以把图 3-2-9 右侧窗格“硬件目录”选项板上的设备或模块部件通过拖放操作移到这个中间窗口实现组态添加新设备，也可以连接或断开网络，移除和更换设备或模块部件等。在图中下部的巡视窗格内，显示“网络视图”中选中设备或模块的属性、诊断等信息。

第三节 项目视图和 Portal 视图

我们先用些篇幅详细介绍一下项目视图各个窗格的内容和作用、图标工具的用法等。

在图 3-2-9 中双击 HMI 设备项下“画面”编辑器中的“根画面”，即在工作区窗格显示“根画面”画面，显示结果如图 3-3-1 所示。

一、项目视图和 Portal 视图

项目视图（对应图 3-3-1 所示视图）和 Portal 视图可以通过点击图 3-3-1 左下角的

“Portal 视图”命令键切换显示。“Portal 视图”是需要创建一个新项目或打开一个已经存在的现有项目的入口视图；“项目视图”是组态和编辑项目的工作视图，是组态软件最常用的操作界面。

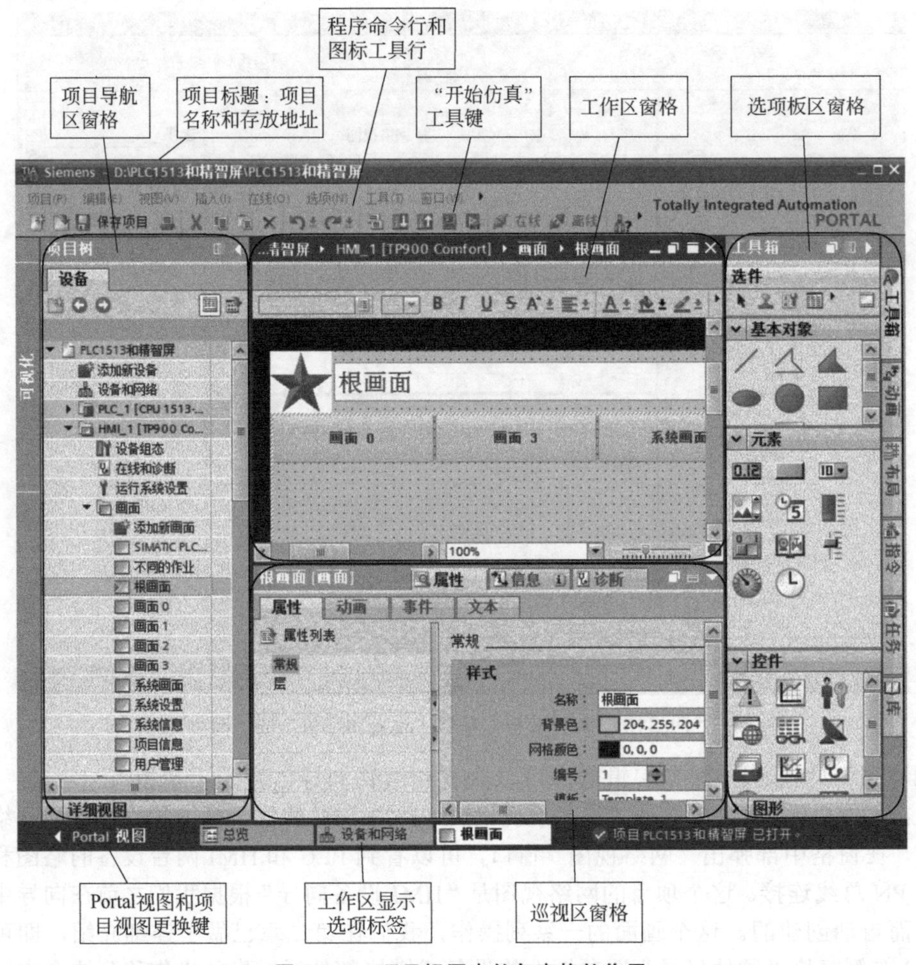

图 3-3-1　项目视图中的各窗格的作用

二、项目视图的导航区

项目视图左侧窗格是项目组态导航区（即项目树），具有指示和导引自动化系统项目组态和编辑的作用，是用于选择、组态和编辑项目中各种设备的硬件和软件，建立设备及组件之间的通信连接，集成为系统等工作的入口。

项目导航区中的每一行由一个图标后接文字组成，一般指向一个编辑器或者文件夹。例如“添加新设备”可以启动该编辑器为当前项目添加 PLC、HMI、PC 或者驱动器等设备，双击该图标文字标签，就会弹出“添加新设备”对话框（亦称打开或启动添加新设备编辑器），为项目编辑组态新设备。

在图标文字标签前有三角符号的项，表示是可以进一步展开的项，这些项的图标都是一个文件夹的变异图形，点击该三角符号可以向下展开该项内含的项，也就是打开了一个文件夹，可以查看文件夹内的编辑器图标文字启动标签或文件等。例如“画面”文件夹，点击前面的三角形符号可以下拉展开文件夹内的文件，“画面”文件夹内保存有当前 HMI 设备的所有画面文件，对这些画面文件可以做打开、复制、粘贴、移动、删除、重命名等操作，当需要操作某个画面时，可以通过快捷命令菜单执行操作。当需要对画面的内容及画面对象进行编辑时，也可以通过双击画面文件名打开画面，这时画面会显示在编辑工作区窗格。

三、编辑工作区

如图 3-3-1 的中上部窗格为“编辑工作区”。当我们启动项目导航区中的某个编辑器或者打开某个文件时，所要做的编辑工作内容或文件内容就显示在“编辑工作区”中，例如在编辑工作区显示“画面”文件夹中的某个选定的画面，进而对画面进行编辑工作。

再如，项目导航区 HMI 设备项下的“HMI 变量”文件夹，展开该文件夹可以看到“默认变量表[]”项，双击该项后，在“编辑工作区”显示默认变量表，可以在该表中进行创建变量、组态变量属性等的一系列编辑操作。

处于激活状态的编辑器或者画面等文件以标签的形式显示在图 3-3-1 下方的任务栏中。

图 3-3-1 的编辑工作区显示“根画面”,“根画面”的属性等信息显示在中下部的“巡视区”窗格。如需要为画面添加“按钮”元素，可在右侧的“选项板区”窗格的“工具箱”选项板上的“元素”展板中，找到“按钮”，并将之拖放操作到当前画面中，即增添了一个按钮。

四、巡视区

图 3-3-1 编辑工作区中的“根画面”中有三个按钮，按钮的形状、大小、位置、颜色、文字标签等称为按钮的属性，而单击或按下按钮等称为按钮的事件。这些属性是什么、事件是什么，都显示在巡视区中，都可以在巡视区中查看或设定。

当在“编辑工作区”选定一个对象时，就会在“巡视区”显示该对象的属性、事件等，也就是巡视区即时显示“编辑工作区”当前激活对象的属性等。

巡视区由许多选项卡组成，选项卡下还有子选项卡。例如图 3-3-1 巡视窗格中有“属性”“信息”和“诊断”三个选项卡。其中“属性”选项卡内还有“属性”“动画”“事件”和“文本”四个子选项卡。

每个选项卡上都有许多文字、图片、参数、列表、变量、记录、函数等需要选择、查看、修改或者确认等。例如将图 3-3-1“编辑工作区”中的“根画面”上的按钮颜色进行修改，其做法是：鼠标点选“根画面”中的按钮，在“巡视区”窗口中，显示该按钮的属性等选项卡，点击“属性”→“属性”→“属性列表”→“填充样式”项，在“填充样式”选项区中，设定“背景设置”“背景色”“梯度 1 颜色”“梯度 2 颜色”等选项。同时，“工作区”中画面上的按钮颜色、样式会随着即时设定而变化，供查验选择。这样操作就改变了按钮的颜色，读者可以练习操作一下。

在 HMI 设备的实际运行系统中，或者在画面模拟仿真情况下（这时候，博途软件的运行系统软件 WinCC Advanced Runtime 开始工作），点击“根画面”上标签为“画面 0”的按钮，将弹出显示“画面 0”画面。这种单击按钮显示画面的功能是这样组态的：回到博途组态软件系统组态编辑环境下，鼠标点选“工作区”中“根画面”上的按钮，在“巡视区”窗口中，显示该按钮的属性等选项卡，点击“属性”→“事件”→“释放”项，在其右侧函数列表中，第一行选择“系统函数”→“画面”→“激活屏幕”系统函数；第二行为“激活屏幕”系统函数的参数，该参数设定需要激活的画面名称，在全部画面名称中，选择“画面 0”画面。经过以上设置（为按钮的“释放”事件函数列表配置“激活屏幕”系统函数及其参数）为按钮设置了单击（确切地说是在按钮释放那一刻）即显示“画面 0”的功能。

在介绍巡视窗口及使用实例的过程中，出现了如系统函数、函数列表等概念，会在后面的章节中详细介绍。

五、选项板区

图 3-3-1 右侧窗格为选项板区。前文已述，当我们组态画面需要为画面添加字符、图片、按钮、棒图等画面对象时，都是从“选项板区”的选项板上找到这些对象，将之拖放（或添加）到画面上，在画面上，结合“巡视窗口”的属性等参数的设定，调整和设定这些画面对象的位置、大小，色彩，样式，事件，连接变量等。

针对不同的编辑区对象，选项板区显示的选项板也不同。如图 3-3-1 所示，编辑工作区显示的是画面，对应选项板区有“工具箱”“动画”“布局”“指令”“任务”和“库”等选项板。如图 3-2-9 所示，编辑工作区显示的是系统网络视图，对应选项板区有“硬件目录”“在线工具”“任务”和“库”等选项板。

在图 3-3-1 的“工具箱”选项板上有“基本对象”“元素”“控件”和“图形”等可以展开和收拢的展板。这些展板上的图形元素都可用来设计项目画面和模板,我们把它们通称为“画面对象”。

另外，读者可以对照一下本章图 3-3-1 精智系列面板的“工具箱”上的画面对象和第二章图 2-1-7 精简系列面板的“工具箱”中的画面对象，不同的面板设备可用的画面对象不同。

“基本对象”展板包括诸如“线”“圆”“文本字段”或“图形视图”等基本图形对象。

“元素”展板包括“I/O 字段”“按钮”或“量表”等基本控制元素。

“控件”展板上的控件用于提供高级功能。 它们还以动态形式表现过程操作，例如趋势视图、配方视图、PDF 文档控件和摄像机控件等。

“图形”展板上的图形以目录树结构的形式细分为多个主题，供设计组态者选用。 各文件夹包含以下图形表示：工厂机器设备、工厂区域、测量设备、标志、建筑物等，将在后面章节介绍。

设计组态者可以创建指向自己的图形文件夹的链接。 自己组织的图片、图形文件位于这些文件夹和子文件夹中。 它们显示在工具箱中，并通过链接集成到项目中。

熟练掌握这些画面对象的用法，是设计和组态好画面与模板的重要基本功。

六、项目视图工具栏图标工具用法

图 3-3-1 上部有一行在项目视图上操作时常用的图标按钮工具，其功能说明见表 3-3-1，借助于这些按钮工具可以提高组态工作效率。

表 3-3-1　项目视图中的图标工具

工具图标	工具图标名称	说明
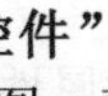	新建项目	打开创建新项目对话框，可创建一个新项目，但关闭当前项目
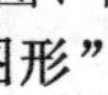	打开项目	打开打开项目对话框，选择打开一个原有项目，同时关闭当前项目
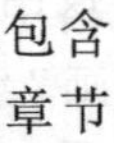	保存项目	保存对当前项目的编辑

续表

工具图标	工具图标名称	说明
	打印	弹出打印对话框，选择打印机，布局文档，打印文档
	剪切	删除到剪贴板
	复制	可对设备，画面、画面对象、变量、连接、模板、记录等进行复制操作，提高组态效率
	粘贴	同复制配合使用
	删除	删除掉所选项
	撤销	取消当前操作，回到上一步
	重做	捡回刚才的撤销
	编译	对组态操作进行诊断和确认，正确方可转译成可运行格式，诊断检验结果在巡视窗口中报告显示
	下载到设备	将组态并编译成功的项目文件通过通信总线传送到设备中
	从设备上传（软件）	通过通信总线将所连设备中的程序或画面等软件，件上传到组态工程软件所在的电脑中
	开始仿真	参照 PLC 或 HMI 面板的实际运行环境运行当前程序或画面等
	在 PC 上启动运行系统	在 PC 型 HMI 设备上启动运行系统
在线	转到在线	弹出在线连接窗口，进行在线设备或仿真器连接
离线	转到离线	断开在线编辑器与设备的连接
	可访问的设备	弹出可访问的设备对话框，可以查询和建立网络连接
	交叉引用	在编辑工作区显示当前选项的使用者和使用项，供分析项目结构
	水平拆分编辑器空间	将编辑工作窗口分成上下两个窗口可显示不同的内容
	垂直拆分编辑器空间	将编辑工作窗口分成左右两个窗口可显示不同的内容

第四节 “HMI 设备向导”创建的画面及仿真

我们在本章前两节用八个步骤，创建了一个由 PLC 控制器和 HMI 触摸屏构建的一个基本控制系统项目，并用博途组态软件系统中的“HMI 设备向导”为 HMI 设备创建了一组画面。这一组由向导帮助创建的画面是个什么样子？可以在图 3-3-1“项目视图”界面，通过双击“HMI_1[TP900 Comfort]”设备项下的“画面”文件夹中的画面名称，在编辑工作区中查看显示的画面效果，在编辑工作区对打开的画面进行进一步的编辑和组态。

通常一个项目的所有画面虽然画面内容和作用不同，但画面显示风格具有一致性，即画面的主色调、布局等是一样的或相似的。这种效果是因为画面使用了同一个画面“模板”。本章图 3-2-3 的“HMI 设备向导”步骤二“画面布局”就创建了一个名称为“Template_1”（系统默认自定义名称）的模板，现在，可通过鼠标双击图 3-4-1 中 HMI_1 [TP900 Comfort]→“画面管理”→“模板”→“Template_1”打开该模板，如图 3-4-2 所示。

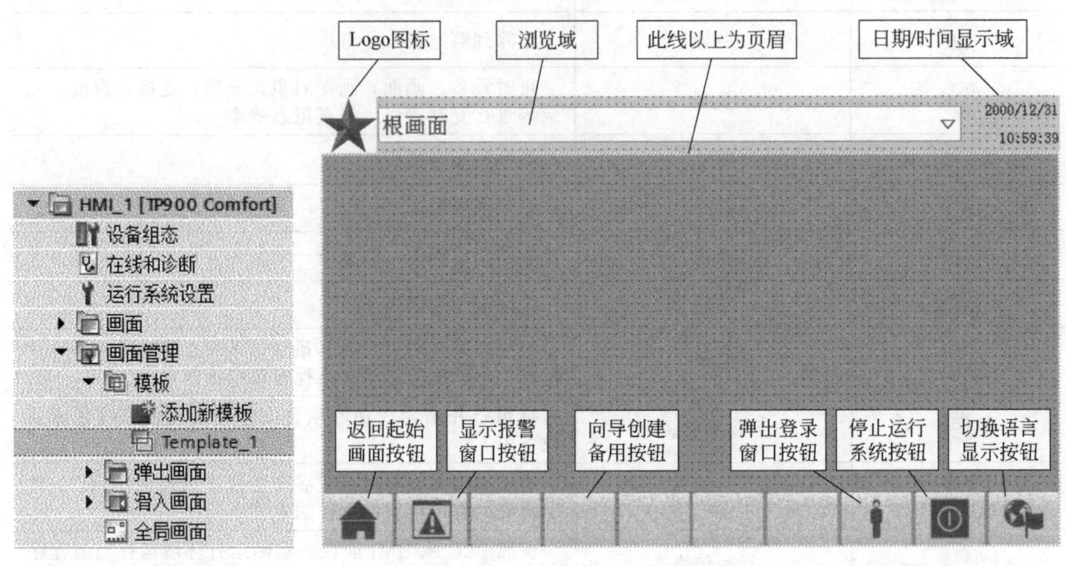

图 3-4-1　从这里打开和编辑模板

图 3-4-2　“HMI 设备向导”创建的“Template_1”模板

对照“HMI 设备向导”步骤二“画面布局”和步骤六“添加系统按钮”的组态选择，其组态结果见图 3-4-2 所建的模板和图中解释。

“Template_1”模板上有①名称为“Logo”的“图形视图”，用来显示 Logo 图标；②名称为“Symbolic_IO_Field_Screen”的“符号 I/O 域”，装载所有画面名称的文本列表，用于浏览画面名称，并显示指定画面；③两个“日期/时间域”，用来显示 HMI 设备系统的当前日期和时间；④十个名称依次为“Template_Button_x”的面板按钮，其中五个已经组态功能，另外五个备用。

上述“图形视图”“符号 I/O 域”“日期/时间域”和“按钮”等皆称为“画面对象”，可从“选项板区”窗口的“工具箱”中找到，并可添加（或拖放）到模板上（或者画面中）。上述画面对象的名称都是组态软件系统默认的，为方便识别和记忆，读者可以重命名。各种“画面对象”的用法会在后面章节中的组态案例中陆续介绍。

图 3-4-2 模板画面是组态和编辑模板的工作界面。注意十个按钮和其它画面对象所处的模板区域不同，按钮布置在模板的模板区中，而其它画面对象布置在模板的总览（Overview）区中。于是，在诸画面中，页眉仍可以编辑，而这十个按钮不可再编辑，即只可在模板中编辑。

“HMI 设备向导”所创建的十多个画面都是以“Template_1”为模板的。

我们来看看“根画面”的画面效果，如图 3-4-3 所示，画面显示格式依照模板“Template_1”，画面功能即画面的具体内容等待进一步编辑组态。向导仅为“根画面”创建了三个按钮（在运行系统中，点击其中的按钮触摸屏即显示指定画面）和一个内容为“欢迎进入 HMI_1(TP900 Comfort)!”的文本域。

读者可以逐一打开查看其它画面并参照向导组态操作。

上述针对画面、画面任务及画面组的组态和编辑都是在编辑工作窗口进行的，这时画面及画面组处于编辑状态。画面及画面组下载到 HMI 设备中工作情况怎样？也就是画

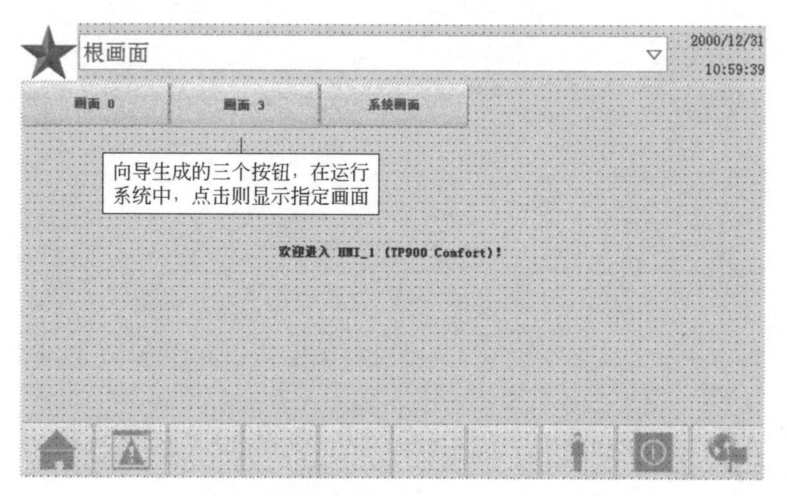

图 3-4-3　以“根画面”为例，查看所建画面效果

面及画面组处于运行状态下情况如何？这是我们在组态画面过程中非常关心的事情，我们需要验证当前画面组态的实际效果如何。博途组态软件提供了较为强大的模拟仿真功能，即在当前组态软件所在的电脑环境中模拟在实际 HMI 设备中的情形运行显示各个画面，显示和操作画面对象及模拟项目画面的工作过程等。例如，在运行系统或仿真过程中，单击图 3-4-3 中的“系统画面”按钮，即激活显示“系统画面”。而在画面编辑状态是做不到这一点的，按钮的单击等事件作用过程只有在运行系统中看到。

仿真的作用很像打印文档之前的打印预览，以方便评估和完善实际效果。

仿真项目画面需在“项目视图”的“编辑器工作区”当前显示项目画面的情况下开始，如果编辑工作窗口显示非画面内容，则无法启动仿真程序。单击图 3-3-1（显示“根画面”画面）图标工具行中呈彩色状显示（表示可以启动仿真程序）的“开始仿真”工具按钮，组态软件启动仿真程序，进入项目画面仿真运行状态，在组态编辑项目电脑上就像在实际 HMI 设备（本例指 TP900）上一样操作画面对象，如点击翻页(激活新画面)按钮，显示指定画面；点击“退出运行系统”按钮，则退出当前的仿真运行系统，回到项目编辑状态等。初学者可以多试几次，这里不再图示。可以很方便地验证查看前述步骤六和步骤七所组态十多个画面的相互衔接关系（翻页顺序）和各个按钮功能等。

可以看到，“HMI 设备向导”所创建的十多个画面只是一个画面组基本模型，是一个组态画面组的基本示范，还没有与具体的机器实际控制项目结合。

本章我们用博途软件创建了一个新项目，并运用组态软件的“HMI 设备向导”为项目创建了一组基本画面，在这个过程中，学习了许多新概念，进一步认识了“项目视图”和“博途视图”，认识了一些“画面对象”，并在 HMI 画面组态编辑状态下和画面的运行系统（仿真）状态下查看“HMI 设备向导”帮助创建的项目画面等。下章起，我们不用“HMI 设备向导”，通过采用手工分步操作创建这些画面的过程，重点学习认识画面对象、模板和画面组态，这也是在实际工作中常用的方法。

Chapter 04

第四章

HMI项目画面的组态和画面对象应用

第一节 模板的组态编辑

首先，按照第二章介绍的方法运用博途自动化工程组态软件创建一个新项目,将新项目名称设置为“画面组态和编辑_V13_SP1”，然后在该项目的“项目视图”界面的项目树窗格，鼠标双击打开“设备”→“画面组态和编辑”→“添加新设备”编辑器。弹出如图 4-1-1 所示添加新设备对话框。

按照图 4-1-1 中指示的 5 个步骤,为新项目添加 TP1200 型号的触摸屏。TP1200 表示屏幕尺寸为 12 英寸，可用来替代早前型号的 10"MP277 等面板。图右侧有 TP1200 简单的参数说明，读者可对照第三章的图 3-1-2，比较 TP900 的简单说明,了解精智系列面板的大致特性。

取消“启动设备向导”选项，是因为本章将学习和认识不用组态软件系统提供的“HMI 设备向导”，手动分步创建组态上一章向导为我们所创建的那些画面、画面对象和模板等。

单击“确定”按钮，显示“画面组态和编辑”项目的“项目视图”界面，展开其项目树，如图 4-1-2 所示，可看到系统会生成一个空白的画面“画面_1”和一个空白的模板“模板_1”。下面我们就在这样的一个基础上组态模板和画面，通过拖放操作工具箱中的各类“画面对象”，选择和设定“画面对象”的属性、动画、事件等，完成模板和画面功能的编辑组态。

一、模板的作用和模板的层

模板中的组态对象将显示在基于此模板的所有画面中,这是模板的主要作用。每个画面都可在其常规属性中指定使用的模板。画面和模板之间遵从如下关系：

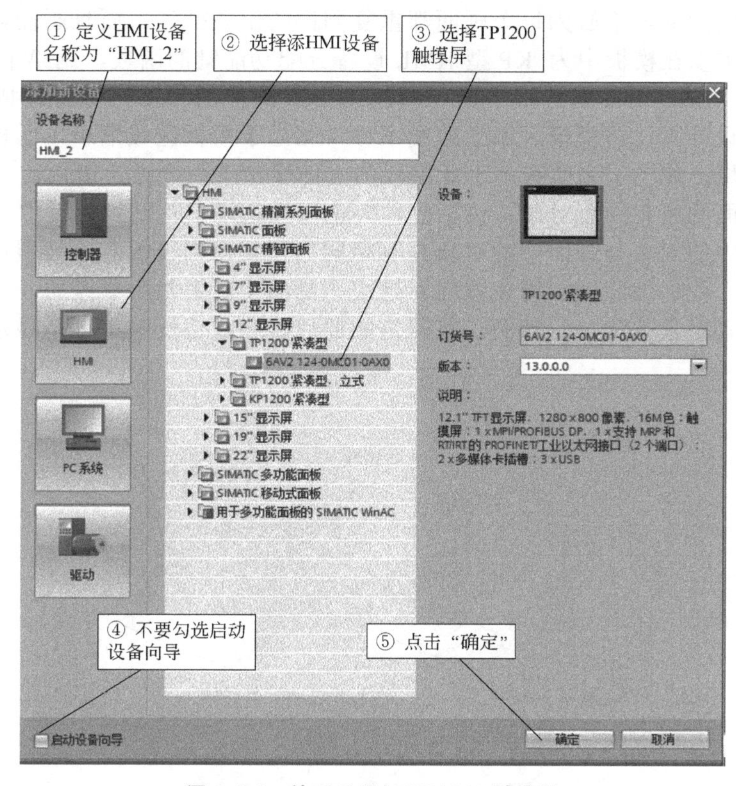

图 4-1-1　给项目添加 TP1200 触摸屏

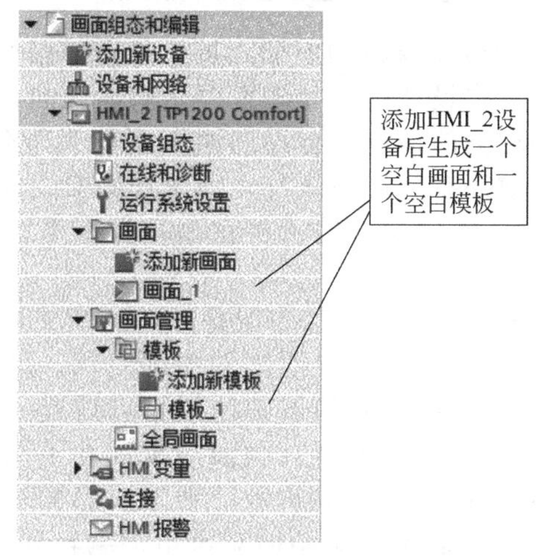

图 4-1-2　添加 TP1200 后的项目树

① 一个模板不仅适用于一个画面；

② 一个画面只能基于一个模板；

③ 一个 HMI 设备可以创建多个模板；

④ 一个模板不可基于另一个模板。

有些画面对象（例如公司标志 Logo、显示日期/时间的域）或者画面功能（单击命令按钮回到起始画面等）希望在项目指定的许多个画面中都出现，那么，就把这些画面对象和功能按钮编辑在模板上，然后，这许多个画面都基于该模板就可以了。这样可以提高画面组态的效率，不必为每个画面都重复同样的组态操作，而且画面显示的一致性效果更好。还可以在模板中为 KP 型 HMI 设备分配功能键的函数，见第十三章内容。

精智系列 HMI 设备支持基于同一模板的所有画面的顶部区域开辟固定窗口的功能，即在模板设计时，将模板区域上边线下移，相当于模板区域缩小，面板上部腾出的区域叫做总览域，相当于为所有基于此模板的画面设定了一个固定窗口。

适用于画面的所有画面对象，包括控件等也同样适用于粘贴到模板中。

如果模板中的对象与画面中的对象具有相同的位置，则模板对象被覆盖。其原理如图 4-1-3 所示，我们按照图示箭头方向看过去的画面实际上是由系统层、全局画面、画面和模板等元素对象叠加在一起的，有固定的前后顺序，这反映了各个显示对象的优先级安排。

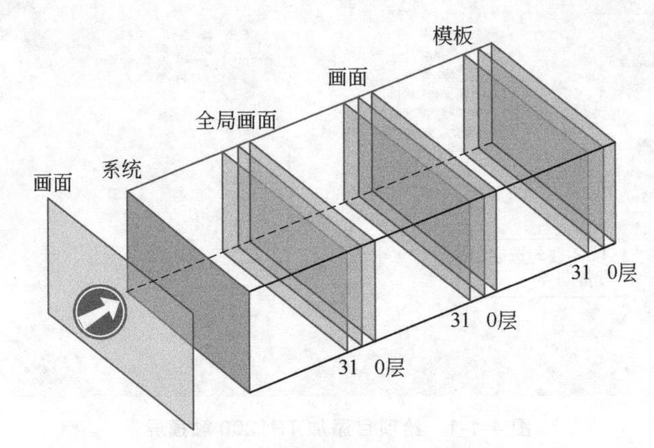

图 4-1-3　画面组态的前后顺序

如图 4-1-3 所示，画面位于模板的前面，同一位置的画面上的画面对象就遮盖了模板上的画面对象，这在组态设计画面和模板时是要注意的。应用全局画面（后面通过实例介绍）时也会碰到相同的情况，全局画面上的显示对象可能会遮盖画面和模板上的画面对象。在它们之前还有一层系统层，用于在画面上显示博途软件系统的动作和信息，如触摸式面板的直接按键、输入对话框、操作系统报警等都显示在系统层中，不可编辑。

全局画面、画面和模板又各自都有 32 层叠加，所谓的层是透明看不见的存在的一个剖面片，这个概念在很多计算机绘图软件中都用到，这里也具有同样含义。模板或画面上的画面对象可以放到不同的层中，层可以通过一个层开关控制层是否显示，如果关闭某层的显示，则该层中所有画面对象都看不到了，这是个非常有实用意义的特性。处于编辑组态状态中的层叫做活动层，画面对象等都是组态在活动层中的，只有一个层是活动层，若想把某画面对象组态编辑到第 N 层，则首先将第 N 层设置为活动层，可以任意设定活动层。模板的层属性可以在模板的属性巡视窗格中设定，见图 4-1-4。

在同一模板/画面层内，先后组态到模板/画面中的画面对象也是呈先后“叠加”状态放置的，后放置入的画面对象总是处于最上一层。最先置入模板/画面的画面对象处于最底层，这里的“层”不同于图 4-1-4 所示的层。在画面对象的右键快捷菜单中，可看到“顺序”→“上移一层”等命令，这是指同一层中画面对象的上下相对位置的移动。

到目前为止，我们组态的实例操作都是位于同一层的。

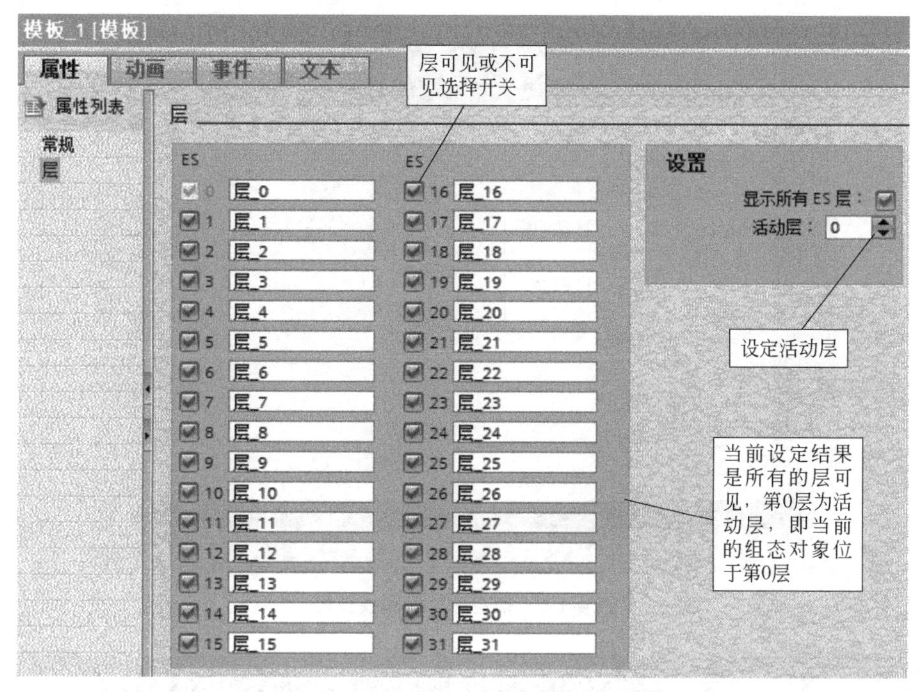

图 4-1-4　模板的层属性（画面也有层属性）

二、分步创建“HMI 设备向导”中的那个引导型模板

在第三章介绍博途组态软件的“HMI 设备向导”时，“HMI 设备向导”自动创建了一个模板，这个模板有个重要功能就是可以引导对画面的浏览。但该模板是如何创建的呢？现在，我们在“画面组态和编辑”项目中分步创建这个模板，介绍创建过程，掌握画面对象的应用方法。

在图 4-1-2 中，双击打开“画面组态和编辑”→“HMI_2[TP1200 Comfort]”→“画面管理”→“模板”→“模板_1”。在编辑工作区窗格,显示“模板_1”,在右侧选项板区窗格,显示“工具箱”选项板，在中下方巡视窗格，显示“模板_1”的属性选项卡等，模板组态设计工作就将在这三个窗格中进行。

步骤一　确定模板的总览区和模板区

在“模板_1”上，将鼠标箭头指向显示区上边线，可以看到鼠标箭头形状变化为上下双箭头形状，按住左键向下拖动，可以看到显示区被能够拖动的上边线划分为上下两个矩形区域。上部矩形即为总览区（Overview）,对应画面固定窗口区，下部分矩形即为模板区，见图 4-1-5。

鼠标点选“总览区”，这时“总览区”成为显示焦点，在下方的巡视窗口中对应显示“总览区”的属性及组态设置选项，可以在“属性”→“属性”选项卡中为总览区设定“背景色”、布局“高度”等属性。在上方的编辑工作窗口可以即时看到设定效果。

同理，使“模板区”处于显示焦点，在当前巡视窗口的属性选项卡中为模板设定名称、背景色等。图 4-1-5 的模板区即为显示焦点，显示焦点区周围有明显标记。

步骤二　在总览区组态 Logo 图标、画面浏览域等

在“总览区”粘贴一个 Logo 图标，一个显示日期/时间域和一个用于方便查看各画面的浏览域。

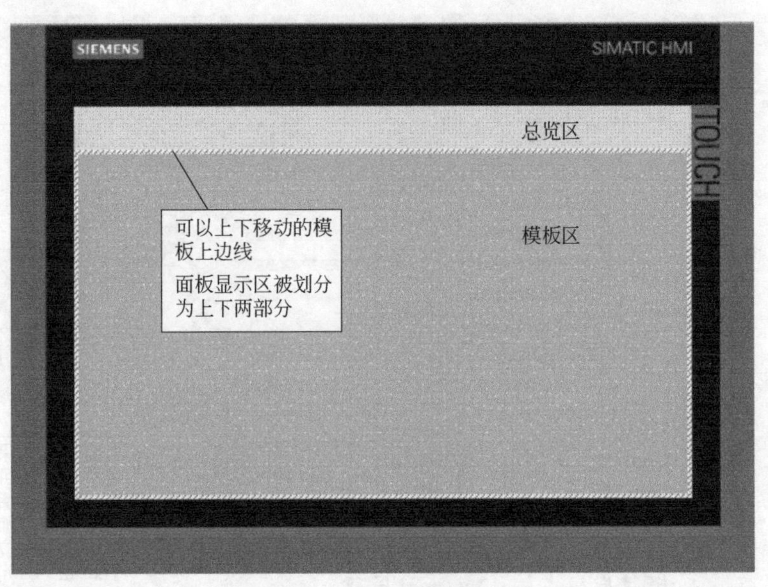

图 4-1-5　确定总览区和模板区

1.“图形视图”的用法——为模板/画面粘贴任意图形图片

在选项板窗口，从“工具箱”→“基本对象”展板中，将“图形视图”画面对象拖放到编辑工作区窗口内的“总览区”，运用鼠标调整“图形视图”的大小和安放位置，此时，“图形视图”画面对象的名称默认为“图形视图_1”，并处于显示焦点状态，围绕其四周分布有 8 个小矩形块，用鼠标拖放这些小矩形块，可以调整“图形视图”对象的大小。单击电脑键盘上的上下左右四个方向上的三角箭头键，可以实现“图形视图”画面对象在四个方向上的移动，通常较大范围上的移动，采用鼠标拖动的方式；小范围移动或者准确定位时，采用电脑键盘上的方向键操作。以上方法适于所有画面对象的编辑操作。

“图形视图”是一个基本的画面对象，相当于一个有边框的图片框，可以用来放置各种格式的图形图片，可使用下列图形格式：*.bmp、*.tif、*.png、*.ico、*.emf、*.wmf、*.gif、*.jpg 或 *.jpeg，也可在图形视图中将图形使用作为 OLE 对象。在模板或画面上粘贴图片，先在相应位置上放置一个“图形视图”画面对象，然后为其配置合适的图片即可，可以方便更换。

同时，在巡视窗口显示“图形视图”对象的属性选项卡等，见图 4-1-6 说明。

图 4-1-6 的“属性”→“属性”选项卡左侧为“属性列表”，有“常规”“外观”等属性；右侧为对应属性具体内容或参数查看组态区。其它的画面对象组态也是这种格式，仅属性列表内容不同。

在图形或图片列表中，选择并预览图形；也可通过执行“从文件创建新图形”命令按钮，在自己的图形文件夹中找到并输入图片，单击“应用”按钮，所选图片就粘贴到上述“图形视图_1”中，有了图形图片后，可能还要调整图形视图的位置及大小等,取得较好的显示效果。

图形视图的“外观”“布局”属性见图 4-1-7、图 4-1-8。“闪烁”和“其它”属性采用默认值。

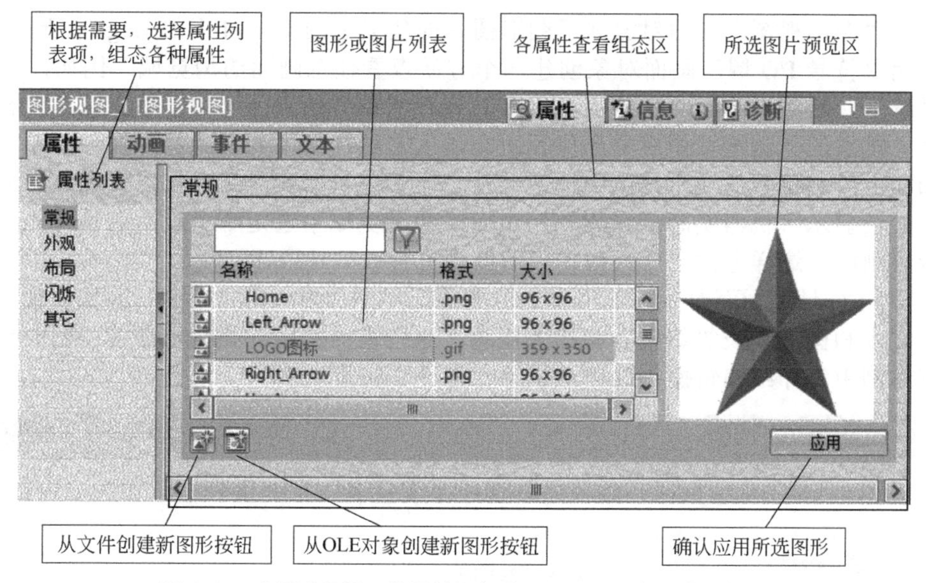

图 4-1-6 “图形视图”的属性巡视窗口——图形视图常规属性

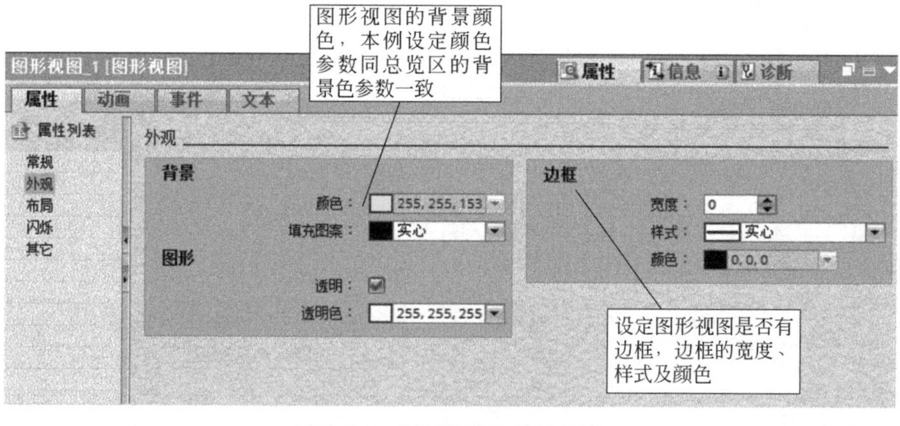

图 4-1-7 图形视图的外观属性

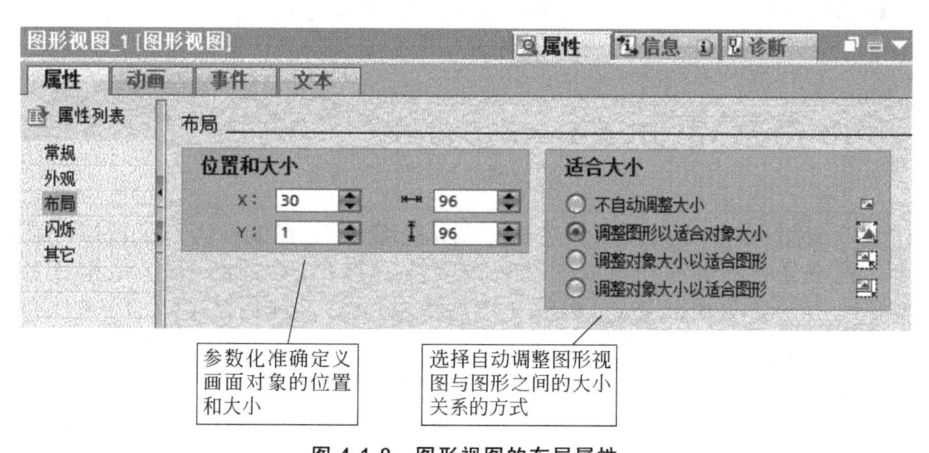

图 4-1-8 图形视图的布局属性

在后面章节学习其它画面对象时,遇到具有相同和类似的属性选定设置内容时就不再一一赘述和图示,可参照前述的图示方法。

通过“图形视图”画面对象展示图形图片的效果见图 4-1-14 中的 Logo 图形。

运用“符号 I/O 域”画面对象创建一个方便查看任意画面的浏览域。例如，在 HMI 运行系统上，想查看画面名称为“机器实时运行状态”的画面，由于浏览域是在模板的总览区上组态的，浏览域中有一个保存所有画面名称的文本列表。这样在任意基于此模板的画面上的浏览域的文本列表中选中并使之显示“机器实时运行状态”文本，则运行系统会激活显示“机器实时运行状态”画面，即浏览域中选定哪个画面名称，当前面板就显示该画面，这样方便对任意指定画面的浏览查看。

“符号 I/O 域”画面对象的使用比之前“图形视图”的应用复杂些，例如要使用到变量表、文本和图形列表等编辑器和相关概念，这些重要的概念和编辑器使用还会详细叙述，在本例中仅介绍编辑操作过程，使读者有一个初步认识。

2. 实例操作初步认识“变量表”和“文本列表”

请看图 4-1-9，从项目树开始预先创建一个变量表，在变量表中添加一个内部变量。

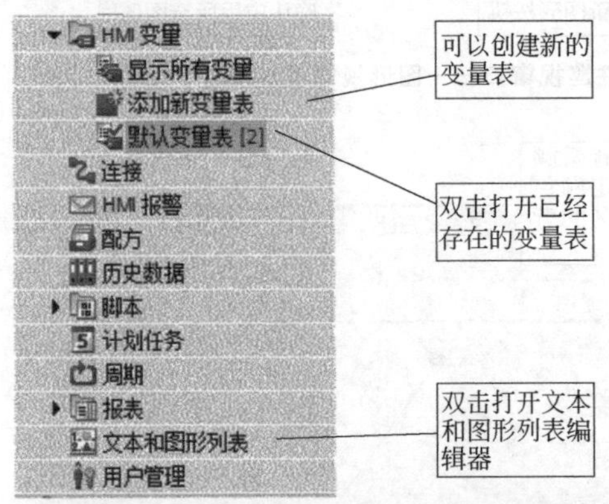

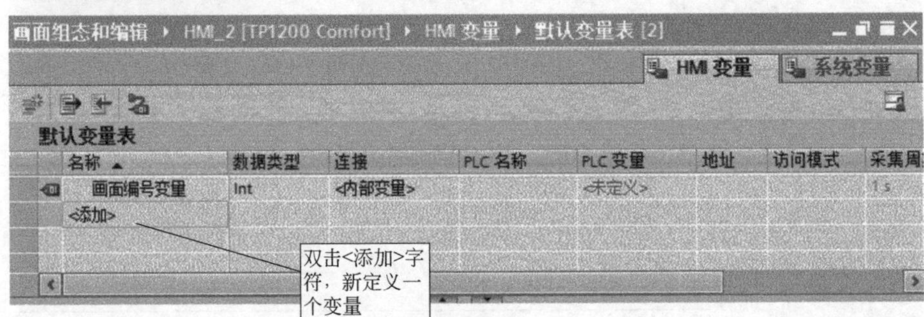

图 4-1-9　创建变量表和定义变量

做法是双击图 4-1-9 当前项目树中的“默认变量表”，在编辑工作区窗口可看到打开的变量表。在变量表的名称列中双击<添加>字符,系统自动添加一个变量,重命名为“画面编号变量”,并设定为内部变量,内部变量是指 WinCC 系统内部使用的变量,不与 PLC 变量连接。数据类型为 INT，即 16 位整数型变量,表示该变量只能作为整数参与程序运算。以后凡需要使用的变量，不论内部变量，还是外部变量（要连接 PLC 变量）都在变量表中创建，定义其属性。当项目较大,运用变量较多时,一个项目可以创建多个变量表,把具有某种一致含义的变量放在同一个变量表中,方便查看。变量的名称可以用具有一定含义，方便识别和记忆的中文，也可使用添加变量时系统默认的名称。

为方便识别画面，我们为每个画面命名，并安排一个唯一的整数编号。“画面编号变量”的作用是：在运行系统中，变量值与当前正在显示的画面的编号对应一致，改变变量值，就改变了显示的画面。例如使变量值为6，则面板当前就显示编号为6的画面，“符号I/O域”画面对象就能实现这种功能。

为画面分配编号的工作由“文本和图形列表”编辑器完成。如图4-1-9项目树中，双击打开“文本和图形列表”编辑器，在编辑工作区窗口显示文本和图形列表，如图4-1-10所示。

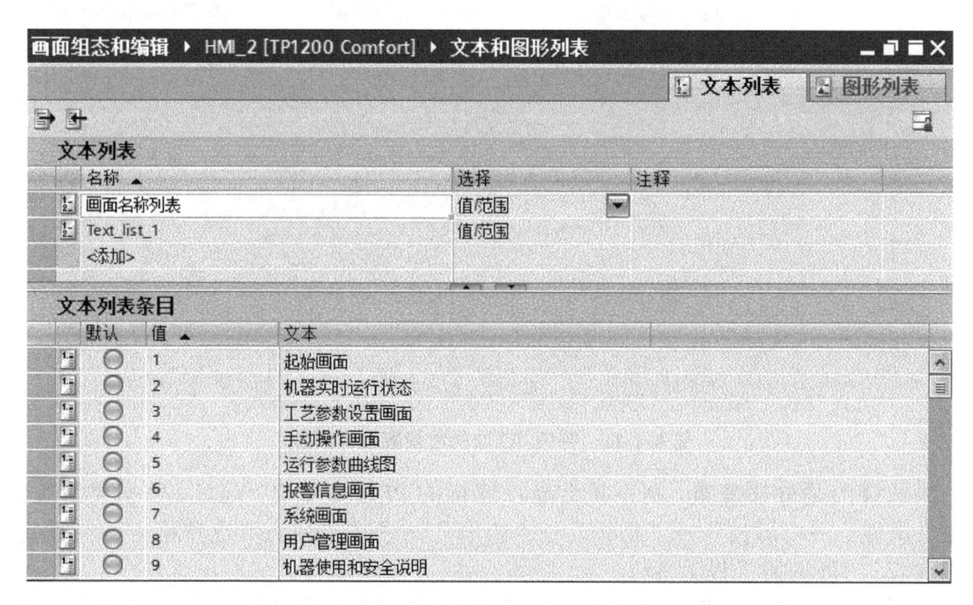

图4-1-10 用“文本和图形列表”为画面分配编号

在图4-1-10文本列表的“名称”列中，双击<添加>字符，系统自动添加一个文本列表,重命名为“画面名称列表”，在“选择”列选择“值/范围”项。对应“画面名称列表”，在窗口下部的“文本列表条目”中输入画面名称和分配其整数值。这些画面是HMI项目通常要设计规划的画面，现在仅有个画面名称作为文本列表项，我们将在后续的章节中，分步骤创建编辑组态这些画面，在组态这些画面的过程中，学习认识按钮、I/O域、棒图等众多画面对象的属性、事件和用法，学习认识如何通过画面组态实现人机交互，控制机器设备，学习认识如何通过自动化工程软件编辑组态HMI项目。

通过定义一个“画面名称列表”的文本列表，为项目的每个规划画面分配一个唯一对应的整数值编号。

通过以上操作，我们在编辑工作区窗口先后打开“模板_1”“默认变量表”和“文本和图形列表”三个任务窗口。在整个组态软件下方的任务条上会显示目前处于活动状态的三个任务窗的标题名称。当前“文本和图形列表”任务标签高亮显示，对应编辑工作区窗口显示“文本和图形列表”编辑器界面。

在预先定义了一个内部变量（“画面编号变量”）和一个文本列表（“画面名称列表”）后，需回到“模板_1”任务中，单击任务条上的“模板_1”任务标签，呈高亮显示，且编辑工作区窗口显示“模板_1”画面。

3.“符号I/O域”的用法

从右侧选项板窗口的“工具箱”→“元素”展板中，将“符号I/O域”画面对象拖放到编辑工作区窗口内的“总览区”，调整位置和大小，如图4-1-14所示，运行状态下的“画面浏览域”就是“符号 I/O 域”，系统为其默认命名为“符号 I/O 域_1”。

在“符号 I/O 域_1”属性巡视窗口，显示其常规属性，见图 4-1-11。在“属性”→“属性”→“常规”→“过程”→“变量”选项格中为其设定变量，操作方法见图中说明。本例选择先前创建的内部变量“画面编号变量”。

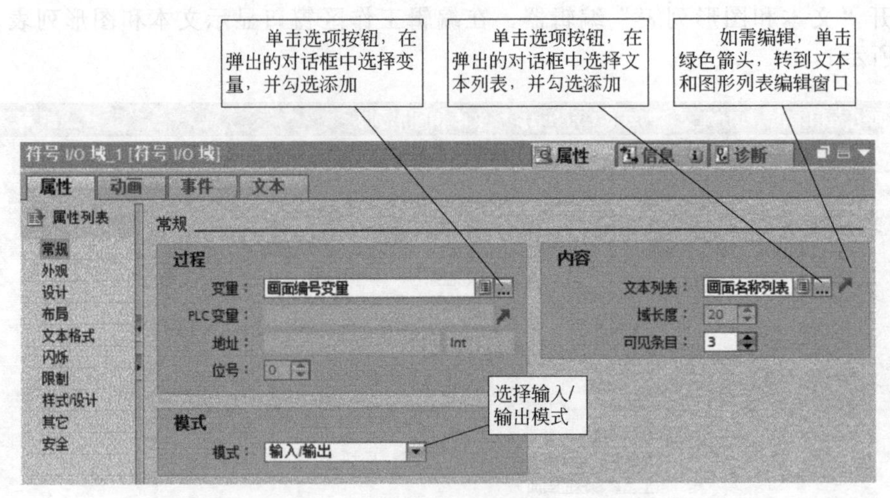

图 4-1-11　符号 I/O 域的常规属性的组态

如果选择的是外部变量，则系统会显示连接的 PLC 变量名、地址、数据类型等信息。

在“属性”→“属性”→“常规”→“内容”→“文本列表”选项格中为其设定“画面名称列表”，可见条目设为 3。

在“属性”→“属性”→“文本格式”属性中，为浏览域显示的文字设定字体、字形和大小等。

在“属性”→“属性”→“安全”属性中，可为操作浏览域设置操作安全权限，这个概念与项目的用户管理相关，详见“用户管理”章节介绍。

很多属性的设定效果都可在编辑工作区中及时看到，方便评估修改。

点击打开图 4-1-11 中的“属性”→“事件”选项卡，如图 4-1-12 所示。左侧为“符号 I/O 域_1”的事件选项，右侧为系统函数列表区，有关系统函数应用在后面章节中会专门介绍。

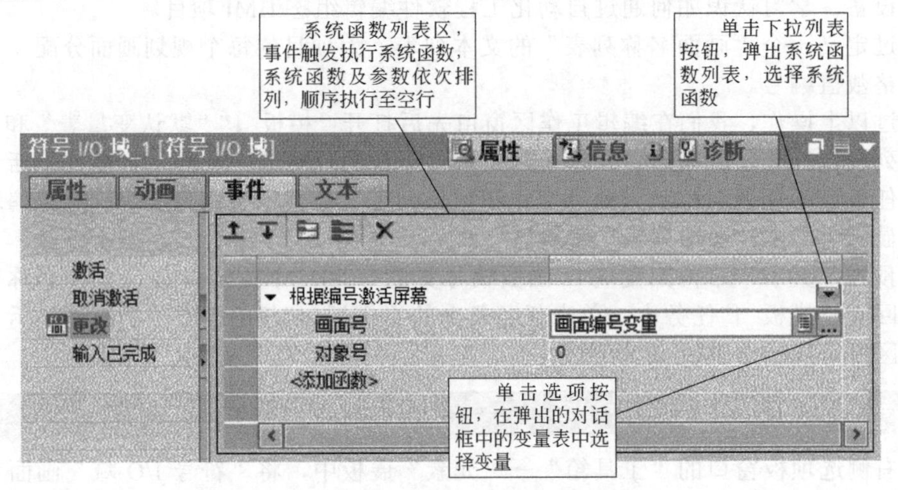

图 4-1-12　符号 I/O 域的事件组态

鼠标点击选择“更改”事件，在右侧系统函数列表第一行，点击下拉列表按钮，在弹出的系统函数列表中，选择“根据编号激活屏幕”系统函数，并为其参数项“画面号”配置参数“画面编号变量”。

系统函数是 WinCC Advanced V13 系统预先编制好的一段常用的功能程序，可供用户调用。系统函数很多，学好掌握好系统函数，可大大提高组态编程的效率。

4.“日期/时间域”的用法——显示 HMI 面板系统时间

在选项板窗口，从“工具箱”→“元素”展板中，将“日期/时间域”画面对象拖放到编辑工作区窗口内的“总览区”右侧，系统为其默认命名为“日期/时间域_1”。

在“日期/时间域_1”属性巡视窗口，显示其常规属性，见图 4-1-13。在“属性”→“属性”→“常规”→“格式”中勾选“系统时间”，同时勾选“域”板块上的“显示日期”“显示时间”两项，表示要求“日期/时间域_1”显示 HMI 设备内置的时钟值，日期、时间同时显示。

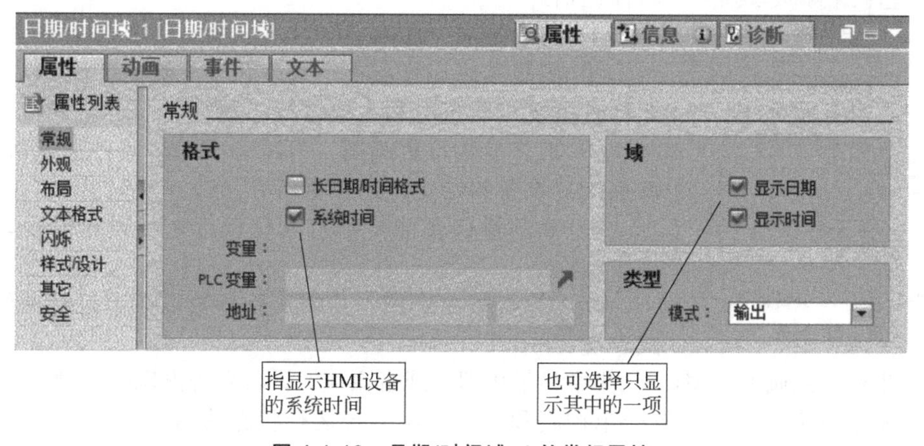

图 4-1-13　日期/时间域_1 的常规属性

在“属性”→“外观”→“背景”板块，为文本和颜色等取值，其中颜色值与“总览区”背景颜色值一致，“边框”“宽度”为 0。

在“布局”参数组态区，取消“使对象适合内容”的选择，这时“日期/时间域_1”的大小可以调整。在“文本格式”中，为显示文本选择合适的字体、字形、大小和对齐方式等。

模板“总览区”组态结果见图 4-1-14。

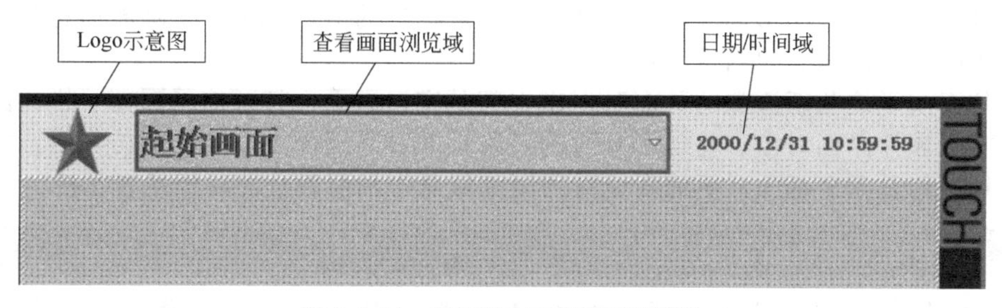

图 4-1-14　运行状态下的引导型模板

至此，“模板_1”创建结束，在这个模板上，我们介绍使用了三个画面对象：“图形视图”“符号 I/O 域”和“日期/时间域”。模板是给画面用的，下面我们创建基于“模板_1”的画面，每个画面用“文本域”画面对象为画面粘贴画面名称标签。

三、生成基于引导型模板的画面

1. 如何添加新画面

现在创建“文本和图形列表”编辑器中声明的那些个画面。具体做法如下。

图 4-1-15　为项目添加画面并重命名

回到图 4-1-2 所示项目树窗格，连续双击“画面”→“添加新画面”，在“画面”文件夹中工程组态软件系统会生成“画面_1”“画面_2”“画面_3”等，这些画面名称都是系统默认的，为明确画面名称与画面内容，现通过右键快捷菜单命令“重命名”这些画面，其中系统原定义的根画面“画面_1”重命名为“起始画面”。重命名后的结果见图 4-1-15。

这些画面在一般的控制系统 HMI 项目中常会用到，画面名称包括:

① 起始画面　HMI 面板上电开始显示的项目画面。

② 机器实时运行状态　表现机器（或者系统）设备实时运行时主要工艺工况和主要运行参数等。

③ 工艺参数设置画面　可结合“配方”控件输入机器（或者系统）设备的给定工艺参数等。

④ 手动操作画面　在自动化运行之外设定的手动运行操作画面。

⑤运行参数曲线图　主要运行参数以图示运行曲线的形式表现。

⑥ 报警信息画面（窗口）集中显示机器（或者系统）设备系统出现的各种报警信息。

⑦ 系统画面　可以设置一个控制和显示控制系统运行状态的画面。

⑧ 用户管理画面　对接触机器（或者系统）设备的生产、工艺、设备、管理等各类人员的操作进行管理。

⑨ 机器使用和安全说明　机器（或者系统）的使用说明、图例图片和操作安全事项等

这些新创建的画面目前都是空白画面，等待编辑组态，它们都基于前面组态的“模板_1”，可在每个画面常规属性巡视窗口中组态选用画面的模板。在画面属性中组态是否使用模板，使用哪个模板，读者自己操作试一试。

注意每个画面，在其画面常规“属性”→“样式”→“编号”中输入画面编号，这个编号等于“文本和图形列表”中“文本列表条目”的值，否则，在画面浏览时会出现名不符实的情况。画面和编号值是唯一对应的。

在仿真演示这些新添加的画面时，由于都是空白画面，打开的画面都一样，因此下面用“文本域”画面对象，将每个画面的名称粘贴在其画面上，这样在仿真时，能够知道当前打开的是哪个画面，更清晰地看到浏览域操作画面翻页的动作是否正确。

2. 用“文本域”做画面名称标签

“文本域”是一个较常用的基本画面对象,主要用来为画面或者模板添加字符文字。

双击图 4-1-15“画面”→“起始画面”，激活“起始画面”在编辑工作窗口区的显示。在选项板窗口，从“工具箱”→“基本对象”展板中，将“文本域”画面对象拖放到编辑工作区窗口内的画面组态区，系统为其默认命名为“文本域_1”。页眉显示的是模

板_1 的总览区的内容，页眉以下为画面组态区。

在属性巡视窗口，“文本域_1”的常规属性“文本”输入格内输入“起始画面”四个汉字。其它属性设定见图 4-1-16。

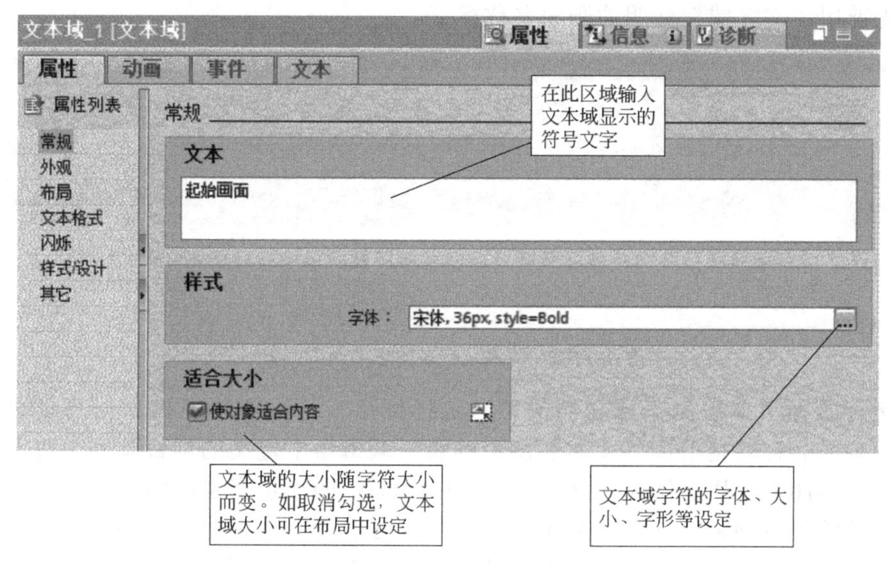

图 4-1-16　文本域的常规属性

在“属性”→“外观”中，设置“文本域_1”的背景颜色和填充图案，选定文本的显示颜色，是否有边框等。

可以用鼠标将文本域调整到画面合适的位置。

同理，为其它画面输入画面名称。为提高组态效率，可以采取复制的方法，将“起始画面”上的文本域_1（文本为“起始画面”）复制粘贴到其它画面上，在其它画面上的文本域属性窗口的“文本”输入格内更改输入为当前画面的名称，可以看到前述组态好的属性也都复制粘贴过来了。

将所有画面都粘贴画面名称字符标签。

四、画面/模板组态结果的编译和仿真

做出以上组态编辑后，点击图标工具行中按钮工具“保存项目”，系统在做出保存动作后，此按钮文字将变成灰色。然后点击“编译”按钮，系统将对当前所做的编辑组态工作进行检查，并译成可在运行系统中能够正确运行的格式。编译结果会在巡视窗口的“信息”→“编译”选项卡上显示出来，见图 4-1-17。如果编译过程中出现警告和错误，会通报警告或者错误的细节，指导修正。

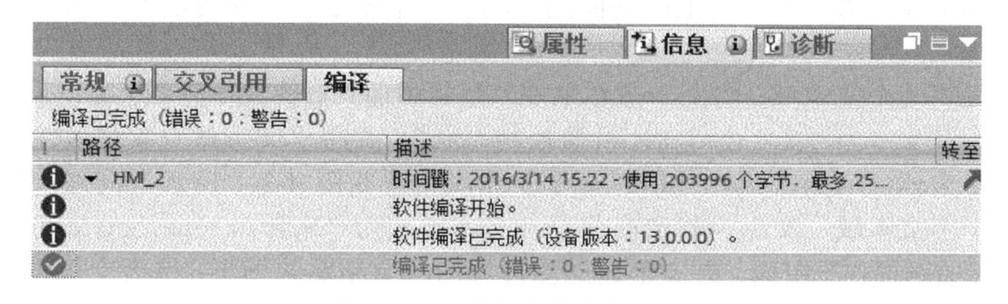

图 4-1-17　编译结果信息显示

点击组态软件工具栏上的“开始仿真”工具按钮，工程组态软件进入仿真实际运行状态。图 4-1-18 是 HMI 设备项目的实时仿真运行画面。在画面名称浏览域中，选择“机器实时运行状态”，则 HMI 面板即时显示“机器实时运行状态”画面，可以看到画面中先前用“文本域”标明的画面名称标签。

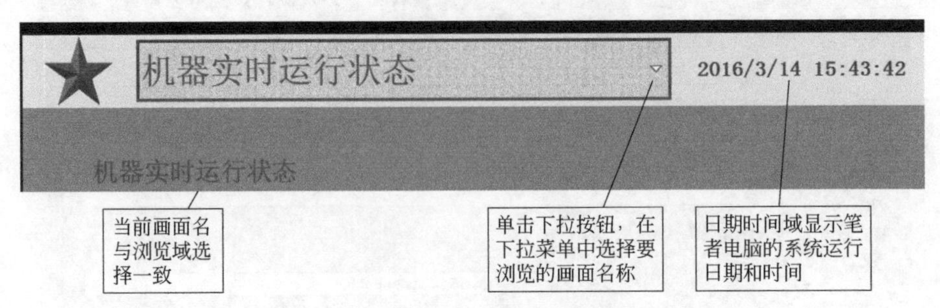

图 4-1-18 仿真运行系统中的画面部分

在运行画面上单击浏览域右侧的下拉选择按钮，下拉菜单中显示一列画面名称清单，这些画面名称就是前面“文本和图形列表”编辑器中定义的项目画面名称及编号列表（见图 4-1-10），从中任选一画面名称，HMI 面板即显示指定画面。

浏览域的下拉列表一次只能显示三行文本，这对应图 4-1-11“属性”→“属性”→“常规”→“内容”中的“可见条目”的设定参数为 3，即下拉列表可显示 3 条画面名称，其它画面名称通过拖动右侧指示滑块查看。

日期和时间是用两个“日期/时间域”对象完成的，也可以只用一个“日期/时间域”组态，显示 HMI 面板的系统时间，而面板的系统时间通过面板的操作系统设定。

第二节 经典型“起始画面”的组态设计

从本节开始，我们陆续深入组态编辑上一节创建的那些空白画面。通过实例示范认识画面对象和学习画面组态的方法等。

在图 4-1-15 的项目树中,双击打开“画面”→“起始画面”(如果已经打开,只是未激活显示,可在任务条上点击“起始画面”标签)，激活“起始画面”在编辑工作窗口区的显示。这时，起始画面上只有一个显示当前画面名称的文本域。在该画面的编辑过程中，我们继续学习按钮等画面对象的编辑组态方法。

“起始画面”通常是项目画面的开始画面，图 4-2-1 是已经组态编辑好的经典型起始画面，该起始画面上注明控制系统项目的名称、设备用户和生产商等信息，通过按钮操作画面的浏览（可以不用模板上的画面浏览功能，主要是介绍学习画面及画面对象的各种组态方法）。

首先编辑两个文本域，将上一节粘贴在“起始画面”上的文本为“起始画面”的“文本域”修改其文本为“XX 公司 XX 机器控制系统”，并将“文本域”常规属性中文本样式调整为“宋体，64px，style=Bold”,调整文本域位置如图 4-2-1 所示。同理，在画面下部再组态一个文本域，文本为制造商信息，文本样式为“宋体，36px，style=Bold”。

在“起始画面”的中间，有 5 个通过图形视图对象粘贴的图形。这五个图形来自“工具箱”→“图形”展板→“WinCC 图形文件夹”→“Infrastracture”→“Nature”→“256

图 4-2-1 起始画面的编辑组态

Colors”文件夹。在“图形”展板下方有图形文件夹中图形的预览区，可以打开查看文件夹中的图片图形。在图形图片预览区，直接双击所选的图形，图形会自动粘贴到画面中，调整其位置和大小即可。

在“图形”展板可以创建“我的图形文件夹”的链接，指向自己的图形库。

在“起始画面”设置 4 个按钮，按钮上用文本标明“运行状态”“工艺参数”“手动操作”和“机器说明”。点击这些按钮分别激活显示上一节创建的画面“机器实时运行状态”“工艺参数设置画面”“手动操作画面”和“机器使用和安全操作说明”，按钮的作用是引导画面的浏览。下面介绍这些按钮的编辑组态工作。

1. “按钮”画面对象的用法

在选项板窗口，从“工具箱”→“元素”展板中，将“按钮”画面对象拖放到“起始画面”的画面组态区，系统为其默认命名为“按钮_1”。“按钮_1”的作用是用来点击激活显示“机器实时运行状态”画面。

“按钮_1”的常规属性设置如图 4-2-2 所示。“常规”→“模式”的选项为“文本”，表示按钮上设有文本文字，这是最常用的用法。有些项目画面的按钮以图形表示；还有

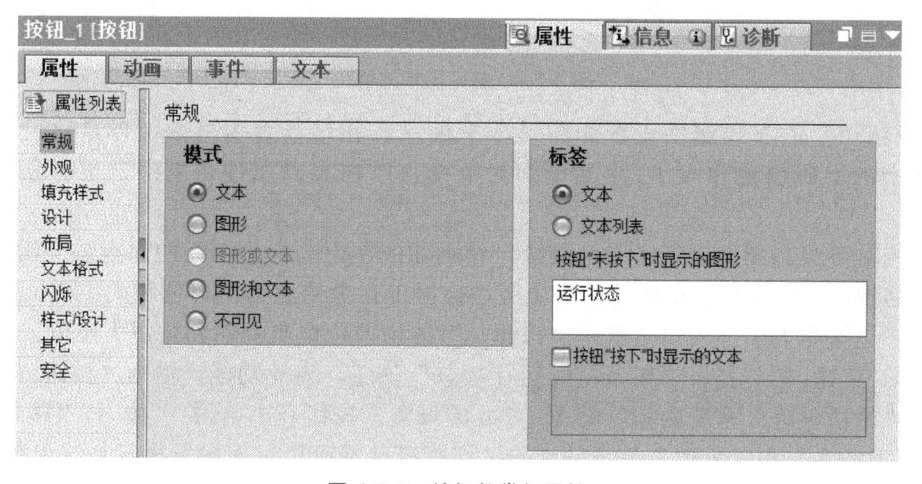

图 4-2-2 按钮的常规属性

些项目的画面按钮表面有图形和文本表示；也有场合会设置一些不可见按钮，读者可以试一试，后面的案例也会做一些介绍。“常规”→“标签”的选项为“文本”，并在下方的输入空格中输入“运行状态”汉字，表示要求按钮“未按下”时其表面显示的文本字样。如果需要按钮“按下”时显示其它文本字样，可以勾选图中的“按钮按下时显示的文本”选项，并在亮白显示的输入格内输入文字等。

“按钮_1”的外观属性设置如图 4-2-3 所示。按钮的外观有很多变化，可以在按钮的背景、按钮的文字颜色、按钮外形边框等做多种选择组态。

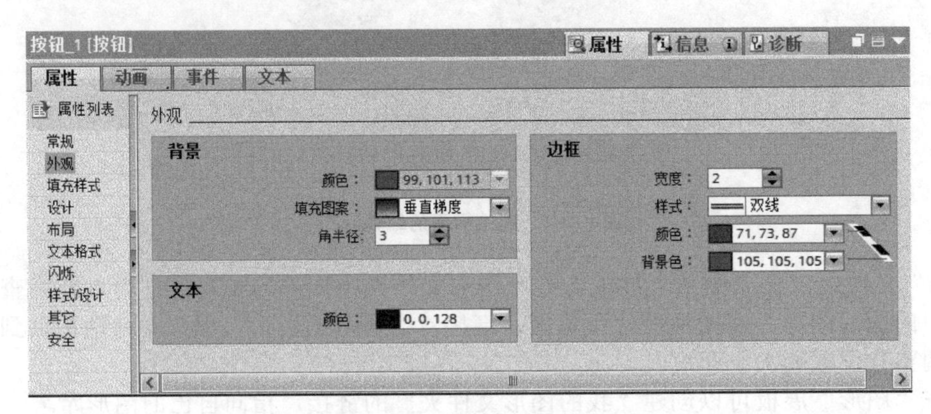

图 4-2-3　按钮的外观属性

“按钮_1”的填充样式属性设置如图 4-2-4 所示。

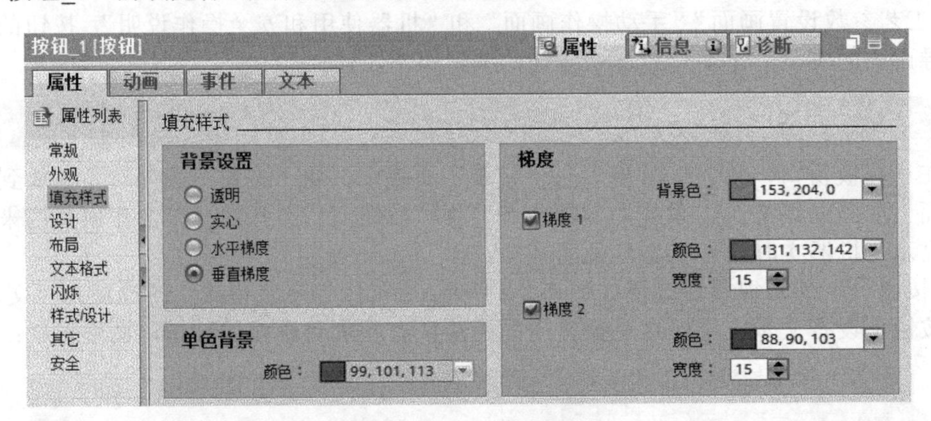

图 4-2-4　按钮的填充样式

“按钮_1”的布局属性设置如图 4-2-5 所示。在该设置窗格中可以量化设置按钮在画面上的准确位置和大小，多数画面对象都可以在布局属性中准确定位对象的位置和大小。

系统对可组态画面进行了坐标划分，在画面的左上角为坐标系的原点。当用鼠标在画面上拖拽画面对象时，在移动的对象旁边会显示对象的当前坐标值和大小值。图 4-2-5 显示的“位置和大小”项参数就是“按钮_1”的当前位置坐标值和按钮大小值。

点击“按钮_1”，显示“机器实时运行状态”画面，为此功能，需为“按钮_1”的事件设置“激活屏幕”系统函数，见图 4-2-6 的设置。按钮有“单击”“按下”“释放”“激活”“取消激活”和“更改”等事件动作，这些事件都可以组态触发执行系统函数和 VB 函数（VB 脚本）。

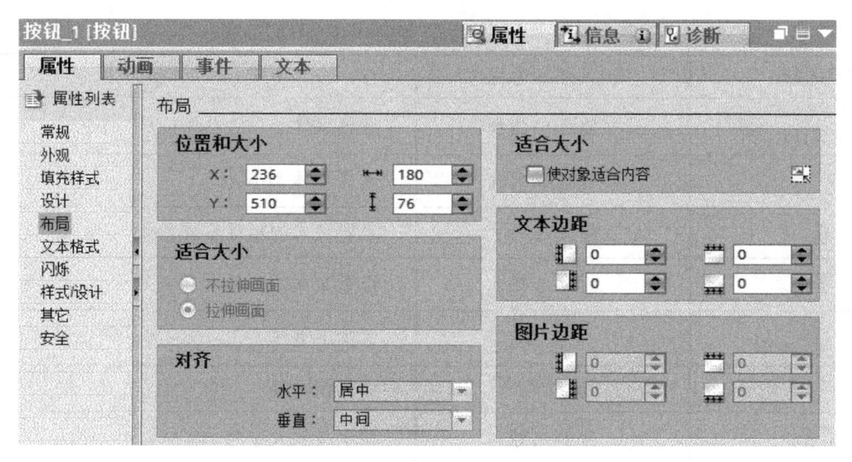

图 4-2-5　按钮的布局属性

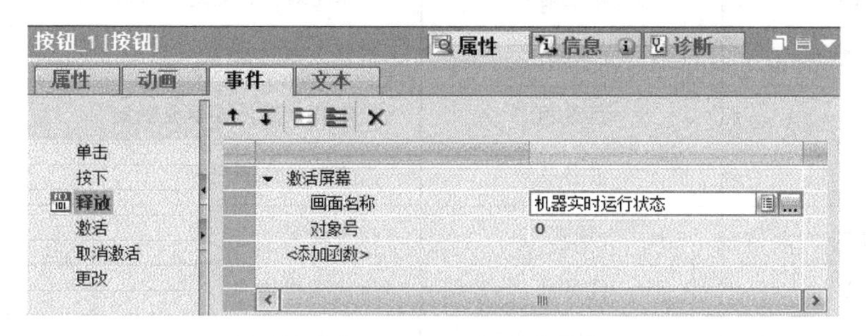

图 4-2-6　按钮的释放事件

以上是我们对“运行状态”按钮的编辑组态。

同理，其它三个按钮可以采取复制粘贴的方法制作“按钮_2”“按钮_3”和“按钮_4”。只是改写一下按钮的显示文本分别为“工艺参数”“启动停止”和“机器说明”等；相应在事件组态的系统函数“激活屏幕”的参数“画面名称”列分别选择“工艺参数设置画面”“手动操作画面”和“机器使用和安全操作说明”。

也可采用 Ctrl+左键拖拽对象的方法复制画面对象，生成的对象名称的序号递增。在 Ctrl+左键拖拽复制对象的过程中，系统会在对象周围生成对齐指示线，以帮助放置和对齐画面对象。

2. 画面编辑窗口上的图标工具及用法

四个按钮排列是否整齐可以参考按钮布局属性中位置和大小的坐标参数设置；也可以借助画面编辑窗口上方的一行图标工具按钮，亦称工具条。表 4-2-1 给出这些图标工具的用法说明。实际上，为提高对象属性组态效率，我们经常使用画面编辑窗口上方的图标工具。例如编辑文本域字号的大小，只要点击字号改变按键工具，就可以迅速看到文本字符大小改变的显示效果。

按下 Shift 键同时，逐个点击画面对象，可以同时选中多个对象，其中第一个点击对象是进行对齐等编辑工作的基准，即其它点选对象都向第一个点选对象看齐。例如上述四个按钮的对齐操作：按下 Shift 键，先点选“运行状态”按钮，即以此按钮为基准，然后依次点选其它三个按钮，这时四个按钮呈选中状态显示，但处于基准的对象显示样式与其它对象不同，点击图标工具条上的“顶部对齐”“水平均布”等工具键，四个按钮会自动以“运行状态”按钮的顶部为基准线对齐，同时水平间距相等排列。

表 4-2-1 画面编辑窗口中的图标工具

工具图标	工具图标名称	说明
宋体	字体选项列表	选择字体
29	字号选择列表	选择字体大小
B	粗体选择	设置文本的粗体字体格式
I	斜体选择	设置文本的斜体字体格式
U	下划线	添加下划线
S	删除线	添加删除线
	改变字号	减小或放大字号
	文本左对齐	文本左对齐、右对齐或居中对齐
	文本颜色	指定文本的颜色
	背景色	指定背景颜色或填充图案
	前景色	指定前景色或线
	线宽	指定线宽
	线样式	指定线样式
	前移	将所选项前移一个级别
	翻转	上下左右翻转
	对齐	顶部对齐，底部、中部、左右等对齐
	均布	水平或垂直均布所选对象
	等宽	将所选对象设置为等宽、等高或等宽高
	格式刷	将一对象的属性复制到另外一个对象
	上移一层	将对象上移或下移一层
	放大所选对象	将所选的对象放大显示

在同时选中四个按钮的情况下，还可以通过点击电脑键盘上的上下左右方向键整体移动这四个按钮，以调整这四个按钮对象与其它对象之间的位置关系。这种同时选中对象。整体移动的操作，会经常遇到。

通过鼠标在画面上拖拽一个区域，这个区域内的所有画面对象都被选中，这也是我们同时选中多个对象的方法。

在组态一个较复杂的画面对象时，可能会将很多画面对象准确对位“叠加”在一起，这时会用到工具条上的“前移”“翻转”等工具，调整画面对象的显示前后次序和自身方位。

我们在本章第一节介绍了模板/画面的层的概念，在工具条上就有将当前画面对象“上移一层”或“下移一层”的快捷图标工具，这些工具的使用都提高了组态效率。

注意前移一个级别和上移一层的区别。

第三节 HMI 变量和 HMI 变量表

前面章节，我们学习了模板和画面的创建和组态，认识了它们的属性和关系。同时，学习了“图形视图”“符号 I/O 域”“日期/时间域”“文本域”“按钮”等画面对象的组态方法，认识了这些画面对象的属性和事件等，在组态画面过程中，认识和使用画面编辑窗口上的图标编辑工具，提高编辑组态效率。

第四节继续通过组态编辑画面的过程学习其它画面对象，主要是工具箱中“基本对象”“元素”和“图形”展板上的画面对象。“控件”展板上的画面对象，将用专门的章节进行介绍。

图 4-3-1 是已组态好的“机器实时运行状态”画面。在这个画面中新用到了“基本元素”展板中的线、矩形，“元素”展板中的 I/O 域和棒图等画面对象，还用到了前面学习过的文本域、按钮、图形视图等。在实时运行系统或仿真运行系统中，还能看到这个画面中的一些简单动画效果，如风机电动机的转动、警告文本域的可见/不可见等。上述诸条都要用到“变量”。在学习这个画面的编辑组态方法之前，我们先来学习变量和变量表的概念和用法。

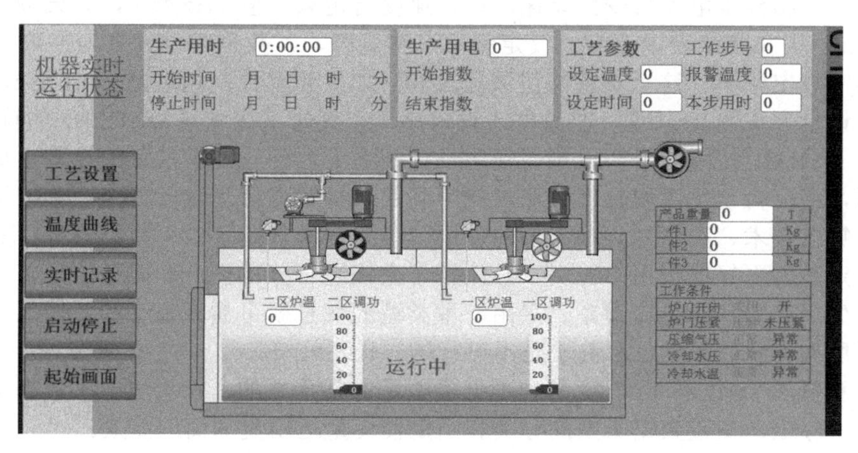

图 4-3-1 “机器实时运行状态”画面

一、HMI 变量及基本属性

1. HMI 变量的作用和 HMI 面板的变量可使用数

在图 4-3-1 画面中,有很多数据需要手动输入到 HMI 面板,或者从 HMI 输出显示出来。例如画面右侧的产品重量表格，第一件至第三件产品的重量需要操作人员通过触摸屏输入（若机器系统无自动称重装置），PLC 或 HMI 计算总重后，会将重量之和从“产品重量”显示格中显示输出，还要提供给其它函数。因此，HMI 设备内部必须要有四个“容器”来分别盛放输入的这四个数据，而且这四个容器中的数据值是可以改变的，因为不同批次的产品其重量是不同的。这个“容器”就是 HMI 的变量。

从 HMI 面板输入的数据保存在 HMI 的变量中，输出显示的数据也是来自 HMI 变量。

为了容纳大量的数据进行存储、传送、计算、处理分析等，就需要创建大量的变量。变量是在“变量表”中声明创建的，从第一章的精简系列面板和精智系列面板性能参数表中，可看到，第二代精简面板的最大定义变量数目是800个，精智系列面板最大定义变量数是2048个。

在变量表中定义和管理大量的变量。WinCC Advanced V13 系统有专门的变量表编辑器，用来定义和管理变量，见项目树导航中的“HMI变量”文件夹和其中的变量表编辑器、变量表等。对于图4-3-1中“产品重量”等四个数据，先在变量表中声明创建有唯一符号名的四个变量，当四个数据生成时（三个输入，一个计算输出）就保存在这四个变量中，变量随时被调用，变量值随时可被改变。

2. 变量的数据类型

一旦在HMI变量表中创建了变量，就相当于在HMI存储区开辟了一个存储单元，随时用来存放数据。HMI变量就是HMI的一个存储单元，保存的数据可能是数值数据，如整数或实数，也可能是文字字符数据，也就是保存文字字符信息。这就是变量的数据类型的设定，即在变量表中定义变量的同时，根据其值域不同，还要为变量设定数据类型,如某变量的值域是在实数范围内,则该变量的数据类型就设定为Real型，否则变量不能正常工作。很显然，变量的数据类型不同，则其作为存储单元的大小也不同。如Int型变量其存储单元大小为二进制2字节16位，Real型变量为4字节32位。

例如，三相异步电动机变频调速，设定速度给定频率值（Hz数），如果频率控制精度是±1Hz，则在变量表中定义“设定频率”变量时，其数据类型设定为整数Int型即可，因为“设定频率”这个变量的值域是±50。如果频率控制精度是±0.1 Hz，则数据类型就要设定为实数Real型。整数型“设定频率”变量不接受诸如10.2Hz的输入值。

PLC和HMI技术的科研人员、设备设计制造者为使这些智能化的设备更加方便精确地应用，将在自动化工程控制领域可能用到的各种数据信息进行分类汇总，结合电子技术、计算机技术、数制知识和人们的使用习惯为变量规定了若干数据类型，变量数据类型的制定是为更好地运用PLC和HMI技术来描述、分析生产和服务的工艺过程、处理、控制生产和服务的机器设备。采用一种类型的变量就可囊括保存和处理客观世界林林总总的所有类型的数据信息几乎是不可行的，极不经济。

理解和熟悉HMI和PLC变量的数据类型是非常重要的，初看这么多数据类型用起来复杂，实际上，变量数据类型的分类和制定使变量运用更加简约高效。

数据的类型是很多的，有整数、实数等，有正负数之分，有十进制数和二进制数，有数值和文本字符数据等。由于PLC、HMI、PC，归根结底，它们的基本运算都是以二进制形式进行的，参与运算处理的变量数据存储单元大小不同，有1位、8位、16位、32位和64位二进制数据之分，值大的数据就放到32位或64位的存储单元中，数值小的数据就放到8位或16位的存储单元中。也就是在定义变量时，如果它的二进制值域范围比较大，就为这个变量选定32位或64位的数据类型，反之就选定8位或16位的数据类型，这样既经济又提高运算速度。

在实际项目设计组态时，要根据控制量或者过程量值的内容和变化范围，为它定义变量，并设定数据类型。

3. HMI的外部变量和内部变量

触摸面板上输入的数据有些要通过通信传送到PLC控制器参与过程控制和运算，如图4-3-1中工艺参数的设定温度和设定时间。在HMI变量表中声明两个变量，保存设定温度值和设定时间值，这两个变量要同PLC中的变量通信链接，以实现相互传送。在HMI变量表中，需要与PLC通信链接的变量称为外部变量。因而，不需要链接PLC，仅在HMI设备内部使用的HMI变量就叫内部变量。在创建变量的时候，需要声明是外部变量，还是内部变量。系统把外部变量划归到一个存储区，以方便快速与PLC通信交换数据。

外部变量是PLC中所定义的存储位置的映像。无论是HMI设备还是PLC，都可对该存储位置进行读写访问。

注意:

外部变量的数据类型取决于与HMI设备相连的 PLC变量的数据类型。

如果在STEP 7 Professional中写入PLC控制程序，则在控制程序中创建的PLC变量将添加到PLC变量表中。外部变量（是HMI变量）连接到PLC变量，在WinCC Advanced V13运行系统中通过HMI和所连接PLC系统之间的通信连接双向传送当前变量值，从PLC传来的变量值保存在运行系统存储器中。 然后，会按照设置的周期时间定期更新变量值。WinCC Advanced V13在运行系统存储器中将访问上一周期时从PLC读取的变量值，然后用在运行系统项目中。反过来，在HMI运行系统存储器中的变量值可以更改PLC中的变量值。

在S7-1200或S7-1500型PLC控制器中使用PLC数组元素时,注意PLC数组元素的索引可以任意数字开头，但在WinCC中，始终从0开始索引。例如，PLC数组变量“Array [1..3] of Int”映射到WinCC中的“Array [0..2] of Int”。在脚本中访问数组时，需注意正确的索引顺序。

内部变量不与PLC连接。内部变量在HMI设备中传送各种值。只有运行系统处于运行状态时变量值才可用。内部变量存储在HMI设备的内存中，因此，只有这台HMI设备能够对内部变量进行读写访问，例如，可以创建内部变量来执行本地计算、数据传送和分析处理等。

内部变量的数据类型见表4-3-1。

表4-3-1 内部变量的数据类型

HMI数据类型	数据格式
Array	一维数组
布尔型	二进制变量
DateTime	日期/时间格式
DInt	有符号32位数
Int	有符号16位数
LReal	64位IEEE 754浮点数
Real	32位IEEE 754浮点数
SInt	有符号8位数
UDnt	无符号32位数
UInt	无符号16位数
USInt	无符号8位数
WString	文本变量，16位字符集

如定义一个Array（数组）型变量，不论是外部变量，还是内部变量，元素下标需从0开始，否则系统会报错。

在 HMI 变量表中声明的变量需有一个名称，也就是变量名。WinCC Advanced V13 会给每个新添加的变量一个默认的变量名，通常是在前一个变量名称后缀数字。WinCC Advanced V13 同样支持中文变量名，这样可以为变量命名一个与变量实际应用含义吻合的变量名。如上一段介绍的两个工艺参数变量，在 HMI 变量表中就可命名为“设定温度”和“设定时间”，这样做方便编程组态人员和现场维护操作人员的识别和记忆。

二、HMI 外部变量的连接

在 HMI 变量表中创建外部变量时，必须为该变量指定“连接”，“连接”定义与 HMI 变量相连的 PLC。HMI 和 PLC 之间的连接类型分为集成连接和非集成连接两种类型，外部变量是在“连接”的基础上与 PLC 变量交换数据，实现通信，所以在 WinCC Advanced V13 中使用外部变量时必须为外部变量定义连接类型。

在第二章创建控制系统项目时，设备之间联网后又创建了“HMI 连接”，在有关“连接”数据表格中，看到有“HMI 连接”项存在，则可省略图 4-3-2 步骤。

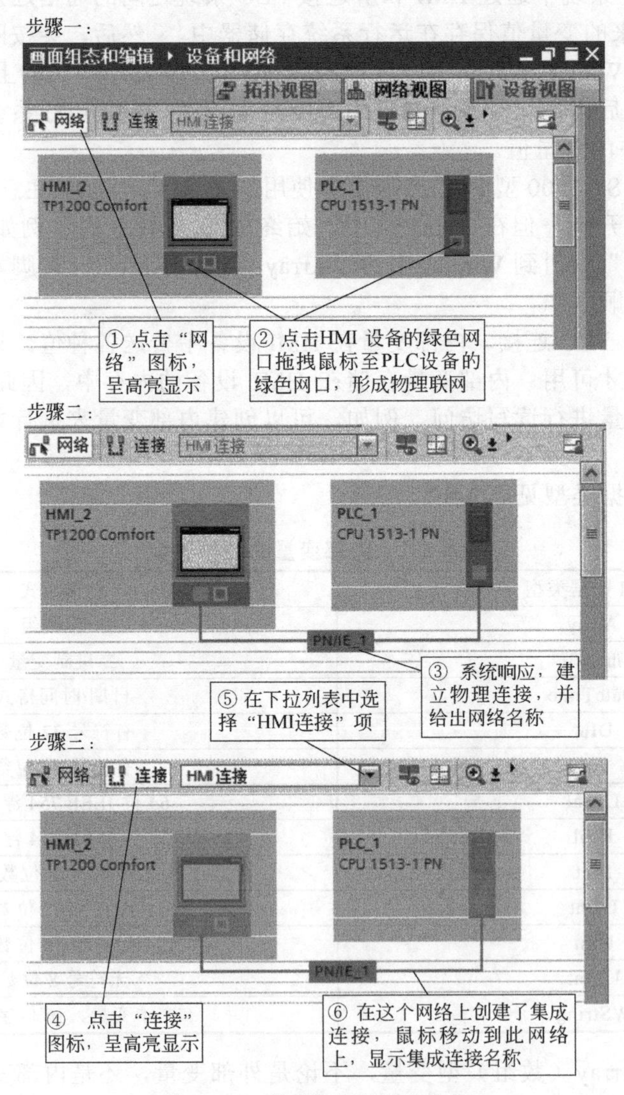

图 4-3-2 集成连接的创建步骤

① 集成连接：在一个项目内通过“设备和网络”编辑器创建的设备连接称为集成连接。

② 非集成连接：通过“连接”编辑器创建的设备连接称为非集成连接。非集成连接的特点是所用设备并不一定要在一个项目中。

为连接 PLC，需为“画面组态和编辑”项目添加 PLC 设备，本例选择 CPU1513-1PN，名称为“PLC_1”，方法见第二章所述。

图 4-3-2 给出在 PorTal V13 的“画面组态和编辑”项目的“设备和网络”编辑器中为 HMI 和 PLC 设备之间联网，并创建集成连接的操作步骤。这在第二章已有初步认识，这里强调集成连接的概念。上述操作创建的网络名称为“PN/IE_1”，集成连接名称为“HMI_连接_1”。

集成连接的优势在于既可通过符号方式，又可通过绝对地址方式寻址一个变量。所谓符号寻址，就是 HMI 的外部变量连接 PLC 的符号变量名称，与 PLC 变量存储器的绝对地址不再关联。HMI 变量的有效数据类型由系统自动选择。在寻址 PLC 数据块中的元素时必须区分以下情况：是对具有优先访问功能的数据块还是对具有标准访问功能的数据块进行符号寻址。

在具有优先访问功能和标准访问功能的数据块进行符号寻址期间，数据块中元素的地址会动态分配并在更改时自动在 HMI 变量中采用。在执行这一步时无需编译所连接数据块或 WinCC 项目。

对于具有优先访问功能的数据块，只可使用符号寻址。

对于符号寻址数据块中的元素，在发生以下变化时只需重新编译并重新装载 WinCC 项目：

① 所连接数据块元素或全局 PLC 变量的名称或数据类型发生了变化。

② 数据块元素或全局 PLC 变量中所连元素的较高层结构节点的名称或数据类型发生了变化。

③ 所连接数据块的名称发生了变更。

绝对寻址也适用于集成连接，必须使用绝对寻址从 SIMATIC S7-300/400 PLC 寻址 PLC 变量。如果连接了 HMI 变量和 PLC 变量并更改了 PLC 变量地址，那么只能重新编译控制程序来更新 WinCC 中的新地址，然后重新编译 WinCC 项目并装载到 HMI 设备。

在 WinCC 中，符号寻址为默认方式。要更改默认设置，请选择菜单命令“选项”→“设置”。在“设置”对话框中，选择“可视化”→“变量”。必要时，可以禁用“符号访问”选项。

在“设备和网络”编辑器中创建集成连接。如果项目中包含 PLC 且支持集成连接，那么还可以自动创建该连接，即在 HMI 变量表中组态 HMI 变量时，只需选择现有的 PLC 变量来连接 HMI 变量，WinCC Advanced V13 会自动创建集成连接。

WinCC Advanced V13 同样支持非集成连接，我们现在再来看看 HMI 设备项下的“连接”编辑器中创建非集成连接的操作，见图 4-3-3。

对于具有非集成连接的项目，应始终通过绝对寻址组态变量连接。手动选择有效的数据类型。如果在具有非集成连接的项目执行期间，项目中的 PLC 变量地址发生变更化，那么还必须在 WinCC 中进行相应更改。在运行系统中无法检查变量连接的有效性，也无法发出错误消息。

非集成连接适用于所有支持的 PLC，包括 S7-300/400、S7-1200/1500 等。

符号寻址不可用于非集成连接。对于非集成连接，控制程序无需是 WinCC 项目的组成部分，可独立组态 PLC 和 WinCC 项目。对于 WinCC 中的组态，只需知道 PLC 中所用的地址及其功能即可。

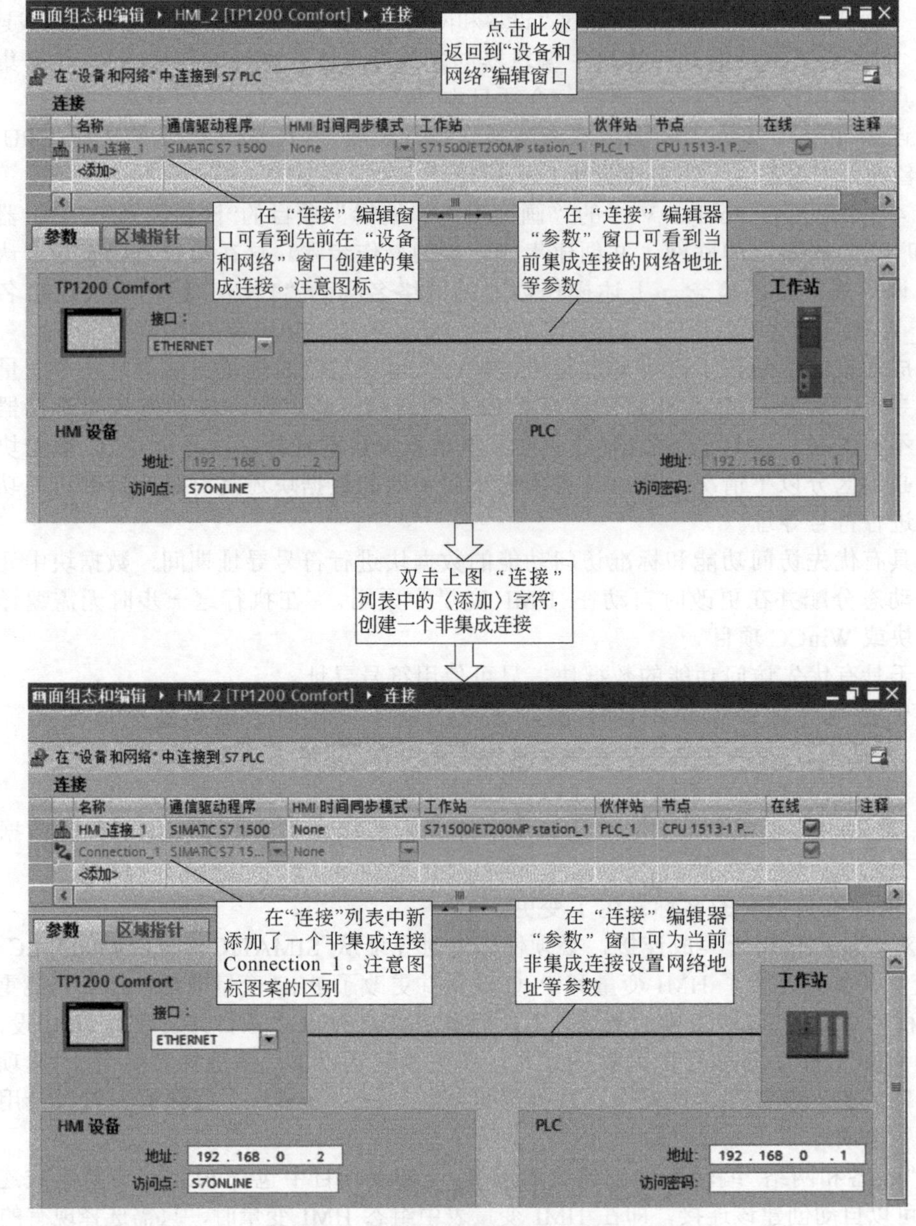

图 4-3-3　连接编辑器中创建非集成连接

集成连接和非集成连接可通过连接的图标识别，见表 4-3-2。

表 4-3-2　连接的图标

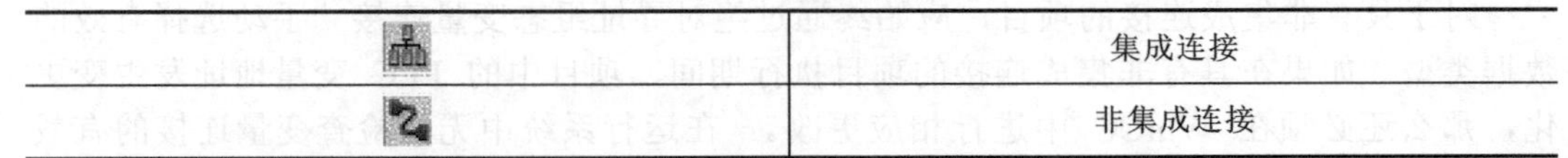

图标	连接类型
（图标）	集成连接
（图标）	非集成连接

集成连接和非集成连接是为变量通信,数据交换服务的。以往，S7-200/300/400PLC 控制器在变量寻址时多采用绝对地址寻址方式，变量名和变量存储地址清楚对应。显然，当变量太多，控制程序比较庞大时，对编程者或阅读者来说，这么多变量和枯燥的地址编码及作用要清清楚楚调用、查询和修改是非常困难的。后来出现了符号变量，编

辑识读效率提高。符号寻址变量已被众多知名 PLC 厂商选用,这也是 PLC 控制系统编程组态技术发展的重要基础。目前在线的多数控制程序都是采用绝对地址方式编制的，虽然也编配了符号变量名称，多数 PLC 技术维护人员习惯了这种编程寻址方式。在 HMI 设备与 PLC 设备组网时，就存在 HMI 的外部变量是寻址 PLC 变量的绝对地址，还是寻址 PLC 变量的符号名称。以前,西门子 HMI 设备和 PLC 设备组态编程可以分开独立进行,联网时 HMI 变量寻址 PLC 变量的绝对地址,要一一对应。但绝对地址方式寻址也有很多不足之处，西门子公司在推出 S7-1200/1500 新一代 PLC 的时候，已从项目系统的角度，将 PLC 组态软件 STEP7 和 HMI 组态软件 WinCC 整合在一起，成为博途自动化工程组态软件，并在这个过程中，重点推介符号变量及其程序组织和编译，以提高编程组态的效率和项目运行效率。但是技术的发展是连续的，所以博途自动化工程软件仍然保持了变量的绝对地址寻址，即符号变量寻址和绝对地址寻址都可以使用。所以在架构 HMI 和 PLC 网络系统时，在建立它们之间的变量通信连接时，需要声明变量是集成连接还是非集成连接。

三、在 HMI 变量表中创建变量

组态软件系统会为每个 HMI 设备自动创建一个变量表，存储在项目树 HMI 设备项下的“HMI 变量”文件夹中。系统为其命名“默认变量表[X]”，X 为含有的变量数。

为编辑组态好图 4-3-1 的画面，我们先在 HMI 变量表中为图 4-3-1 中的画面对象创建所必须的变量。如图 4-3-4 所示,打开默认变量表, 显示在编辑工作窗口,在组态软件整个显示屏下方的任务条上会显示“默认变量表”任务标签，点击之可随时关闭或打开显示。

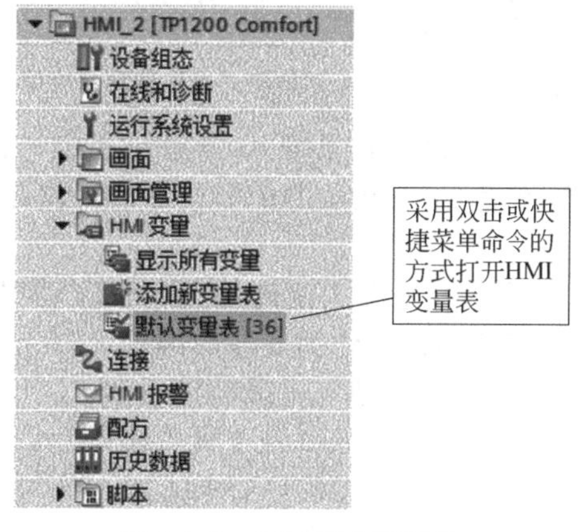

图 4-3-4　打开 HMI 变量表

图 4-3-5 是为完成图 4-3-1 画面的组态所创建的全部变量（显示部分），采用先前创建的集成连接，连接名称为“HMI_连接_1”，该连接指向的 PLC 名称为“PLC_1”。HMI 外部变量寻址 PLC 符号变量,为了方便对照,同一个项目中，HMI 外部变量的名称尽量定义和 PLC 的中文符号变量一致或相近，图 4-3-5 中“PLC 变量”列指定 PLC 控制器中的变量名。

集成连接的访问模式采用符号访问。当然集成连接也支持绝对访问。如果在创建变量的过程中，出现操作或输入错误，组态系统会以红色标记显示出错的位置，并有提示信息。

“采集周期”列显示为变量指定更新时间，图中皆为 1s，由于温度变化相对较为缓慢，选用 1s 采集周期即可。过快的变量采集周期会增加通信的负担，周期大小取舍取决于过程控制量的变化快慢。

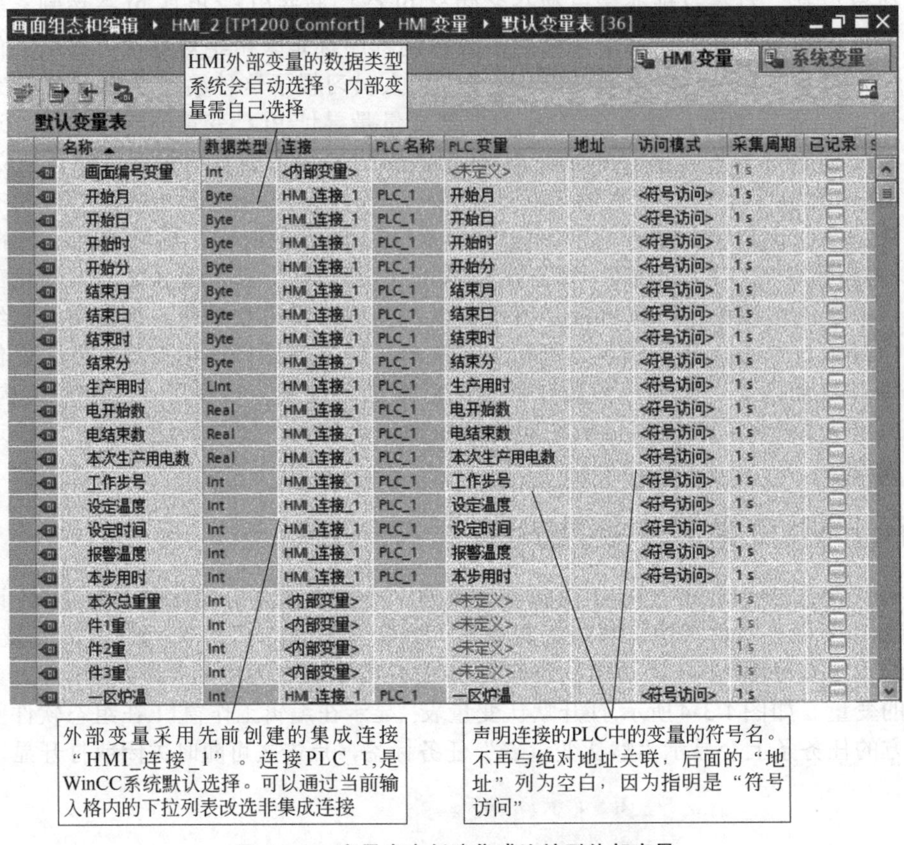

名称 ▲	数据类型	连接	PLC 名称	PLC 变量	地址	访问模式	采集周期	已记录
画面编号变量	Int	<内部变量>		<未定义>			1 s	
开始月	Byte	HMI_连接_1	PLC_1	开始月		<符号访问>	1 s	
开始日	Byte	HMI_连接_1	PLC_1	开始日		<符号访问>	1 s	
开始时	Byte	HMI_连接_1	PLC_1	开始时		<符号访问>	1 s	
开始分	Byte	HMI_连接_1	PLC_1	开始分		<符号访问>	1 s	
结束月	Byte	HMI_连接_1	PLC_1	结束月		<符号访问>	1 s	
结束日	Byte	HMI_连接_1	PLC_1	结束日		<符号访问>	1 s	
结束时	Byte	HMI_连接_1	PLC_1	结束时		<符号访问>	1 s	
结束分	Byte	HMI_连接_1	PLC_1	结束分		<符号访问>	1 s	
生产用时	LInt	HMI_连接_1	PLC_1	生产用时		<符号访问>	1 s	
电开始数	Real	HMI_连接_1	PLC_1	电开始数		<符号访问>	1 s	
电结束数	Real	HMI_连接_1	PLC_1	电结束数		<符号访问>	1 s	
本次生产用电数	Real	HMI_连接_1	PLC_1	本次生产用电数		<符号访问>	1 s	
工作步号	Int	HMI_连接_1	PLC_1	工作步号		<符号访问>	1 s	
设定温度	Int	HMI_连接_1	PLC_1	设定温度		<符号访问>	1 s	
设定时间	Int	HMI_连接_1	PLC_1	设定时间		<符号访问>	1 s	
报警温度	Int	HMI_连接_1	PLC_1	报警温度		<符号访问>	1 s	
本步用时	Int	HMI_连接_1	PLC_1	本步用时		<符号访问>	1 s	
本次总重量	Int	<内部变量>		<未定义>			1 s	
件1重	Int	<内部变量>		<未定义>			1 s	
件2重	Int	<内部变量>		<未定义>			1 s	
件3重	Int	<内部变量>		<未定义>			1 s	
一区炉温	Int	HMI_连接_1	PLC_1	一区炉温		<符号访问>	1 s	

图 4-3-5　变量表中创建集成连接型外部变量

读者请对照图4-3-1的画面对象，看看图4-3-5变量表中，都创建了哪些变量，其中还有若干内部变量，也就是不需要与PLC通信交换数据，仅在WinCC运行系统中使用的变量。

HMI设备的外部变量的数据类型在集成连接指定PLC符号变量时，系统会自动根据PLC符号变量的数据类型定义HMI外部变量的数据类型。内部变量则需要根据实时过程中的数据值变化域为之定义数据类型，具体见表4-3-1。

创建完变量，检查无误后，单击图标命令工具“编译”，组态系统会对项目内部的变量连接进行检查复核，并编译成能够正确运行的方式，如果编译出错，例如地址有误等，会通过巡视窗口的“信息”→“编译”选项卡给出编译结果信息，图4-3-6是当前画面和变量表等组态的编译结果信息。

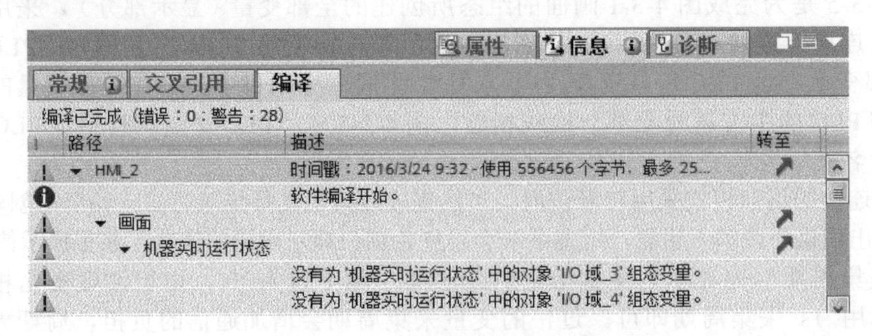

图 4-3-6　画面和变量表编译信息

图 4-3-6 编译信息表明，前述组态结果错误处数为 0，警告 28 个。主要是前面我们组态的图 4-3-1 所示的“机器实时运行状态”画面上很多“I/O 域”画面对象没有为其组态变量。现在我们在变量表中创建了这么多变量，需要应用到画面对象中去。这个工作将在第四节学习组态“机器实时运行状态”画面时进行。编译出现的“错误”项必须修改，组态的任务才可正确运行。

接着，我们看看 HMI 外部变量使用非集成连接的情况。图 4-3-7 为全部外部变量改为非集成连接的情况说明。

画面组态和编辑 ▸ HMI_2 [TP1200 Comfort] ▸ HMI 变量 ▸ 默认变量表 [36]

HMI 变量　系统变量

默认变量表

名称 ▲	数据类型	连接	PLC 名称	PLC 变量	地址	访问模式	采集周期
画面编号变量	Int	<内部变量>		<未定义>			1 s
开始月	Byte	Connection_1		<未定	%MB14	<绝对访问>	1 s
开始日	Byte	Connection_1		<未定义>	%MB15	<绝对访问>	1 s
开始时	Byte	Connection_1		<未定义>	%MB16	<绝对访问>	1 s
开始分	Byte	Connection_1		<未定义>	%MB17	<绝对访问>	1 s
结束月	Byte	Connection_1		<未定义>	%MB18	<绝对访问>	1 s
结束日	Byte	Connection_1		<未定义>	%MB19	<绝对访问>	1 s
结束时	Byte	Connection_1		<未定义>	%MB20	<绝对访问>	1 s
结束分	Byte	Connection_1		<未定义>	%MB21	<绝对访问>	1 s
生产用时	LInt	Connection_1		<未定义>	%M30.0	<绝对访问>	1 s
电开始数	Real	Connection_1		<未定义>	%MD34	<绝对访问>	1 s
电结束数	Real	Connection_1		<未定义>	%MD38	<绝对访问>	1 s
本次生产用电数	Real	Connection_1		<未定义>	%MD42	<绝对访问>	1 s
工作步号	Int	Connection_1		<未定义>	%MW38	<绝对访问>	1 s
设定温度	Int	Connection_1		<未定义>	%MW40	<绝对访问>	1 s
设定时间	Int	Connection_1		<未定义>	%MW42	<绝对访问>	1 s
报警温度	Int	Connection_1		<未定义>	%MW44	<绝对访问>	1 s
本步用时	Int	Connection_1		<未定义>	%MW46	<绝对访问>	1 s
本次总重量	Int	<内部变量>		<未定义>			1 s
件1重	Int	<内部变量>		<未定义>			1 s
件2重	Int	<内部变量>		<未定义>			1 s
件3重	Int	<内部变量>		<未定义>			1 s
一区炉温	Int	Connection_1		<未定义>	%MW56	<绝对访问>	1 s

外部变量采用先前创建的非集成连接“Connection_1”。在“Connection_1”中已指向具体的连接对象。当然也可通过当前输入格内的下拉列表改选集成连接

指向连接对象的变量绝对地址，因为指明是“绝对访问”

图 4-3-7　变量表中创建非集成连接型外部变量

本章实例外部变量选用图 4-3-5 的集成连接。

图 4-3-5 变量表的列项还有很多没有显示，可以通过在列标题行点击右键弹出的快捷菜单中，勾选“显示/隐藏”命令项下的选择项，来显示或隐藏表中的列项。

对于每个变量，在当前巡视窗格的属性选项卡上，可以组态变量的属性、事件等。

例如，可以在“属性→属性→范围”列表项中组态设定变量可以接受的最大值和最小值，假如在触摸屏上为变量输入数值超出最大和最小限值，则面板变量不予接受。这两个极限值既可以是常数，也可以是 HMI 变量。

在“属性→线性标定”列表项中，如果勾选“线形标定”，则 PLC 变量转换到 HMI 变量时有一个可以设定的线性转化关系。例如可以设定 PLC 变量在 4～20 之间变化时对应 HMI 变量的变化范围是 0～100，这方便了变量的线性转换的操作运算。

在“属性→值”列表项中，HMI 变量可以在组态时预置初值。

在“属性→指针化”列表项中，勾选“指针化”选项，可以通过定义一个索引变量

（PLC 变量、HMI 变量都可以充当）分时复用寻址多个 PLC 变量。

在变量的“属性→事件”选项卡上，组态变量出现“数值更改”“超出上限”和“超出下限”等事件时执行的函数。例如报警功能，当实际温度超出设定温度时，触发报警信号等。

第四节 “机器实时运行状态”画面的组态

HMI 设备项目画面中，通常有一个（或多个）展示机器设备（或系统）工艺过程和运行状态参数的画面，使操作者可以直观及时掌握机器实时运转情况，如本例“机器实时运行状态”画面。

1.“矩形”等画面对象的用法

本节学习如何组态编辑图 4-3-1 所示“机器实时运行状态”画面，并学习 I/O 域等画面对象及 HMI 变量的应用等。在前面章节创建的“机器实时运行状态”画面，只是有一个显示画面名称文本域的空白画面，打开该画面，将选项板窗口的“工具箱”→“基本对象”展板中的“矩形”画面对象拖放到画面组态区，系统为其默认命名为“矩形_1”，再拖放或复制三个矩形对象，初步调整矩形的大小和位置，并在属性巡视窗口组态矩形对象的背景颜色、边框等属性，结果见图 4-4-1。

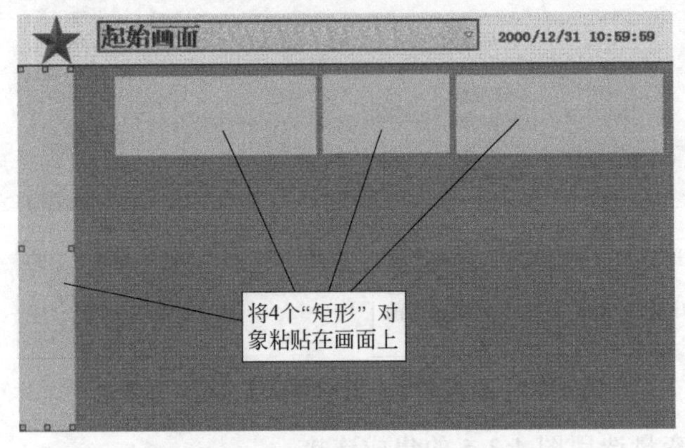

图 4-4-1 画面粘贴四个矩形对象

画面上的矩形主要用来划分画面的不同功能区，醒目突出，易于识读和操作。也可以采用不同的形状作为不同输入/输出功能区的底板，在“基本对象”画面对象展板上还有“圆”“椭圆”“多边形”等供选用，甚至可以采用一些对象闪烁或动画等达到强调的效果。

用一个文本域对象表示画面名称，然后打开前面创建的“起始画面”，将该画面上的按钮复制粘贴过来，调整按钮位置如图 4-4-2 所示。每个按钮打开一个画面，为此为各按钮组态编辑按钮文本，设置按钮事件的系统函数等，方法同前述。

采用制图软件，如 AUTOCAD、PHOTOSHOP 或 VISIO 等绘制机器工作简图，保存为 GIF 等图片格式，然后将图片粘贴到当前编辑的画面中来，调整大小和位置，见图 4-4-3。

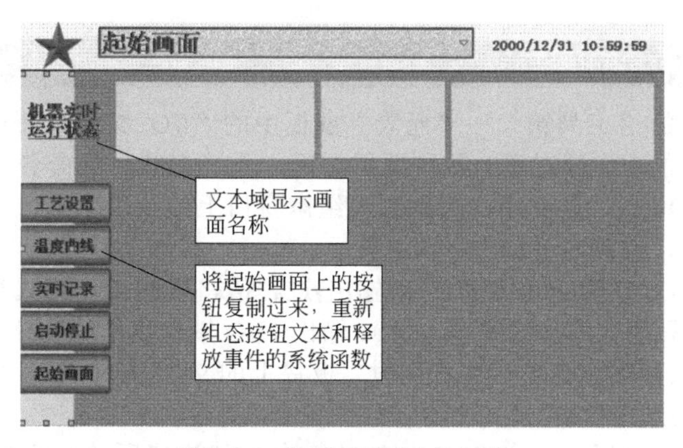

图 4-4-2　画面复制五个按钮等

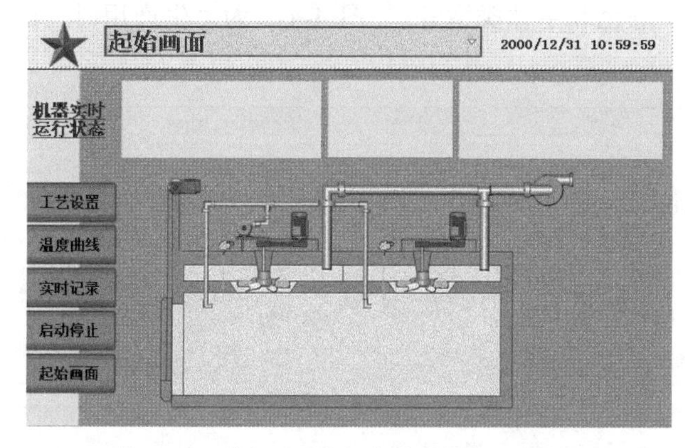

图 4-4-3　将机器设备工作简图粘贴到画面上

将两个叠加的风叶图形视图叠加在一起,放在风机电机旁模拟演示转动和停止的动画效果,图中共四处。在运行系统中，在工艺系统的自动或者手动条件下，启动机器设备运行，则风机开始转动，风叶显示转动的动画效果。

在“生产用电”显示板块，用 11 个文本域组态文字标签，即“生产用时”“开始时间”“月、日、时、分”等，用来显示和记录一个加工工艺过程的开始时间和结束时间，并把它们的差作为“生产用时”显示和记录，这些记录会作为生产计划和生产工艺的分析数据保存。9 个具体的数据用“I/O 域”画面对象组态，这是本节要学习的新画面对象，效果如图 4-4-4 所示。

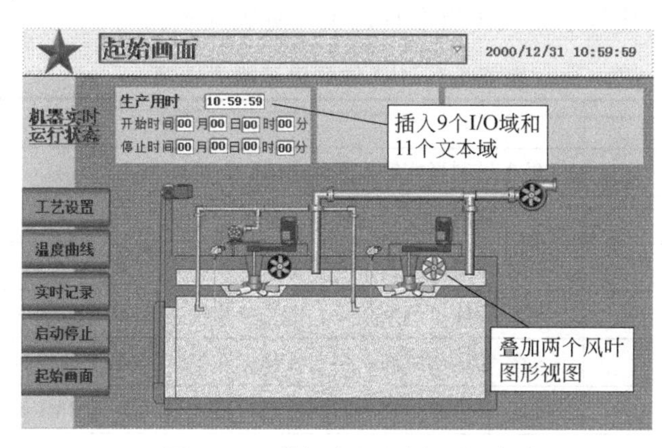

图 4-4-4　增加动画风叶和 I/O 域

2. “I/O 域”画面对象的用法

将选项板窗口的“工具箱”→“元素”展板中的“I/O 域”画面对象拖放（或者直接双击元素展板上的 I/O 域对象）到画面组态区，系统为其默认命名为“I/O 域_1”，同样生成其余的“I/O 域”，共 9 个，可用画面组态窗口上的图表工具，调整这些“I/O 域”对象的大小和位置，排列对齐如图 4-4-4 所示。

“I/O 域”画面对象用于输入和显示(输出)过程值，它的工作模式有三个选项，即输入（在运行系统中只能在 I/O 域中输入值）、输出（I/O 域仅用于输出值）和输入/输出（可以在 I/O 域中输入和输出值）。“生产用时”板块上的 9 个 I/O 域都工作在输出模式，即仅显示 PLC 变量的过程值。

在巡视窗口中，可以自定义“I/O 域”对象输入/输出值所关联的 HMI 变量，对象的位置、形状、样式、颜色和字体类型等。图 4-4-5 为“生产用时”I/O 域的常规属性窗口视图。

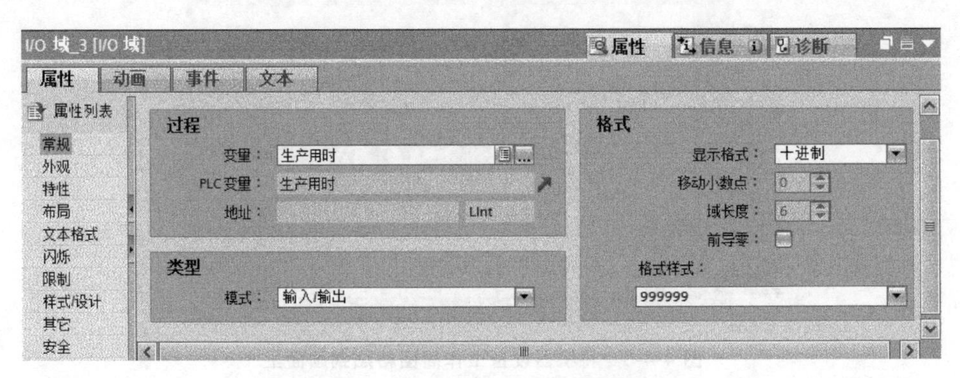

图 4-4-5 “生产用时”I/O 域的常规属性

看图 4-4-5，在过程变量输入格中，点击右侧的选项按钮，弹出变量表，从中选择先前组态的 HMI 外部变量“生产用时”，由于采用 HMI 和 PLC 的集成连接和符号访问，所以“PLC 变量”格灰色显示 PLC 符号变量，地址格无显示。如果是非集成连接，就会显示绝对地址项等。

类型可以选用输出或者输入/输出模式。

I/O 域的显示格式采用十进制，即时间单位为分。因为 PLC 符号变量的数据类型为 Lint。还可以选择显示格式样式，如是否带符号位等。

在 I/O 域常规属性显示格式中有多种选项，见表 4-4-1。

表 4-4-1 I/O 域的显示格式选项

显示格式	说明
十进制	以十进制形式输入和输出值
二进制	以二进制形式输入和输出数值
十六进制	以十六进制形式输入和输出值
日期	输入和输出日期信息。格式依赖于在 HMI 设备上的语言设置
时间	输入和输出时间。格式依赖于在 HMI 设备上的语言设置
日期/时间	输入和输出日期和时间信息。格式依赖于在 HMI 设备上的语言设置
字符串	输入和输出字符串

“属性列表”中“特性”属性，指定是否隐藏输入，即在输入过程中是正常显示输入值还是加密输入值，即系统使用“*”显示每个字符。 输入值的数据格式不能识别。

“闪烁”和“限制”属性，当 I/O 域的输入或输出值超出 HMI 变量的限制值时，会出现闪烁显示，也可以设置为发生颜色改变现象。

变量值的限制范围是在 HMI 变量表中定义的。

按照上一步同样的方法，编辑组态“生产用电”和“工艺参数”板块上的文本域和 I/O 域，注意正确选择在之前 HMI 变量表中已经创建的变量作为 I/O 域的过程变量，见图 4-4-6。

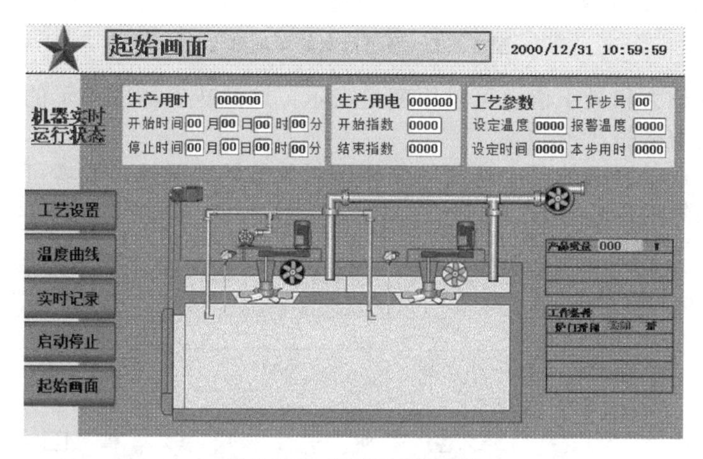

图 4-4-6　在画面上画表格

经常会要求在画面上绘制表格，如图 4-4-6 所示。将选项板窗口的“工具箱”→“基本对象”展板中的“线”画面对象拖放（或者直接双击基本对象展板上的线对象）到画面组态区，系统为其默认命名为“线_1”。在画面上用众多的“线”对象绘制表格。在表中填入文本域和 I/O 域，分别组态它们的属性，结果如图 4-3-1 所示。

在图 4-3-1 中，在机器运行简图上还有四个文本域作为标签，文本说明为“一区炉温”“一区调功”等，两个 I/O 域，以输出模式显示实时炉温。组态原理方法同前述。还有两个需要学习的画面对象“棒图”，用来形象地显示加热电功率的调节动态过程。

3. “棒图”画面对象的用法

将选项板窗口的“工具箱”→“元素”展板中的“棒图”画面对象拖放（或者直接双击元素展板上的棒图对象）到画面组态区，系统为其默认命名为“棒图_1”。连接 PLC 变量“一区调功”，使之在运行系统中显示实时电加热功率的调节情况。同理再复制一个棒图对象显示二区调功情况。调整两个棒图的大小和位置，对齐如图 4-3-1 所示。

“棒图”对象将变量的大小变化显示为图形变化，通过刻度值标记相对显示变量值的变化情况。

图 4-4-7 是“一区调功”棒图的常规属性的组态窗口，可以看到棒图过程变量组态的是 HMI 变量表中的“一区调功”外部变量，同前述，集成连接的符号访问不会显示绝对地址。所连接的 PLC 变量的名称也叫“一区调功”，其变量值的实际变化范围可能是 0～5V 或 4～20Ma。但是在棒图中的显示最大刻度值设为 100，最小刻度值设为 0。当然也可以设定为最大和最小刻度值与实际值一致。

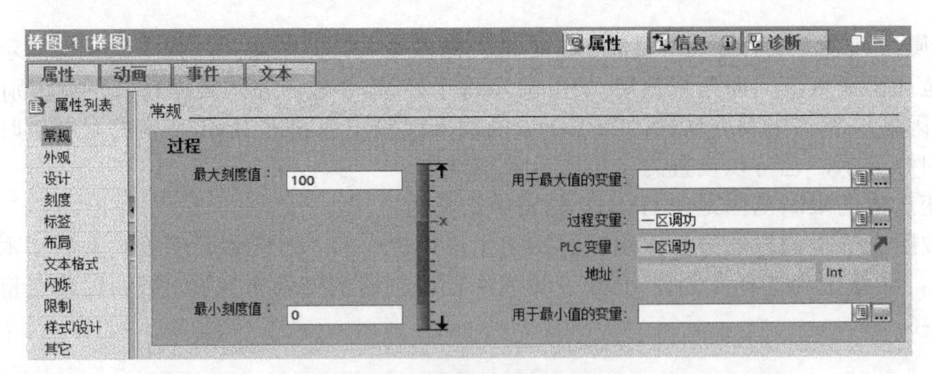

图 4-4-7　棒图对象的常规属性

显示刻度的最大和最小值也可以用变量表示，这意味着棒图显示的最大和最小值可以是变化的，是动态的。

图 4-4-8 为巡视窗格的“一区调功”棒图对象的外观属性。读者可以边做设定，边观察画面上棒图的设定效果。

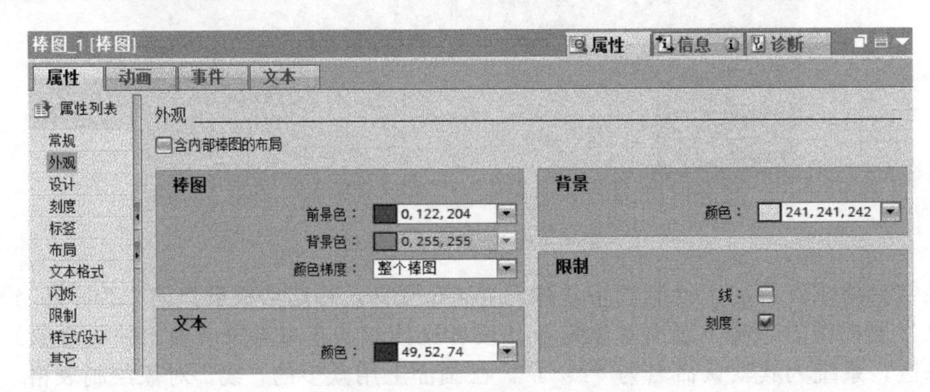

图 4-4-8　棒图对象的外观属性

“设计”属性，主要用来组态棒图的边框宽度、颜色、背景色、样式等。本例没有设置边框，故边框宽度为 0 值。

“刻度”属性，组态是否设置刻度，刻度如何划分。

“标签”属性，组态是否在刻度旁加上度量值的指示标签，是否要标上度量值的单位等。

“布局”属性，定量组态棒图的大小和位置等。

“文本格式”属性，设定棒图上的标签等文本字符的字型、字号，是否加粗等。

“闪烁”属性，设定棒图本身在运行系统中有否闪烁，或者勾选在棒图显示的变量超出限值时就闪烁，同前述，变量的限值在 HMI 变量表中设定。

“限制”属性，设定棒图显示的变量值超出预设的最大值或低于预设的最小值时，棒图颜色发生变化。

保存编译仿真运行，查看组态效果。查看编译时在信息卡中给出的编译结果信息，针对错误和警告，逐一解决。图 4-4-9 为组态结束后的仿真画面。

4.“文本域”画面对象的动画属性

图 4-4-10 是编辑组态状态下“机器实时运行状态”画面的一部分，用于显示机器的工作条件。在画面运行系统中，当门关闭且压紧，压缩空气压力、冷却水压力符合要

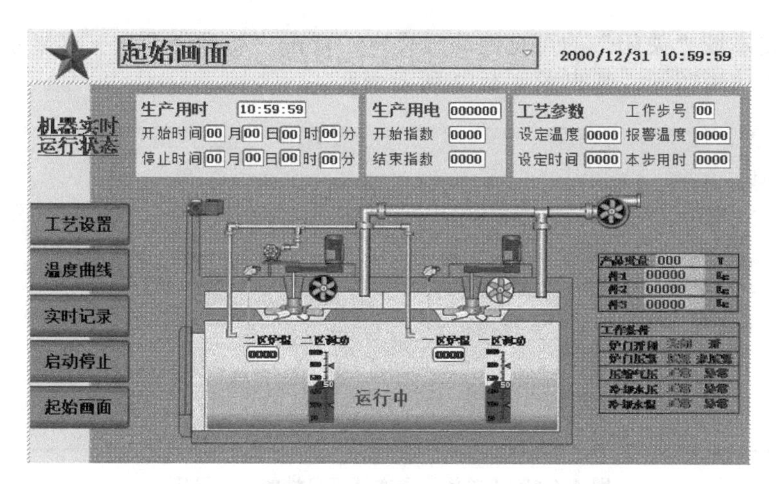

图 4-4-9 “机器实时运行状态”画面组态结束后

求，冷却水温不超过规定的温度值时，机器设备才可以启动工作。其中任何一个条件不满足，机器设备都启动不起来，并在 HMI 面板上显示哪项条件没有达到要求，给出报警信息。因此 HMI 面板要时刻显示对这些工作条件的检测结果。如果在机器实时运行中，炉门未压紧或者某处温度不正常也要及时显示通报现场操作人员。

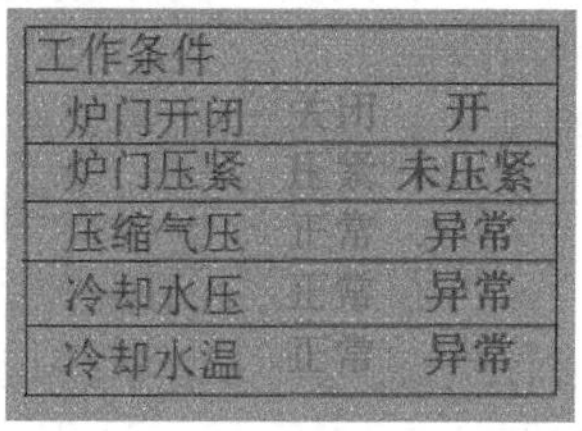

图 4-4-10 文本域动画显示机器工作条件

在运行系统中，当机器的各项工作条件都正常时，门关闭和压紧等正常信号传送到 HMI 设备，则显示绿色的“关闭”“压紧”和“正常”等文本字符，代表门开、未压紧、异常等不良条件的红色文本字符不可见；反之，则显示“开”“未压紧”和“异常”等红色文本字符，代表正常的绿色字符不可见。这种文本字符随 PLC 信号可见和不可见的动画效果是在“文本域”的动画属性选项卡中组态的。

下面对炉门的“关闭”和“开”进行动画属性的组态。当炉门打开时，显示“开”且“关闭”字符不可见，反之显示“关闭”字符而“开”字符不可见。

在图 4-4-10 画面中，鼠标点选工作条件表格中的“关闭”文本域，随后在属性巡视窗口打开该文本域的“动画”选项卡，见图 4-4-11。可以看到“文本域”的动画类型分为两类：一是显示，外观颜色变化或闪烁和文本的可见与不可见；二是移动，即文本域可以组态其在画面上移动。

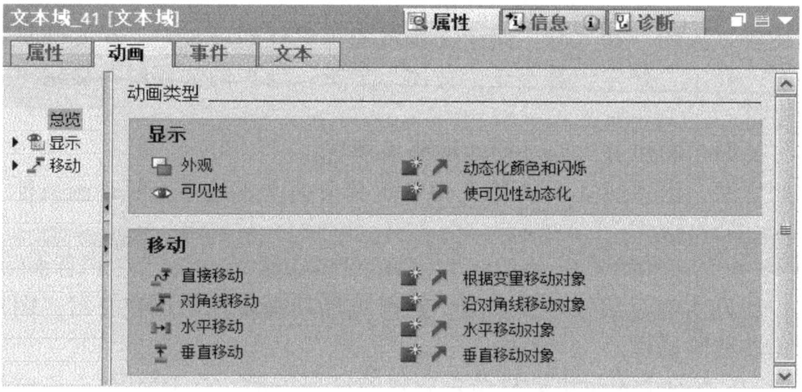

图 4-4-11 文本域的动画属性窗口

本例为文本域“关闭”的可见性动画设定，双击“动画类型”→“显示”→“可见性”项的激活动画图标，弹出图 4-4-12 所示画面。

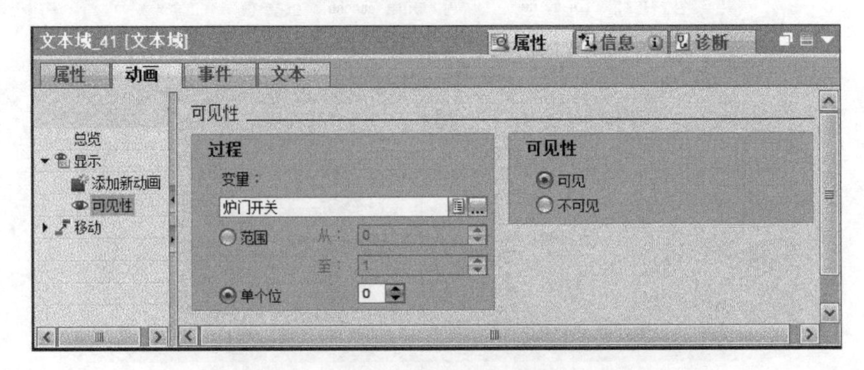

图 4-4-12 “关闭”文本域可见性的动画设定

为“关闭”文本域的可见性动画的过程变量设定为 HMI 变量“炉门开关”，该变量的数据类型为 Bool 型，即炉门关闭时，“炉门开关”=1；当打开时，“炉门开关”=0。图 4-4-12 的设定含义就是：当“炉门开关”变量等于 1 时，控制使能“关闭”文本域“可见”，示意炉门关闭；反之不可见。

再看炉门关闭的“开”文本域，其动画设定刚好相反，见图 4-4-13。在“机器实时运行状态”画面上鼠标选定“开”文本域，随后打开其动画属性→“可见性”组态窗口，如图 4-4-13 所示。过程变量也是“炉门开关”，但当该变量由 0 变 1 时，也就是炉门关闭时，使能“开”文本域“不可见”。

图 4-4-13 “开”文本域可见性的动画设定

经过上述对“关闭”和“开”两个文本域的可见性动画设定。在实际机器运行时，当炉门打开时，显示“开”，看不见“关闭”字符；当炉门关闭时，显示“关闭”，看不见“开”字符。

可以将“关闭”和“开”两个文本域叠加放置。

用同样的方法，组态图 4-4-10 中工作条件其余的文本域不可见动画属性。

5. 风机旋转简单动画——“图形视图”对象的可见性动画属性

前面我们通过实例介绍了“文本域”的可见性动画属性，现在介绍“图形视图”画面对象的可见性动画属性。

在图 4-4-9 中有四个表示电动机是否旋转的风扇图形。在 HMI 面板实时运行状态，当机器设备启动运转后，风扇图形呈现转动动态显示，机器设备停止时，风扇亦停止转动。这里风扇旋转的动画效果就是组态运用了“图形视图”的标准“闪烁”属性和可见性动画属性。

如图4-4-14所示的两个风扇扇叶图形，两个风叶的尺寸完全一致，注意图中A扇叶到B扇叶以扇叶中心为圆点转动了30°角，当把A扇叶置于B扇叶之上且A扇叶呈标准频率闪烁时，看起来的效果就像风叶转动起来。

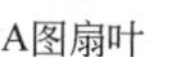

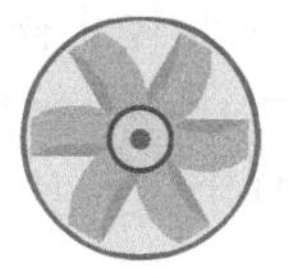

图4-4-14 两个风扇扇叶图形

因此，图4-4-9上的四个风叶图形（由两个几乎一样的风叶图形视图叠加组成）即基于上述原理编辑组态。本实例这四个叠加风叶图形的上面一个风叶图形视图的名称从左到右依次为“图形视图_11”“图形视图_7”“图形视图_3”和“图形视图_5”。控制这四个图形视图可见性的过程变量就是前面在HMI变量表中创建的变量“鼓风机工作”“循环风机2工作”“循环风机1工作”和“引风机工作”。

“图形视图”的动画属性编辑组态方法同前述“文本域”可见性组态方法相似，增加“图形视图”“闪烁”属性的设置。

例如图4-4-9右上侧引风机的旋转动画编辑组态过程如下：首先将“图形视图_5”的“闪烁”属性设置为“标准”（通常对画面对象，组态系统默认此属性皆为“无”）。然后打开“图形视图_5”的“动画”选项卡，在其中，点击打开“可见性”的动画设置页面，在可见性过程变量输入域中选择输入“引风机工作”变量，“可见性”单选项选择“可见”。这样，当从PLC设备传送过来“引风机”已经工作的信号（即“引风机工作”变量为1）时，“图形视图_5”可见且闪烁。其它几个风机电机的动画组态方法同上述。

保存设置，编译纠错，模拟仿真运行所组态的画面效果，详见第六章所述。

第五节 “自动/手动操作画面”的组态

HMI设备项目画面中，很多机器设备控制系统会要求设计组态一个“自动/手动操作画面”，以应对机器设备自动运行、手动调试、检修和运行的需要，例如图4-4-9“机器实时运行状态”画面上有四个变频调速控制的三相异步电动机，在自动运行控制模式，点击面板上的一个启动/停止按钮，机器设备会按照自动控制程序自动运行，再次点击则停止；但是在调试或者维修保养机器设备时，操作人员会要求通过HMI面板能够分别单独启动/停止某一个电动机，以观察机器设备局部运转状态或者调整个别参数。这样就要求有手动操作功能来完成这个工作。现在我们先通过组态编辑好的画面介绍“自动/手动操作画面”的实际运行操作过程，然后介绍其编辑组态步骤，主要是学习画面的编辑组态方法和画面对象的应用。

一、“自动/手动操作画面”运行工艺系统工作过程

1. 机器设备的自动运行操作

“自动/手动操作画面”通过一个转换开关来动画指示选择机器控制系统的自动工作模式或手动操控模式。在打开“自动/手动操作画面”时，呈图4-5-1所示自动运行控制模式，转换开关上的指示箭头指向自动字符。转换开关下方的小画面窗格为自动运行

启动/停止操作窗格，点击小窗格右下角处（采用不可见按钮模式），启动机器设备自动运行，小窗格内图案发生变化，如图 4-5-2 所示，同时闪烁显示红色中文字符“自动运行中”，直至自动运行程序结束或者再次点击该不可见按钮停止运行。

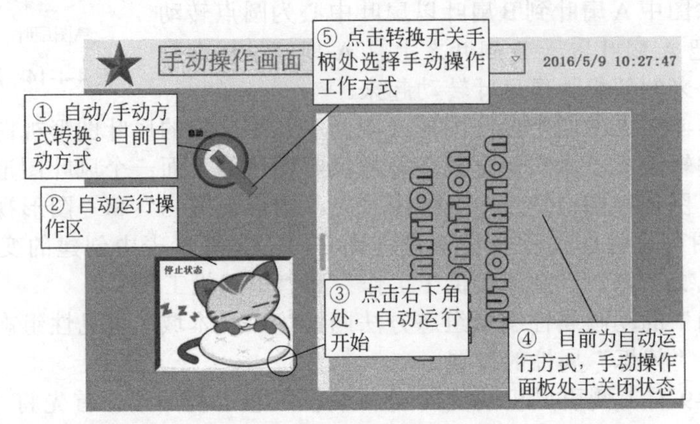

图 4-5-1 “自动/手动操作画面”的自动运行模式停止状态

图 4-5-2 “自动/手动操作画面”的自动运行模式运行状态

“自动/手动操作画面”上右侧大方格为手动操作区。在机器设备自动运行模式时，不允许手动单独操作电动机，故手动操作区被关闭。

2. 机器设备的手动运行操作

在调试和检修机器设备时，需要单独操作每个电动机运转，点击图 4-5-2 画面上的转换开关的手柄处（也是采用按钮的不可见模式），则转换开关手柄旋转改变角度，显示“手动”模式，随后自动关闭较小的自动操作窗格，接着开启较大的手动操作窗格，见图 4-5-3。

图 4-5-3 手动操作窗格中共有四列按钮，对应四台调速异步电动机停止，低速和高速控制按钮。点击任一按钮，按钮上会有图案变化，表示按钮当前被操作状态，置位对应的变量，与 PLC 通信控制电机，见图 4-5-4。

图 4-5-4 中，2#循环风机和鼓风机分别处于低速和高速运转状态，其它两台处于停止状态。调试或维修工作结束，要及时关闭各电机的运转。点击转换开关手柄回到机器的自动运行状态，画面上的较大窗格会自动关闭，随后自动开启较小的窗格，等待自动运行的操作，回到图 4-5-1 画面状态。

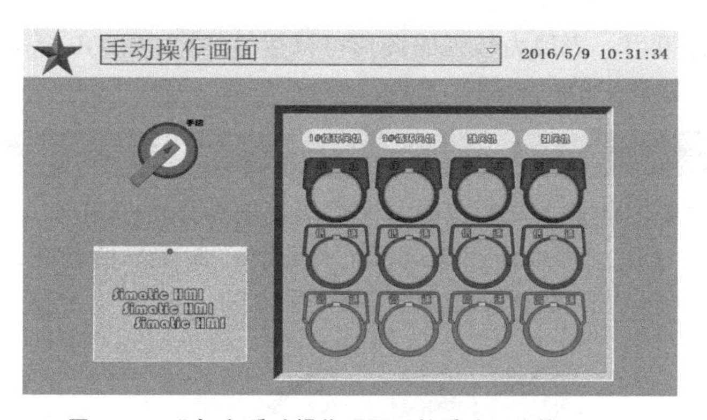

图 4-5-3 “自动/手动操作画面”的手动操作停止状态

图 4-5-4 “自动/手动操作画面”的手动操作运转状态

在点击转换开关手柄时，由自动运行到手动操作关闭较小窗格时，同时会自动停止机器设备的自动运行（如果忘记停止自动运行）；由手动操作到自动运行关闭较大窗格时，同时会停止所有电动机的运转（如果忘记关停电机）。

二、“自动/手动操作画面”素材的制作

1. 转换开关的制作

在 VISIO 制图软件中，按照图 4-5-5 所示，绘制三个大小不一的圆、一个长矩形、小三角形和“手动”文字标签，三个圆圆心对中叠放在一起，上面叠放矩形和小三角形，后绘制的图形在最上面(这里，绘图软件的图形上下叠放次序同 HMI 画面组态是一致的），可以参考软件上的图形大小位置参数，准确对位，组合成转换开关的图形。再复制绘制一个转换开关，矩形手柄右转 90°，文字标签为“自动”，两个图形大小一致。保存图形文件。

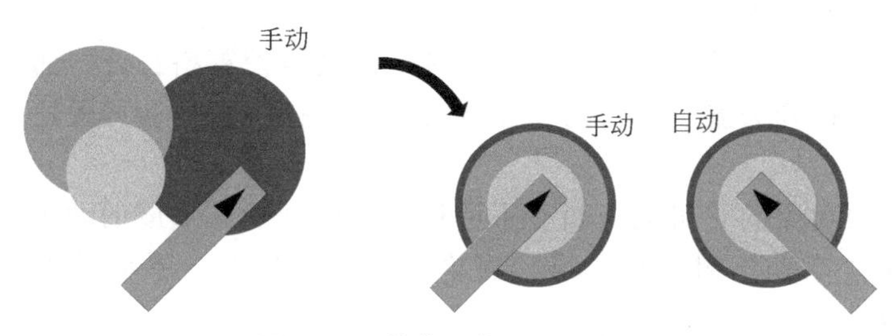

图 4-5-5 转换开关图形的绘制

多种绘图软件可用，表现力较强的图形可以用 PHOTOSHOP 等，简单的图形绘制和处理也可用办公软件中的“画图”工具。

2. 按钮的制作

同样方法，在绘图软件中，按照图 4-5-6 的示例合成按钮图形，其中的三个形状特殊的图形可以采用绘图软件中的图形运算工具绘制，即图形的联合、组合、拆分、相交、剪除等操作合成图形。具体做法如图 4-5-7 所示。

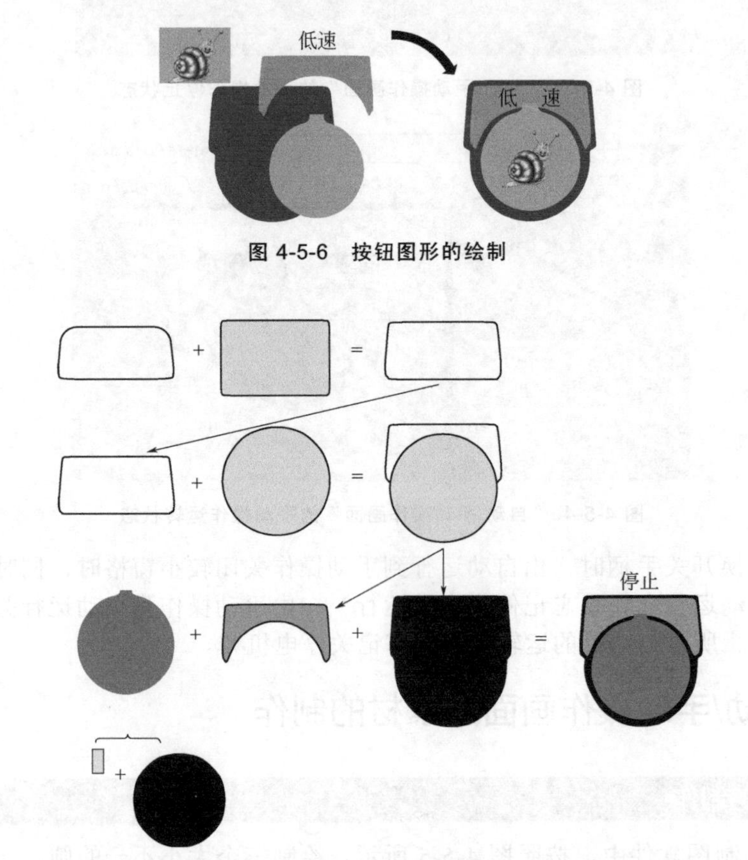

图 4-5-6 按钮图形的绘制

图 4-5-7 按钮图形的合成

3. 两个控制操作窗格盖板门的制作

如图 4-5-8 所示，在绘图软件中，绘制自动/手动操控窗格的门板，其尺寸刚好遮盖住自动/手动控制操作窗格。

当操控模式转换开关置于“手动”位置时，手动操控窗格打开，而自动操控窗格关闭；当操控模式转换开关置于“自动”位置时，手动操控窗格被门板遮盖住，而自动操控窗格打开。

这是通过画面对象的“可见”和“不可见”动画功能，形成的动画效果。当画面中转换开关置位于“手动”时，自动操控窗格门板“可见”，手动操控窗格门板“不可见”；反之则相反。

图 4-5-8 自动和手动操控窗格门板图形

三、“自动/手动操作画面”的组态编辑

“自动/手动操作画面”组态主要分为三个部分：自动/手动转换开关、自动控制操作窗格和手动控制操作窗格。下面逐一介绍组态编辑方法。

1. 自动/手动转换开关的组态编辑

步骤一 在项目树窗格 HMI 设备项下双击打开空白的“手动操作画面”，可以直接将先前绘制的“手动”转换开关图形从绘图软件复制粘贴到当前的 HMI 设备“手动操作画面”中，调整大小和合适位置。组态软件系统将转换开关图形以“图形视图”画面对象的形式组态在画面中，并为之命名。本实例的“手动”转换开关画面对象名称为“图形视图_18”。

步骤二 从“工具箱”选项板的“元素”展板上将“按钮”画面对象拖拽到“手动操作画面”上，调整按钮大小，置位于“手动”转换开关的手柄上（如图 4-5-9 左侧隐形按钮），在按钮属性巡视窗格，将“属性”→“常规”→“模式”设定为“不可见”，即在实时运行画面上看不见按钮但该位置却存在一个隐形按钮。本实例该按钮系统默认名称为“按钮_15”。“手动操作画面”中共有 15 个按钮，全部采用“不可见”模式，下面步骤的叙述中不再赘述。

步骤三 同样，将“自动”转换开关图形粘贴到画面中，大小与“手动”转换开关一样，圆心对中覆盖在“手动”转换开关上，图形视图名称为“图形视图_17”。同样在其手柄处组态一个“不可见”按钮，其名称为“按钮_19”。结果如图 4-5-9 所示。

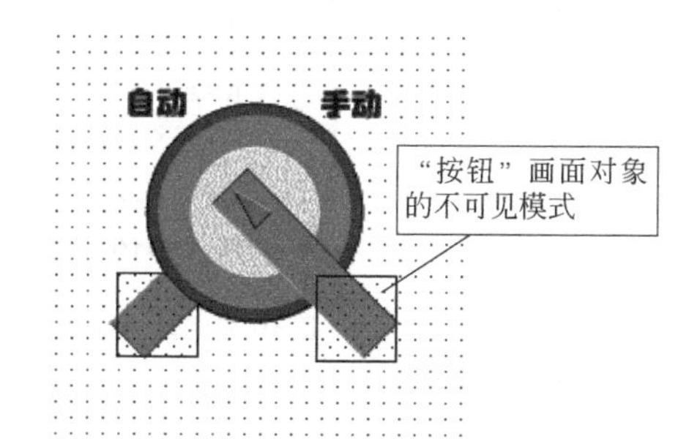

图 4-5-9 自动/手动转换开关的图形组态

步骤四 在项目树窗格，双击打开“画面组态和编辑”项目的“HMI_2[TP1200Comfort]”设备项目的“HMI 变量表”，在变量表中声明创建如下变量，见表 4-5-1。

这些变量主要服务于“手动操作画面”，其中多数变量的连接类型在实际控制系统中都应该是外部变量，与 PLC 控制器的变量进行通信交换数据。读者如将本例应用于实际系统时，请注意改为外部变量。本处主要是方便组态仿真演示画面及动画功能。

表 4-5-1　为“自动/手动操作画面”创建 HMI 变量

名称	数据类型	连接	说明
aa1	Bool	内部变量	1#循环风机低速启动运行标志，按钮单击置位
aa2	Bool	内部变量	1#循环风机高速启动运行标志，按钮单击置位
aa3	Bool	内部变量	1#循环风机停止标志，按钮单击置位
bb1	Bool	内部变量	2#循环风机低速启动运行标志，按钮单击置位
bb2	Bool	内部变量	2#循环风机低速启动运行标志，按钮单击置位
bb3	Bool	内部变量	2#循环风机停止标志，按钮单击置位
cc1	Bool	内部变量	鼓风机低速启动运行标志，按钮单击置位
cc2	Bool	内部变量	鼓风机高速启动运行标志，按钮单击置位
cc3	Bool	内部变量	鼓风机停止标志，按钮单击置位
dd1	Bool	内部变量	引风机低速启动运行标志，按钮单击置位
dd2	Bool	内部变量	引风机高速启动运行标志，按钮单击置位
dd3	Bool	内部变量	引风机停止标志，按钮单击置位
shdm	Bool	内部变量	手动操作门板开合动画用变量
zdm	Bool	内部变量	自动操作门板开合动画用变量
手动自动选择	Bool	内部变量	转换开关自动位置时=0，手动位置时=1
手动自动选择 1	Bool	内部变量	转换开关自动位置时=0，手动位置时=1
自动模式状态	Bool	内部变量	自动运行启动=0，自动运行停止=1

步骤五　为图 4-5-9 中的右侧不可见按钮组态事件属性，见图 4-5-10。在“按钮_19”（自动转换开关手柄处隐形按钮）的“单击”事件函数列表中有一个系统函数。

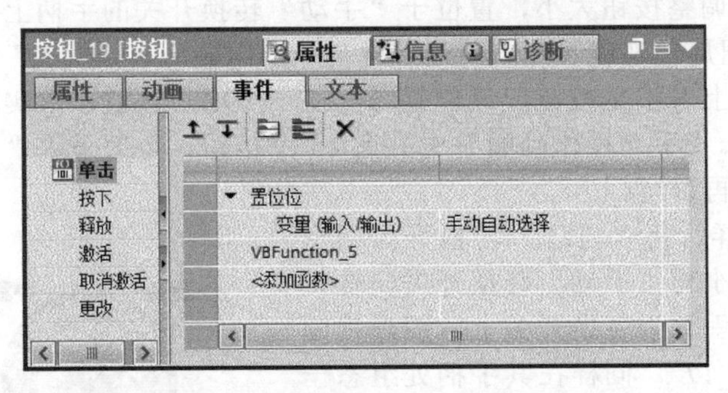

图 4-5-10　自动转换开关不可见按钮事件组态

该函数作用是：置位变量“手动自动选择”，使其为 1，表示要进入手动操作电动机的工作模式。

同样，为图 4-5-9 中的左侧按钮“按钮_15”的单击事件组态函数列表，见图 4-5-11。

在手动操控机器工作模式下，显示“手动”转换开关的图形和文字，同时较大的手动操作窗格处于打开状态，供操控电动机。这时点击“手动”转换开关上的隐形按钮，表示要回到自动操控模式，画面显示手动操控窗格动画关闭（不再允许手动单独操作电动机），然后打开自动操控窗格，为避免操作失误，再次将所有手动操作按钮复位。图 4-5-11 中“按钮_15”的单击事件函数列表就是完成上述功能。

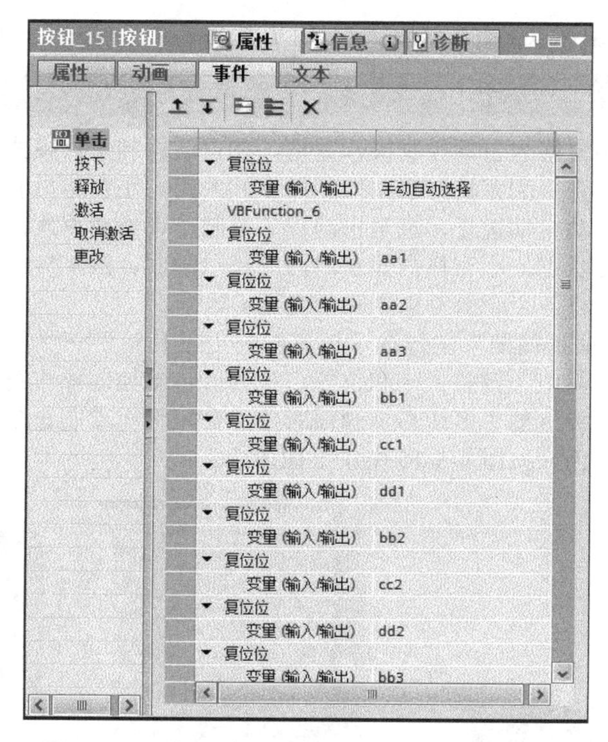

图 4-5-11　手动转换开关手柄处不可见按钮事件组态

步骤六　为手动转换开关（图形视图_18）和自动转换开关（图形视图_17）的可见性动画属性分别组态，如图 4-5-12 和图 4-5-13 所示，即当点击转换开关上的按钮后，改变“手动自动选择”变量值（可以外部变量的方式与 PLC 变量通信），同时使能这两个转换开关的图形视图可见性，形成转换开关手柄摆动的动画效果。

图 4-5-12　手动转换开关可见性动画组态

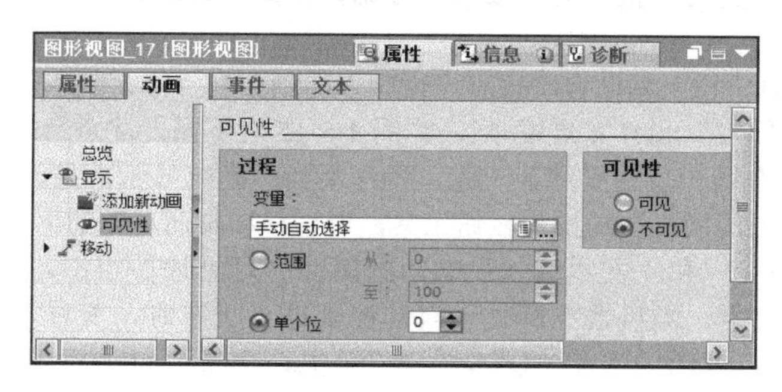

图 4-5-13　自动转换开关可见性动画组态

步骤七 保存编译以上组态结果。点击“开始仿真”工具按钮，演示检验组态效果。

2. 自动控制操作窗格的组态编辑

画面左下方的小窗格为自动控制操作窗格，在自动控制工作模式（由上方的转换开关控制），小窗格打开，大窗格（手动控制操作）关闭。小窗格内有一个不可见按钮，点击之则机器设备启动自动运行，直至自动程序控制结束或者再次点击该隐形按钮。在自动运行状态和停止状态，小窗格内显示不同的提示画面。图4-5-14为解读自动控制操作窗格的组态方法，将各个画面对象错开角度显示如下。

步骤一 在“项目视图”左侧选项板窗格→“工具箱”→“基本对象”展板上，将“矩形”拖拽到画面中，调整大小和位置，作为“自动控制操作窗格”的底板。然后点击“基本对象”展板上的“多边形”画面对象，在矩形上绘制出多边形作为边框，并填充亮暗分明的背景色，如图4-5-15中左上图所示。

图 4-5-14 自动控制操作窗格分解图

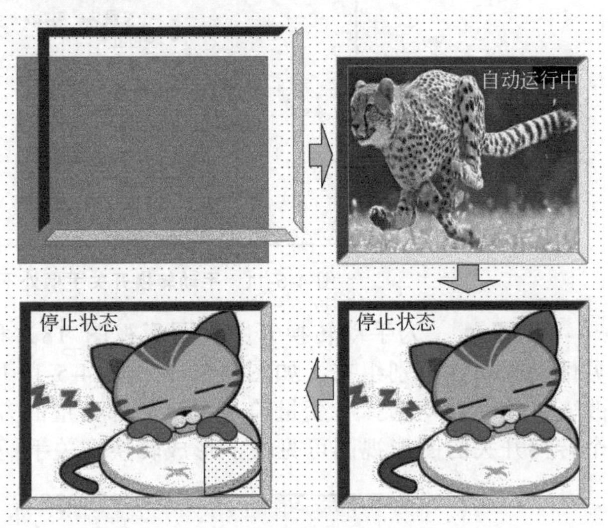

图 4-5-15 自动控制操作窗格的制作过程

步骤二 选择自动控制运行中的显示图形粘贴到画面中，调整大小并置于矩形框中，组态软件系统为本例自动控制运行中显示图形命名为“图形视图_1”，记住它的名称便于后面为其组态各种属性。如图4-5-15右上图，在其上粘贴“自动运行中”文本域，系统为其默认命名“文本域_3”。

为“图形视图_1”和“文本域_3”的动画属性“可见性”组态，如图4-5-16所示。在WinCC运行系统中，当机器控制处于自动运行当中时，变量“自动模式的状态”的值为0时，“图形视图_1”和“文本域_3”可见，变量“自动模式的状态”的值为1时，则不可见。

步骤三 同样方法，粘贴自动控制停止状态的画面和“停止状态”的文本域，系统默认名称为“图形视图_2”和“文本域_4”，见图4-5-15右下图。注意粘贴操作的前后顺序，由于很多画面对象在同一层内叠加在一起，操作不当会影响显示效果。在画面组态窗口，可运用窗口工具栏上的图标快速操作按钮工具，调整移动画面对象的上下位置顺序。

为“图形视图_2”和“文本域_4”的动画属性“可见性”组态，如图4-5-17所示。在WinCC运行系统中，当机器控制处于自动控制停止状态时，变量“自动模式的状态”的值为1时，“图形视图_2”和“文本域_4”可见，变量“自动模式的状态”的值为0时，则不可见。

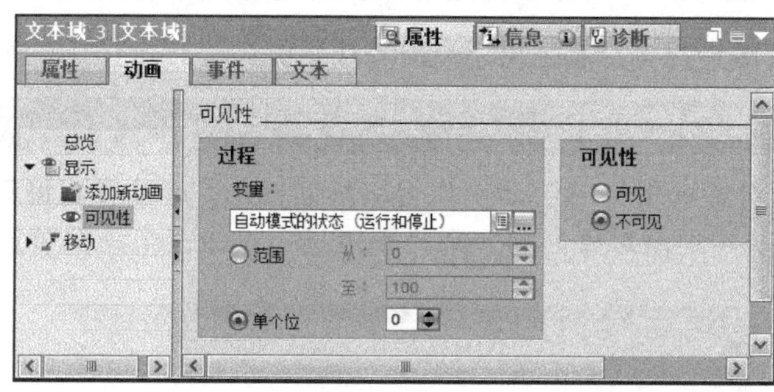

图 4-5-16　自动控制运行中图形和文本域可见性动画属性组态

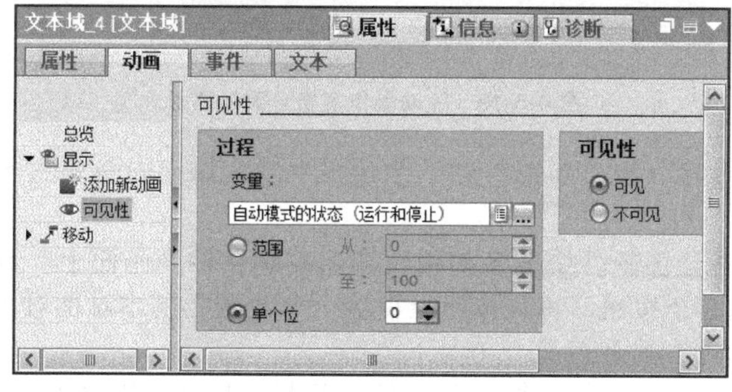

图 4-5-17　自动控制停止状态图形和文本域可见性动画属性组态

步骤四　在“自动控制操作窗格”右下角粘贴一个“不可见”模式的“按钮”画面对象，见图 4-5-15 左下图，在画面编辑组态时，隐形按钮呈网点状表示。系统默认名称为“按钮_16”，其单击事件的函数列表如图 4-5-18 所示。“取反位”系统函数表示在运行系统中每次单击“按钮_16”，将对“自动模式的状态”变量值进行取反运算操作，原值为 1 时则变为 0，反之原值为 0 时则变为 1。

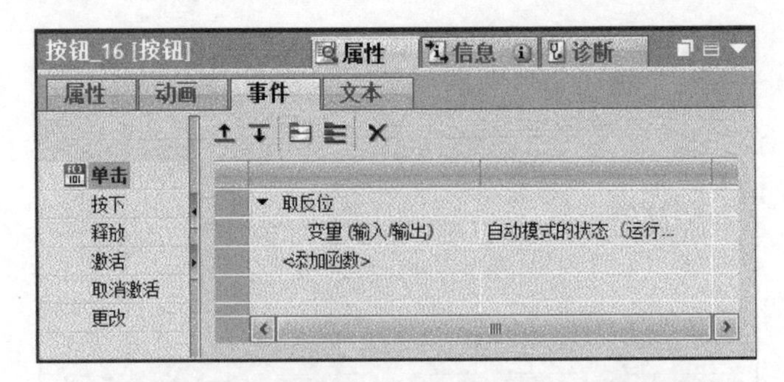

图 4-5-18 自动控制启动/停止隐形按钮单击事件属性组态

步骤五 保存编译以上组态结果。点击“开始仿真”工具按钮，演示检验组态效果。

3. 手动控制操作窗格的组态编辑

图 4-5-19 为已组态编辑好的手动操作窗格画面图形，可以看到每只按钮是由一个图形视图、一个圆（基本画面对象）和一个“不可见”按钮三个画面对象依次叠加组成。

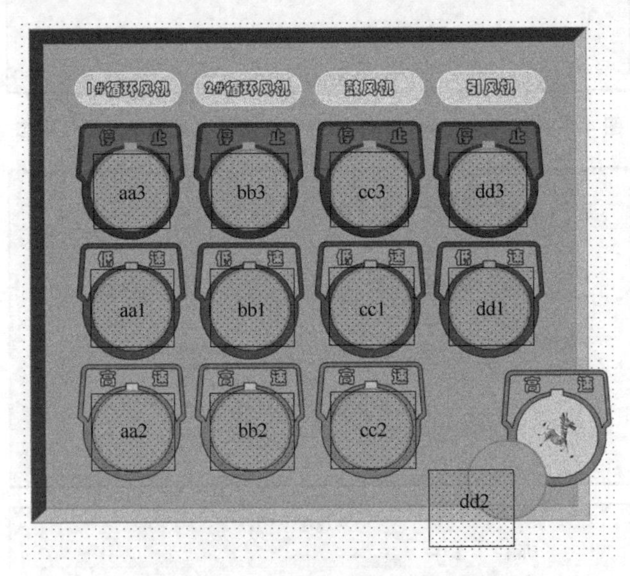

图 4-5-19 手动操作窗格分解示意图

步骤一 同前述，用“矩形”和“多边形”基本画面对象组态手动控制操作窗格的底板及边框。

步骤二 将在绘图软件中准备的按钮图形复制粘贴到画面上，调整大小和位置，先排出左边的一列三个按钮，每只按钮上覆盖一个“圆”基本画面对象，再在其上粘贴一个“不可见”模式的按钮。

一次选中三个按钮（共有九个对象），依次复制出另外三排按钮，共有十二个按钮图形，记住每个按钮的圆和隐形按钮的名称。上下左右间隔等排布调整操作可以借助图标工具，快捷整齐。此处不再细述。

步骤三 文本域引入中文字符时，现在系统版本只可使用宋体字。如果想使用其它的字体或者美术字，可以在绘图软件中编制好，以图形视图的方式引入到画面中来，如每列按钮上方的电动机名称标签。

步骤四 为每个按钮设置操作标志变量，当点击某个按钮时，该按钮的动作标志变量为 1，同时将同列（对应一个电动机）其它两个按钮的标志变量复位为 0。表 4-5-1 所创建的前 12 个变量就是为这些按钮（不可见模式）准备的。图 4-5-19 中每个按钮上标注了为该按钮设置的标志变量。按钮标志变量被置位时，该按钮上的“圆”画面对象将不可见，即显示出后面的按钮图形视图上的图案。图 4-5-20 示出左上角第一个隐形按钮“按钮_1”的点击事件函数列表：首先置位该按钮标志变量，然后复位其它两个按钮的标志变量。图 4-5-21 示出左上角第一个按钮上的“圆”画面对象的动画可见性属性组态。

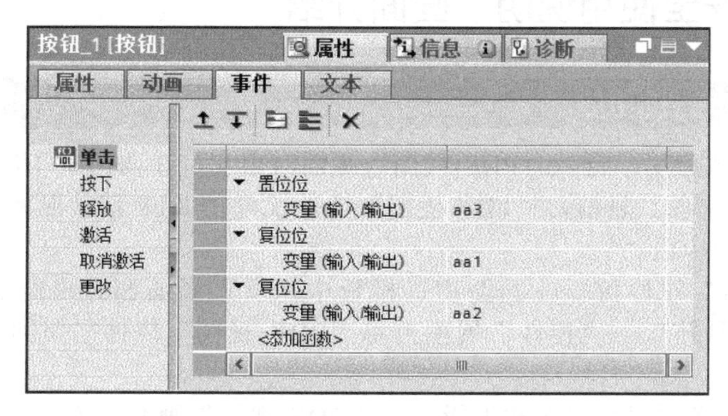

图 4-5-20　手动操作隐形按钮的单击事件

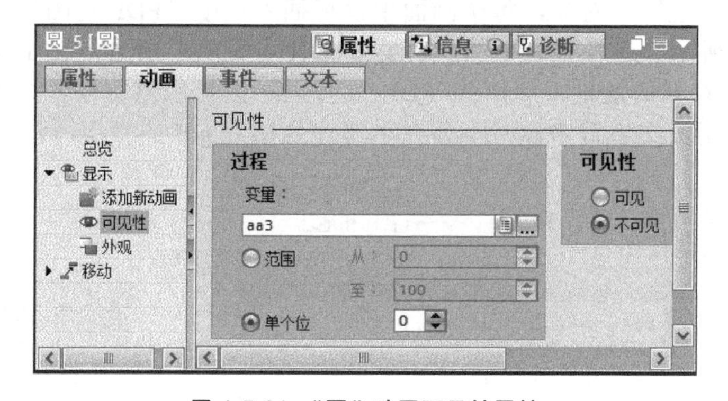

图 4-5-21　“圆”动画可见性属性

前面已经讲过，实用控制系统中，这些按钮的标志变量都是外部变量，同 PLC 变量通信即时交换数据。例如当在实时系统中点击左上角第一个按钮时，正在运转中的 1#循环风机电动机将失电停下来；当点击下面一个按钮时，1#循环风机将低速启动。

步骤五　其它按钮的事件、动画组态编辑如法炮制。保存编译以上组态结果。点击“开始仿真”工具按钮，演示检验组态效果。

第六节
“机器安全使用说明”画面的组态

机器设备系统制造商通常要为用户提供机器设备的使用说明和安全操作事项等文档以及工艺图纸技术文件等，这些使用说明和图纸文件等可以通过 HMI 设备的“PDF 视图”控件来展现。在机器设备运行现场，操作技术人员直接通过触摸屏、移动面板等 HMI 设备即可阅览和查询相关的安全使用说明和技术工艺文档数据，这就方便了机器设备用户的使用。这些图纸文件事先编制成 PDF 型文档，保存在 HMI 设备的内部或外部存储器中，需要查阅时，打开“机器安全使用说明”画面，输入PDF文档名称，即显示文档内容。以机器安全使用说明为例,实际PDF文件格式可表现的技术工艺文件很多,读者可根据实际需要组态编辑,查看PDF文档可以编辑组态用户查看权限。

从Portal V13 SP1版本开始，WinCC增加了“PDF视图”“摄像头视图”和“HTML浏览器”三个控件，本节重点学习“PDF视图”控件画面对象的用法。

一、“机器安全使用说明”画面介绍

1. “PDF视图”控件的用法

PDF文件格式应用广泛，“PDF视图”画面对象支持在西门子HMI设备上打开和阅读PDF类型的文件。目前，“PDF视图”控件仅可在KTP移动面板、精智系列面板和RT Advanced中应用。

“PDF视图”控件可以在画面中、模板中、滑入画面和弹出画面中应用。应用时，只需从“工具箱”→“控件”展板上将“PDF视图”控件拖拽到组态区域加以编辑即可。

一个HMI设备项目可以多次编辑组态“PDF视图”画面对象。不过，一次最多只能激活一个“PDF视图”对象，每个画面中仅可插入一个“PDF视图”控件。

如图4-6-1所示为运行系统中的“机器安全使用说明”画面，在I/O域中正确输入PDF文件名称和存储的地址，即可在PDF文件显示区显示该文件。注意在文件名输入域，PDF文档要用英文字符名称，不分大小写，且加上.pdf的后缀，路径正确。

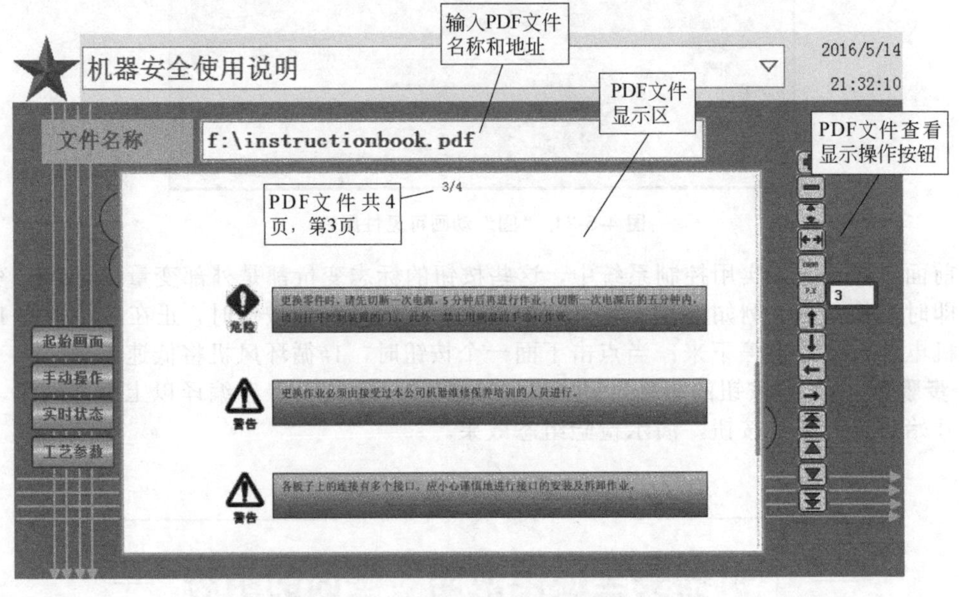

图4-6-1 PDF视图控件显示PDF文档

“PDF视图”控件具有我们日常在电脑上通过PDF阅读器查看文件时用到的主要功能，例如会在文档显示区显示文档的总页数和当前画面的页数，当文件比较长时，在控件侧边会自动生成浏览滑动块，用于滚动查看文档。

“PDF视图”控件支持对视图进行放大、缩小、上下左右滚动、转到第一页等按键操作，方便现场操作人员查看翻阅文档。

2. “滑入画面”和“弹出画面”的用法

在对当前画面的内容做进一步的说明或者需要展示附件内容时，可以使用“弹出画面”（Pop-up screen）和“滑入画面”(Slide-in screen)来表示。如图 4-6-2 所示，在项目树导航窗格 HMI 设备项目的“画面管理”文件夹中有“弹出画面”和“滑入画面”两个编辑器，通过编辑器组态编辑在当前画面的基础上的“弹出画面”或者“滑入画面”。

（1）弹出画面（Pop-up screen）

图 4-6-3 给出在实际运行系统中“弹出画面”的工作过程，当前画面为“画面_1”，点击“画面_1”上的按钮，图中矩形框中的小画面会弹出到“画面_1”上面，如果再次点击按钮则小画面会消失。小画面被称为弹出画面，有自己的名称，画面大小、画面内容、弹出形式等可以编辑组态。

图 4-6-2　从项目树中组态编辑弹出画面和滑入画面

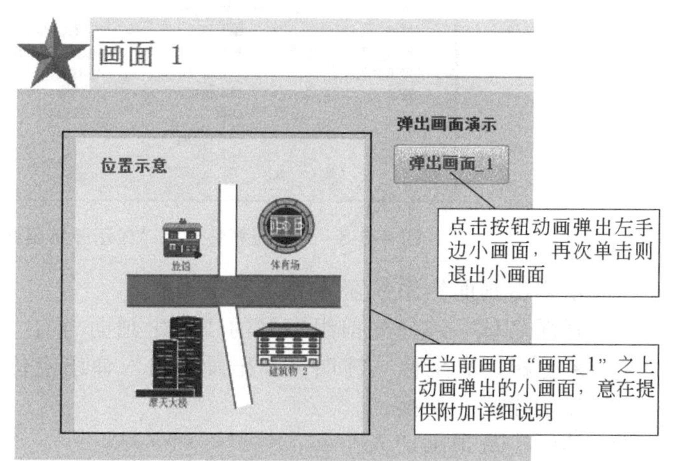

图 4-6-3　通过在运行系统中的演示认识“弹出画面”

每个画面上每次只能显示一个弹出画面，在弹出画面中，可以组态工具箱中大多数画面对象，也可以组态“面板”，但是无法组态报警窗口、系统诊断窗口以及报警指示器，不支持 VB 脚本的访问。

可以用弹出画面显示对当前画面内容的附加说明，例如显示某一部件的细节、某一环节在整个工艺流程中的位置、某一变量的计算公式（与其它变量的关系）等。

在图 4-6-2 的项目树导航窗格中，双击“画面管理”→“弹出画面”→“添加新的弹出画面”，可以创建一个新的弹出画面，在编辑工作区窗口看到空白的弹出画面，系统为其命名为“弹出画面_1”。在属性巡视区显示如图 4-6-4 所示，如图中注解所述，对象属性可以显示为“属性页”，也可以选择显示为“属性列表”。之前我们对对象属性的组

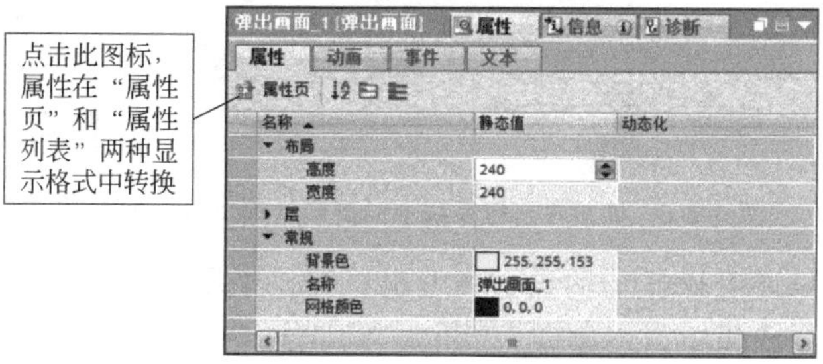

点击此图标，属性在“属性页”和“属性列表”两种显示格式中转换

图 4-6-4　弹出画面的组态窗口

态都是在属性页上进行的。

也可以在属性列表中组态编辑属性，如图 4-6-4 可以编辑弹出画面的大小、背景色、名称等。

根据需要在画面组态工作区中弹出画面上组态编辑对象，如细节图、整个流程图、公式和解说等。

在当前画面需要弹出画面的位置，添加按钮，并为该按钮的单击事件分配“显示弹出画面”（Show Popup Screen）系统函数，如图 4-6-5 所示。

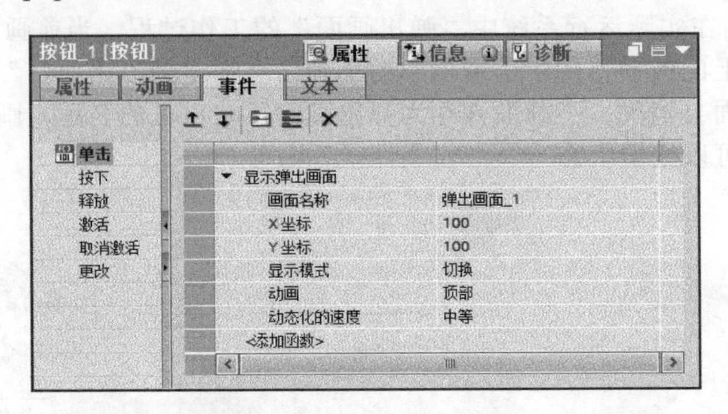

图 4-6-5　为按钮事件分配“显示弹出画面”系统函数

“显示弹出画面”系统函数有若干参数：

① 画面名称　选择先前组态好的“弹出画面_1”；

② X 坐标，Y 坐标　注明“弹出画面_1”弹出定位的位置；

③ 显示模式　切换；

④ 动画　从顶部切入；

⑤ 动态化的速度　中等。

（2）滑入画面（Slidein Screen）

图 4-6-6 给出在实际运行系统中“滑入画面”的工作过程，当前画面为“画面_2”，点击“画面_2”中按钮，图中展示一个城镇布局的示意图会从“画面_2”底部滑入到画面中，再次单击按钮则滑入画面退出。滑入画面有四个方式，即从画面左侧、顶部、右侧和底部滑入画面。

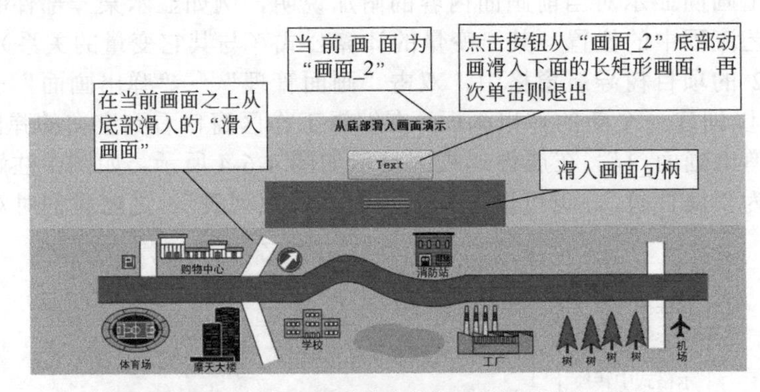

图 4-6-6　通过在运行系统中的演示认识“滑入画面”

滑入画面也可以通过操作句柄显示和退出。建议采用按钮操作或者按键面板的功能键操作，为按钮组态“显示滑入画面”（Show Slide in Screen）系统函数。

滑入画面上可以组态基本对象、元素、控件和面板等对象。滑入画面的大小取决于

HMI 设备型号。默认情况下，每个 HMI 设备可以预设四个滑入画面。通过属性巡视窗格组态编辑滑入画面的大小，布局和运行系统中的操作句柄。所有滑入画面的名称不可更改。

在属性巡视窗格的属性常规设置中，可以激活或者取消滑入画面的显示。

在图 4-6-2 的项目树导航窗格中，双击“画面管理”→“滑入画面”→“从底部滑入画面”，在编辑工作区窗口看到打开的名称不可改变的空白“从底部滑入画面”。在属性巡视区显示如图 4-6-7 所示。

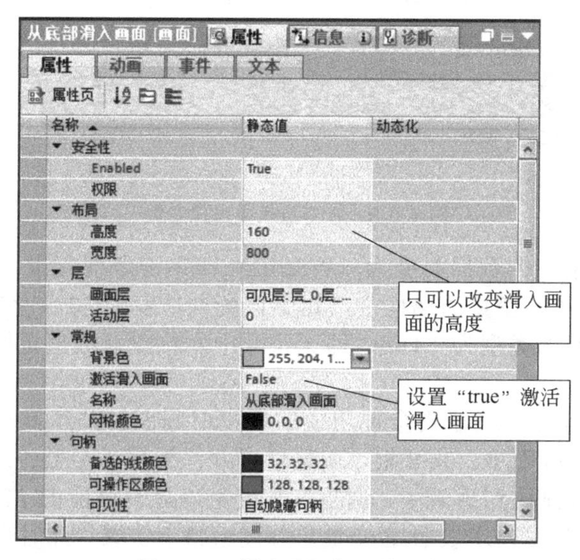

图 4-6-7　滑入画面的属性组态

其它四个滑入画面组态方法相同。用则激活，不用则取消激活。

根据需要在滑入画面上组态编辑对象，用工具箱中的画面对象组态编辑诸如细节图、完整流程图、公式和解说等，也可以组态 PDF 视图，展示较长较复杂的文档，如机器设备技术资料等。

在当前画面需要滑入画面进行进一步解读的位置，添加按钮对象，并为该按钮的单击事件分配“显示滑入画面”（Show Slide in Screen）系统函数，配置函数参数，如图 4-6-8 所示。

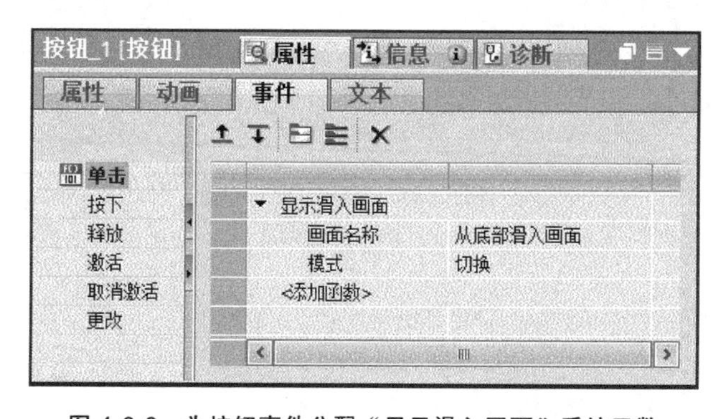

图 4-6-8　为按钮事件分配“显示滑入画面”系统函数

“PDF 视图”控件可以在“普通画面”中使用，也可以在“弹出画面”和“滑入画面”中使用。下面介绍“PDF 视图”控件如何在普通画面中组态。

二、“机器安全使用说明”画面的编辑组态

1. “机器安全使用说明”画面的编辑组态

如图 4-6-1 所示，用“PDF 视图”控件显示“机器安全使用说明”，该画面的编辑组态步骤如下。

步骤一 在变量表中创建如图 4-6-9 所示变量。

名称 ▲	数据类型	连接
PDF文件名变量	WString	<内部变量>
Tag_ScreenNumber	UInt	<内部变量>
页数	UInt	<内部变量>
<添加>		

图 4-6-9 在变量表中创建变量

“PDF 文件名变量”的数据类型为“WString”,即字符串型变量，用于存储 PDF 文件的存放路径和名称，在该变量的属性中，定义该变量长度为 50 个字节。

“页数”变量的数据类型为“Uint”,即无符号十六位数（数值范围 0～65536），用来指向 PDF 文件的页数。

步骤二 双击打开“机器安全使用说明”空白画面，从工具箱基本对象展板中将“线”画面对象拖拽到画面中，共 8 根，调整位置并设置属性参数；从工具箱元素展板中将“I/O 域”画面对象拖拽到画面中，调整其长度足以显示可能的 PDF 文件名称及路径，并将上一步创建的变量“PDF 文件名变量”分配给该 I/O 域（此时也称为文字标签域），如图 4-6-10 所示。

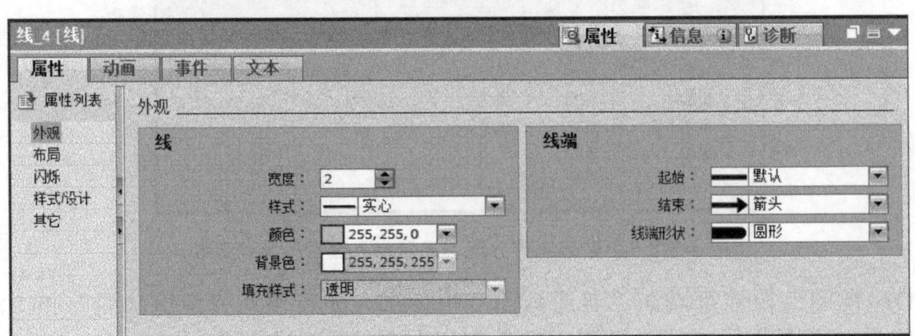

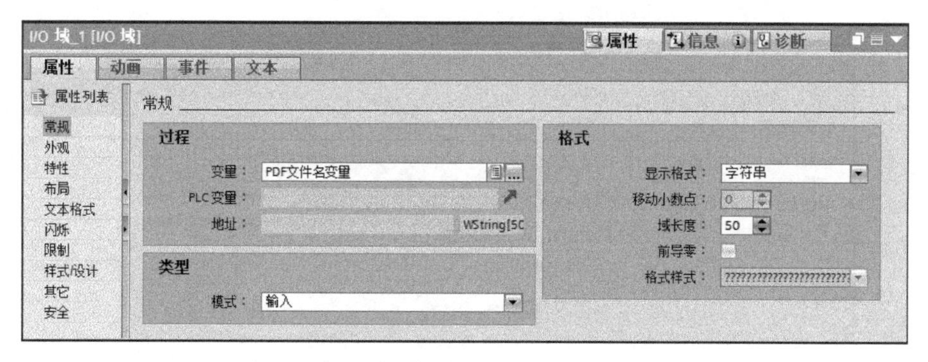

图 4-6-10　机器安全使用说明画面上“线和 I/O 域”的组态

步骤三　在文字标签域前面粘贴一矩形，上面粘贴“文件名称”字符标签。可以设置若干画面激活按钮等，如图 4-6-11 所示。

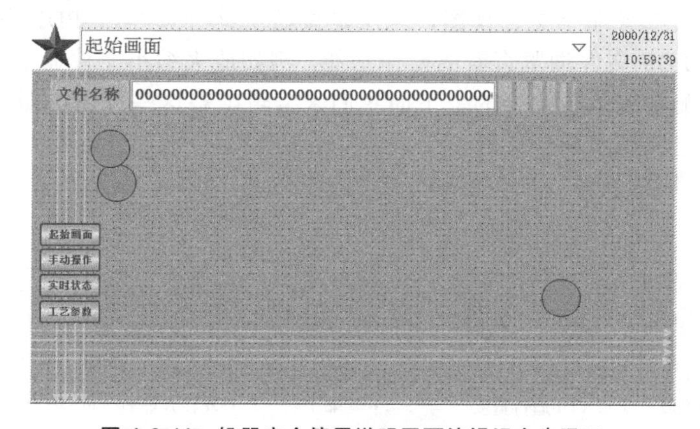

图 4-6-11　机器安全使用说明画面编辑组态步骤三

2. “PDF 视图”控件的编辑组态实例

步骤一　从工具箱控件展板中将“PDF 视图”控件拖拽到画面中，系统默认名称为“PDFView_1”,调整大小位置如图 4-6-12 所示。

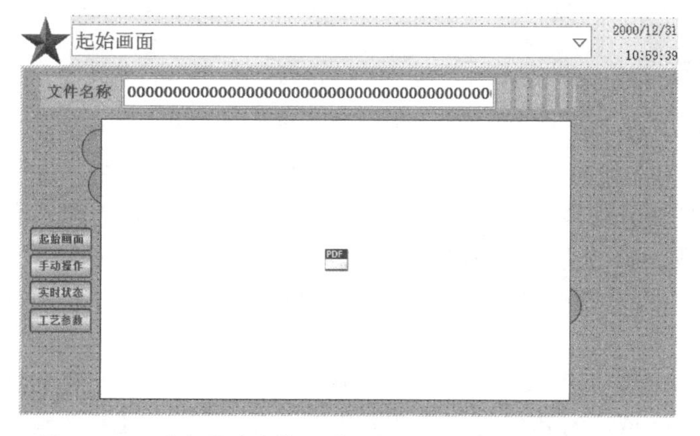

图 4-6-12　为机器安全使用说明画面组态“PDF 视图”控件

在“PDF 视图”属性巡视窗格，在“文件名变量”输入格内为其组态“PDF 文件名变量”变量，见图 4-6-13。

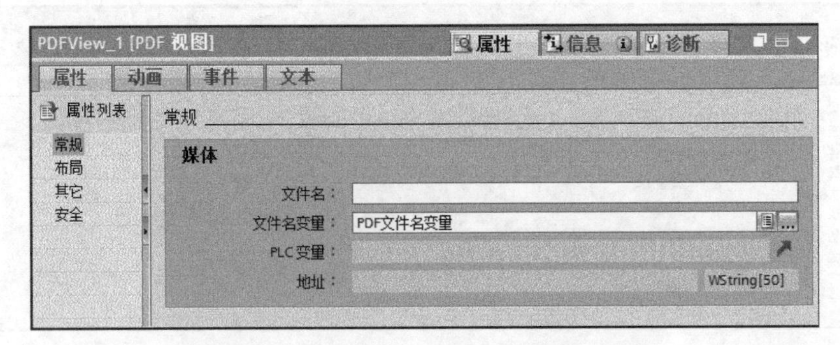

图 4-6-13 “PDFView_1”视图的文件名变量

保存编译所做的编辑组态工作。这时可以点击仿真工具按钮，模拟演示实时运行系统中的项目。可以看到当正确输入 PDF 文件地址和名称后，PDF 视图显示该文件内容。但是此时无法放大或者缩小文件视图，无法定位显示某一页等。“PDF 视图”控件支持十多个主要的对 PDF 文件浏览查看的操作功能，例如放大缩小文件显示区等，这些操作是通过为按钮分配系统函数执行的。下面我们来编辑组态这些按钮，即通过点击按钮放大或缩小文件、定位显示某一页等。

步骤二 在绘图软件（如 VISIO）绘制如图 4-6-14 所示图形，表示对 PDF 文件的 14 种操作按钮。

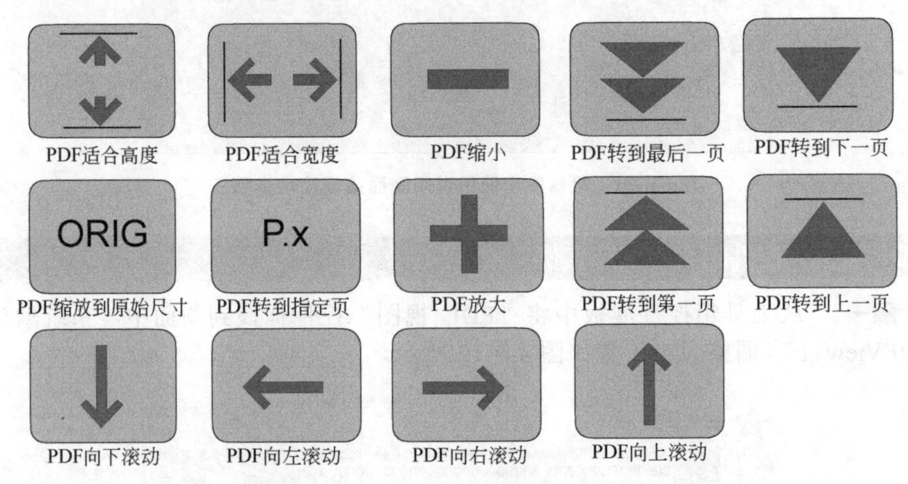

图 4-6-14 在绘图软件中绘制 14 个图形

步骤三 采用拖拽和复制的办法，在画面上布置 14 个按钮。每个按钮属性选用图形模式，为每个按钮分配图 4-6-14 所示的图形，对应图形所示功能，为各个按钮的单击事件分配系统函数。14 个按钮排列及图形如图 4-6-1 所示。

例如图 4-6-1 中的 PDF 放大按钮（对应“按钮_1”）的单击事件的组态如图 4-6-15 所示。

在“PDF 转到指定页”按钮（图 4-6-1 中右侧按钮列，从上到下数第六个按钮）后面为其粘贴一个 I/O 域，为其配置变量“页数”(Uint 型)，“PDF 转到指定页”按钮的单击事件为同名的系统函数“PDF 转到指定页”，为该系统函数的两个参数指定操作数“PDFView_1”和“页数”变量。

其它按钮编辑方法类同。

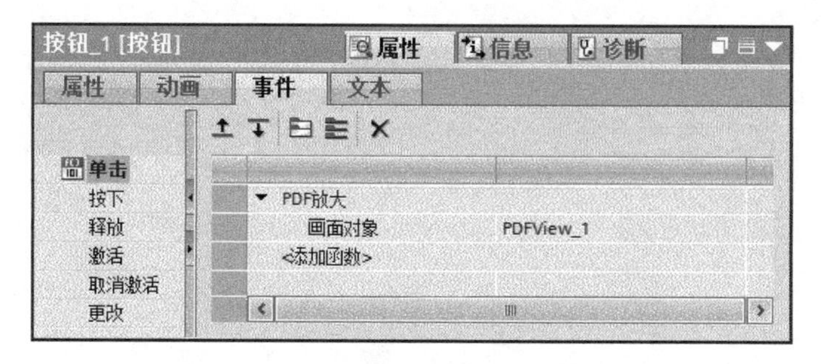

图 4-6-15　放大 PDF 视图文件按钮的单击事件

有关“PDF 视图”控件的系统函数的介绍详见有关章节。

步骤四　保存编辑组态的项目，模拟仿真当前的编辑组态工作，详见第六章。

Chapter 05

第五章 HMI设备中的报警机制

第一节 报警概述

一、报警的意义和报警过程

1. 报警的意义

一条生产设备流水线突然运行异常停了下来，操作、维修、工艺等人员都会参与处理，查找故障原因是机械的、电气的、工艺的，还是物料的、环境的、操作的……需要花费一定时间，查找和分析原因，处理故障，恢复机器设备运转。实际上在大多数情况下，故障或者事故在发生前都有一些征兆，如果把这些征兆或者故障点及时检测出来作为报警信号通报给现场人员迅速采取预防或应急处理措施，会大大减少停机和故障检修时间，对生产效率和产品质量具有重要意义，特别是一些工艺或者产品不允许中途停机的机器设备或系统。

现代的生产和服务机器设备自动化程度、智能化程度越来越高，越来越复杂。自动化设备的报警机制的作用越来越大，对其要求也就越来越高。例如，一套设备可能会有运行速度控制系统、张力控制系统、温度控制系统等，这些系统可能是独立互不作用的，也可能是相互关联在一起的，需要监控的过程量就很多，一个过程量值的变化可能会影响其它过程量值的变化，如速度值变化可能会影响张力值的变化，也可能影响温度值的变化。当某个关键过程量的值超过或低于正常值时，设备能够自动发出警示信息，除声光警示外，要有更易被理解识别的报告异常或故障点的文字说明显示，也就是报警文本显示。当系统需要监控和组态的报警信息很多时，为便于设备操作人员或维修人员归纳报警信息，提高处置效率，希望把报警信息进行分类，例如属于速度控制类的报警、温度控制类的报警等，这就是后面要介绍的可以灵活组态的报警的类别。生产设备管理人员也很关心报警是什么时候出现的，什么时候消失的，因此报警机制能够记录这些时间点。报警到来显示后，设备操作人员是否知道并已确认了，什么时候解决了报警故障等。这些都是现代设备对自动化控制系统报警机制提出的要求，也就是说报警机制要有这些功能。

设备的智能化是对使用者来说的，智能化已成为现代生产和服务设备的重要标志，特别是处在工业4.0时代的今天。实际上，PLC和HMI都可以认为是具有分析、运算和编程功能的“工业计算机”，它们是工业4.0时代机器设备智能化的重要技术支柱。因此，PLC和HMI的报警机制成为设备自动化集成技术人员设计组态设备智能化功能的重要工具之一。例如，过程量A异常产生报警，而导致A异常的原因很多，诸如相关B、C、D等过程量中的一个或多个的异常变化，或者它们的值都看似正常，但它们配合作用到一起的效果不正常，这些因素都会导致过程量A出错报警。报警机制在生成A报警的同时，还会显示与之密切相关的其它过程变量B、C、D等的当时值，甚至于报警文本会直接显示说明可能的原因所在，就会大大节省现场操作或者维修人员的检查分析时间，提高了工作效率。从使用者的角度看，设备具有了某种智能性，可以辅助现场人员分析判断和解决出现的和潜在的比较复杂的问题。

学习认识西门子HMI设备中WinCC的报警机制，掌握和运用报警功能是一个重要方面，了解和掌握这种人机交互机制同样重要，这样可以将这种人机交互机制应用到有关机器设备智能化功能的其它方面，例如应用于工艺过程控制专家系统等。

2. 报警过程中的几个状态

什么是报警过程？再看一个例子。在控制电路中，当电动机的运行电流接近额定电流值时，电路会发出报警信号，如报警指示灯亮或声讯器响，引起机器操作人员关注和干预，如果电流继续增大，超过额定电流，电路会经过滤波延时后发出断电信号，以保护电动机不被损坏。可以看到，故障或者隐患出现触发报警信号，操作人员看到并确认报警信号，着手处理和解决故障或者隐患，故障或隐患消除，报警解除，工艺系统恢复正常，这就是一个简单的报警过程。

在这个报警过程中，报警呈现几个状态：

① 到达　有报警事件产生，PLC检测到报警信号，即报警信号进入报警机制。

② 到达/离去/未确认　报警信号到达后又自动消除（即离去），但操作人员未在报警到达状态时，操作触摸屏HMI（通常是点击HMI设备上规定的按键，叫做确认）以示知晓报警到达。这个状态通常意味着，报警信号出现了，后来又消失了，操作人员对此未做确认操作。

③ 到达/离去/确认　报警信号出现，后来消失，随后操作人员知晓这次来去事件并确认（通常是点击触摸屏画面指定位置）。

④ 到达/确认　报警信号到达，操作人员知晓并点击HMI面板按键予以确认，但故障或隐患信号仍存在待处理。

⑤ 到达/确认/离去　报警信号到达，操作人员确认并处理了隐患或故障，报警信号随之消失。

这些状态呈现相对的稳定性，上述各报警状态的保持时间可能长可能短。对于有些无需确认的报警信号，可以在组态软件系统中设定。

通常在报警出现时，在HMI面板上显示如表5-1-1所示的一组文字和数据信息。

表 5-1-1 报警记录示例

编号	时间	日期	报警文本	状态	报警类别	报警组
1	09:08:52	8.17.2015	压缩空气压力不足	到达/确认/离去	B 类	二组
2	10:12:39	8.17.2015	上区炉膛温度超温	到达/离去	B 类	二组

这样的一组文字和数据信息就是一条报警记录，在 HMI 设备上，每当出现一个报警事件，就将通过“报警视图”控件或报警窗口显示一行报警记录。现场操作人员看到这些报警记录，就知道当前机器设备发生了什么以及如何采取应对措施。

报警记录可以存储在 HMI 设备内部或外部介质中备查，将一段时间（例如 24 小时）内的所有报警记录汇总就是所谓的报警日志，可供数据分析用。

二、报警信号的输入和报警字

1. 报警输入信号

生产设备中，通过传感器、带报警电触点的仪表和器件、行程开关、专用测量仪器等将需监控的过程量信号检测出来，并转化为电信号，汇集到 PLC,就形成报警信号源。这些电信号基本归纳为离散量信号和模拟量信号。HMI 设备针对离散量报警信号和模拟量报警信号有不同的组态处理方法。

离散量信号主要是指开关量信号和数字量信号，实际上它们之间的概念也不是非常严格，开关量信号指一位二进制信号，只有“开”和“关”两种状态，即 0 和 1 两个值。16 个开关量信号就可以组成一个数字量信号，即一个 16 位的二进制“字”（Word）信号，通过 I/O 数字量硬件模块引入到 PLC 或 HMI 设备后就是数字量信号。

在 PLC 中，通过与、或、异或等逻辑运算指令、编码器和译码器指令、移位循环指令等对数字量信号进行运算处理。通过“字”变量通信传送到 HMI 设备。

模拟量信号的值是随时间连续变化的。一般通过模拟量传感器获取代表过程量的电信号。通过 AI/AO 模拟量硬件模块接收传感器的模拟量电信号，PLC 通过周期采样等工作方式获取和处理模拟量信号，工艺过程量的检测和控制精度与模拟量硬件模块的 A/D 转换位数、抗电磁干扰品质等有关。

例如监测管道中流体的压力：

① 采用带电触点的机械式压力表，当过程压力超过或低于限值时，电触点动作，形成报警信号，这属于离散量报警信号。

② 采用压力传感器，可以输出标准的模拟量信号，如 4～20mA 的电流信号就是模拟量信号。

③ 采用数字压力表，输出属于离散量信号中的数字量，可以直接参与 PLC 的运算，通常通过总线通信传输数字量值到 PLC。

2. 报警字

我们通常把机器设备上所有需要采集监控的开关量信号编排汇总为 16 个开关量信号为一组，组成一个字变量，方便处理和通信。下面，我们用一个实例说明报警字的概念。报警字主要针对离散量报警使用。

16 个位变量组成一个字变量，例如 PLC 的字单元 MW10 包含 M10.7～M11.0,现在将工艺项目系统中（即过程量控制系统中）开关量报警信号通过 I/O 硬件模块输入并关联到这些位变量上，如表 5-1-2 所示。

表 5-1-2　离散量报警中的报警字示例

序号	关联位变量	触发报警文本	信号取自
1	M11.0	动力空开没有闭合	空气开关的辅助触点
2	M11.1	A 晶闸管温度超温	晶闸管 PTC 测温开关
3	M11.2	B 晶闸管温度超温	晶闸管 PTC 测温开关
4	M11.3	1#循环风机变频器故障	变频器故障触点
5	M11.4	2#循环风机变频器故障	变频器故障触点
6	M11.5	引风风机变频器故障	变频器故障触点
7	M11.6	鼓风风机变频器故障	变频器故障触点
8	M11.7	左侧压缩空气压力不够	机械式压力表电触点
9	M10.0	右侧压缩空气压力不够	机械式压力表电触点
10	M10.1	安全门打开	光电开关
11	M10.2	备用	—
12	M10.3	A 点冷却水压力不足	机械式压力表电触点
13	M10.4	A 点冷却水温度超温	机械式温度表电触点
14	M10.5	B 点冷却水压力不足	机械式压力表电触点
15	M10.6	B 点冷却水温度超温	机械式温度表电触点
16	M10.7	主电机过热	电机测温开关

在程序编制组态中，这个全部由报警信号组成的字变量 MW10 就叫报警字。HMI 设备中的 WinCC 是通过报警字变量来触发报警信号的，即在 PLC 变量表中定义报警字变量，其数据类型需为“Int”或“Word”；在 HMI 变量表中定义报警字变量，对应连接 PLC 变量。如果报警信号较多，可以再设定几个报警字，如 MW12 等。

第二节　WinCC 报警的分类和报警输入

WinCC 有报警类型和报警类别两个概念，报警类型按照生成报警的起源主要划分为系统定义的报警和用户定义的报警，PLC 和 HMI 设备运行有自己的一套监测报警机制，为应用者提供报警信息，保证 PLC 和 HMI 系统正确可靠运行，这就是系统定义的报警。用户定义的报警是运用 WinCC 提供的报警机制编辑组态的为工艺项目系统服务的报警。

报警类别也分为系统预定义报警类别和用户自定义报警类别，如系统预定义报警类别有“Errors(错误)”“Warnings(警告)”等，用户自定义报警类别可以按照工艺项目中的控制量定义，例如速度类报警、温度类报警等。

按照报警输入信号的种类划分为离散量报警（包括开关量报警、数字量报警）和模拟量报警。

一、报警的类型

1. 系统定义的报警

为监控 PLC 和 HMI 的运行情况，WinCC 运行系统有一套监控诊断报警机制，当 PLC

组态或运行出现警告和错误信息，以及当HMI组态、运行或相关设备(如打印机等)出现警告和错误事件，WinCC运行系统就会发出报警，为用户处理PLC和HMI问题和正确组态操作提供帮助。

用户可以激活是否在HMI上显示系统报警信息，如图5-2-1所示。

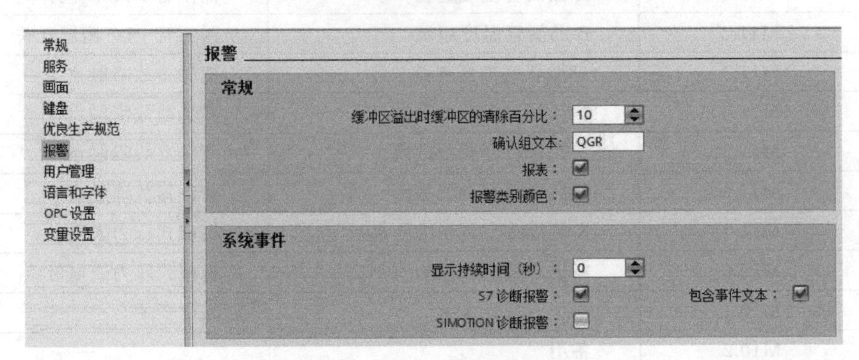

图5-2-1 运行系统设置画面

双击项目导航窗格中HMI设备项下的“运行系统设置”（Runtime Setting），双击打开“运行系统设置”编辑器，点击“报警”项，在“系统事件”板块中，勾选“S7诊断报警”表示来自PLC的自诊断报警事项被激活，可以在HMI的画面的报警视图控件上或者报警窗口中显示，用户只有读访问权限。还可组态是否包含事件文本；如果连接有SIMOTION运动控制系统，其诊断事项也可以激活显示。它们由系统分配到预定义的“诊断”（Diagnosis Events）报警类别中，无需确认。“显示持续时间”设定报警在HMI上显示持续的时间，单位为秒。若设置为0，则表示永久显示系统报警事件，也可设置非零值表示报警及文本显示持续一段时间后消失。

在“报警”→“常规”选项页面中，勾选“报警类别颜色”，表示报警在HMI输出显示时，不同报警类别或者不同报警状态的报警可以由用户组态成不同的显示颜色，以方便识别。如果未勾选，则报警内容显示颜色由“报警视图”控件来定义。勾选“报表”，表示报警可以由“报表”编辑器组态和输出，可以由HMI系统或网络打印机打印设定的报表。

通常，系统报警事件出现无需操作人员确认，系统定义的报警仅可读取，不可修改。

2. 用户定义的报警

用户定义的报警即用户根据工艺系统的需要，根据检测的过程量信号是开关量信号，数字量信号、还是模拟量信号或控制器报警信号，依照WinCC报警机制的要求进行编辑、组态设计的报警。

用户可以根据工艺控制系统的规模，制定报警类别的分类方法，将报警分配到用户定义的不同报警类别中。若报警规模不大，用户可不设立用户类别而使用WinCC系统预定义的报警类别。

二、报警的类别

WinCC报警机制中的报警类别（组态软件系统）分预定义的类别和用户自定义的类别。

1. 系统预定义的报警类别

双击图5-2-2项目导航窗格中的“HMI报警”编辑器图标，打开“HMI报警”编辑器工作选项卡组，如图 5-2-3 所示，共有“离散量报警”等 6 个选项卡。点选“报警类别”选项卡，显示“报警类别”组态表格，表中有系统预定义好的报警类别供用户选用，例如“Errors”,错误类报警，显示标记“！”，一旦在运行系统中出现该类报警需要现场人员确认等属性。除“qhbj”外，其余为工程组态软件系统预定义的报警类别，不可删除。

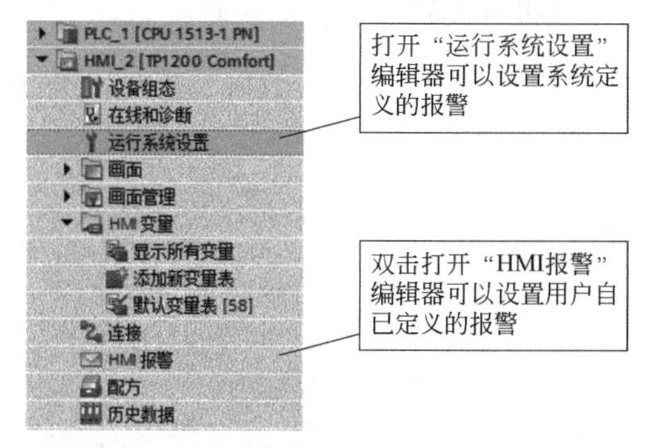

图 5-2-2　项目导航窗格中报警预定义编辑器

离散量报警 | 模拟量报警 | 控制器报警 | 系统事件 | 报警类别 | 报警组

报警类别

显示名称	名称 ▲	确认模型	日志	...	背景色“到达”	背景色“到达/离去”	背景色“到达/已确认”	背景“到达
A	Acknowledgement	带单次确认的报警	<无记录>		255, 0, 0	255, 0, 0	255, 255, 255	255, 2
S7	Diagnosis events	不带确认的报警	<无记录>		255, 255...	255, 255, 255	255, 255, 255	255, 2
!	Errors	带单次确认的报警	<无记录>		255, 0, 0	255, 0, 0	255, 255, 255	255, 2
NA	No Acknowledgement	不带确认的报警	<无记录>		255, 0, 0	255, 0, 0	255, 255, 255	255, 2
qhbj	qhbj	带单次确认的报警	Alarm_log_1		255, 0, 0	255, 255, 0	153, 204, 0	0, 128,
$	System	不带确认的报警	<无记录>		255, ...	255, 255, 255	255, 255, 255	255, 2
	Warnings	不带确认的报警	<无记录>		255, 255...	255, 255, 255	255, 255, 255	255, 2
<添加>								

图 5-2-3　“HMI 报警”编辑器工作窗格

系统预定义的报警类别可以直接运用：

①“Errors（错误）”类别　用户可以把需要操作人员确认的报警归到此类报警中，可以看到该类报警，其“确认模型”为“带单次确认的报警”。

②“Warnings（警告）”类别　其“确认模型”为“不带确认的报警”，即用户可把不需操作者确认的报警编辑到此类中。

③“System（系统）”类别　用来指示 HMI 设备之类的状态和事件的报警，如与 HMI 通信错误，打印机设置或记录介质问题，全局脚本应用错误等，这里的系统是指以 HMI 为中心的相关硬件和软件的统称。系统定义的报警会利用这个类别，无需确认。

④“Diagnosis Events（诊断事件）”类别　来自 PLC 等控制器的诊断事件会通过这个类别，以报警的形式显示出来，不需确认操作。

⑤ 还有两类报警，是由“公共数据→报警类别”编辑器中定义的，即“Acknowledgement”（需确认类报警）和“No Acknowledgement”（无需确认的报警）。在“HMI 报警”编辑器中，用户也可使用。

2. 自定义的报警类别

当工艺过程控制系统的报警信号比较多，比较复杂时，或者组态设计人员对工艺过程控制系统有一套自定义的报警方式或者体系时，这时可以自定义报警类别。

可双击末行的“添加”字段系统自动生成一些新的报警类别，系统默认自定义报警类别名称为“Alarm_class_1”，用户可以重命名，如表中的“qhbj”就是用户定义的报警类别，最多可创建 32 个报警类别。

在图 5-2-3“报警类别”表中或者在对应“qhbj”类别的属性巡视窗格中组态编辑其属性等。

图 5-2-4 为“qhbj”自定义报警类别的属性的编辑组态。

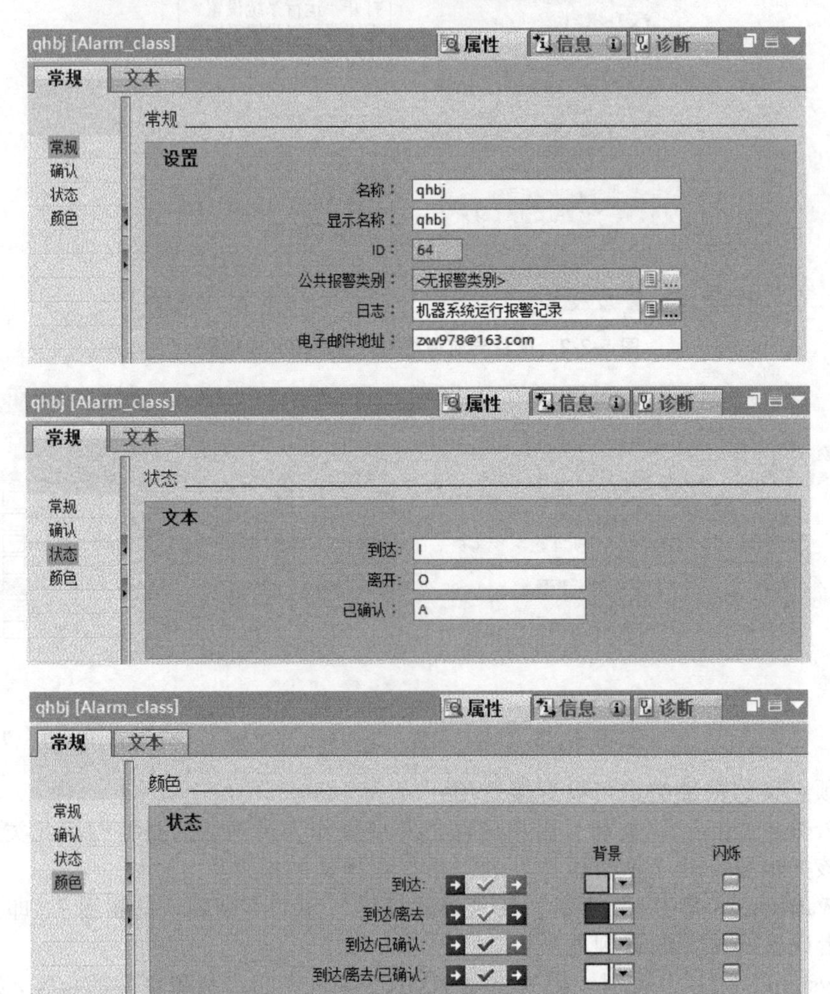

图 5-2-4 “qhbj”自定义报警类别的属性编辑组态

在图 5-2-4 中的“qhbj”的“常规”属性中，设置该自定义报警类别的名称和显示名称，为其配置了日志“机器系统运行报警记录”。在实时运行系统中，当该类报警信号出现时，其报警信息自动发到组态的电子邮件地址。

在“状态”属性中，编辑组态报警出现时，在报警视图上显示的文本字符代表当前报警所处的状态。例如，报警到来时，显示报警文本的同时，还显示“I”字符，表示当前报警处于“到来”状态。如果显示“O”字符，则表示报警已经离去。

在第一节中我们讲到，报警过程有几个状态，HMI 设备中 WinCC 能够识别报警过程处于何种状态。在“颜色”属性中，编辑组态在报警视图或报警窗口中，该类别报警的不同状态，其报警文本背景显示的颜色，是否闪烁。例如报警“到达”，设定为红色背景显示，以示醒目促使操作人员注意；报警“到达/离去”，设定为黄色显示；报警“到达/已确认”，设定蓝色，表示操作人员已知晓，但错误仍然存在；报警“到达/离去/已确认”，设定为绿色显示等。

所有报警类别都可以配置“报警日志”，当然首先在“历史数据”编辑器中创建“报警日志”，并命名。然后在“报警类别”选项卡中的“日志”列中点选已创建的“报警日志”，这就为该报警类型的所有报警配置了“报警日志”，发生的该类报警会自动形成日志。

三、工艺系统中离散量报警的组态

在 HMI 变量表中创建“报警字”变量，如图 5-2-5 所示。将 PLC 检测出的报警信号通过“报警字”变量传送给 HMI 设备中的 WinCC 报警机制。

	运行停止...	Bool	HMI_连接_1	PLC_1	运行停止信号		Symbolic
	鼓风机工作	Bool	HMI_连接_1	PLC_1	鼓风机工作		Symbolic
	报警字1	Word	HMI_连接_1	PLC_1	报警字1	%MW10	Absolute
	氧浓度	Real	HMI_连接_1	PLC_1	氧浓度	%MD100	Absolute
	氧浓度设...	Real	<内部变量>		<未定义>		
	<添加>						

图 5-2-5　在 HMI 变量表中创建报警字变量

例如，报警字变量的名称为“报警字 1”，外部变量，通过“HMI_连接_1”与“PLC_1”通信。对应在 PLC 中的变量地址为 MW10。前面已讲过，报警字触发报警信号。

点击打开图 5-2-3 中的“离散量报警”选项卡，如图 5-2-6 所示。

画面组态和编辑_V13_SP1 ▸ HMI_2 [TP1200 Comfort] ▸ HMI 报警

离散量报警 | 模拟量报警 | 控制器报警 | 系统事件 | 报警类别 | 报警组

离散量报警

ID	报警文本	报警类别	触发变量	触发位	触发器地址	HMI 确认变量	HMI ...	HMI 确认地址	报表	信息文本
1	动力空开没有闭合	qhbj	报警字1	0	%M11.0	<无变量>	0			
2	A晶闸管温度超温	qhbj	报警字1	1	%M11.1	<无变量>	0			
3	B晶闸管温度超温	qhbj	报警字1	2	%M11.2	<无变量>	0			

图 5-2-6　在离散量报警选项卡中组态报警文本等

在“报警文本”列输入在实时运行过程中，报警到来时要显示的文本，字符串言简意赅。例如“动力空气开关”跳闸或者没有及时闭合，需要以报警信号的方式通过显示面板让现场工作人员知晓，则 HMI 面板显示“动力空开没有闭合”的报警信息。

在“报警类别”列选择前面自定义的报警类别“qhbj”。

“触发变量”必须是报警字变量，这里选用“报警字 1”，使“报警文本”与报警信号来源准确对应起来。

每一条离散量报警信息有一个 ID 号，以示唯一性。对应报警字的触发位（见表 5-1-2 中的报警字 1 的规划）要指示清楚，其实际 PLC 地址显示在“触发器地址”列中。

触发变量、触发位、触发器地址与报警文本要一一对应，否则报警显示会张冠李戴，文不对题。

还可以组态“HMI 确认变量”，即在 HMI 变量表中创建“HMI 确认变量”，通过 HMI 设备的相关逻辑达到对报警信息确认的目的。

“报表”列组态指定该报警信息是否需要制成报表打印输出。

在“信息文本”列可以编辑一些说明等，例如可以编辑一段如何应对本报警的措施说明，提示检查报警的建议或者给出解决问题的办法。

在图 5-2-6 的“离散量报警”选项卡的列标题行中点击右键快捷菜单命令“显示所有列”，可以看到其它的可组态列项目，例如可以组态多种报警记录行到来时的确认方法。

对应每一行报警组态项，同样也可以在属性巡视窗格中组态其属性、事件和文本。图 5-2-7 是在属性巡视窗格为某一报警到来时其事件属性的组态。

在报警的“到达”、“离开”、“确认”和“报警回路”等事件都可以为其编辑组态系统函数列表或者执行 VB 自定义函数，如图 5-2-7 所示。该报警的“报警回路”事件是在 HMI 面板上显示“机器实时运行状态”画面。

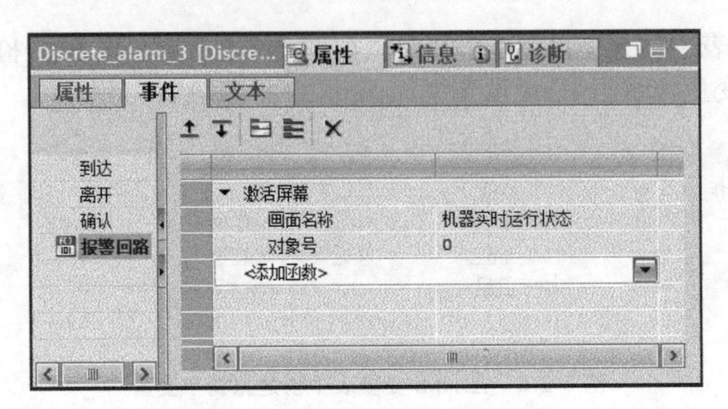

图 5-2-7 报警的“报警回路”的组态

四、工艺系统中模拟量报警的组态

我们用传感器来检测某一空间内的氧气浓度，氧浓度是一个模拟量，当其浓度超过一定值时发出报警信号。

在图 5-2-5 所示的变量表中定义“氧浓度”（外部变量）和“氧浓度设定值”（内部变量）两个变量。“氧浓度”通过变量通信接收来自 PLC 测量的氧气含量值，分配传送至模拟量报警机制。

点击打开图 5-2-3 中的“模拟量报警”选项卡，编辑组态“模拟量报警”，如图 5-2-8 所示。

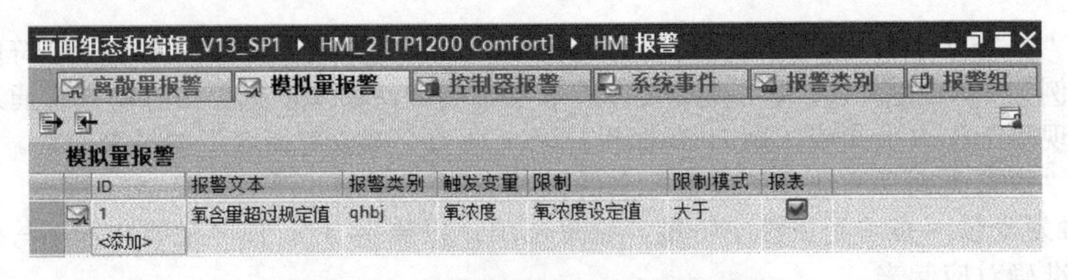

图 5-2-8 “模拟量报警”选卡中的编辑组态

在“报警文本”列输入该报警信号出现时要显示的文本内容。归为“qhbj”类。

在“触发变量”列选择“氧浓度”变量。在“限值”列选择“氧浓度设定值”变量。在“限值模式”选择“大于”。这表示当氧浓度大于设定值时，输出报警。

在图 5-2-8 中还有若干隐藏列没有显示，如果需要可以在“模拟量报警”标题行上点击右键快捷菜单的命令后显示出来，也可以在属性巡视窗格中编辑组态。图 5-2-9 是在属性巡视窗格中对“氧含量超过规定值”报警信息的触发器属性的设定。可以为触发变量设置延时量和死区值域，以提高抗干扰性。

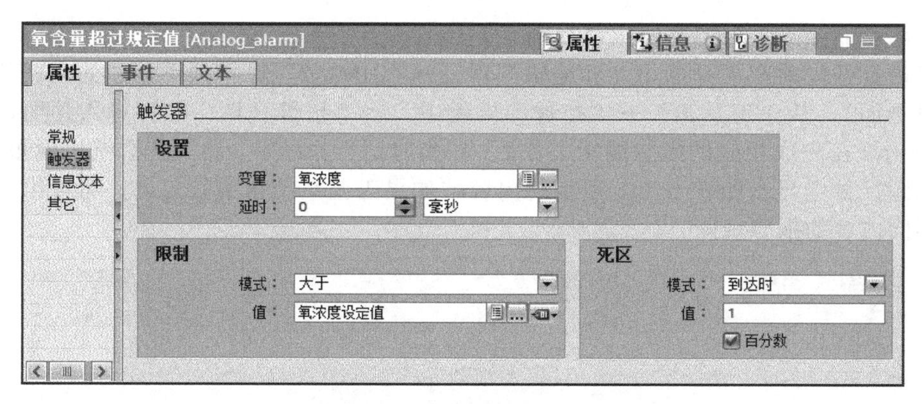

图 5-2-9　模拟量报警触发器属性的编辑组态

图 5-2-10 是为“氧含量超过规定值”报警编辑的信息文本。

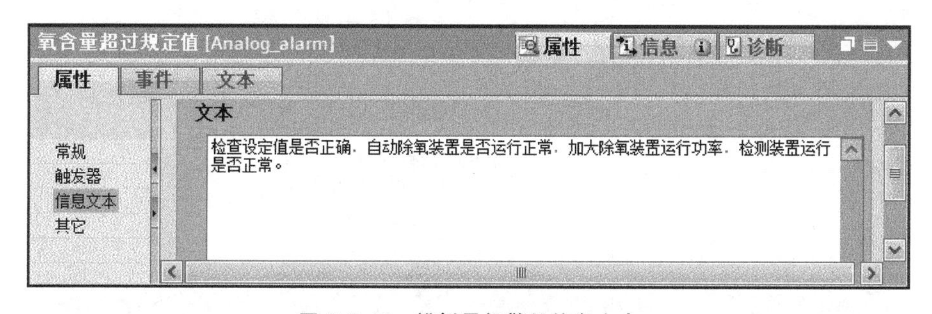

图 5-2-10　模拟量报警的信息文本

可以在面板上组态一个数值 I/O 域，变量连接“氧浓度设定值”，在实时运行系统中，现场通过 HMI 面板的 I/O 域输入一个数值，当实际氧浓度超过这个设定值时触发报警输出。

五、报警组

点击打开图 5-2-3 中“报警组”选项卡，系统预定义了若干报警组（Alarm_group_i），也可创建新的报警组。确认操作可以通过报警组来执行，同一组中任何一个报警被确认，则都被确认。可以将所有报警划分至不同的报警组，包括“离散量报警”和“模拟量报警”等。

第三节 WinCC 报警的输出

在控制系统中，当报警信号到来时，必须通过 HMI 面板显示出来，这就是报警的输出，报警输出有如下几种方式。

一、“报警视图”控件及用法

“报警视图”是能够完成上述一系列功能的由系统定制好的功能组件，用户可直接使用，有高级报警视图和简单报警视图之分，不同的 HMI 设备支持不同的报警视图。TP(触摸屏)和 KP（按键屏）精智系列面板支持高级报警视图，高级报警视图包含简单报警视图的全部功能。下面介绍高级报警视图。

双击打开先前在“画面组态和编辑”项目→“HMI_2”设备项下创建的空白的“报警信息画面”。从“工具箱”→“控件”展板中，将“报警视图”控件拖入画面，如图5-3-1所示。在完成相应的组态编辑工作后，在实时运行系统中，当工艺系统出现报警时，报警视图控件会显示如表5-1-1所示的内容。如果工艺系统报警较复杂，可以组态多个具有不同内容的报警视图。

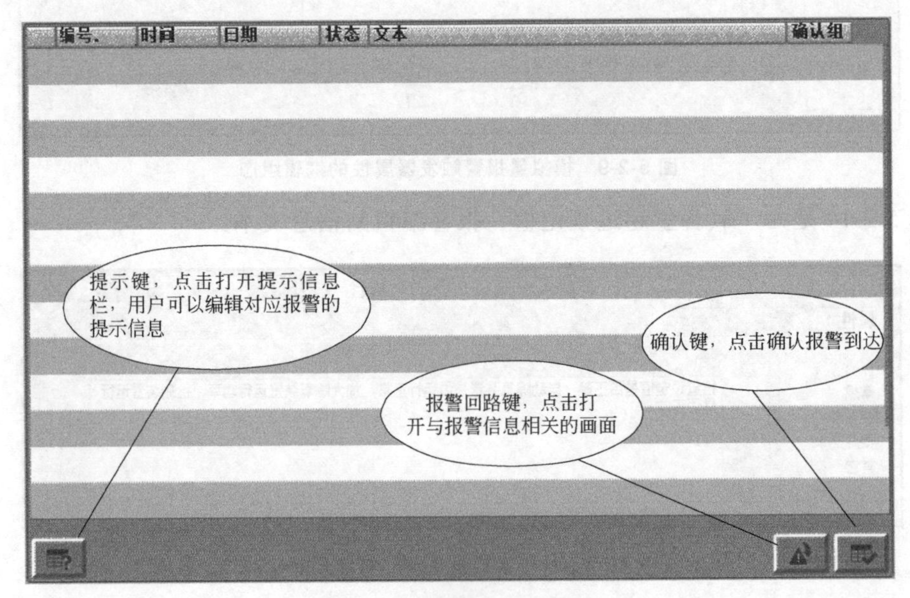

图5-3-1 “报警视图”控件

“报警视图”有三个用于人机交互的操作键，可以在控件属性中组态是否在控件中显示操作键。

1. 提示键

“报警视图”左下角的“提示键”，点击则弹出文本框显示之前编辑组态的“信息文本”的内容，它是针对当前报警记录所给出的信息文本，可以是相关提示信息或报警应对策略等。

2. 确认键

针对某个报警事件操作右下角的“确认键”，表示操作人员知晓了发生的报警事件，同时当前报警记录行的显示颜色也会变化，指示报警由未确认状态转为已确认状态。报警信息分为需要确认和不必确认，所谓确认操作就是点击此处的确认键。

WinCC报警有多种方法确认报警：

① 点击“报警视图”中确认键。

② 在画面上组态一个按键，为其点击事件分配“报警视图确认报警”系统函数。

③ 通过变量确认，可以是HMI变量，也可以是PLC变量。

④ 通过自定义VB函数确认。

3. 报警回路键

报警回路（Loop-in-alarm）键，点击该键将执行图5-2-7编辑组态的系统函数。

"报警视图"的每行(或多行，可组态)显示一个出现的报警记录，显示的列项可以组态选择，其中，"编号"是在同一报警类型（离散量或模拟量报警）内，系统分配的唯一ID号，组态来自"HMI报警→离散量报警或模拟量报警"选项卡的ID列。"时间"和"日期"列，由"报警视图"控件在报警出现时，依据HMI系统时钟自动生成。"状态"列显示报警的状态，通常用符号表示，可以在"报警类别"的属性巡视窗口中组态，例如：到达（I），确认（A）,离去（O）等，如显示"IA"，表示该行报警状态为"到达/确认"。"文本"列显示在"HMI报警→离散量报警或模拟量报警"选项卡的"报警文本"列编辑的文本。"GR"列显示报警所属的组别，在图5-2-3所示的"HMI报警"编辑器中的"报警组"中组态，当对一个报警做确认操作时，同属一个报警组的未确认报警都得到确认。

在"报警视图"的巡视窗格可看到属性项组态列表，如图5-3-2所示。

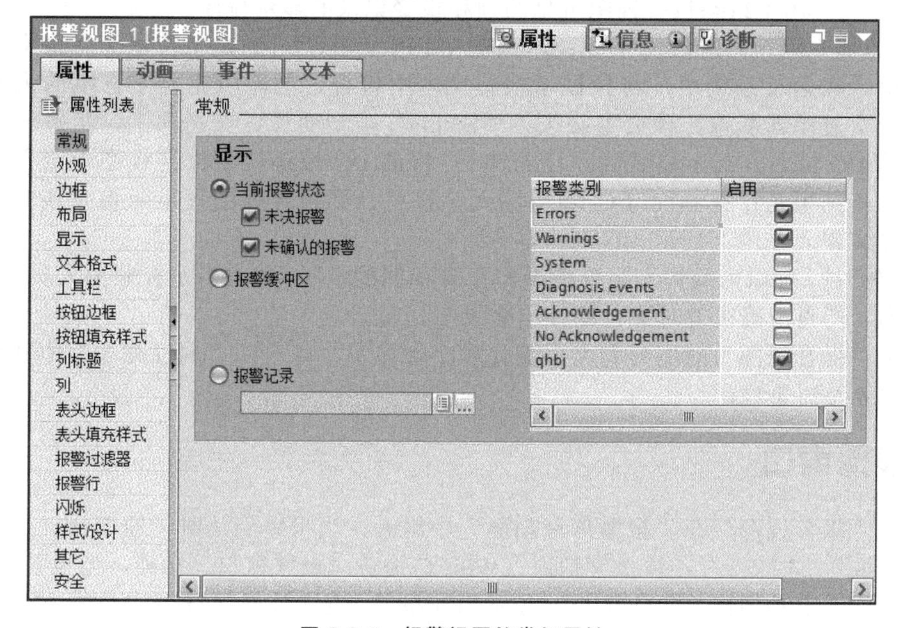

图 5-3-2 报警视图的常规属性

图5-3-2"报警视图"的名称为"报警视图_1"，在其"常规→显示"属性中，有三个单选项，即"当前报警状态""报警缓冲区"和"报警记录"。"报警视图_1"控件在运行系统中只能显示其中之一选项。对于每个显示选项还可以细分是否显示（启用）的报警类别。可看到前述的可选用报警类别，点选则启用，被启用报警类别就会在"报警视图_1"显示，如"qhbj"类自定义报警被启用显示。如果在前述"运行系统设置→报警→系统事件"中激活系统定义的报警事件，并启用"System"和"Diagnosis events"类别，则系统定义的报警也会在"报警视图_1"显示出来。注意，不需显示输出就不启用。

"当前报警状态"项，选择此项表示仅显示当前发生的报警，复选项"未决报警"表示报警事件仍然存在，报警离去则报警条文显示消失；"未确认的报警"表示报警事件不论是否存在，在没有得到操作员的确认时一直显示，确认则显示消失。

"报警缓冲区"项，先后发生的报警项会暂存在系统内置的缓冲区内，包括当前和历史报警项，若选择此项就是要"报警视图_1"显示缓冲存储区内的报警项，可能来自不同的类别或组别。

若选择“报警记录”项，则“报警视图_1”显示指定的报警记录（日志）的内容。三选一，如果想同时显示，可再创建若干“报警视图”来显示。

在图 5-3-2“报警视图”属性列表中：

“布局”项中可设置每个报警的行数和可见报警个数。

“显示”项中“用于显示区的控制变量”，即设定一个时间点，“报警视图”控件显示该时间点之后发生的报警。因此，此控制变量的数据类型应为“Date”、“Date and Time”或“Time of Day”型的外部变量，使用内部变量时其数据类型为“DateTime”。仅当在报警视图显示报警缓冲区或报警日志时，才能定义该控制显示变量。例如，当报警记录多达几百条时，为查询方便，可以在画面中设置一个 I/O 域，输入日期时间数值至该变量，显示需查询的报警记录。

“工具栏”项，设定是否在“报警视图”中显示“工具提示”等按钮。

“列”项，用于组态报警视图可见的列和报警记录的显示排序。

“过滤器”项，只能过滤报警文本中的字符串。在“过滤器字符串”空格中输入一个字符串，在运行系统中，将只显示报警文本中包含过滤器中完整字符串的报警。还可设置一个过滤器变量，该变量必须为“String”类型变量。在画面上，组态一个输入字符串的 I/O 域，其显示格式为“字符串”，将该 I/O 域链接到报警视图中定义的过滤器变量。其结果是：在画面 I/O 域中输入字符串，则报警视图只显示包含该完整字符串的报警文本。

“安全”项，可以为操作人员分配操作报警视图的权限，如由指定权限的人员操作“确认”行为。当点击确认键时会自动弹出登录对话窗口。

对于“报警视图”的图形和文字美化和个性显示，可改动“属性列表”中其它各项属性，此处不再赘述。

二、报警窗口

上述“报警视图”在“报警信息画面”中组态，当报警到达时，需要激活显示“报警信息画面”，才能查看具体报警信息。WinCC 提供“报警窗口”功能，当报警到达时，在当前画面上自动弹出“报警窗口”，显示当前报警，查看处理完报警，可关闭报警窗口。报警窗口是在“全局画面”中组态的。

如图 5-3-3，在项目树导航窗格中，双击打开“画面管理”→“全局画面”编辑器，可以看到，全局画面的属性较少，在“工具箱”里，能够布置到精智系列面板的“全局画面”上的画面对象有：系统诊断窗口、报警窗口和报警指示器，如图 5-3-4 所示。

图 5-3-3　项目树中的全局画面编辑器

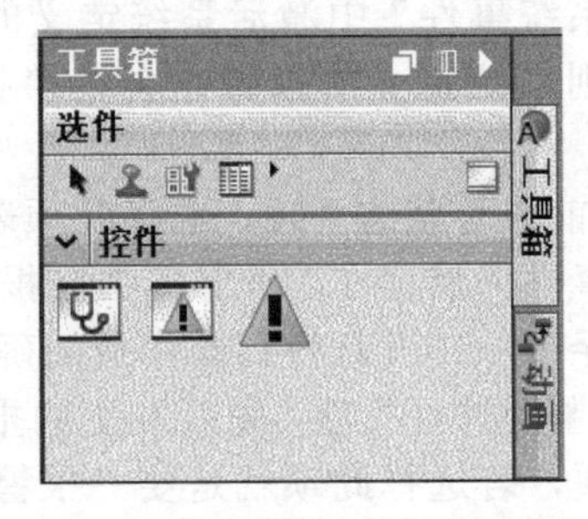

图 5-3-4　全局画面支持的画面对象

初次打开“全局画面”，画面中组态软件系统已经预设置了三个“报警窗口”，即“未决的系统事件”、“未决报警”和“未确认的报警”。注意，我们在前面编辑组态好画面进行仿真运行时，仿真开始经常会弹出窗口显示一些系统诊断和报警信息等，随即消失。这些就是在“全局画面”中预设的这三个“报警窗口”在起作用。例如，可以在“未决报警”和“未确认的报警”这两个已预置的“报警窗口”中选择启用要显示的“报警类别”即可，如选上“qhbj”类，也可以删除这些报警窗口，另外重新编辑组态。

具体组态方法是:将控件“报警窗口”拖入“全局画面”，调整其大小和位置。在巡视窗格中，组态“报警窗口”的属性，组态方法和内容与“报警视图”基本一致。见图 5-3-5。

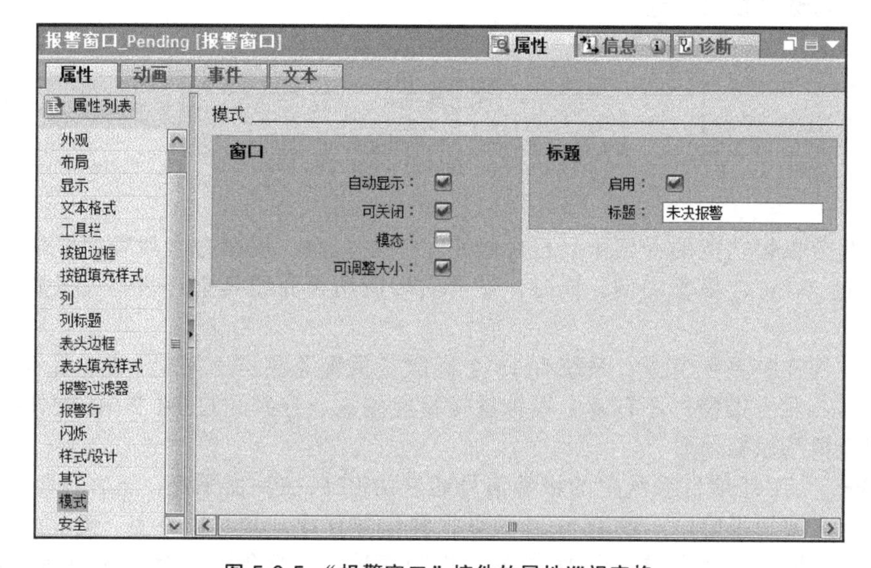

图 5-3-5 “报警窗口”控件的属性巡视窗格

“全局画面”及画面上的控件对象的作用是：无论 HMI 当前显示什么画面，当报警到来时，会在当前画面上弹出报警窗口或者报警指示器，显示报警信息。报警窗口可随时关闭，不影响当前画面。参见第四章图 4-1-3 的解说。

在巡视窗格的“属性→属性→属性列表→模式”下，组态报警窗口是否可自动显示，可关闭。如果在运行系统中切换画面时，继续保留报警窗口的焦点，这里可勾选“模态”选项。可以组态是否为报警窗口设置标题。

三、报警指示器

报警指示器亦称报警指示灯，使用黄黑色警示三角形图标表示当前出现报警信息。报警指示器具有两种状态，一是在画面上闪烁，表示至少存在一条需要确认的未决报警；二是在画面上静态显示，这表示至少有一条已确认但未处理，仍未离去的报警。

组态“报警指示器”的方法：将“报警指示器”从“工具箱”→“控件”展板上拖放到“全局画面”的相应位置，调整大小。在巡视窗格中组态属性。

如果指定在操作报警指示器时，运行系统响应打开“报警窗口”，可在“报警指示器”的“属性→事件”下，将系统函数“Show Alarm Window”（显示报警窗口）分配给报警指示器。

四、其它输出方式

对于连接公共以太网的 HMI，在“HMI 报警”编辑器“报警类别”选项卡中，在“电子邮件地址”列输入邮箱地址，自动发送报警邮件。

还可以通过“报表”（由“报表”编辑器组态）的形式输出报警信息。

如在画面上组态一个按钮及按钮事件，分配其“Print Report”（打印报表）系统函数，为 HMI 配置打印机，即可打印输出报警报表。

对于时间驱动的输出，可创建一个打印作业，为该作业指定一个报警报表。条件是，在“系统运行设置”中，勾选“报表”选项。在“HMI 报警”编辑器中的“报警类别”选项卡上，勾选“报表”选项。

第四节 WinCC 的报警实例

在前两节报警功能的介绍中，已经给出了一些实例，现在分步骤较完整地给出一个 HMI 面板的 WinCC 报警实例。同时，结合实际应用再介绍其它一些有关报警机制应用的概念。

工艺过程控制系统背景：系统有 15 个离散量报警监测点，如表 5-1-2 所示，当这些信号为 1 时，发生报警；还有 4 个模拟量报警监测点，分别通过 DI 和 AI 硬件模块输入离散量和模拟量报警信号。

步骤一 工艺项目系统中的报警信号通常由 PLC 控制器采集，然后转变为 PLC 的变量，对于离散量报警，一般 16 个开关量报警信号合成一个“报警字”变量；对于模拟量报警，一个报警源就生成一个 16 位的二进制变量，一般会转换为 32 位（或 64 位）的“Real”型变量。在 PLC 和 HMI 两设备之间的通信时，通过变量传递将各种报警信息传送到 HMI 设备，所以，要根据工艺项目系统中的所有报警信号的情况在 HMI 设备中规划创建变量，接受 PLC 报警信息。

点击打开项目导航窗格中所在 HMI 设备的“HMI 变量”文件夹，打开“HMI 变量”→“默认变量表”编辑器。在变量规划时定义变量如表 5-4-1 所示。

表 5-4-1 在 HMI 变量表中创建有关报警的变量

名称	数据类型	连接	PLC 名称	PLC 变量	地址	访问模式
报警字 1	Word	HMI_连接_1	PLC_1	未定义	%MW10	绝对访问
上区温度	Real	HMI_连接_1	PLC_1	未定义	%DB10.DBD10	绝对访问
下区温度	Real	HMI_连接_1	PLC_1	未定义	%DB10.DBD14	绝对访问
氧浓度	Real	HMI_连接_1	PLC_1	未定义	%DB2.DBD20	绝对访问
材料温度	Real	HMI_连接_1	PLC_1	未定义	%DB6.DBD60	绝对访问
炉温报警值	Real	HMI_连接_1	PLC_1	未定义	%DB8.DBD0	绝对访问
氧含量报警值	Real	HMI_连接_1	PLC_1	未定义	%DB8.DBD4	绝对访问
料温报警值	Real	HMI_连接_1	PLC_1	未定义	%DB8.DBD8	绝对访问

"报警字 1"的各个位信号的报警含义见表 5-1-2，可通过数字量输入模块引入并保存，供离散量报警组态使用。如果离散量监控报警信号较多，可创建"报警字 2"等。

报警字 1 后面四个变量，为模拟量输入信号，通过模拟量模块实时检测工艺过程值输入，供模拟量报警使用。

最后三个变量，是根据工艺要求制定的存储四个模拟量的报警限值的变量，可以通过程序生成值存入，也可以通过 HMI 画面人工输入报警值，这要根据工艺项目系统的控制要求来决定。供模拟量报警组态使用。

步骤二 双击打开项目导航窗格中的"HMI 报警"编辑器，在"HMI 报警"编辑器工作窗格内，点击打开"报警类别"选卡。创建一个自定义的报警类别，如命名为"qhbj"，并组态其属性。

步骤三 打开"HMI 报警"编辑器的"离散量报警"选项卡。编辑组态离散量报警如图 5-4-1 所示。

画面组态和编辑_V13_SP1 ▸ HMI_2 [TP1200 Comfort] ▸ HMI 报警

离散量报警 | 模拟量报警 | 控制器报警 | 系统事件 | 报警类别 | 报警组

离散量报警

ID	报警文本	报警类别	触发变量	触发位	触发器地址	HMI 确认变量	HMI ...	HMI 确认...
1	动力空开没有闭合	qhbj	报警字1	0	%M11.0	<无变量>	0	
2	A晶闸管温度超温	qhbj	报警字1	1	%M11.1	<无变量>	0	
3	B晶闸管温度超温	qhbj	报警字1	2	%M11.2	<无变量>	0	
4	1#循环风机变频器故障	qhbj	报警字1	3	%M11.3	<无变量>	0	
5	2#循环风机变频器故障	qhbj	报警字1	4	%M11.4	<无变量>	0	
6	引风风机变频器故障	qhbj	报警字1	5	%M11.5	<无变量>	0	
7	鼓风风机变频器故障	qhbj	报警字1	6	%M11.6	<无变量>	0	
8	左侧压缩空气压力不够	qhbj	报警字1	7	%M11.7	<无变量>	0	
9	右侧压缩空气压力不够	qhbj	报警字1	8	%M10.0	<无变量>	0	
10	安全门打开	qhbj	报警字1	9	%M10.1	<无变量>	0	
11	备用	qhbj	报警字1	10	%M10.2	<无变量>	0	
12	A点冷却水压力不足	qhbj	报警字1	11	%M10.3	<无变量>	0	
13	A点冷却水温度超温	qhbj	报警字1	12	%M10.4	<无变量>	0	
14	B点冷却水压力不足	qhbj	报警字1	13	%M10.5	<无变量>	0	
15	B点冷却水温度超温	qhbj	报警字1	14	%M10.6	<无变量>	0	
16	主电机过热	qhbj	报警字1	15	%M10.7	<无变量>	0	
<添加>								

图 5-4-1 报警实例的离散量报警编辑组态

每一行代表监测工艺项目系统的一个关注点，当该点异常时，显示图 5-4-1 中"报警文本"列的信息。对应每行报警，在属性巡视窗格编辑组态其各种属性，例如可在"报警文本"为"A 晶闸管温度超温"的报警项的"信息文本"属性中编辑一段"1、检查环境温度是否合适；2、晶闸管降温风扇是否正常运转；3、测量晶闸管截止漏电流"的文字，用于提供该报警出现时的应对措施供现场人员参考，当出现该报警时，点击"报警视图"的提示键，即弹出窗口显示这段文字。

用简洁、准确的文字编辑"报警文本"，还可以执行右键快捷菜单命令对于"报警文本"进行"插入变量域…""插入文本列表…"等编辑，这将在模拟量报警文本编辑时叙述。

本实例报警通过"报警视图"输出，报警确认通过按键执行，因此图 5-4-1 中"HMI 确认变量"列组态为"无变量"，如果需要，可以创建一个 HMI 内部变量或者 PLC 外部变量作为确认变量，在某个条件下自动执行确认操作。

工艺项目过程控制系统的报警都归属为自定义的报警类别“qhbj”。在“报警视图”的“显示”属性中，勾选“qhbj”类别，当报警到来时，就会显示报警信息。

步骤四 点击打开“模拟量报警”选项卡，编辑组态结果如图 5-4-2 所示。

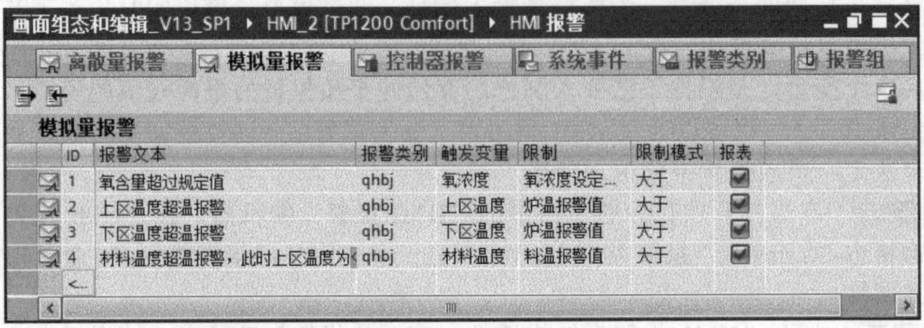

画面组态和编辑_V13_SP1 ▸ HMI_2 [TP1200 Comfort] ▸ HMI 报警

离散量报警 | 模拟量报警 | 控制器报警 | 系统事件 | 报警类别 | 报警组

模拟量报警

ID	报警文本	报警类别	触发变量	限制	限制模式	报表
1	氧含量超过规定值	qhbj	氧浓度	氧浓度设定...	大于	☑
2	上区温度超温报警	qhbj	上区温度	炉温报警值	大于	☑
3	下区温度超温报警	qhbj	下区温度	炉温报警值	大于	☑
4	材料温度超温报警，此时上区温度为	qhbj	材料温度	料温报警值	大于	☑

图 5-4-2 报警实例的模拟量报警编辑组态

编辑四条模拟量“报警文本”，选择“报警类别”为“qhbj”，点击“触发变量”列下的空格，在随后弹出的变量选择表中，选中前述已定义的过程值变量。在“限值”列下的对应表格中，单击弹出变量选择表，选中各模拟量报警设定限值的变量，本例“限制模式”选择“越上限值”报警。

当“触发变量”的值大于“限制”变量设定的值时，触发模拟量报警。

前已叙述，导致一个过程量报警的原因可能很多，在显示的报警文本中，指出报警来源并能显示当时的相关原因的变量值，将有助于操作人员参考和快速解决报警问题。这时可以运用“报警文本”的“插入变量域…”和“插入文本列表…”功能。

例如，图 5-4-2 所示“模拟量报警”卡的第四条记录的“报警文本”，材料温度超温报警时，我们希望知道当时上区温度和下区温度的温度值大小，注意各区温度是一个时刻在变化的值（尽管变化缓慢，惯性较大），即变量。在编辑“报警文本”时，可运用变量占位符，在文字叙述中需要显示当时的与报警源相关的因变量值时可以执行右键快捷命令“插入变量域…”，这时弹出对话窗口，输入过程变量及显示格式，得到的“报警文本”为：【材料温度超温报警，此时上区温度为<变量：5，上区温度>,下区温度为<变量：5，下区温度>】。其中，<变量：5，上区温度>就是变量占位符，当材料温度出现超温时，实际运行系统在“报警视图”上显示为：材料温度超温报警，此时上区温度为 480.5，下区温度为 481。其中 480.5 和 481 就是报警时刻的上区温度和下区温度的变量值。

若“报警文本”内容随某个变量值的变化而不同，可以使用“报警文本”的快捷命令“插入文本列表…”功能。为各个模拟量报警信号编辑报警延时、死区阈值等属性，编辑必要的“信息文本”等。

步骤五 在已创建的“报警信息画面”上编辑组态一个“报警视图”控件，在其常规属性中，启用“qhbj”“Errors”和“Warnings”类别的报警，选择显示“当前报警状态”的“未决报警”和“未确认的报警”。

“报警视图”控件是在画面上编辑组态的，当报警到来时，现场操作者要想查看报警信息，需打开载有“报警视图”的画面，可以现场操作打开，也可以通过报警事件打开。

步骤六 HMI 面板“报警”实例模拟仿真，详见第六章第四节。

第五节 WinCC 的“系统诊断视图”和“系统诊断窗口”

西门子很多控制设备和器件都具有诊断功能，能够判断自身和相关设备的运行、组态、操作、连接、通信等是否异常，如 PLC、HMI、驱动器、工艺模块、分布式器件和模块等，这些设备通过各种总线网络（主要是 Profibus 和 Profinet 网络）连接通信，形成控制系统。WinCC 支持对该系统及各组件的诊断，通常以“系统诊断视图”和“系统诊断窗口”的方式显示诊断内容，也同样有“系统诊断指示器”可用（如图 5-3-4 所示）。

对于 S7-1200/1500 PLC,系统诊断功能随通信的运行而自动激活，对于 S7-300/400 PLC，需要在 PLC 属性中激活该 PLC 的系统诊断功能，然后编译硬件配置。

“系统诊断视图”在画面中组态，“系统诊断窗口”在“全局画面”中组态。

“系统诊断视图”或“系统诊断窗口”的组态方法同前述自定义报警的组态方法基本一样。 在对应的“控件”选项板中双击“系统诊断视图”或“系统诊断窗口”图标，将它们布置到“画面”或“全局画面”中，随后组态其属性即可。仿真或连线在线后，运行系统即会显示出现的系统诊断内容。

第六节 WinCC 的报警事件和系统函数

在运行系统中，报警项、报警视图和报警指示器等对象都有自己的“事件”属性，如表 5-6-1 所示。以下报警事件通过它们的显示对象和控制对象触发，可以为每个事件组态一个函数列表，函数分为系统函数和自定义 VB 函数等。

表 5-6-1 报警机制中对象的可组态事件

对象	可组态的事件
报警	进入
	离开
	确认
	Loop-in-alarm（报警回路）
报警视图	激活
	取消激活
	选择改变
报警指示器	单击
	闪烁时单击

例如，“报警视图”一旦被激活就自动显示某个画面。

例如，某个“报警”项到来时，就对某些变量进行运算操作，反馈回 PLC 驱动器，直接采取防范报警酿成事故的措施等。同样，“报警”项离开后是否要做出恢复措施等。

表 5-6-2 列出有关报警的系统函数，系统函数是预定义的函数，用户即使没有任何编程知识，也可使用这些函数在运行系统中执行许多任务。系统函数可在函数列表或脚本中使用。

表 5-6-2　有关报警的系统函数

系统函数	中文名称	作用
EditAlarm	触发报警回路事件函数	为指定报警触发 Loop-in-alarm 事件
ClearAlarmBuffer	清除报警缓冲区函数	删除 HMI 报警缓冲区中的报警
ClearAlarmBufferProtoolLegacy	同上	作用同上，适于 ProTool 编号方式
AlarmViewUpdate	报警视图更新函数	更新报警视图的显示内容
AlarmViewEditAlarm	触发报警视图回路事件函数	为报警视图中的报警触发 Loop-in-alarm 事件
AlarmViewAcknowledgeAlarm	确认报警视图报警函数	确认指定报警视图中选定的报警
AlarmViewShowOperatorNotes	显示工具提示函数	显示报警视图中选定报警的工具提示
AcknowledgeAlarm	确认报警函数	确认选择的所有报警
SetAarmReportMode	设置报警报表打印模式函数	确定是否将报警报表自动打印
ShowAlarmWindow	显示报警窗口函数	隐藏或显示 HMI 上的报警窗口
ShowSystemEvent	显示系统诊断事件函数	显示已出现的系统事件

Chapter 06

第六章 HMI和PLC集成系统的模拟仿真调试

第一节 模拟仿真概述

在工程设计软件所在的计算机上，通过程序软件，模拟 HMI 设备和 PLC 设备的实物工作原理、工作条件和工作过程运行用户设计组态的 HMI 设备项目（主要是画面对象的组态和项目画面逻辑）或者 PLC 设备项目（主要是变量逻辑和 PLC 程序等），以及模拟它们之间的变量通信，就好像在实际设备系统中运行一样，这就是模拟仿真。在模拟仿真软件上运行用户项目，就像将用户项目文件下载到实物系统中运行一样逼真，也有“在线”和“离线”，“RUN”和“STOP”的操作和响应，也能看到动态的画面和变化的变量等。

对于初学者来说，在 HMI 和 PLC 设备实物上，按照项目系统的控制要求接线连接诸设备器件，上电运行演示编辑组态的项目确实不易，而在模拟仿真软件上操作，简单易行，就像在动手做课题实验，有利于加深理解和增强动手能力；对于自动化设备应用、维护和设计人员及时快速地在电脑上运行测试项目系统，及时对编辑组态的工作进行分析总结则工作效率大为提高，益处良多。

模拟仿真主要用于调试用户设计组态的工艺控制系统项目，也是学习认识和提高编辑组态自动化控制项目技术的重要方法。编辑组态的画面对象和画面能不能正常工作？设计编写的控制程序和控制逻辑能否达到控制要求，都可以快速地通过模拟仿真软件来试运行一下，测试项目的正确性和可靠性，有没有程序漏洞和组态错误，及时发现问题解决问题。模拟仿真极大提高了设计编辑组态项目的工作效率 也大大降低了项目的测试成本。

现在，很多工程项目、设计与升级改善课题等采用程序软件模拟仿真的方式进行前期的项目调试，模拟仿真已成为软件工程的重要应用点，Portal V13 SP1 也具有强大的模拟仿真功能。

为此，我们用一章的篇幅，通过多个实例详细介绍工程组态软件的模拟仿真功能。

第二节 HMI 设备画面的仿真

在前面几章的学习中，在 HMI 设备项目编辑组态环境下，每当编辑组态好一个画面，都是通过点击工具行中的“开始仿真”按钮，启动画面运行仿真软件，查看是否有编译错误，根据编译警告项，指导编辑组态勘误工作，查看 HMI 设备组态项目在运行系统中的工作效果。

HMI 设备画面的模拟仿真是运行了已经安装在电脑中的 WinCC Comfort/Advanced V13.0 SP1 中的 Simulation (SIMATIC Panels,WinCC Runtime Advanced)仿真软件。实际工艺控制过程中的变量值是按照工艺项目控制要求在变化的，下面的实例通过仿真软件程序提供的“变量仿真器”，使变量模仿实际变量值的变化规律变化，从而查看 HMI 面板画面的变化情况。

一、“机器运行实时状态”画面的模拟仿真

在“机器运行实时状态”画面的仿真过程中，通过“变量仿真器”中变量值的设置控制画面对象属性的改变，从而认识“文本域”和“图形视图”的动画属性的组态效果。模拟仿真操作过程如下。

步骤一 双击打开前面章节创建的项目“画面组态和编辑_V13_SP1”，点击打开“项目视图”画面，在项目树导航窗格，点击打开“画面组态和编辑_V13_SP1”→“HMI_2”→“画面”→“机器实时运行状态”画面，此时，组态软件编辑工作窗格显示已编辑组态完的“机器实时运行状态”画面。

步骤二 点击该画面任意点，使画面处于显示焦点。然后，点击执行“在线”→“仿真”→“使用变量仿真器”菜单栏命令，即启动仿真程序软件，进入画面模拟仿真状态，组态软件系统响应弹出两个窗口，一个窗口显示项目运行状态下的画面，如图 6-2-1 所示；另一个窗口显示变量仿真器，如图 6-2-2 所示。

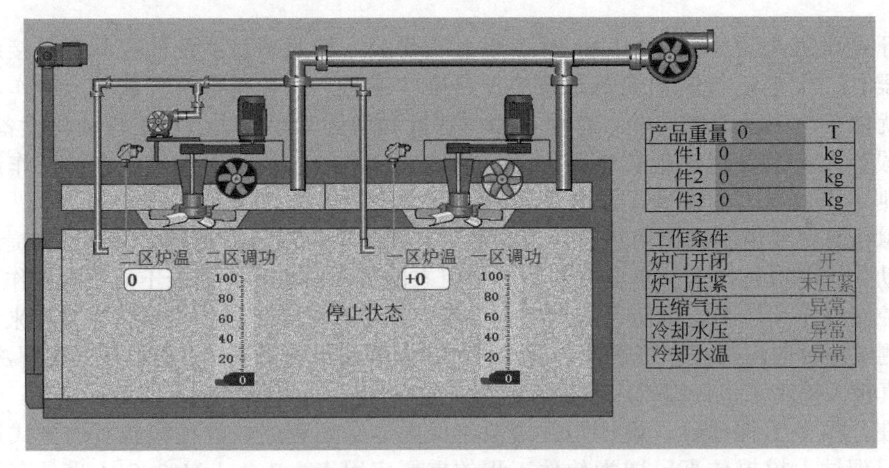

图 6-2-1 “机器实时运行状态”仿真画面局部（停止状态）

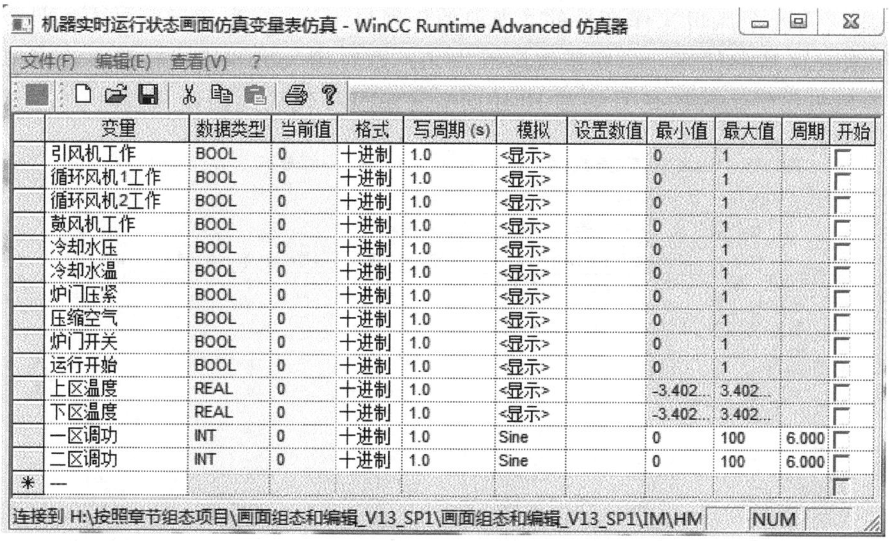

机器实时运行状态画面仿真变量表仿真 - WinCC Runtime Advanced 仿真器

文件(F) 编辑(E) 查看(V) ?

	变量	数据类型	当前值	格式	写周期(s)	模拟	设置数值	最小值	最大值	周期	开始
	引风机工作	BOOL	0	十进制	1.0	<显示>		0	1		
	循环风机1工作	BOOL	0	十进制	1.0	<显示>		0	1		
	循环风机2工作	BOOL	0	十进制	1.0	<显示>		0	1		
	鼓风机工作	BOOL	0	十进制	1.0	<显示>		0	1		
	冷却水压	BOOL	0	十进制	1.0	<显示>		0	1		
	冷却水温	BOOL	0	十进制	1.0	<显示>		0	1		
	炉门压紧	BOOL	0	十进制	1.0	<显示>		0	1		
	压缩空气	BOOL	0	十进制	1.0	<显示>		0	1		
	炉门开关	BOOL	0	十进制	1.0	<显示>		0	1		
	运行开始	BOOL	0	十进制	1.0	<显示>		0	1		
	上区温度	REAL	0	十进制	1.0	<显示>		-3.402...	3.402...		
	下区温度	REAL	0	十进制	1.0	<显示>		-3.402...	3.402...		
	一区调功	INT	0	十进制	1.0	Sine		0	100	6.000	
	二区调功	INT	0	十进制	1.0	Sine		0	100	6.000	
*	—										

连接到 H:\按照章节组态项目\画面组态和编辑_V13_SP1\画面组态和编辑_V13_SP1\IM\HM NUM

图 6-2-2 “机器实时运行状态”画面变量仿真器 1

我们在第四章第四节，组态编辑“机器实时运行状态”画面时，为其中的画面对象的“动画”等属性分别组态了过程变量，在图 6-2-1 画面中，由于控制画面对象属性的变量值皆为 0，所以，运行状态中的画面情况是：机器处于（显示）停止状态，四个风机静止，五个工作条件显示如图 6-2-1 所示。同时对比查看图 6-2-2 所示的变量仿真器中的各个变量的“当前值”列中的值。

图 6-2-2 为“变量仿真器”，它是继承了 WinCC flexible 2008 SP2 仿真变量的功能包，可以在“变量仿真器”中设置和改变变量值，然后观察分析运行画面的变化情况。

图 6-2-2 中第一列标题为“变量”，用于输入需要仿真的变量的名称，单击该列最后一行的空格，软件弹出下拉列表按钮，点击该按钮，在下拉列表中选中需要仿真的 HMI 变量，可以是内部变量，也可以是外部变量，外部变量要通过连接 PLC，连接对应的 PLC 变量。模拟变量写周期为 1s，需要改变变量值时，在“设置数值”列输入预设的值，可观察画面的动态变化情况。对于 Real、Int 等数据类型的 HMI 变量，在“模拟”列会有选项下拉列表，共有“正弦、随机、增量、减量、移位”及显示等选项。如图示，变量“一区调功”的“模拟”选项设定为“Sine”，表示要求“一区调功”变量模拟按照正弦曲线的变化规律周期性改变变量值，振幅在 0～100 之间变化，周期设定为 6s，在“开始”列勾选单选框，“一区调功”变量即开始变化，观察运行画面中的棒图画面对象呈动画变化状态，指示值按照周期为 6s 呈正弦规律变化。取消“开始”列的单选项的选择，则画面棒图动画效果消失，棒图显示值停留在停止勾选的那一刻的值。

也就是说，模拟变量值的改变有两个方法，一是在“设定数值”列中直接输入需要模拟的值，另一种方法是在“模拟”列中为变量选择一种变化规律，点选“开始”单选框后进行模拟仿真。

点击图 6-2-2 图标工具栏行中的“保存”按钮，在弹出的对话框中，选择存储地址和当前仿真项目的文件名称，如“机器实时运行状态画面仿真器”，点击确定保存。下次需要同样仿真这些变量时，可以在保存文件夹中找到该保存的仿真项目文件，直接双击文件名图标启动仿真项目，避免重复建立同样仿真文件的操作。

步骤三 在图 6-2-3 中，在“设置数值”列，将“引风机工作”等四个风机变量设置为 1，则前面四个风机工作变量的“当前值”列显示为 1，观察运行画面：四个风机风叶旋转起来。这其中任何一个变量改设置为 0，则对应风机即停止转动。这模拟表示来自 PLC 的风机已经运转的信号触发 HMI 面板显示风叶转动画面。

机器实时运行状态画面仿真变量表仿真 - WinCC Runtime Advanced 仿真器

文件(F) 编辑(E) 查看(V) ?

	变量	数据类型	当前值	格式	写周期 (s)	模拟	设置数值	最小值	最大值	周期	开始
	引风机工作	BOOL	1	十进制	1.0	<显示>		0	1		☐
	循环风机1工作	BOOL	1	十进制	1.0	<显示>		0	1		☐
	循环风机2工作	BOOL	1	十进制	1.0	<显示>		0	1		☐
	鼓风机工作	BOOL	1	十进制	1.0	<显示>		0	1		☐
	冷却水压	BOOL	1	十进制	1.0	<显示>		0	1		☐
	冷却水温	BOOL	1	十进制	1.0	<显示>		0	1		☐
	炉门压紧	BOOL	1	十进制	1.0	<显示>		0	1		☐
	压缩空气	BOOL	1	十进制	1.0	<显示>		0	1		☐
	炉门开关	BOOL	1	十进制	1.0	<显示>		0	1		☐
	运行开始	BOOL	1	十进制	1.0	<显示>		0	1		☐
	上区温度	REAL	380	十进制	1.0	<显示>		-3.402...	3.402...		☐
	下区温度	REAL	380.5	十进制	1.0	<显示>		-3.402...	3.402...		☐
	一区调功	INT	7	十进制	1.0	Sine		0	100	6.000	☑
	二区调功	INT	7	十进制	1.0	Sine		0	100	6.000	☑
*	—										☐

连接到 H:\按照章节组态项目\画面组态和编辑_V13_SP1\画面组态和编辑_V13_SP1\IM\HM NUM

图 6-2-3 “机器实时运行状态”画面变量仿真器 2

将“冷却水压”等五个工作条件变量设置为 1，则“当前值”列显示为 1，运行画面如图 6-2-3 所示。显示工作条件正常，这就是通报现场操作者机器可以开始运转。任何一个变量为 0，表示工作条件不满足，给出条件不满足的显示项或者触发报警。

“运行开始”变量设置为 1，机器启动，画面显示“运行中”并闪烁。其值为 0，则表示操作停机，画面显示“停止状态”。

“上区温度”和“下区温度”为实数型变量，现设值为 380 等，则画面温度 I/O 域显示如图 6-2-4 所示。这模拟了现场温度传感器测量出的实时温度值。

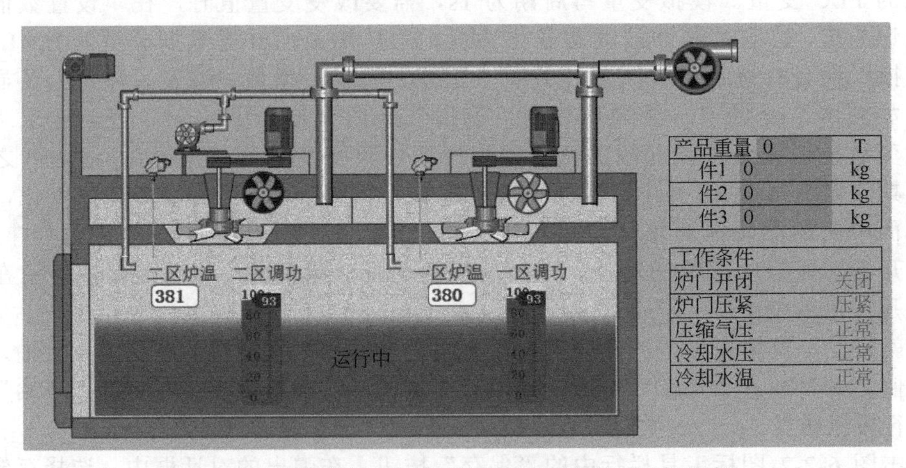

图 6-2-4 “机器实时运行状态”仿真画面局部（运行状态）

将“一区调功”和“二区调功”的值设定模拟正弦曲线值变化（这里只是演示，实际不会是这种变化规律），在“模拟”列，选中“Sine”项，勾选“开始”单选项。观察运行画面：表示调功的棒图示值以正弦值的规律变化，周期为 6s,幅值为 0～100。

二、“机器安全使用说明”画面的模拟仿真

步骤一 打开“PDF 视图实例”项目，浏览并打开“机器安全使用说明”画面，并显示在编辑组态工作窗格。

步骤二 点击执行“在线”→“仿真”→“启动”菜单栏命令。这等同于点击图标工具栏中的“开始仿真”按钮，即启动仿真程序，进入画面运行仿真状态，如图 6-2-5 所示。文件名称后面的字符 I/O 域无输入，PDF 视图显示区无文件显示。

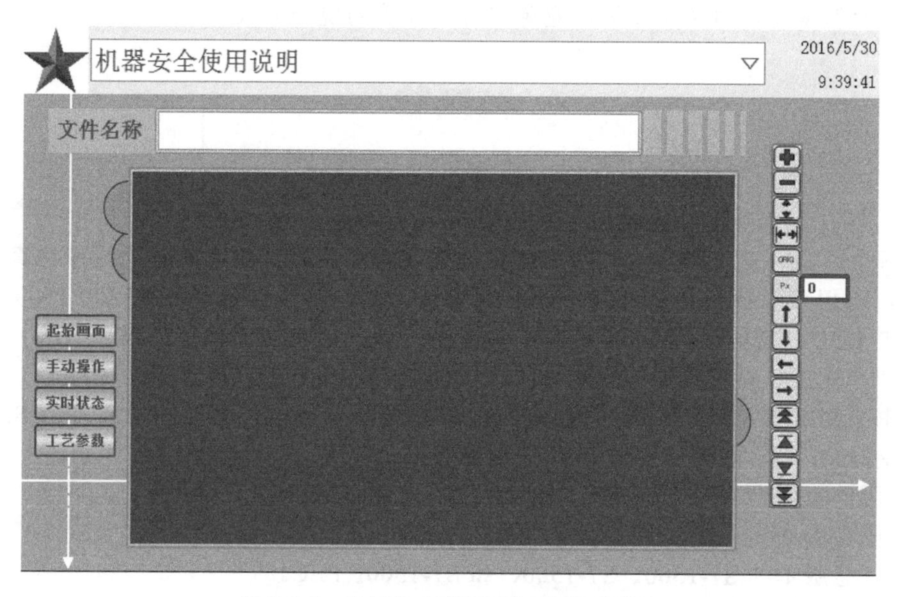

图 6-2-5 机器安全使用说明画面的仿真 1

步骤三 在文件名称后面的字符 I/O 域输入 PDF 文件的地址路径和文件名称，PDF 视图显示如图 6-2-6 所示。

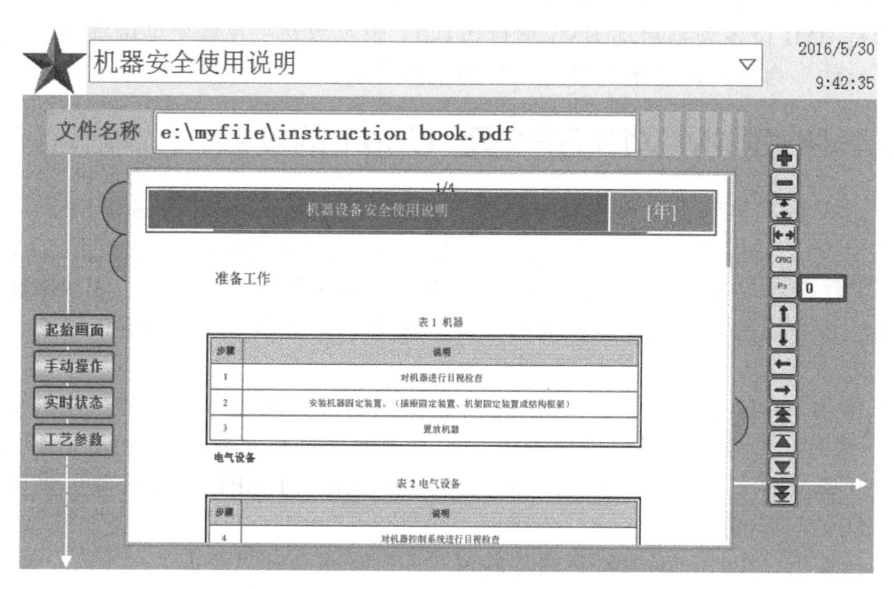

图 6-2-6 机器安全使用说明画面的仿真 2

注意:

PDF 文件名称后缀.pdf。可以测试图 6-2-6 中 PDF 视图十多个操作按钮的工作情况，如点击第一个按钮“放大”，则显示 PDF 视图中的文字图形变大。可以查看按钮操作和它的功能是否一致。

如果有几个 PDF 文件，例如安全、工艺、机械设备、电气等，可以将这些文件名保存为若干字符变量，直接用变量，避免字符地址等的现场输入。

第三节 PLC 控制器的仿真

实际上，SIMATIC Portal V13 SP1 自动化工程项目设计组态软件的模拟仿真功能非常强大，不但可以模拟仿真 HMI 设备的项目，还能够模拟仿真 S7-1200/1500 PLC、ET200SP CPU 控制器设备的变量操作和程序运行等，也能够模拟仿真由 HMI 设备和 S7-1200/1500 PLC 设备构成的集成系统项目的运行，而且仿真能力大为提高。

本书采用 SIMATIC Portal V13 SP1 的 PLC 控制器模拟仿真软件为 S7-PLCSIM V13 SP1 以及 Upd1 等，能够仿真的 PLC 控制器有：

① 固件版本为 4.0 或更高版本的 S7-1200 PLC。

② 固件版本为 4.12 或更高版本的 S7-1200F PLC。

③ 任意版本的 S7-1500、S7-1500C 和 S7-1500F PLC。

④ 任意版本的 ET200SP 和 ET200SPF PLC。

在 PLC 设备项目编辑组态环境下，启动 PLC 控制器模拟仿真软件的方法很多，最常用的就是点击工具行中的“开始仿真”按钮（这同之前启动 HMI 设备仿真运行的按钮是同一个按钮，即先在项目树导航窗格中选择 PLC 设备项目，则启动 PLC 仿真软件；若选中的是 HMI 设备项则启动 HMI 项目仿真）。也可以在“在线”菜单项下，点击“仿真”→“启动”命令，启动所选设备项目的模拟仿真。

一、S7-PLCSIM V13 SP1 及 Upd1 的安装

现在组态系统电脑上安装有 SIMATIC STEP 7 Professional V13.0 SP1 ，再安装 S7-PLCSIM V13 SP1。将文件光盘插入光驱，在光盘（或安装文件）目录中打开 S7-PLCSIM V13 SP1 文件夹，双击其中的安装开始文件 Start，软件程序自动安装，依次出现的安装画面同第一章介绍的安装软件流程基本一致，逐个点击“下一步”按键，耐心等待一段时间。

为正确仿真 S7-1200 PLC，在上述安装结束后，还要安装 S7-PLCSIM V13 SP1 Upd1，步骤同上。当然如果使用更高版本的组态软件或仿真软件，例如 V14 版，就不需要这些更新文件了。也不一定求高大上，本书介绍 V13SP1 版本软件已足以完成大部分的工作。

安装结束后，在打开编辑组态软件的窗口中，点击执行“帮助”→“已安装的产品”菜单栏命令，在弹出的对话框中，可查看当前安装组态软件的名称和版本详细列表。

二、CPU1513 PLC 控制器仿真示例

我们用一个简单的 PLC 控制器的程序示例，介绍 PLC 控制器的模拟仿真操作过程，为介绍 HMI 和 PLC 设备集成系统项目的模拟仿真作基本知识铺垫。

步骤一 创建并打开“TP900CPU1513 系统仿真实例_V13_SP1”项目，浏览并打开“PLC_1”→“程序块”文件夹，创建并打开“方波发生器”程序块。在程序工作窗格显示“方波发生器”的梯形图程序段，如图 6-3-1 所示。这是离线状态下的 PLC 梯形图程序，所谓“离线”就是没有同 PLC 连接，不论是同真实 PLC 硬件的连接，还是同模拟 PLC 的模拟连接。

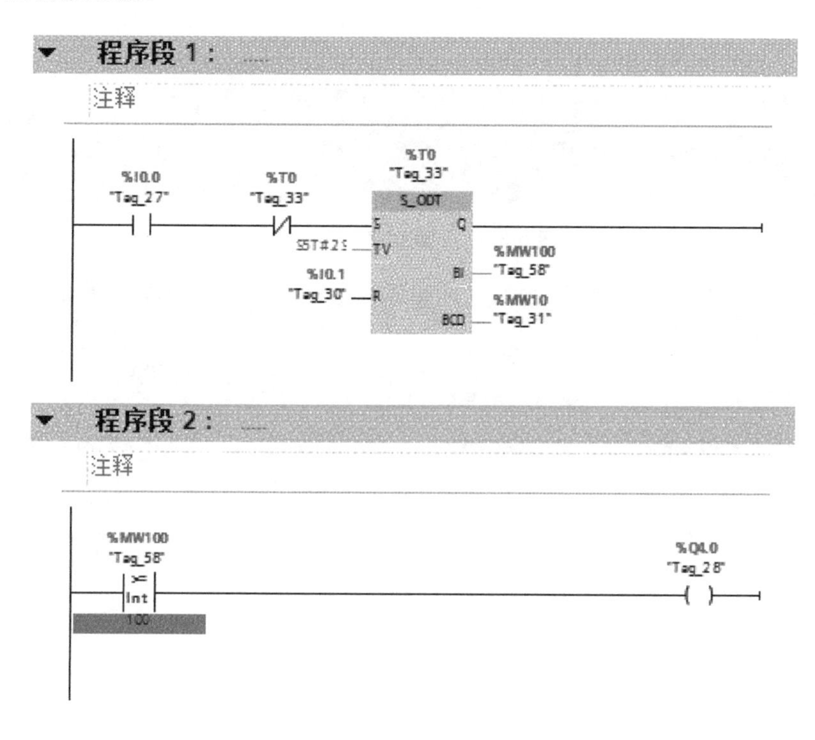

图 6-3-1　离线状态下的 PLC 梯形图程序

步骤二 点击图标工具栏上的“开始仿真”工具按钮，启动 PLC 仿真程序，软件系统弹出对话框如图 6-3-2 所示。点击“确定”按钮，弹出如图 6-3-3 所示对话框。表示仿真程序在后台建立了一个模拟 PLC，请求下载需要模拟运行的 PLC 程序和模块连接组态文件，勾选“全部覆盖”选项，点击“下载”按钮，接着弹出图 6-3-4 对话框，点击“完成”，然后弹出图 6-3-5 图形窗口。

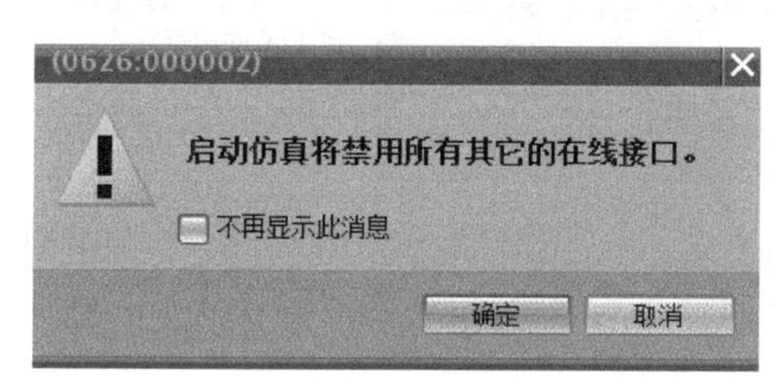

图 6-3-2　启动仿真程序禁用其它在线接口

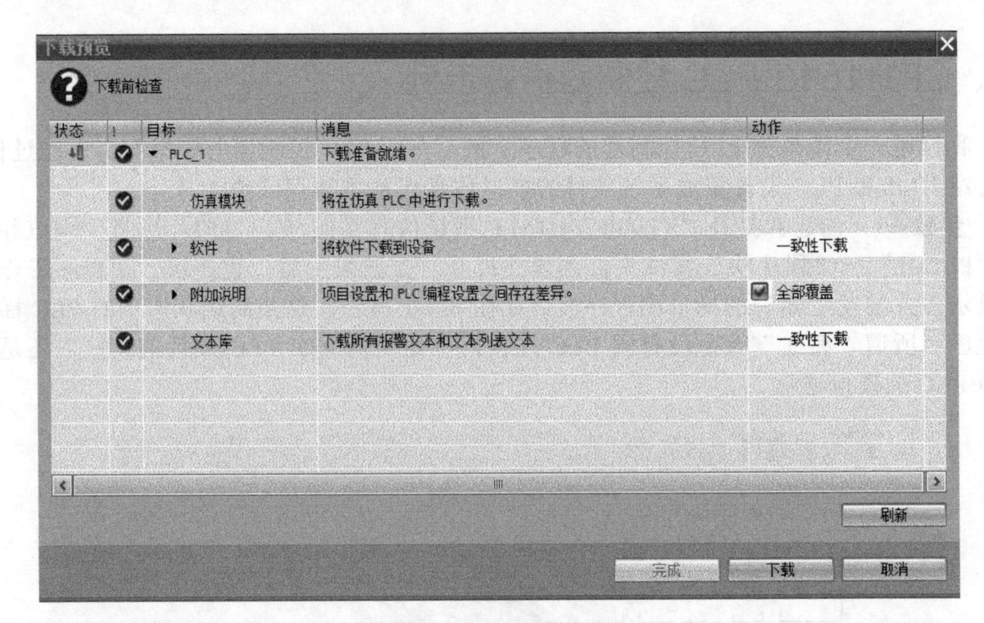

图 6-3-3 下载程序对话操作

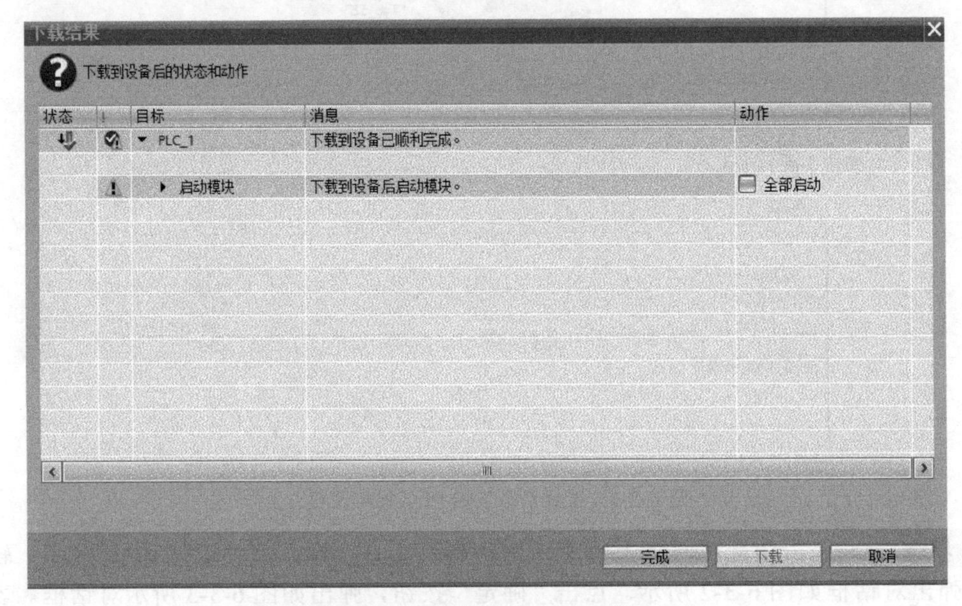

图 6-3-4 下载程序完成对话操作

图 6-3-5 模拟 CPU1513 PLC 精简图框

步骤三 图 6-3-5 表示创建生成了一个 CPU1513-1PN 的模拟 PLC，点击“RUN”按钮，可模拟仿真真实 PLC 的运行、停止等动作。为该模拟 PLC 重新命名，并保存模拟 PLC 文件。

点击右下角的“展开”按钮，弹出图 6-3-6。

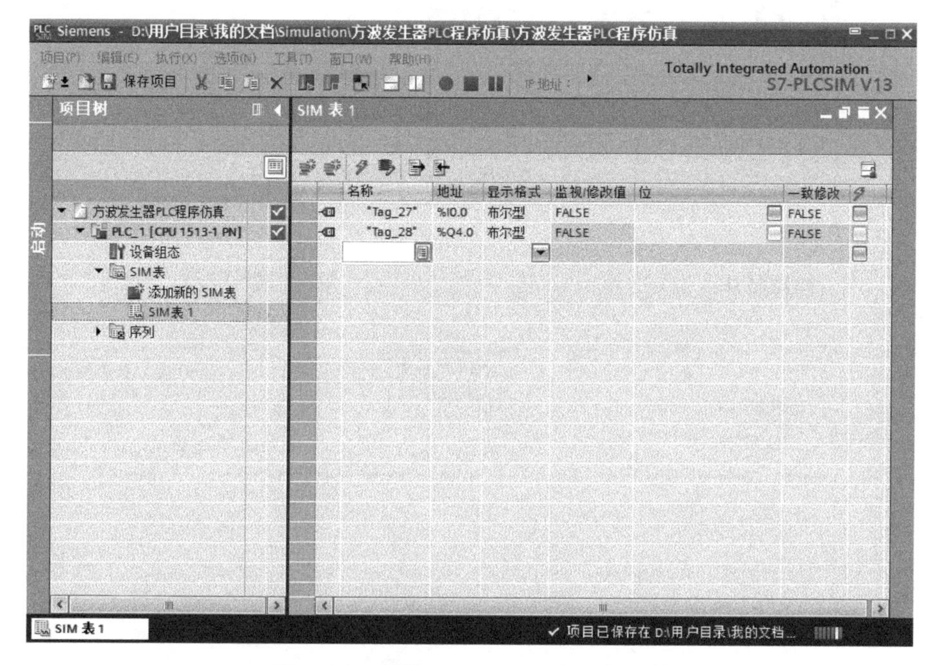

图 6-3-6　模拟 PLC 的 SIM 表和序列表

图 6-3-6 相当于前面介绍的变量仿真器，这是博途版的 PLC 仿真器，可以在 SIM 表上为仿真变量设置改变值，可以在序列表上为仿真程序安排一个时间过程序列，按照时间先后指定程序执行步骤。

此时，在当前电脑显示屏下方的任务栏上新出现一个仿真任务图标，相当于组态电脑通过网线连接了一个 CPU1513 PLC，一个模拟 PLC。点击图 6-3-6 工具栏上的“将 PLC 置于 RUN 状态”按钮，启动模拟 PLC。

步骤四 通过点击任务栏上的组态任务图标（有别于仿真任务图标）回到博途组态软件 PLC 项目组态设计工作窗格，点击“在线”图标工具 在线 ，系统响应左侧项目树窗格的题标栏呈橙黄色显示，表示模拟 PLC 进入在线状态。在程序工作窗格的图标工具栏上，点击“启用/禁用监视”图标工具 。PLC 梯形图程序呈在线状态，如图 6-3-7 所示。

图中，绿色实线表示“通电”状态，蓝色虚线表示“断电”状态。当变量“Tag_27”为 1 时，其常开触点闭合，方波发生器开始工作，从“Tag_28”变量中输出方波波形。

步骤五 在图 6-3-6 中，改变变量的数值。如图在 SIM 表中，将变量“Tag_27”的“一致修改”列输入“1”值，点击“修改所有选定值”命令按钮，该变量“监视/修改值”列变为 1。同时，看到下一行的“Tag_28”变量的“监视/修改值”列呈 Ture 和 False 周期性交替变化。观察图 6-3-7 的在线 PLC 梯形图，也呈现振荡变化状态中。

步骤六 再次点击“启用/禁用监视”图标工具 ，可退出程序运行监视状态，或者退出在线状态，回到图 6-3-1 的 PLC 程序离线编辑状态。

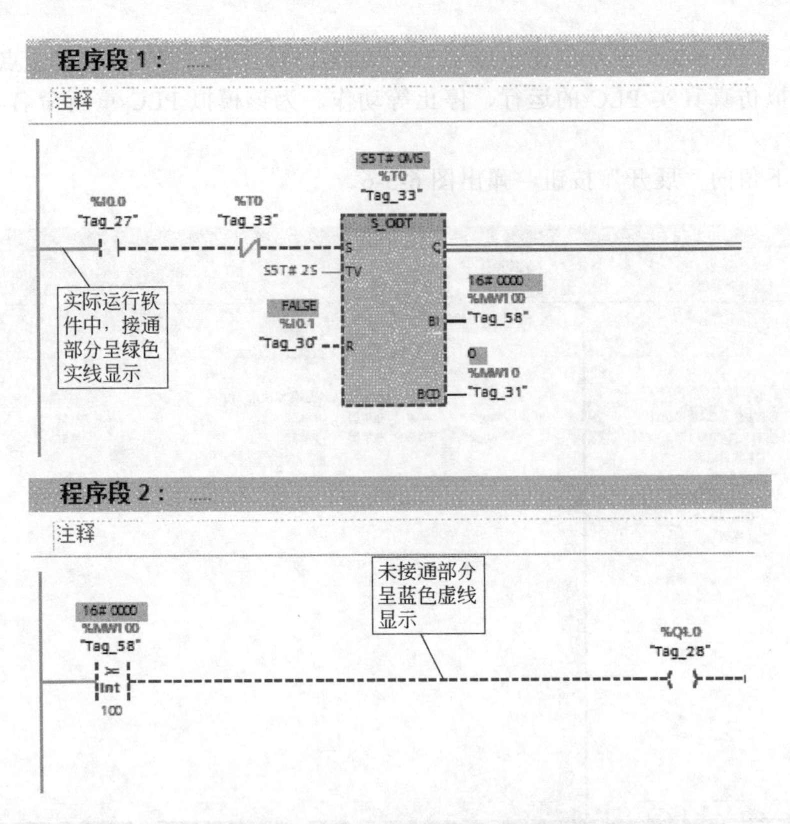

图 6-3-7　在线状态下的 PLC 梯形图程序

虽然组态电脑已经离线，即断开与模拟 PLC 的通信，但是模拟 PLC 就像真实的 PLC 一样，由于没有“STOP”操作，还在“方波发生器”输出中，在图 6-3-6 所示的 SIM 表中可看到变量的动态变化过程。将变量“Tag_27”的值置位 0，则停止振荡输出。点击工具栏上的“将 PLC 置于 STOP 状态”按钮，停止模拟 PLC 运行。

点击工具栏中的“回到精简视图”，模拟 PLC 呈图 6-3-5 显示。暂时不用可置一旁，点击“关闭”按钮，模拟 PLC 退出。

第四节 HMI 面板和 PLC 设备集成系统项目的仿真

一、精简面板和 S7-1200 PLC 项目系统的模拟仿真

模拟仿真项目的工艺过程背景：通过 S7-1200 PLC 控制液罐内液体的充装和排放，液体充装至容积的 90%时，会自动停机，低至 0 时，停止排放；通过精简系列面板上组态的按钮操作充装和排放，并有画面动态显示液罐的液面高度。

步骤一　按照第二章第一节讲述的方法，创建一个自动化工程项目，项目名称为“精简面板 S7-1200 PLC 项目系统的模拟仿真”，PLC 设备选用 S7-1200 系列 PLC 的 CPU1214C，HMI 面板选用精简系列面板中的 KTP700 Basic PN，该项目构架创建完毕后

的项目树如图 6-4-1 所示。图中 PLC_1 与 HMI_1 之间为 Profinet 网线联网，且建有 HMI 集成连接。

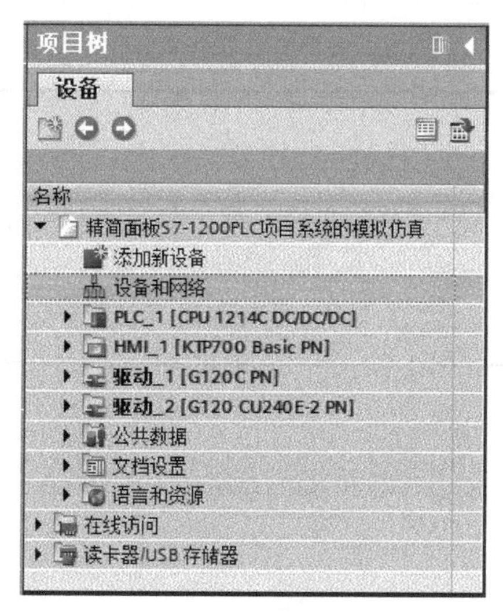

图 6-4-1　精简面板和 1200 PLC 系统的项目树

步骤二　在图 6-4-1 中“PLC_1”上右键快捷菜单中，点击“属性”命令，打开 CPU1214C PLC 的属性组态窗口，如图 6-4-2 所示。在导航栏，点击显示“系统和时钟存储器”页面，勾选“启用时钟存储器字节，选取 0 字节，这样设置可以在 PLC 程序中方便使用 8 个不同周期的时钟信号源。本例使用其中的 1Hz 时钟。点击“确定”按钮，关闭对话框。

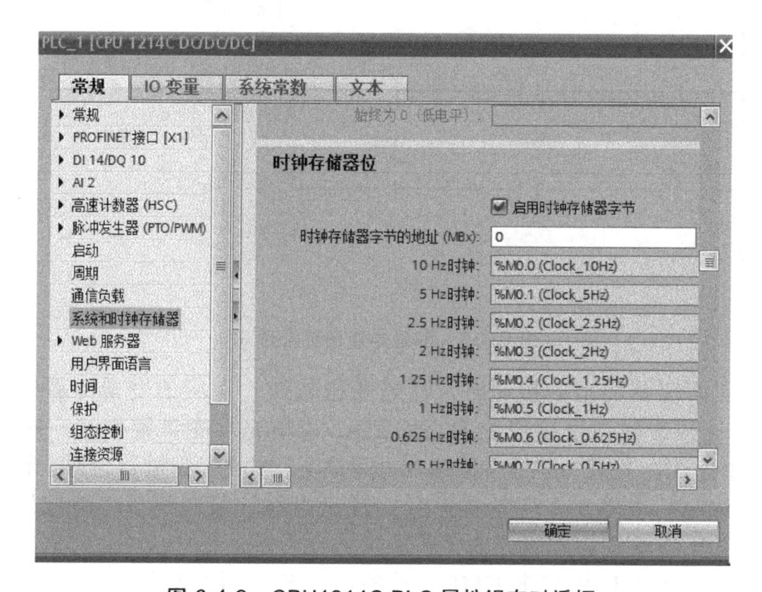

图 6-4-2　CPU1214C PLC 属性组态对话框

步骤三　在图 6-4-1 中,点击 PLC_1 设备项展开该设备文件夹，双击打开“PLC_1”→“程序块”→“Main[OB1]”组织程序块，在其中编写如图 6-4-3 所示程序。

程序段 1、程序段 2 和程序段 3 接收来自 HMI 面板的控制按钮的命令，变量“填充”（%M20.0）“排放”（%M20.1）和“停止”（%M20.2）是 PLC 变量，对应映射同名 HMI

Chapter 1
Chapter 2
Chapter 3
Chapter 4
Chapter 5
Chapter 6
Chapter 7
Chapter 8
Chapter 9
Chapter 10
Chapter 11
Chapter 12
Chapter 13

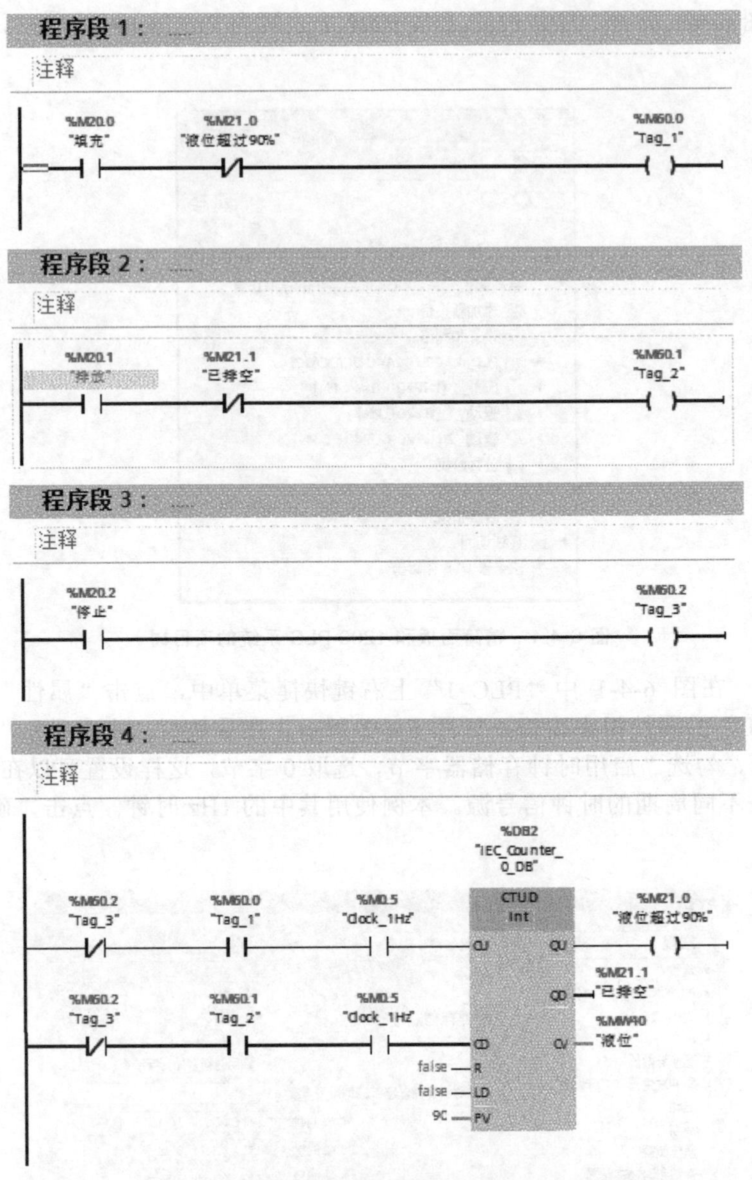

图 6-4-3　液罐操作梯形图程序

变量。点击 HMI 面板画面上的按钮时，通过变量传递，对应的变量即置位为 1。程序段 4 通过一个加减计数器模拟液罐液位的高低变化，“填充”变量置位时，1Hz 的存储器位时钟使计数器加计数，变量“液位”值增加。反之，“排放”变量置位时，计数器减计数，变量“液位”值减少。“停止”变量置位时，停止当前计数，变量“液位”值不变。

保存编译对 PLC 设备的编辑组态工作。

步骤四　在图 6-4-1 中,点击 HMI_1 设备项展开该面板文件夹，双击打开“HMI_1”→“HMI 变量”→“默认变量表[4]”，在其中声明如图 6-4-4 所示一组变量。

步骤五　在图 6-4-4 左侧项目树中,双击打开“HMI_1”→“画面”→“画面_1”画面，在打开的画面组态工作窗格中，按照前述几章介绍的编辑组态方法编辑组态图 6-4-5 所示的画面。其中罐体上表示液面高度的为“棒图”画面对象，其过程变量设定为“液位”变量。

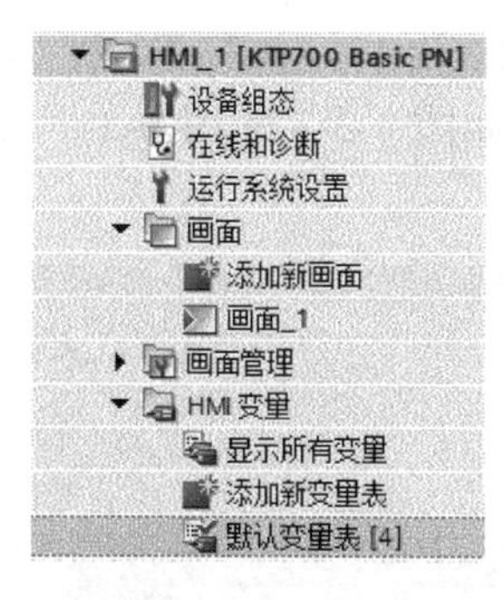

...目系统的模拟仿真 ▸ HMI_1 [KTP700 Basic PN] ▸ HMI 变量 ▸ 默认变量表 [4]

默认变量表

名称	数据类型	连接	PLC 名称	PLC 变量	地址	访问模式	采集周期
停止	Bool	HMI_连接_1	PLC_1	停止		<符号访问>	1 s
填充变量	Bool	HMI_连接_1	PLC_1	填充		<符号访问>	1 s
排放	Bool	HMI_连接_1	PLC_1	排放		<符号访问>	1 s
液位	Int	HMI_连接_1	PLC_1	液位		<符号访问>	1 s
<添加>							

图 6-4-4　在 HMI 变量表中创建变量

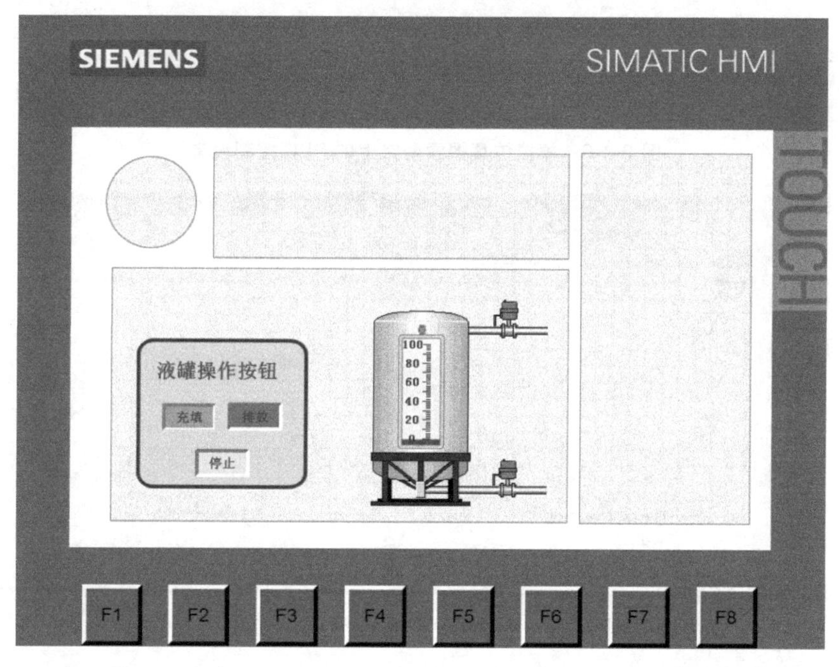

图 6-4-5　在 KTP700 Basic 面板上创建液罐操作与显示的画面

保存编译对 HMI 面板画面的编辑组态工作。

步骤六　在图 6-4-1 中点击选中“PLC_1”设备文件夹，点击执行图标工具栏上的“开始仿真”图标命令，启动仿真操作。

初次对项目进行模拟仿真，工程项目文件所在的电脑会对网络上可以连接通信的设备进行搜索，首次启动仿真操作后，软件系统弹出对话框如图 6-4-6 所示。输入图示输入项，点击“开始搜索”按钮，软件系统搜索网络上的可用设备，并罗列在图 6-4-7 所示的“目标子网中的兼容设备”表格中，点击选择模拟设备后，点击“下载”按钮命令，执行 PLC 项目下载到搜索到的模拟设备中，下载过程如图 6-3-3 和图 6-3-4 所示。这些模拟操作过程完全模拟实物操作的画面及过程。

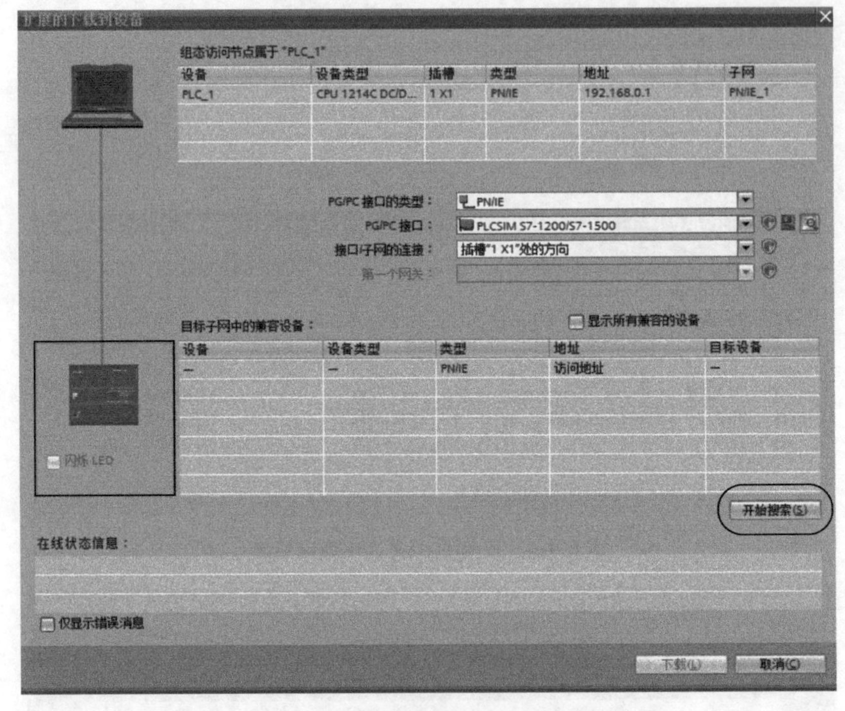

图 6-4-6　模拟仿真搜索网络上的 PLC 控制设备

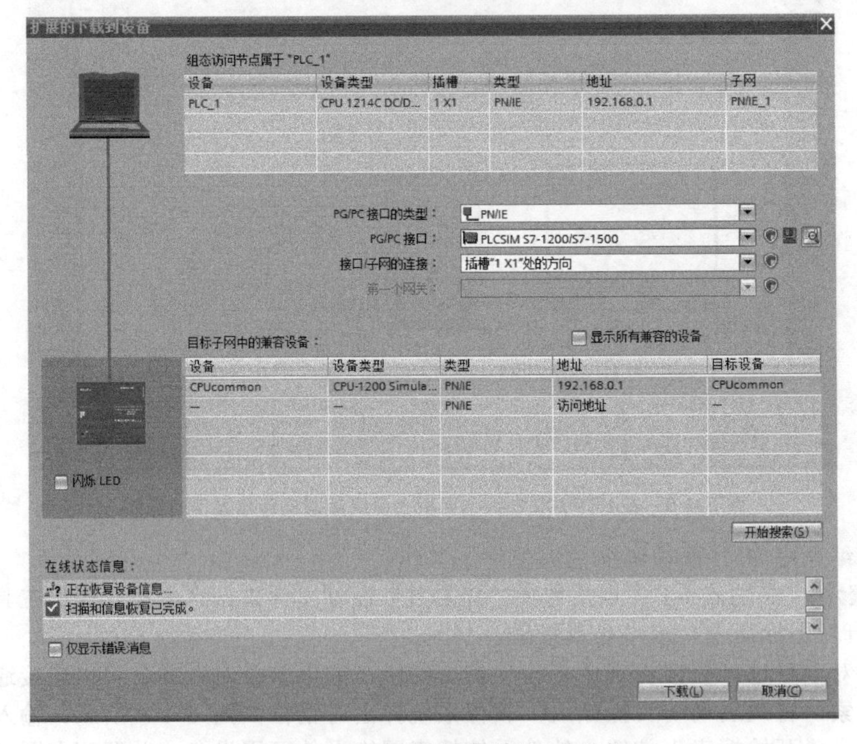

图 6-4-7　在网络搜索到模拟 PLC 设备

再次对项目进行模拟仿真时，不再出现模拟网络搜索设备，下载 PLC 项目文件的画面。

PLC 项目模拟下载结束后，弹出模拟 PLC 精简图框，如图 6-4-8 所示。该图可以扩展显示模拟仿真用的 SIM 表和序列表等。

组态电脑显示图 6-4-8 图框（电脑任务栏显示有“PLCSIM”任务图标），表示模拟 PLC 已经联网上电（图中 RUN/STOP 黄灯亮起，表示 CPU 处于通电 STOP 状态），可以启动连接的 HMI 面板项目的仿真。

步骤七 在图 6-4-1 中鼠标点击选中“HMI_1”设备文件夹，点击执行图标工具栏上的“开始仿真”图标命令，启动 HMI 面板项目仿真操作。

点击图 6-4-8 模拟 PLC 的 RUN 按键，启动模拟 PLC 运行。

① 在 HMI 设备画面上的模拟仿真操作和测试　点击模拟画面上的“充填”按钮，可看到液罐液位高度在缓慢上升，点击“停止”按钮，液位停止在当前高度，点击“排放”按钮，则液位逐渐下降，如图 6-4-9 所示。测试验证画面的组态效果，是否与 PLC 通信不畅或者画面组态错误等。

图 6-4-8　液罐项目模拟 PLC 精简图框

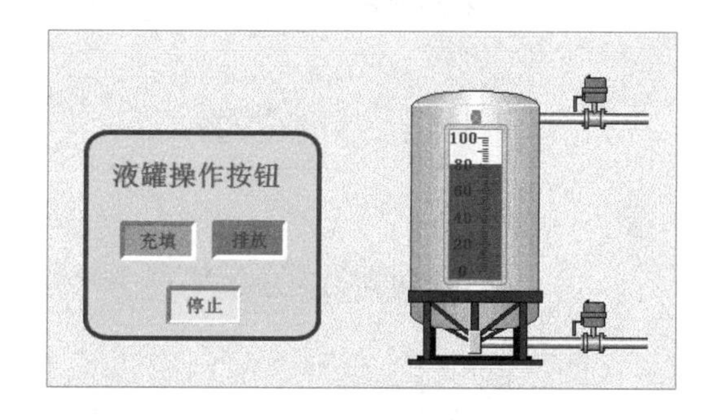

图 6-4-9　液罐充装操作的动态模拟仿真

② 在模拟 PLC 的 SIM 表上的模拟仿真操作和测试　为测试变量设定测试值，观察画面的变化，见图 6-4-10。也可以在模拟运行画面上操作，观察 SIM 表中诸变量的变化

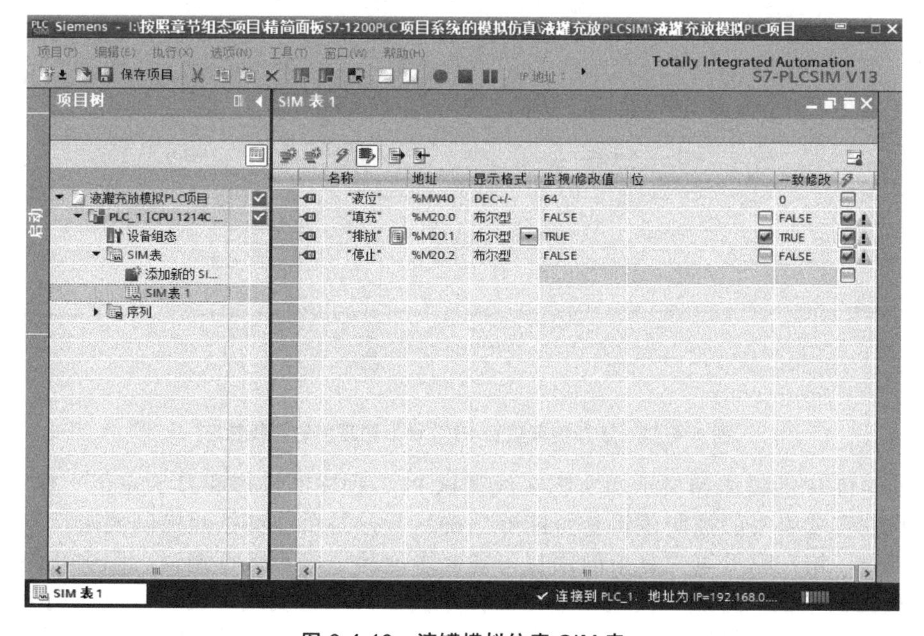

图 6-4-10　液罐模拟仿真 SIM 表

情况。如果本例液罐操作是某个大系统中的一个局部控制，且为自动充装排放，可以用模拟 PLC 的序列表进行模拟仿真，有兴趣的读者可以测试一下。把在实际运行中可能出现的状态或逻辑尽可能模拟仿真一下，及时纠错修正。

③ 在 PLC 设备项目程序块工作窗格中模拟仿真操作和测试　在项目树窗格，浏览至 PLC 设备文件的程序块编辑器，打开 Main[OB1]程序块，显示如图 6-4-3 所示程序画面。依次点击组态软件窗口上图标工具栏上的“在线”工具和 PLC 程序窗格上的图标工具“启用/禁用监视”,PLC 梯形图程序在线显示如图 6-4-11 所示。

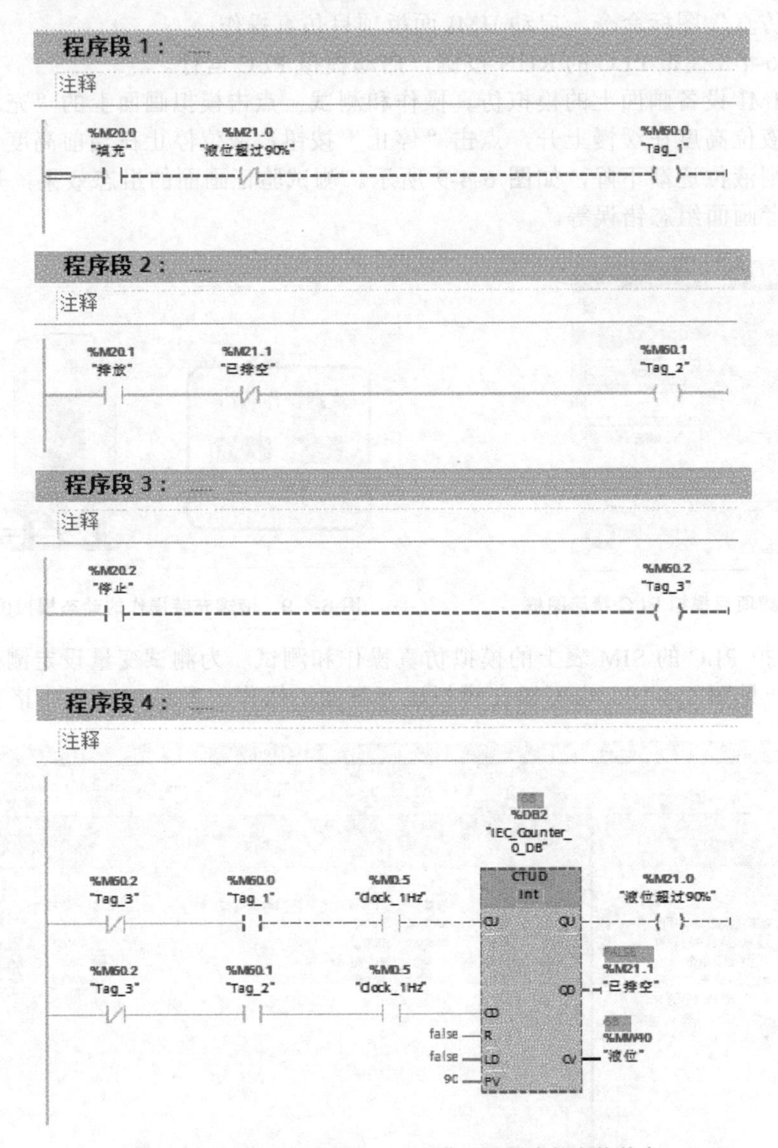

图 6-4-11　液罐仿真项目 PLC 梯形图程序的在线状态

图 6-4-11 中的操作和显示同实物在线调试 PLC 程序的操作和显示完全一样。这个图形便于我们查看编写的控制逻辑是否能够正确运行，是否能够按照控制要求运行，有没有编程错误，错在哪里等。复杂的项目可能要多次验证修正运行调试。图中状态表示，HMI 面板画面中的“排放”按钮被点击，程序段 2 为绿色实线，表示能流畅通流过，置位排放标志变量，目前项目处于排放状态，液位变量减计数，画面显示液位下降。

上述三个方面的在线模拟仿真操作和测试密切相关，是测试和观察一个集成项目的三个视角，在测试项目时都要用到，它们的仿真显示过程同实物的运行过程几乎完全一致。

二、精智面板和 S7-1500 PLC 项目系统的模拟仿真

模拟仿真项目的工艺过程背景：通过 S7-1500 PLC 控制容器内的氧含量，容器内的氧含量在 0～21%(姑且是这个范围，精度 1%)的范围内受控，分手动和自动控制两种方式。手动时，操作者通过 HMI 面板上的按钮（除氧、换气和停气三个操作按钮）控制机器设备，使容器内实际氧含量控制在上述范围内的任意值。自动时，手动控制按钮失去作用，容器内的实际氧含量值自动控制追随 HMI 面板上的氧含量设定值。在容器上有显示实际氧含量的“量表”，这是一个新碰到的画面对象，注意学习它的用法。

下面编辑组态这个项目，并通过模拟仿真测试验证编辑组态的程序、画面效果等。

步骤一 按照第二章第二节讲述的方法，创建一个自动化工程项目，项目名称为“精智屏 S7-1500 PLC 项目系统的模拟仿真”，PLC 设备选用 S7-1500 系列 PLC 的 CPU1515-2PN，HMI 面板选用精智系列面板中的 TP1200 Comfort，该项目构架创建完毕后的项目树如图 6-4-12 所示。图中 PLC_2 与 HMI_2 之间为 Profinet 网线联网，且建有 HMI 集成连接。

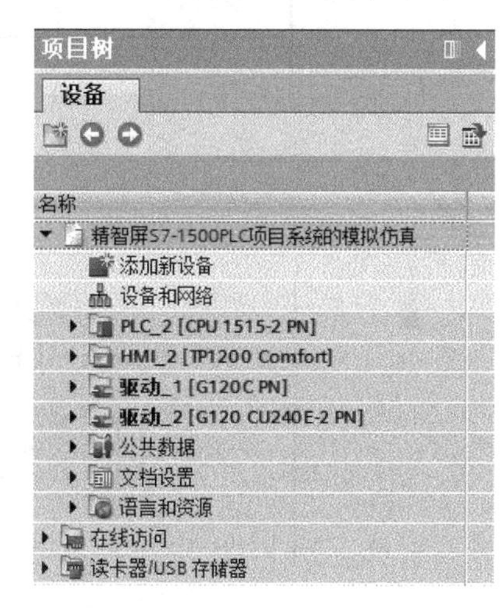

图 6-4-12 精智面板和 1500 PLC 系统的项目树

步骤二 在图 6-4-12 中“PLC_2”上右键快捷菜单中，点击“属性”命令，打开 CPU1515-2PN PLC 的属性组态窗口，如图 6-4-13 所示。在导航栏，点击显示“系统和时钟存储器”页面，勾选“启用时钟存储器字节”，选取 0 字节，这样%M0.0～%M0.7 各位可输出不同周期的时钟信号。本例使用其中的%M0.6 时钟位。点击“确定”按钮，关闭对话框。由于连接了 PLC 控制器进行仿真，这样方便获得 PLC 控制器的多种周期的时钟。这个步骤同上例一样，对于初学者可重复练习一遍。

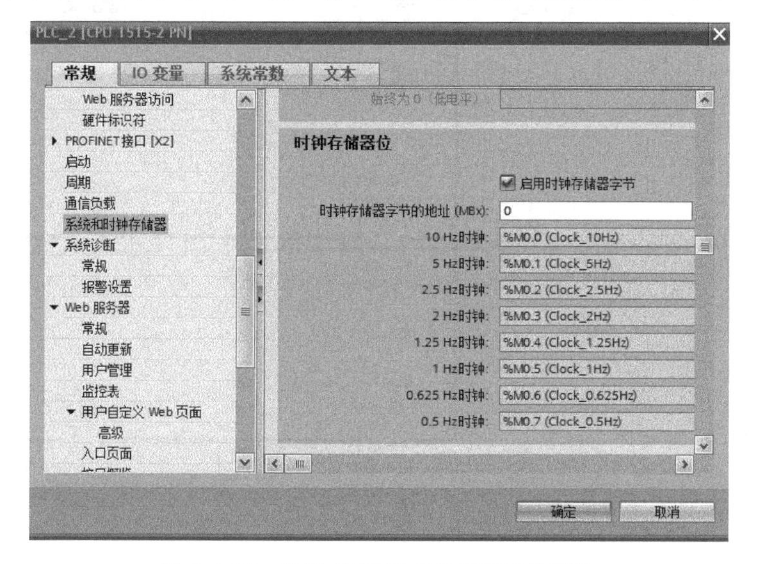

图 6-4-13 启用 1515 PLC 的存储器位时钟

步骤三 在图 6-4-12 中,点击展开 PLC_2 设备项文件夹，双击打开“PLC_2”→“程序块”→“Main[OB1]”组织程序块，在其中编写如图 6-4-14 所示程序。

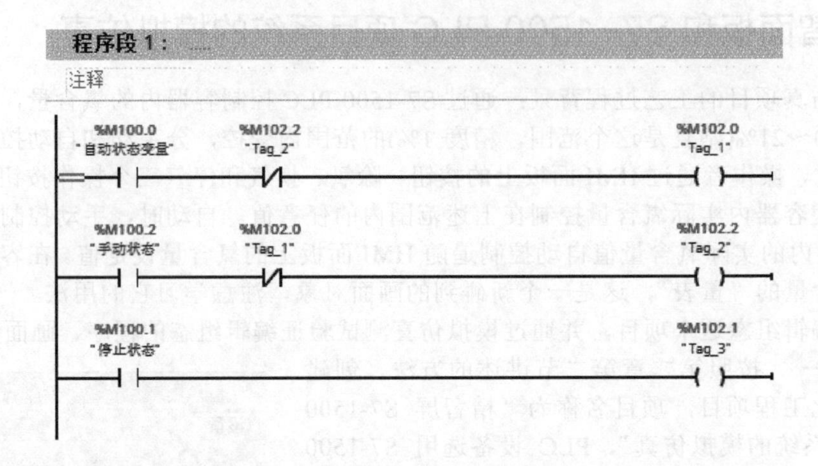

程序段 2： ......

手动状态下的操作程序

%M102.1 "Tag_3"　%M102.2 "Tag_2"　%M100.3 "除氧操作"　%M102.6 "Tag_7"　%M102.3 "Tag_4"

%M102.2 "Tag_2"　%M100.4 "换气操作"　%M102.5 "Tag_6"　%M102.4 "Tag_5"

自动状态下的操作程序

%M102.1 "Tag_3"　%M102.0 "Tag_1"　%MD204 "氧量实际值" > Real %MD200 "氧量设定值"　%M103.0 "自动除氧"

%MD204 "氧量实际值" == Real %MD200 "氧量设定值"　%M103.2 "自动停止"

%MD204 "氧量实际值" < Real %MD200 "氧量设定值"　%M103.1 "自动换气"

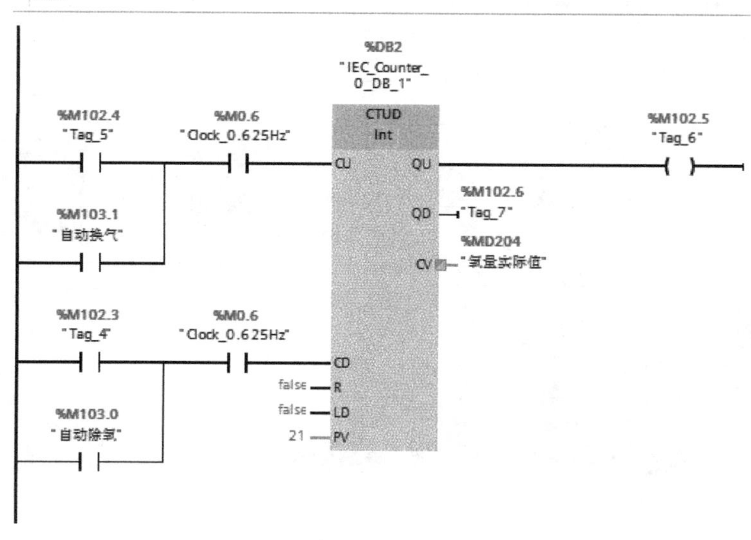

图 6-4-14　氧含量控制梯形图模拟仿真程序

步骤四　将 PLC 设备项目组态暂停一下，下面编辑组态 HMI 设备项目。在图 6-4-12 中，点击展开 HMI_2 设备项文件夹，双击打开“HMI_2”→“HMI 变量”→“默认变量表[9]”，在其中声明如图 6-4-15 所示一组变量，表中采用集成连接中的符号访问。

...7-1500PLC项目系统的模拟仿真 ▸ HMI_2 [TP1200 Comfort] ▸ HMI 变量 ▸ 默认变量表 [9]

HMI 变量　系统变量

默认变量表

名称 ▲	数据类型	连接	PLC 名称	PLC 变量	地址	访问模式	采集周期	已...
停止状态	Bool	HMI_连接_1	PLC_2	停止状态		<符号访问>	1 s	
停气操作	Bool	HMI_连接_1	PLC_2	停气操作		<符号访问>	1 s	
手动状态	Bool	HMI_连接_1	PLC_2	手动状态		<符号访问>	1 s	
换气操作	Bool	HMI_连接_1	PLC_2	换气操作		<符号访问>	1 s	
氧量实际值	Real	HMI_连接_1	PLC_2	氧量实际值		<符号访问>	1 s	
氧量设定值	Real	HMI_连接_1	PLC_2	氧量设定值		<符号访问>	1 s	
自动状态	Bool	HMI_连接_1	PLC_2	自动状态变量		<符号访问>	1 s	
除氧操作	Bool	HMI_连接_1	PLC_2	除氧操作		<符号访问>	1 s	
<添加>								

图 6-4-15　为氧含量控制项目创建 HMI 变量

步骤五　在图 6-4-12 项目树中，双击打开“HMI_2”→“画面”→“画面_1”画面，在打开的画面组态工作窗格中，按照前述几章介绍的编辑组态方法编辑组态图 6-4-16 所示的画面。其中容器上表示检测氧含量的表计为“量表”画面对象，其过程变量设定为“氧量实际值”变量。

“量表”画面对象的用法：

“量表”画面对象以机械针式模拟量表的形式指示测量值。如图 6-4-16 所示，在运行期间只需看一眼量表即可观察到容器内氧含量是否在正常范围内，红色弧线代表危险区，黄色弧线代表警告区，绿色为正常工作区。

在“量表”的属性巡视窗口中，可以自定义对象的位置、形状、样式、颜色和字体类型，特别是可以编辑组态下列属性。

Chapter 1 Chapter 2 Chapter 3 Chapter 4 Chapter 5 Chapter 6 Chapter 7 Chapter 8 Chapter 9 Chapter 10 Chapter 11 Chapter 12 Chapter 13

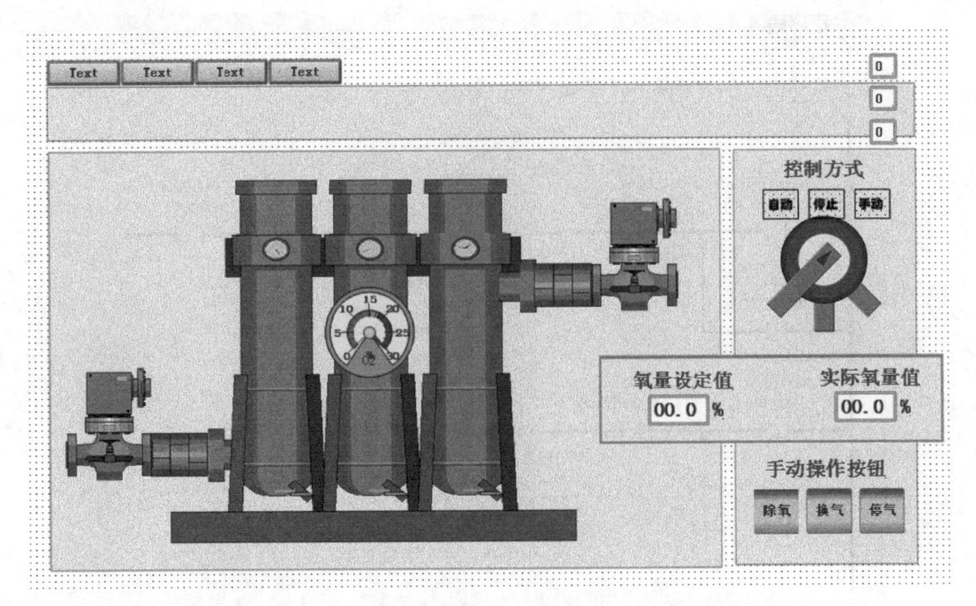

图 6-4-16　在 TP1200 精智面板上编辑组态氧含量控制画面

① 显示峰值指针　指定实际测量范围是否由从属指针指示。

② 最大值和最小值　指定标尺的最大和最小值。

③ 危险范围的起始值和警告范围的起始值　指定危险范围和警告范围开始处的刻度值。

④ 显示正常范围　指定是否在刻度上用颜色显示正常范围。

为各种范围设定使用不同的颜色来显示，以便于操作员对其进行区分。

可通过选用“峰值”属性来激活在运行系统中标记最大和最小指针运动的功能。实际测量范围由从属指针指示。

图 6-4-16 中“量表”的标签标题为“O_2”,表示测量氧量；标签单位为“%”；量表分度数为 5。

保存编译对 HMI 面板画面的编辑组态工作。

步骤六　在 PLC 设备和 HMI 面板编辑组态完成后，开始模拟仿真操作，首先启动激活模拟 PLC。在图 6-4-12 中点击选中“PLC_2”设备文件标签，点击执行图标工具栏上的“开始仿真”图标命令，启动 PLC 设备仿真操作。

编辑组态软件系统模拟仿真搜索网络上的可用设备，弹出图 6-4-17 所示对话框，指定网络、接口类型等参数，点击“开始搜索”按钮。软件模拟搜索过程，所搜结果如图 6-4-18 所示。点击图中“下载”按钮，组态软件系统在后台创建一个模拟 PLC 设备（以一个精简图框表示），开始将 PLC 设备编辑组态的项目文件下载到模拟 PLC 中（过程图略）。

PLC 项目模拟下载结束后，弹出模拟 PLC 精简图框，与图 6-4-8 所示类同，是可以扩展显示 SIM 表和序列表的简图。

至此，一个载有氧量控制程序的模拟 PLC 被启动激活。

步骤七　在图 6-4-12 中鼠标点击选中“HMI_2”设备文件夹标签，点击执行图标工具栏上的“开始仿真”图标命令，启动 TP1200 面板项目仿真操作。

从模拟 PLC 精简图框或者组态软件图标工具栏都可以点击模拟 PLC 的 RUN 按键，启动模拟 PLC 运行。

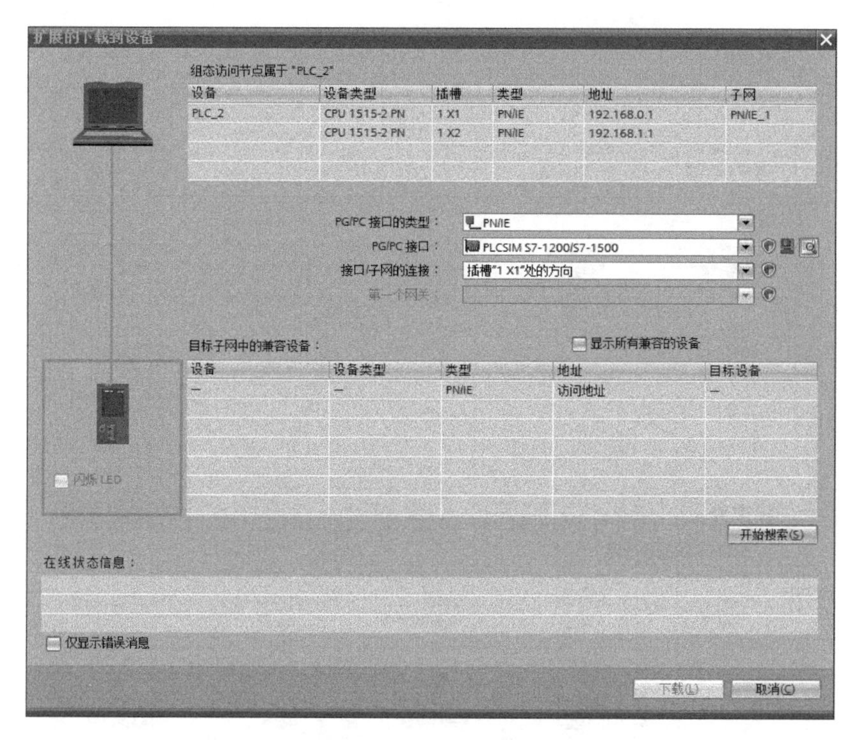

图 6-4-17　搜索 Profinet 网络上的可用设备

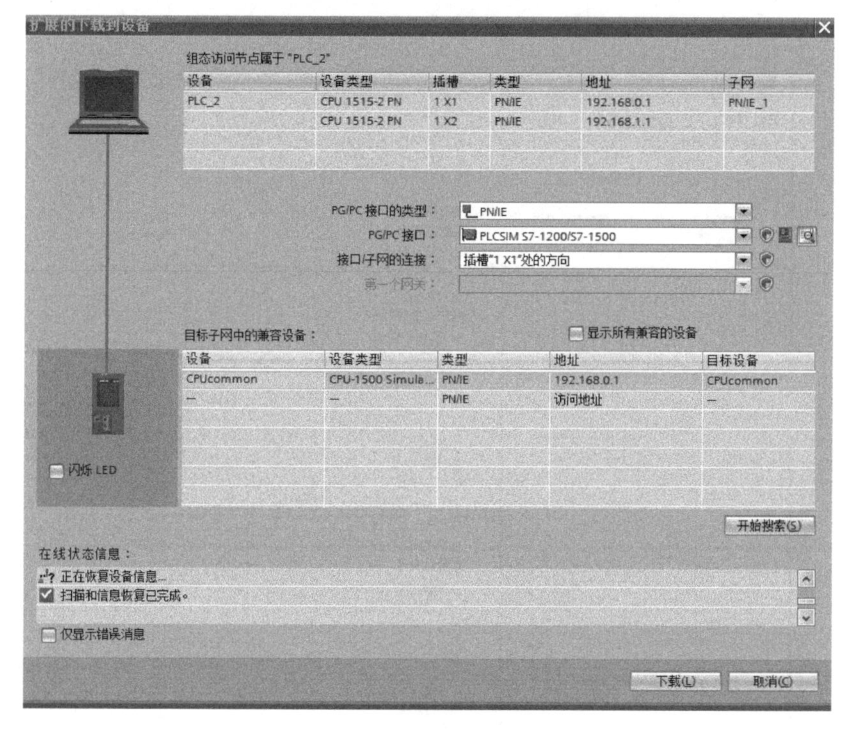

图 6-4-18　网络设备搜索结果对话框

然后，根据实际调试需求，从上一实例介绍的仿真调试的三个方面着手模拟仿真测试，例如图 6-4-19 显示的是模拟仿真在线运行中的氧含量控制梯形图程序，图 6-4-20 是模拟仿真同 PLC 通信的 TP1200 面板氧含量控制画面动态仿真图。

程序段 1： ......

注释

%M100.0 "自动状态变量"　%M102.2 "Tag_2"　%M102.0 "Tag_1"

%M100.2 "手动状态"　%M102.0 "Tag_1"　%M102.2 "Tag_2"

%M100.1 "停止状态"　%M102.1 "Tag_3"

程序段 2： ......

手动状态下的操作程序

%M102.1 "Tag_3"　%M102.2 "Tag_2"　%M100.3 "除氯操作"　%M102.6 "Tag_7"　%M102.3 "Tag_4"

%M102.2 "Tag_2"　%M100.4 "换气操作"　%M102.5 "Tag_6"　%M102.4 "Tag_5"

程序段 3： ......

自动状态下的操作程序

%M102.1 "Tag_3"　%M102.0 "Tag_1"　0.0 %MD204 "氯量实际值" > Real %MD200 "氯量设定值" 0.0　%M103.0 "自动除氯"

0.0 %MD204 "氯量实际值" == Real %MD200 "氯量设定值" 0.0　%M103.2 "自动停止"

0.0 %MD204 "氯量实际值" < Real %MD200 "氯量设定值" 0.0　%M103.1 "自动换气"

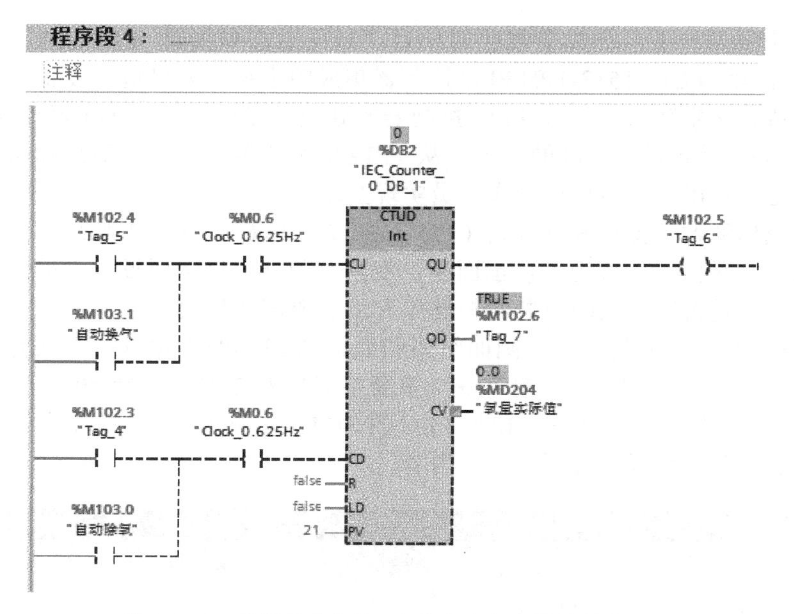

图 6-4-19　模拟仿真在线运行状态中氧含量控制梯形图

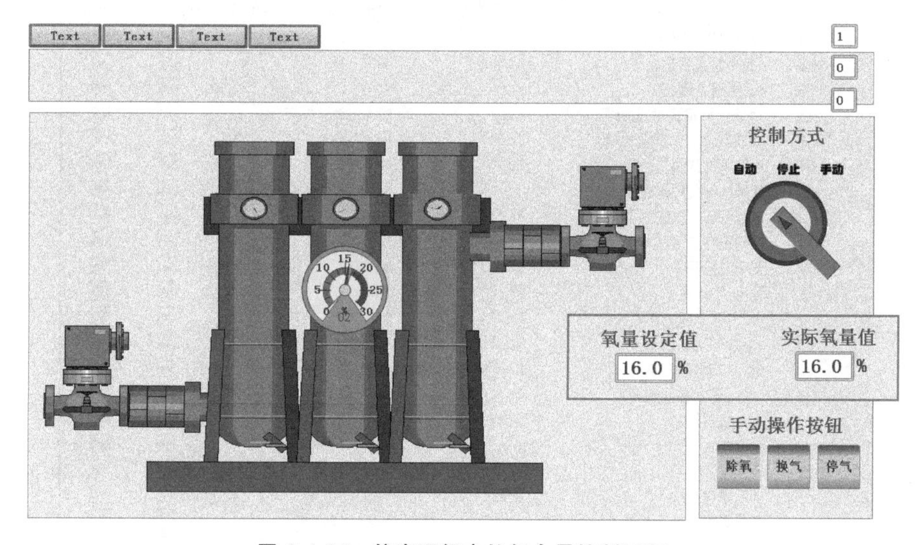

图 6-4-20　仿真运行中的氧含量控制画面

测试 PLC 梯形图程序是否按照预想的控制逻辑运行，可以分程序段测试，也可以按照外部信号输入是否正确，手动按钮操作控制是否正确，自动控制是否正确运行，氧含量测量是否正确，即按照控制功能逐一验证测试程序。当然，本例梯形图程序并不复杂，这里要说的是运用模拟仿真梯形图程序运行过程，测试程序，验证纠错，查缺补漏。

在面板画面模拟仿真图中，操作画面，验证画面对象与 PLC 程序交互的过程是否正确，通过仿真实际操作，常会发现许多意想不到的问题，以便在设计、编辑组态、调试阶段解决。还可能需要设计一些测试方案，模拟仿真可能会遇到的问题。

三、WinCC 报警的模拟仿真

我们在第五章学习了 HMI 设备的报警机制，并给出了一个实例，现在模拟仿真这个实例，加深对 HMI 设备报警机制的理解和认识。

我们先来复习一下，在先前创建的项目“画面组态和编辑_V13_SP1”中，组态有TP1200精智面板和CPU1513-1PN PLC控制器集成的系统，来自机器设备的各种数字量报警信号组成报警字变量，经过PLC控制器的处理，然后经Profinet网络传送到HMI面板，经过HMI设备报警机制的处理，从TP1200触摸屏的“报警信息画面”的“报警视图”控件上显示出来，与现场操作人员实现互动。

现在，我们通过模拟仿真软件让CPU1513-1PN PLC仿真工作起来，让其生成各种各样的已组态报警信号，传送至显示面板，观察TP1200显示面板上“报警视图”是否能够产生报警，是否能够正确报警并与操作人员实现正确互动。

步骤一 打开之前创建的“画面组态和编辑_V13_SP1”项目，在项目树窗格中，双击打开“PLC_1”→“PLC变量”→“报警字变量表[24]”，查看PLC预设变量如图6-4-21所示。报警仿真实验就是在模拟PLC的SIM表（见图6-4-22）中预设或改变这些变量的值，触发和观察报警视图的显示内容。

...|编辑_V13_SP1 ▸ PLC_1 [CPU 1513-1 PN] ▸ PLC变量 ▸ 报警字变量表 [24]

变量　用户常量

报警字变量表

	名称	数据类型	地址	保持	在 H...	可从 ...
1	动力空开没有闭合	Bool	%M11.0	☐	☑	☑
2	A晶闸管温度超温	Bool	%M11.1	☐	☑	☑
3	B晶闸管温度超温	Bool	%M11.2	☐	☑	☑
4	1#循环风机变频器故障	Bool	%M11.3	☐	☑	☑
5	2#循环风机变频器故障	Bool	%M11.4	☐	☑	☑
6	引风风机变频器故障	Bool	%M11.5	☐	☑	☑
7	鼓风风机变频器故障	Bool	%M11.6	☐	☑	☑
8	左侧压缩空气压力不够	Bool	%M11.7	☐	☑	☑
9	右侧压缩空气压力不够	Bool	%M10.0	☐	☑	☑
10	安全门打开	Bool	%M10.1	☐	☑	☑
11	备用	Bool	%M10.2	☐	☑	☑
12	A点冷却水压力不足	Bool	%M10.3	☐	☑	☑
13	A点冷却水温度超温	Bool	%M10.4	☐	☑	☑
14	B点冷却水压力不足	Bool	%M10.5	☐	☑	☑
15	B点冷却水温度超温	Bool	%M10.6	☐	☑	☑
16	主电机过热	Bool	%M10.7	☐	☑	☑
17	报警字1	Word	%MW10	☐	☑	☑
18	氧浓度	Real	%MD100	☐	☑	☑
19	上区温度	Real	%MD104	☐	☑	☑
20	下区温度	Real	%MD112	☐	☑	☑
21	材料温度	Real	%MD116	☐	☑	☑
22	炉温报警值	Real	%MD122	☐	☑	☑
23	料温报警值	Real	%MD126	☐	☑	☑
24	氧含量报警值	Real	%MD130	☐	☑	☑
25	<添加>			☐	☑	☑

图6-4-21　报警实例的PLC变量表

步骤二 在项目树窗格中，点击选中“PLC_1”设备文件标签，点击执行图标工具栏上的“开始仿真”图标命令，启动PLC设备仿真操作。

初次模拟仿真报警功能，编辑组态软件系统会模拟仿真搜索网络上的可用设备，弹出类似图6-4-17的对话框，指定网络、接口类型等参数，点击“开始搜索”按钮。软件模拟搜索过程，所搜结果类似图6-4-18所示。点击图中“下载”按钮，组态软件系统在后台创建一个模拟CPU1513-1PN的PLC设备（以一个精简图框表示），开始将PLC设备编辑组态的项目文件下载到模拟PLC中（过程图略）。

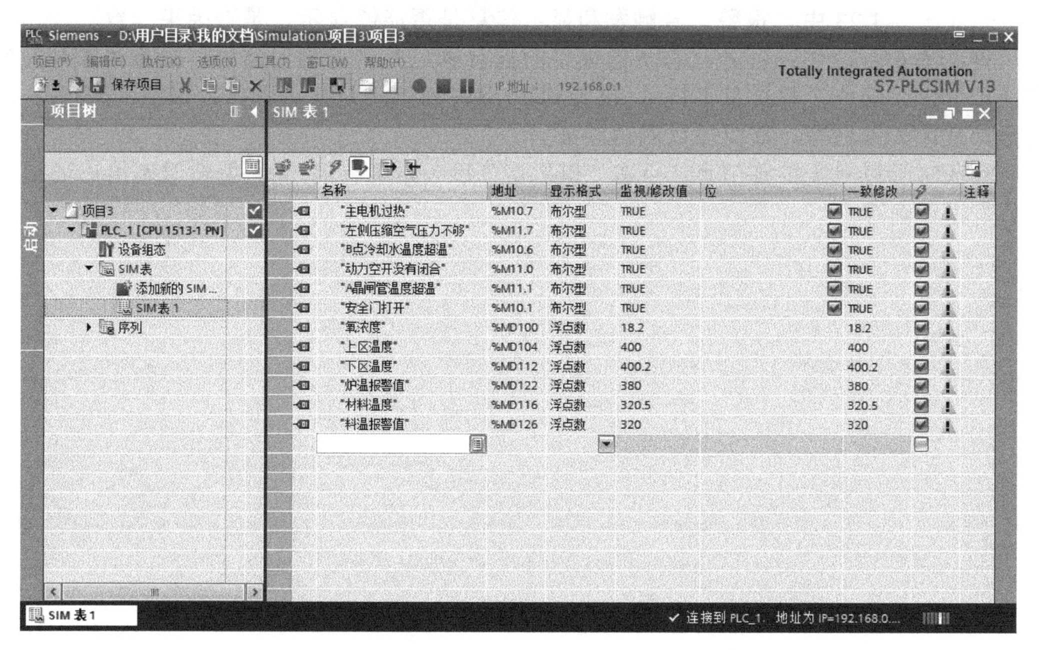

图 6-4-22 报警仿真的 SIM 表

步骤三 在项目树窗格中，双击打开“HMI_2”→“画面”→“报警信息画面”，点击执行图标工具栏上的“开始仿真”图标命令，启动 HMI 设备画面仿真，且从当前显示画面开始仿真。

在打开的当前仿真运行画面中显示一个空白的报警视图。

在模拟 PLC 的 SIM 表上，改变报警变量的值，发出报警信号，无论是数字量报警，还是模拟量报警，在运行中的 TP1200 面板的报警视图上都给出正确的报警信息，如图 6-4-23 所示。

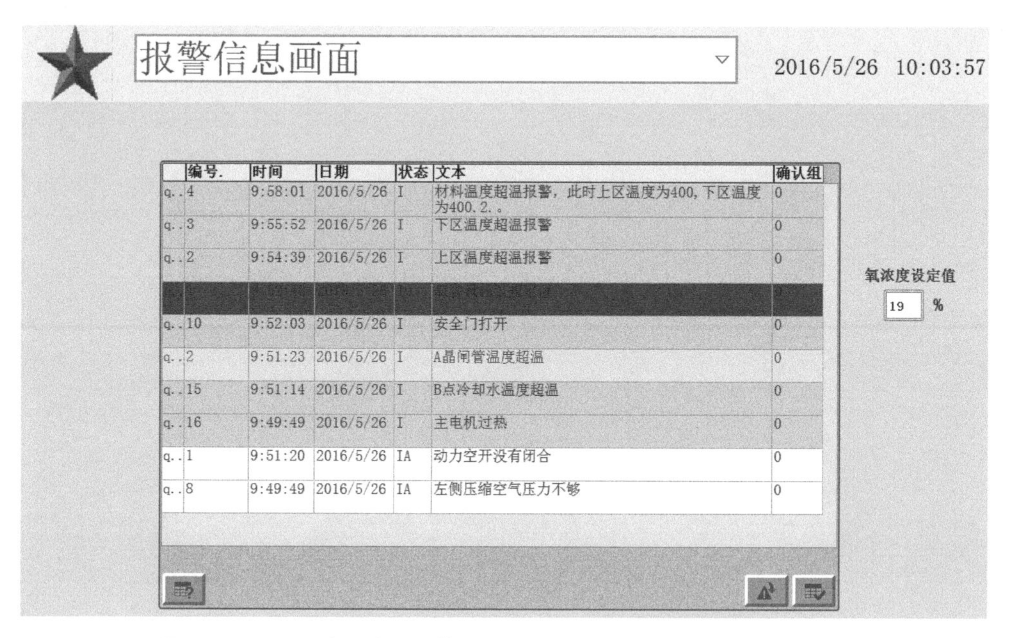

图 6-4-23 SIM 表设定的报警信号到来时的 HMI 面板报警视图的显示

验证图 6-4-23 中，报警信号触发和显示信息是否能够显示，是否因果一致。

验证图 6-4-23 中，各种状态下的报警的显示颜色是否正确，例如，报警到来时的信息行显示什么颜色（背景及字符），报警到来/离去的信息是什么颜色，报警到来/确认后的信息是什么颜色等，都要加以测试验证。

验证对于每一条报警信息，点击“提示键”后（如果有提示），编辑组态给出的提示信息是否正确等。

Chapter 07

第七章 HMI设备的配方和工艺参数设置画面

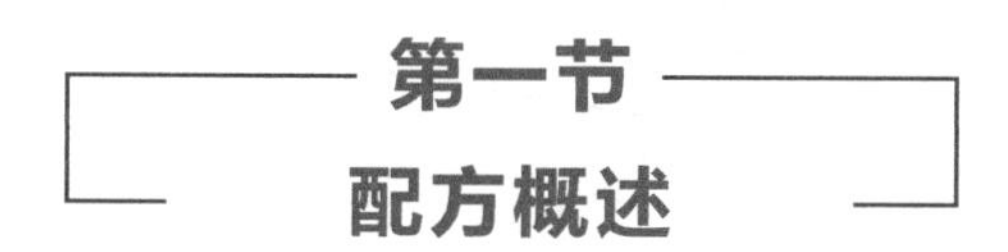

一、配方概念

在工业制造生产领域，WinCC 中的配方（Recipe）概念是指一组根据产品要求，为生产设备系统配置的相关数据,是一组制造方法的量化数据,也称为工艺参数。

二、配方案例

一个耳熟能详的例子就是果汁或饮料的生产，其组成原料的不同配比生产出不同风格的饮品。如表 7-1-1 所示，这种原料名称及配比数据清单就是配方，也就是生产工艺数据（企业中一般简称工艺）。生产操作人员通过触摸屏（例如 TP900 精智系列屏）或者其它 HMI 人机交互控制设备（需具有配方功能）将配方数据输入到生产机器的控制系统中，HMI 与 PLC 通信双向传送配方数据，PLC 接收配方数据处理后控制机器设备按照配方的数据值自动进行原料的配比投放生产。

表 7-1-1　饮品的生产配方

数据记录名	水/L	浓缩物/L	糖/kg	香料/g
饮料	30	70	45	600
汽水	50	50	10	300
果汁	5	95	3	100

这是一个配方结构固定，相对简单的例子。表格中的列标题为配方元素，各数据值为配方元素值，每一行数值称为配方数据记录。表中每行数据记录代表一类产品，改变配方构成的元素或元素值（例如饮品的生产原料类别和配置比例值），产品的品质、形状等属性也就发生改变。

实际工业生产过程及其工艺数据结构是千变万化，种类繁多的，有些也很复杂。所谓配方结构，也就是产品生产工艺数据结构是指在整个产品生产流程中，决定产品品质等属性的关键生产数据所构成的动态模型。例如有些产品的生产工艺数据在生产过程的不同阶段，除了数据值变化外，参与生产的数据数量有时是M个，有时是N个，工艺数据的结构是动态变化的。因此，HMI画面组态技术人员在运用WinCC配方功能前，要对产品的生产过程熟悉，要了解生产工艺配方的结构，在设计构建生产控制系统的基础上，规划哪些工艺参数列入WinCC配方机制中，哪些不列入，结合WinCC提供的配方基础功能，完成对各种生产设备工艺数据的输入输出和执行操作画面的编辑组态。

再例如一个温度控制的工艺曲线，如图7-1-1所示，转为表格参数如表7-1-2所示。

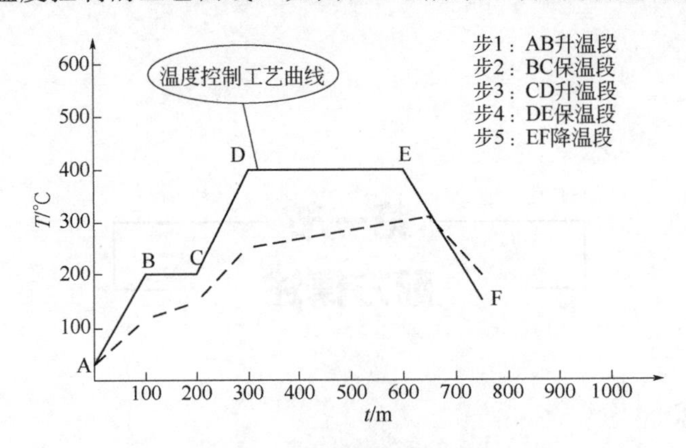

图7-1-1 温度控制工艺曲线

表7-1-2 工艺数据曲线转化成表格参数

程序步	设定温度	设定时间	报警温度	循环风机速度	引风机速度	鼓风机速度	物料报警温度
1	200	99	205	600	500	800	120
2	200	100	205	600	600	1000	180
3	400	102	405	800	400	600	220
4	400	300	405	800	0	0	300
5	150	150	405	800	0	0	300

表7-1-2中的数据是一种产品温度控制生产过程中的工艺数据的一部分，这些是组态WinCC中配方功能的主要内容，这个例子比饮品配方结构稍微复杂一点，因此，HMI配方画面组态要根据配方结构的不同相应做出变化，或者增加PLC工艺参数处理程序的编制，共同完成这个工艺配方的HMI设备的输入和PLC控制器的执行。

温度控制工艺不同，产品品质指标数据就不同。不同的产品或客户不同的质量要求，就要执行不同的工艺。一种要求对应一种工艺配方，这样就会有许许多多的工艺配方。

第二节 配方在项目中的使用

现代的市场处于多品种、小批量、个性化的时代。产品的自动化制造工艺参数一般是通过 HMI 设备进行输入、修改调整的，WinCC 的配方功能就是基于这种市场需求而定制的功能，通过 HMI 输入、更改、存储、处理和执行工艺配方，尽可能满足操作人员的操作习惯，尽可能适应多种生产工艺流程，尽可能快捷地实现工艺数据的更改，尽可能存储和处理越来越多、越来越复杂的工艺数据。

在生产现场，操作人员使用 HMI 操作工艺配方的方式是多种多样的，例如一套生产机器能生产 10 种有相同固定工艺参数（配方）结构的产品，把这 10 种产品的工艺参数组态到 WinCC 配方功能中，实际应用时，根据产品，在触摸屏上显示和选择工艺配方，将配方数据传送到 PLC 执行，如饮料系列或果汁系列产品的生产。再如金属的热处理过程，根据金属品牌和客户要求，从触摸屏中调出生产工艺，开始生产后，机器会自动按照工艺要求的步序和量值自动执行生产。支持工艺配方数值优化功能，随时可以更改和优化在线工艺数据，可以作为优化后定型工艺保存供以后调用，也可不保存。

成千上万的工业产品形成了千变万化的工艺配方数据及结构，WinCC 的配方基础功能不可能包罗万象，直接适用所有产品生产工艺配方的输入、处理和执行。WinCC 的配方功能提供了工艺配方输入、处理和执行的应用基础，对于一些结构相对简单的配方工艺，可以直接组态应用下载到 HMI 设备配合 PLC 投入生产运行，但对于复杂或大型的生产工艺配方的 HMI 设计组态，工作不会太简单，要综合以下几个方面的因素：

① 生产设备控制系统的统筹设计；

② 整体工艺参数输入、处理和执行的规划，满足生产工艺参数的控制通道的设计；

③ WinCC 提供的配方功能和配方视图等如何使用或不使用；

④ 工艺配方输入输出画面的组态设计；

⑤ HMI 设备系统函数运用和是否要编制脚本程序；

⑥ PLC 有关工艺配方输入、处理和执行程序的编制。

工艺配方通过 HMI 设备的画面进行人机交流，显示和更改配方记录数据的方式主要有两种：一是 WinCC 提供的“配方视图”控件；二是用户自定义的配方画面。这两种方法可以完成相同的任务。

“配方视图”是 WinCC 画面对象工具箱中已备好的一个控件，用于管理配方数据记录。拖拽到画面中，组态其属性后即可使用，它以表格的形式显示配方数据记录，其外观和操作方式可以根据生产和设备的要求进行组态。配方的数据结构、配方名变量（指示哪一个配方）和配方数据值通过 WinCC 组态软件的“配方”编辑器进行组态编辑，画面中的“配方视图”组态链接到所要显示的配方变量，在 HMI 设备的 WinCC 运行系统中，就可以显示和执行指定的产品工艺配方。

“配方视图”适用于显示和执行简单的工艺配方，组态方便快捷，简单易用，如组态类似果汁生产的配方。

对于工艺数据结构复杂些的配方，可以自定义配方画面，组态其功能实现生产设备工艺参数的输入、处理和执行。可以吸收和使用 WinCC 提供的配方功能及其“配方视图”，也可以不囿于其思路或不使用“配方视图”，用户自创建画面，规划布置链接配方名变量、配方元素变量和配方元素数据值变量等的 I/O 输入输出域，布置执行配方的画面对象，如按钮等，为其事件组态系统函数，如“SaveDataRecord”（将配方数据的当前值作为数据记录保存到 HMI 设备的存储介质中）等；也可以在 PLC 的自动化控制程序中编制相应的程序块（或段）完成工艺参数的输入、处理和执行。

自定义配方画面应用范围更广，组态更灵活，适应性更好，但需要仔细规划，不方便合成测试等工作。

第三节 WinCC Advanced 配方中的数据流动和操作

为正确、灵活运用 WinCC 的配方功能，熟悉了解配方数据在 HMI 设备（如 TP900 触摸屏)、PLC（如 S7-1500)、外部存储介质（如 U 盘或 SD 卡）之间的流动以及在这些器件内部各组件之间的流动情况很有必要。

TP900 精智触摸屏内部闪存区开辟有“配方存储器”单元，存放组态好下载的配方。

在实际控制系统项目的工艺配方 HMI 输入\输出组态中，用户可能直接采用 WinCC 提供的“配方视图”控件，也可能自定义“配方画面”操作 WinCC 配方功能，因此图 7-3-1 中的配方数据流是在两种显示方式下分别叙述。

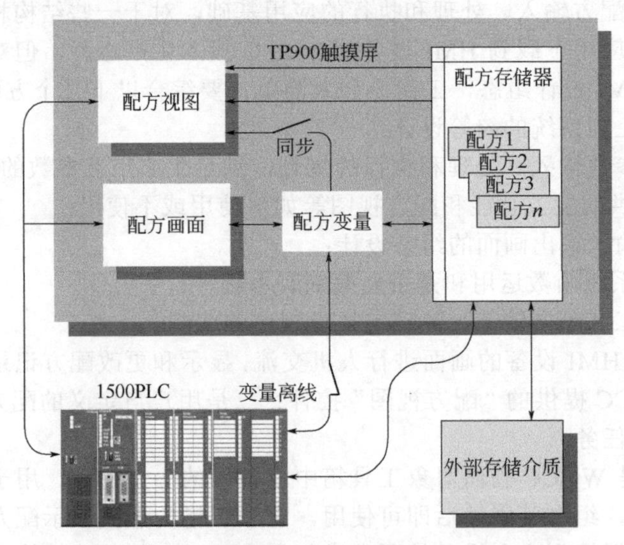

图 7-3-1 配方数据流

当使用“配方视图”时，与之相关的数据流动通道都已由 WinCC 运行系统内定好的，可以通过“配方视图”的操作程序或者按键操作数据的流动和处理。当需要显示配方时，配方数据记录从配方存储单元传送到“配方视图”显示，反之在“配方视图”显示的数据（可修改）可保存到配方存储区，即可以操作配方数据在 HMI 设备的“配方视图”与配方存储区之间双向流动。

在自定义配方画面中，如不使用“配方视图”控件，操作上述数据流动可通过系统函数完成，如“装载数据记录”（LoadDataRecord）函数,其作用是从配方存储器将配方数据记录加载到配方变量中，可以在配方画面中设置 I/O 域，链接配方变量，显示配方变量值；“保存数据记录”（SaveDataRecord），将配方变量的值保存到配方存储器中，配方画面中的显示值回传到配方存储器中保存。上述系统函数一般在“自定义配方画面”中，作为按钮等画面对象的事件（见表7-3-1）的函数列表使用。

表 7-3-1 对象的事件

对象	事件
变量	值改变、超出上限、低于下限
功能键（全局）	释放、按下
功能键（局部）	释放、按下
画面	已加载、已清除
画面对象	按下、释放、单击、切换、打开、关闭、启用、禁用
调度程序	到期

有些生产过程，需要在生产机器上调整生产工艺参数，这种实时工艺参数会映射（通过测量通道等）到PLC的相关变量中。有时需要将现场工艺数据保存到HMI设备配方变量中或者配方存储器中，这就是HMI设备和PLC之间配方数据的传送。

在“配方视图”控件上，有按键控制HMI设备的配方变量和配方存储器与PLC之间的配方数据传送。

在自定义配方画面中，自定义按键操作使用下面四个系统函数。

①“从PLC获取数据记录”（GetDataRecordFromPLC）将所选配方数据记录从PLC传送到HMI的存储介质中。

②反向数据传送就是“将数据记录设置为PLC”（SetDataRecordToPLC）将指定的配方数据记录从HMI设备的配方存储器中直接传送到与之相连的PLC。

③“从PLC获取数据记录变量”(GetDataRecordTagsFromPLC)将PLC中的配方数据记录值传送到HMI配方变量。

④“将数据记录变量设置为PLC”（SetDataRecordTagsToPLC）将HMI设备的配方变量值传送到PLC。

当需要在HMI设备与外部存储介质导入/导出配方数据记录时，“配方视图”和自定义配方画面都可以实现该功能。导入/导出的配方数据记录是以CSV或TXT文件格式传递的，外部介质指SD存储卡、USB存储盘或者硬盘等。

下面叙述导入/导出配方数据记录系统函数的用法。

“导出数据记录”（ExportDataRecord），即从HMI设备配方存储器中将配方数据导出到外部存储介质中。该函数在运用时需配置组态若干参数，主要参数有：配方编号/名称、数据记录编号/名称、文件名称、覆盖、输出状态消息、处理状态等。

配方编号/名称，指出要导出其数据记录的配方编号或者名称，如果要导出所有配方中的配方数据记录，则该参数设定为0。

数据记录编号/名称，指出导出的配方数据记录的编号或名称。如果要导出所有的配方数据记录，则设备该参数为0。

文件名称，配方数据记录导出到CSV或TXT文件的名称和存放地址，用扩展名示意文件格式，例如“D：\AAA\aaa.csv”。

覆盖，确认是否覆盖具有相同名称的已经存在的文件：0（在脚本程序编制时，用hmioverwriteforbidden）表示不覆盖，将不执行导出操作；1（hmioverwritealways）表示覆盖原文件，不用确认；2（hmioverwritewithprompting）表示经确认后，导出并覆盖原文件。

输出状态消息，确认在导出后是否输出状态消息。0 不输出状态消息，1 输出状态消息。

处理状态，返回系统函数的处理状态：2 表示系统函数正在执行；4 表示系统函数已经成功完成；12 表示出现错误，系统函数没有执行。

图 7-3-2 的组态设置结果是，一旦单击按钮，系统函数“导出数据记录”就被触发执行，配方编号变量为 1 的所有数据记录导出到存储卡的 record.csv 文件里。如果该名称的文件已经存在，将覆盖该文件，在导出数据记录之后，输出一条系统消息。

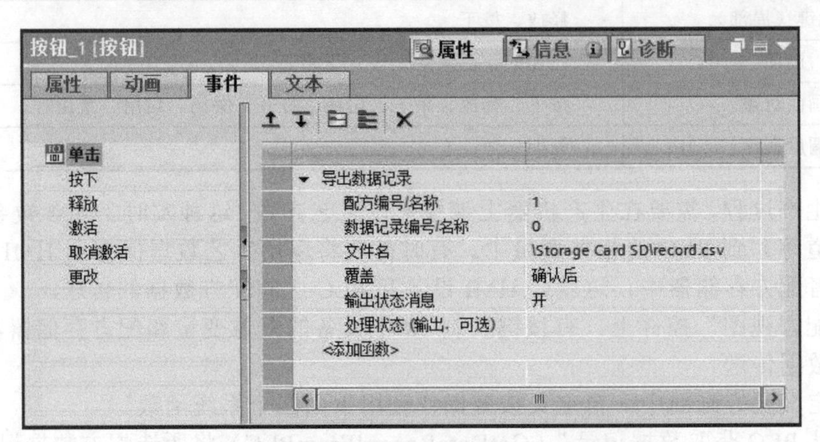

图 7-3-2　按钮单击事件的函数列表：导出数据记录

系统函数的参数可选择常数（如上例），也可以选择变量，通过 PLC 程序或者 HMI 设备的 I/O 域改变参变量的值，即可选择性地导出配方、配方数据记录及存储位置。

“导入数据记录”（ImportDataRecords）,即从 CSV 或 TXT 文件中导入一条或全部数据记录到 HMI 设备配方存储器中。其函数参数及操作方法类似“导出数据记录”函数，不再赘述。

总之，可以通过“配方视图”的按键控制当前显示的配方数据记录值直接下载到 PLC 中（也可反向传递），条件是在 WinCC 组态配方时,将图 7-3-1 中所示的两个同步开关闭合，配方、配方数据记录和显示值等都是通过配方变量与 PLC 上的配方变量同步的；也可通过操作“配方视图”上的控制按键直接将 HMI 设备配方存储器内的配方数据与 PLC 进行双向传递，或从外部存储单元上导入\导出配方存储器中的数据记录。

当使用“配方画面”操作 WinCC 配方功能时，由于是自定义画面，需要在画面上设置一些按钮、开关等对象，并为按钮的事件配置系统函数列表，执行配方功能或操作数据的流动。图 7-3-1 所示的各种数据流动和操作，WinCC 系统都有可执行的系统函数，如“导出数据记录”（ExportDataRecord）,实现配方数据从 HMI 的配方存储器到外部存储介质的传送。有关配方的系统函数见表 7-3-2。

同一系统函数有中文和英文两个名称，中文名函数用在函数列表中，英文名函数用在脚本程序中，执行功能相同。

也就是说，图 7-3-1 中的每一条数据流的操作都有对应的可执行系统函数，主要用在自定义配方画面中，“配方视图”控件已经内置了这些功能。

对于组态配方结构复杂的 HMI 配方功能，要用到表 7-3-2 所列的系统函数，对于设备的自动控制系统，大型的复杂工艺参数自动参与生产运行，还可能会编制 VB 脚本程序，英文名的系统函数及其参数就是在 VB 程序中使用，形成 VB 函数。

表 7-3-2　有关配方功能的系统函数

序号	系统函数名称	功能	参数
1	保存数据记录（SaveDataRecord）	将配方变量的当前值作为数据记录保存到HMI设备的存储介质中	配方编号/名称； 数据记录编号/名称； 覆盖（0、1、2）； 输出状态消息（0、1）； 处理状态
2	清除数据记录（ClearDataRecord）	从一个或多个配方中删除若干个数据记录	配方编号/名称； 数据记录编号/名称； 覆盖（0、1、2）； 输出状态消息（0、1）； 处理状态
3	从 PLC 获取数据记录（GetDataRecordFromPLC）	将所选配方数据记录从PLC传送到HMI设备的存储介质中。 实例见帮助	配方编号/名称； 数据记录编号/名称； 覆盖（0、1、2）； 输出状态消息（0、1）； 处理状态
4	将数据记录设置为 PLC（SetDataRecordToPLC）	将指定的配方数据记录从HMI 设备的数据存储介质中直接传送到与之相连的 PLC	配方编号/名称； 数据记录编号/名称； 覆盖（0、1、2）； 输出状态消息（0、1）； 处理状态
5	从 PLC 获取数据记录变量（GetDataRecordTagsFromPLC）	将 PLC 中的配方数据记录的值传送到HMI的配方变量中（即 HMI 设备主动读取PLC 中指定配方的链接变量的数据记录值）	配方编号/名称； 处理状态
6	将数据记录变量设置为 PLC（SetDataRecordTagsToPLC）	将配方变量的值和显示在HMI 设备上的数据记录值传送到 PLC	配方编号/名称； 处理状态
7	导出数据记录（ExportDataRecords）	将配方的一条或全部数据记录导出到 CSV 文件中	配方编号/名称（如果要导出所有可用配方中的数据记录，设定“0”）； 数据记录编号/名称； 文件名称（文件位置和文件扩展名*.csv，如 D:\TEMP\AAA.csv）； 覆盖（0、1、2）； 输出状态消息（0、1）； 处理状态
8	导入数据记录（ImportDataRecords）	从CSV文件中导入配方的一条或全部数据记录	文件名称（文件位置和文件扩展名*.csv，如 D:\TEMP\AAA.csv）； 数据记录编号/名称； 覆盖（0、1、2）； 输出状态消息（0、1）； 处理状态
9	导出带有校验和的数据记录（ExportDataRecordsWithChecksum）	将配方的一条或所有数据记录导出为 CSV 文件，并对文件的每行都生成校验和	配方编号/名称（如果要导出所有可用配方中的数据记录，设定“0”）； 数据记录编号/名称； 文件名称（文件位置和文件扩展名*.csv，如 D:\TEMP\AAA.csv）； 覆盖（0、1、2）； 输出状态消息（0、1）； 处理状态

续表

序号	系统函数名称	功能	参数
10	导入带有校验和的数据记录（ImportDataRecordsWithChecksum）	从带校验和的CSV文件中导入配方的一条或所有数据记录，并验证校验和	文件名称（文件位置和文件扩展名*.csv，如D:\TEMP\AAA.csv）；数据记录编号/名称；覆盖（0、1、2）；输出状态消息（0、1）；处理状态
11	获取数据记录名称（GetDataRecordName）	在指定的变量中写入指定配方和配方数据记录的名称	配方号；数据记录号；配方名称；数据记录名称；处理状态
12	清除数据记录存储器（ClearDataRecordMemory）	删除指定存储器介质中所有配方的数据记录	存储位置（0，1，2，3，4）；确认；输出状态消息；处理状态
13	设置配方变量（SetRecipeTags）	将配方变量的状态从“在线”改为“离线”，或从“离线”改为“在线”	配方编号/名称；状态；输出状态消息；处理状态
14	装载数据记录（LoadDataRecord）	将指定的配方数据记录从HMI设备的存储介质中调出显示（需激活“同步变量”选项）	配方编号/名称；数据记录编号/名称；处理状态

第四节 配方功能应用从WinCC配方编辑器开始

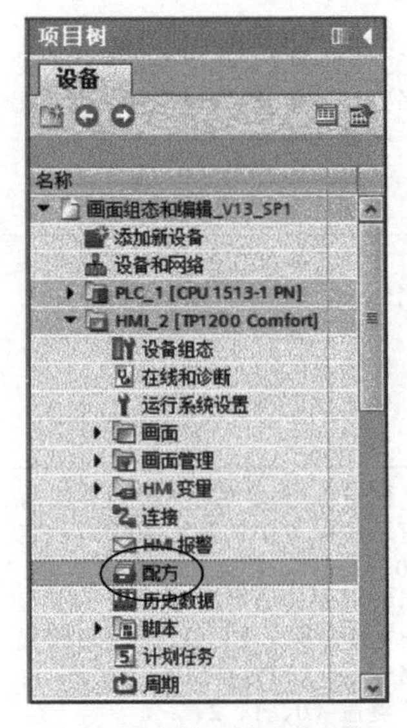

图 7-4-1　项目树导航窗格中的配方编辑器

无论“配方视图”，还是自定义的“配方画面”，都依赖于WinCC的配方功能。WinCC的配方功能是通过WinCC配方编辑器组态定义的。双击图7-4-1所示的项目树中HMI设备下的“配方”图标，打开“配方”编辑器，如图7-4-2所示。配方编辑器分为上下两个工作窗格，上窗格为配方及元素组态编辑区；下窗格为工作巡视窗格。

在图7-4-2“配方”编辑工作区窗格中，单击名称列下的“＜添加＞”字符，系统会自动创建一条采用默认值的配方。每行为一个配方，每列为配方的属性组态项，在下面的巡视窗格中也有详细的属性显示，并可在此创建编辑工艺配方。

“名称”列，输入配方的唯一识别字符。如在调用系统函数时，系统函数的参数（配方名称/编号）中的配方名称就是指这一列定义的字符，要求唯一性。即使使用数字作配方名，也是当做字符对待。

“显示名称”列，与使用HMI设备的地区和语言有关，仅用于HMI运行系统中显示。

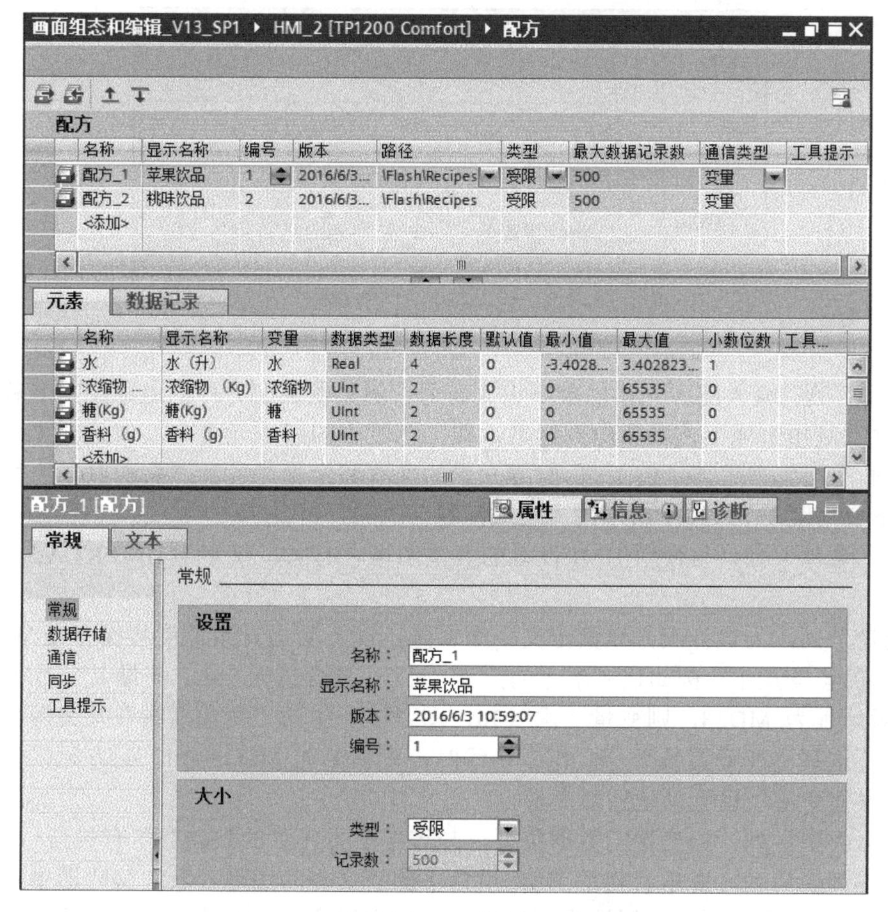

图 7-4-2 配方编辑器工作区和属性巡视区

“编号”列，用于识别配方的整数数字编码，作用等同于“名称”，但用数字唯一识别。

“版本”列，系统自动添加一个日期时间值作为创建配方的版本号，用户可自建。

“路径”列，指出配方数据记录的存储位置，因 HMI 设备不同而异。

“最大数据记录数”列，用户定义所创建的配方可以允许的最大配方数据记录条数，例如 500 条。

“通信类型”列，WinCC Advanced V13 SP1 组态软件仅有“变量”选项，配方数据流动或传递是在变量之间进行的。

“工具提示”列，为现场操作者编写的对该配方的说明，编辑在此列表格中，“配方视图”上有按键点击显示这里编辑的提示信息。

对于每一条配方，同样可以在对应该配方的巡视窗格中编辑上述的各列属性。例如图 7-4-3，“属性→常规→同步”属性项中，有“同步变量”“变量离线”和“协调的数据传输”选择开关，前两项对应图 7-3-1 配方数据流中的两个开关。

每个配方的具体内容主要由配方元素和配方数据记录两个编辑组态表格定义。

如图 7-4-2 所示的元素和数据记录选项卡，对照表 7-1-1 的列段标题理解配方元素和配方数据记录的含义。创建配方元素相当于创建表 7-1-1 的列段标题。

对应图上方的配方条目，点选打开“元素”选项卡，双击“＜添加＞”字符，系统会自动创建一条采用默认值的配方元素，用户根据实际修改输入元素名称等属性，同样，在巡视窗格中也可组态编辑元素属性。

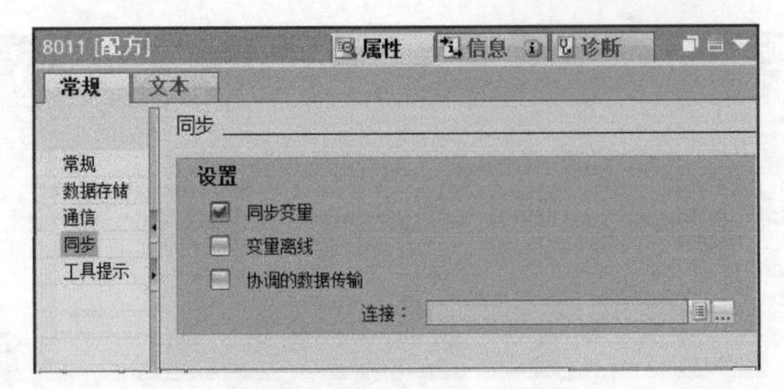

图 7-4-3　配方的“同步”属性

“名称”列，输入配方元素的唯一识别符号，例如饮品配方中的组成原料名称。这里的“名称”是指组成工艺参数的数据名，即工艺配方的组成元素名，参见表 7-1-1 和表 7-1-2 工业产品生产工艺示例工艺。配方元素的选取和定义与各种产品和机器的生产方式有关，不要局限于表 7-1-1 所示的“组成原料”。

“显示名称”列，与使用 HMI 设备的类型和语言有关，仅用于 HMI RT Advanced 中显示。

“变量”列，为该行配方元素定义一个变量，配方数据元素的值将保存在 WinCC 运行系统内的该变量中，例如饮料配方的元素“水”，其含量为 30L，变量名为“水”，PLC 变量绝对地址为 MD28，则变量“水”=30，图 7-3-1 中的“变量离线”开关闭合，即图 7-4-3 中不选择“变量离线”，则 PLC 在线时，存储单元 MD28=30。配方元素变量可以是 HMI 内部变量，也可以是外部变量。

“数据类型”列，指变量的数据类型，与该行配方元素的数据类型有关。

“文本列表”列，在项目树的 HMI 设备下的“文本和图形列表”编辑器中，创建一个文本列表，该文本列表的属性是，当当前行配方元素的变量值处于不同的值域时，在 HMI 设备的相关 I/O 域中显示不同的文本。如果用户工艺配方输入输出机制需要这样的功能，可在此列中选择“文本列表”。配方元素变量的数据类型必须为数字，变量值必须在文本列表的取值范围内。

对应图上方的配方条目，点选打开“数据记录”选项卡，双击“＜添加＞”字符，系统会自动创建一条采用默认值的配方数据记录，定义名称、显示名称与对应的数据记录编号，填写配方元素的数据值，“数据记录”窗格中每一行为有机结合的一组配方元素的数据值，也就是一条配方数据记录。

其中“编号”列，为每一条配方数据记录分配一个唯一识别的编号，在配方数据流动中用于指定所选的配方数据记录。配方的“数据记录”形式等同于表 7-1-1 的格式，相当于一个数据值二维排列表，组态好后下载并保存在 HMI 设备的“配方存储器”中。在机器生产时，或者生产的不同阶段中，将配方数据记录值按照生产要求，依据配方名称/编号、数据记录名称/编号，从 HMI 设备存储单元中调出，传送到 PLC 变量中执行。

组态完配方及配方数据记录，执行命令工具“保存项目”和编译。WinCC 配方功能组态完毕后，下一步需要组态人机交流的画面，从而运用已组态好的 WinCC 的配方功能。

第五节 WinCC 配方视图

图 7-5-1 所示的配方视图是 WinCC 系统编制好的能自动化操作运行工艺配方的工具，储存在画面工具箱的控件板中。它与在“配方”编辑器中组态好的配方功能数据一起，共同完成工艺配方的查看，数据输入输出、数据处理保存，同步 PLC 配方变量，执行配方功能的工作。

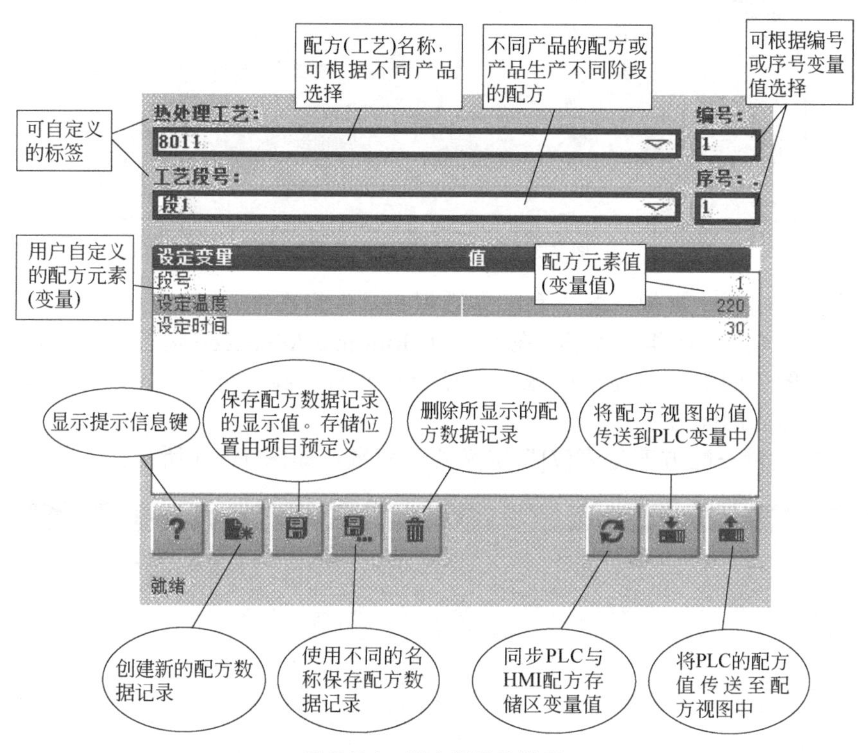

图 7-5-1　配方视图及说明

双击项目树的 HMI 设备下的“画面→添加新画面”图标，创建一个新画面，为之命名。在组态窗口右侧，打开“工具箱”，在“控件”展板中找到“配方视图”控件，将之拖入画面，调整大小，如图 7-5-1 所示。

图 7-5-1 上部分是配方和配方数据记录显示查看和选择区，显示配方名称和配方数据记录名称的 I/O 格内右侧小三角形图标，点击会弹出所有可选配方（图 7-4-2 的“配方”编辑表中“显示名称”列所组态的全部配方名称）的名称供选择（下面的配方数据记录亦同），“编号”和“序号”的显示格同时显示左侧显示的配方和配方数据记录的编号，此编号在图 7-4-2 的“配方”编辑表和“数据记录”选项编辑卡中已经定义好了，是个数字量。或者在此填写配方或配方数据记录的编号数字，左侧显示格就会显示对应的配方名称或配方数据记录名称。

图 7-5-1 中部是配方数据记录值的显示区，根据上面配方和配方数据记录的选择，显示配方元素和其元素值，也就是一条配方数据记录。

图 7-5-1 的下部分是“配方视图”几个功能执行按键，见图中注释。这些“配方视图”功能键，根据需要，可以组态取舍。

“配方视图”的属性巡视窗口，如图 7-5-2 所示。

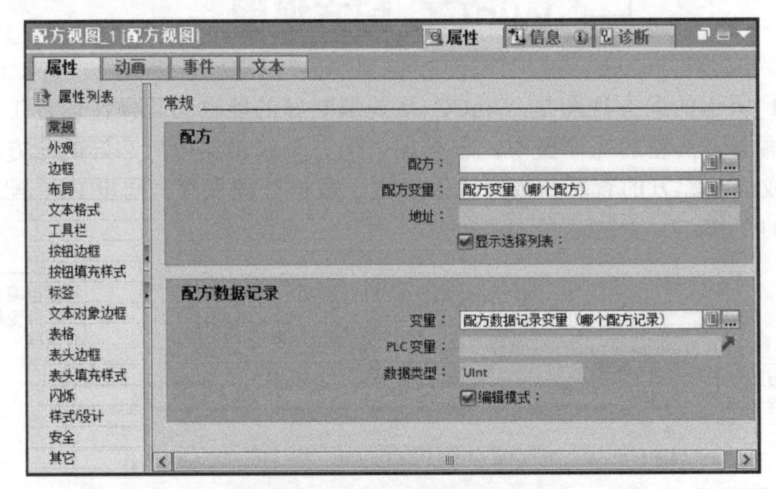

图 7-5-2　配方视图的常规属性

在“属性→属性→常规→配方和配方数据记录”组态区：

“配方”输入格，一般组态空格。在 WinCC Runtime Advanced 运行系统中，如图 7-5-1 所示“配方视图”的配方名显示区域不会显示配方名，操作员在下拉选择列表中选择，否则显示在此组态的配方名。

在“HMI 变量→配方变量表[7]”定义若干变量，如图 7-5-3 所示。

画面组态和编辑_V13_SP1 ▸ HMI_2 [TP1200 Comfort] ▸ HMI 变量 ▸ 配方变量表 [7]

配方变量表

名称	数据类型	连接	PLC 名称	PLC 变量	访问模式	长度	采...
运行步号	UInt	<内部变量>		<未定义>		2	1 s
配方变量（哪个配方）	UInt	<内部变量>		<未定义>		2	1 s
配方数据记录变量（哪个配方记录）	UInt	<内部变量>		<未定义>		2	1 s
水	Real	HMI_连接_1	PLC_1	水	<符号访问>	4	1 s
浓缩物	UInt	HMI_连接_1	PLC_1	浓缩物	<符号访问>	2	1 s
糖	UInt	HMI_连接_1	PLC_1	糖	<符号访问>	2	1 s
香料	UInt	HMI_连接_1	PLC_1	香料	<符号访问>	2	1 s
<添加>							

HMI 变量参数

图 7-5-3　为配方创建变量

其中“配方变量”和“配方数据记录变量”这两个变量用来指示需要操作哪个变量和哪个配方的数据记录，见图 7-5-2 的变量输入格中的选择。这两个变量可以是内部变量，也可以是外部变量，因用户的控制要求而定，对于外部变量（与 PLC 变量链接同步），用户可以编程通过 PLC 程序选择配方或配方数据记录。变量的数据类型可选择 Uint，对应前面介绍组态的配方和配方数据记录的编号；选择 String/WString,则对应已组态的配方和配方数据记录的名称。在“配方视图”上操作选择配方和配方数据记录时，运行系统会自动实现对应查询。

这两个变量的值对应显示在图 7-5-1“配方视图”上部的配方名称/编号，配方数据记录名称/编号显示格中。

在图 7-5-2 中，点击变量输入格右侧的添加对象按钮，在随后弹出的变量表中选中添加上述创建的变量。在 WinCC Runtime Advanced 运行系统中，改变这两个变量的值，就选择了需要的配方或配方数据记录。

图 7-5-1 配方视图上部的四个标签内容，在图 7-5-4 的“属性→属性→标签”中定义。

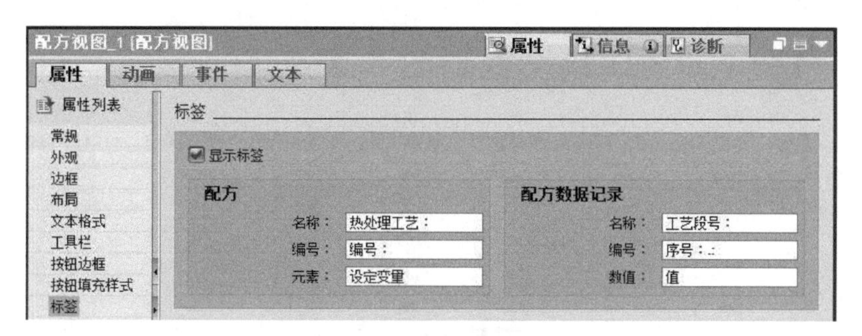

图 7-5-4 配方视图的标签属性

图 7-5-1 配方视图下部的功能按钮是否需要显示，在图 7-5-5 的“属性→属性→工具栏”中定义。

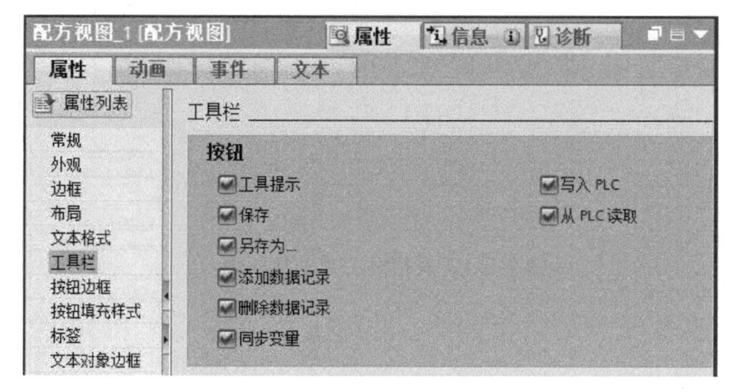

图 7-5-5 配方视图的工具栏属性

“配方视图”在 HMI 设备上的操作支持快捷键功能，在“属性”的“其它”中选择。

其它“配方视图”的属性不再赘述。

采用 HMI 设备提供的“配方视图”控件和配方功能可以提高编辑组态控制系统项目的工作效率，也方便现场工艺参数的输入和管理，特别是当生产机器工艺参数比较多时，效果更佳。也可以不采用“配方视图”控件及功能，或者部分采用其功能。这就是自定义工艺配方数据的输入和管理，自定义工艺配方数据输入和管理画面组态简单、灵活、一目了然。但是自动化项目的编辑组态工作要变得复杂得多，要更多地依靠 PLC 程序等完成工艺配方数据的收集，处理和保存等工作。

第六节 自定义工艺参数画面的组态

一种常见的工艺参数输入方法是，将生产工艺过程通过一系列形象的图形和动画表现在画面上，在这个工艺过程的各个生产环节图形附近，粘贴数据 I/O 域，将工艺参数输入到画面中，形象直观，易于理解和操作。

图 7-6-1 为表格式工艺参数输入画面，直接通过画面上的数据 I/O 域输入工艺参数，同时传送到 PLC 控制器，参与自动化控制。如果要保存相对稳定成熟的工艺数据，一般要在 PLC 控制器中开辟一块数据存储区域，通过 PLC 指令编程保存和处理工艺数据。

工艺参数设置画面

步号	设定温度	设定时间	报警温度	料温报警	风机1速度	风机2速度	风机3速度
1	200	60	205	100	700	800	900
2	200	400	205	160	700	800	900
3	360	100	365	260	800	900	1000
4	360	900	365	300	800	900	1000
5	280	160	365	300	800	800	1200
6	0	0	0	0	0	0	0
7	0	0	0	0	0	0	0
8	0	0	0	0	0	0	0
9	0	0	0	0	0	0	0
10	0	0	0	0	0	0	0
11	0	0	0	0	0	0	0
12	0	0	0	0	0	0	0
13	0	0	0	0	0	0	0
14	0	0	0	0	0	0	0
15	0	0	0	0	0	0	0
16	0	0	0	0	0	0	0

图 7-6-1　表格式工艺参数的输入

Chapter 08

第八章 数据记录（日志）和趋势视图

第一节 数据记录概述

用户希望自动化设备能够自动采集、记录过程控制中的某些工艺数据及其随时间的变化情况，形成一个可供分析、判断和总结其变化规律的数据集，这就是数据记录（Log），也称数据日志。例如：每隔 15 分钟自动记录温度值和其它相关变量值，连续记录 4 个昼夜，即 96 小时，到时得到 384 条“历史”数据，从而建立一条“温度-时间曲线”供生产工艺技术人员分析处理。如表 8-1-1 所示。表中每一行是一个数据记录的一条数据，标题行中的“上区温度”“物料温度 1”等称为记录变量。如表 8-1-1 所示。

表 8-1-1　记录示例

日期时间	上区温度/℃	下区温度/℃	物料温度 1/℃	物料温度 2/℃	氧量浓度
2016.6.7.8:15	200	200	80	81	18%
2016.6.7.8:30	200	200.5	82	82.2	18%
2016.6.7.8:45	200	200	83	83.5	18.6%
2016.6.7.9:00	201	200	85	84.5	18.9%

采集和记录的数据，可用来进行人工分析和判断，也可用来制作曲线图，形象地提示人们数据变化的特征和规律，也可借助一些数据分析工程软件进行制图或数据分析。例如数据的分布规律、数据的相关性分析等。这对于我们进一步提高自动化控制水平，满足工艺控制要求有很大的帮助。

例如生产技术人员可以根据表 8-1-1 的记录数据分析在整个生产过程中，各工作区加热温度和物料吸热后的温度变化情况，可以根据此表在线通过 WinCC 提供的“趋势视图”控件绘制温度、浓度变化趋势图，图形展示变量变化情况；也可以在线下通过 Excel

等程序软件绘制曲线图，进行数据分析等。

早前，纸质记录仪和无纸电子记录仪相继出现，根据用户环境的不同需要在工厂生产现场得到广泛应用。辅助工艺和操作，进行生产制造。

精智触摸屏等很多 HMI 设备和 WinCC 系统同样具有自动化数据采集和记录功能。通常做法是，PLC 实时测量过程值，并将之保存在 PLC 变量中，WinCC 运行系统根据记录采样周期记录变量值，并以设定的文件格式存储在 HMI 设备或网络的存储介质中，这样就形成了数据记录或数据日志。数据记录主要用于记录外部变量的值,也可记录内部变量值。

精智系列面板可以组态“数据记录”和“报警记录”功能，这两种功能的工作原理大致相同。“数据记录”用来记录过程控制中一些关键工艺量的大小及变化情况；“报警记录”用来记录工艺过程（设备的生产制造过程）或者控制系统（指 PLC、触摸屏等为主的电气控制装置）中一些量值的异常情况、报警和诊断事件等，最后形成一个数据记录文件。

第二节 数据记录的编辑和组态

一、数据记录的属性组态

HMI 面板提供的数据记录功能是通过博途 WinCC 软件中的“历史数据”编辑器编辑组态的，下面通过一个实例，详细介绍数据记录的一些概念、属性和组态方法等。

双击图 8-2-1 项目树导航窗格中的“历史数据”文件夹，打开数据记录编辑器，如图 8-2-2 所示。

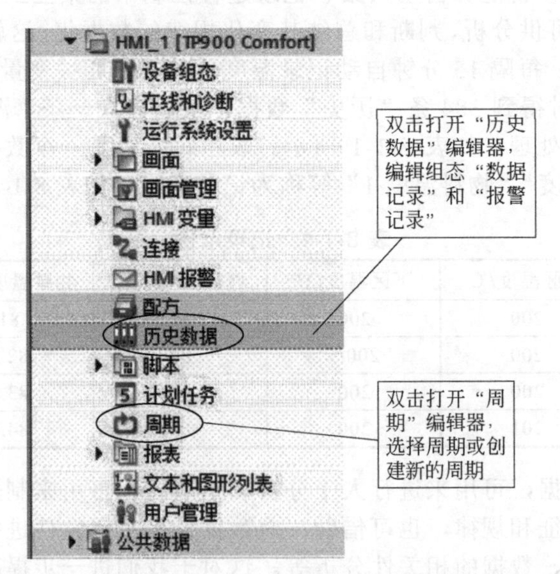

图 8-2-1 在项目树导航窗口打开“历史数据”编辑器或者“周期”编辑器

如图 8-2-2 所示，“数据记录”组态表格中已有三个记录，在“名称”列有“运行工艺数据记录”“单位时间用电量记录”和“温差记录”。双击其后的“添加”字符，可创建新的“数据记录”，系统给出默认名称，可以重命名。

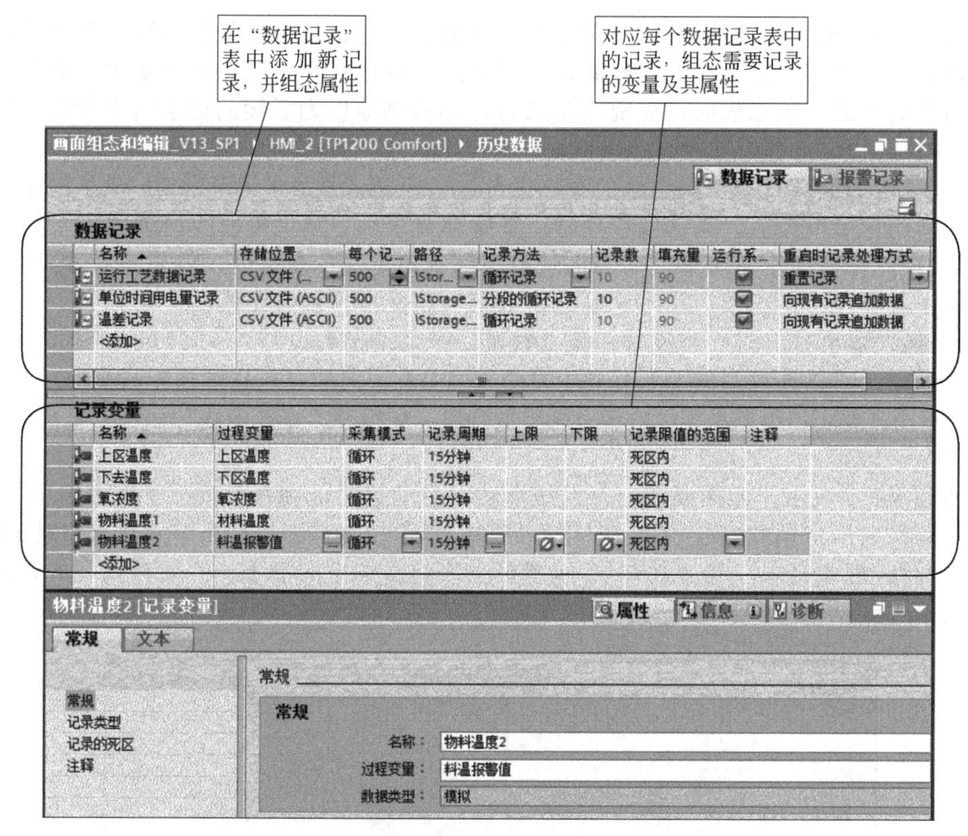

图 8-2-2 历史数据编辑器的“数据记录”组态选项卡

在后续各列中，为该记录编辑组态属性，也可以在下方的属性巡视窗格中组态属性。

“存储位置”列，点击下拉列表选项钮，WinCC 系统提供三个选项，表示当前记录存储的文件格式，即 CSV 文件（ASCII）、RDB 文件和 TXT 文件(Unicode)。CSV 文件可用 Microsoft Excel 进行打开、读取和数据的辅助分析；RBD 文件可用 Microsoft Access 打开，进一步分析处理；TXT 文件可用“记事本”打开、读取。

“每个日志的数据记录数”列，由用户设定记录的数量，系统给出占用的存储区的大小。记录数的大小取决于存储区的容量，对于用户来说，够用就好。

“路径”指定记录文件的存储位置，系统给出路径指向安装有 WinCC V13 的安装盘根目录下，对于安装 WinCC 运行系统的触摸屏，例如 TP1200 精智屏，可以存储到 U 盘中或 SD 卡上。

“记录方法”列，如图 8-2-3 属性巡视窗格所示。系统提供了四种记录方法供用户选取。

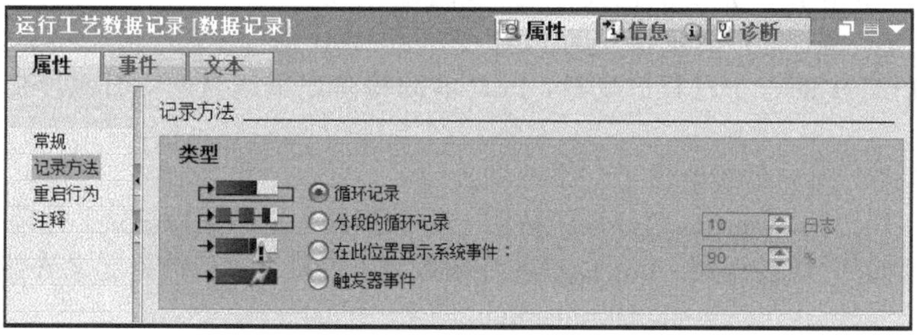

图 8-2-3 属性巡视窗格中的记录方法属性

① 循环日志（即循环记录） 记录是一串数据，包括记录变量的名称、记录的时间和日期、变量值、事项文本等。WinCC把记录逐一存放在指定路径下一定大小的存储区内。当存储区的记录已满时，先前的记录将自动被删除以为后续的记录腾出存储空间，这就是循环记录方式。

② 分段的循环日志 把记录的存储区分成若干记录段，当记录满时，最早的记录段将被后续的记录段覆盖。当选取该项时，系统会要求用户定义每段的记录数。

③ 在此位置显示系统事件 当记录填充到用户定义的量值时，触发系统事件报警，提示操作者干预。当选取该项时，系统要求用户定义一个百分比值。

④ 触发器事件 当日志满时，溢出触发一个系统函数。

数据记录可以通过系统函数停止、关闭或者开启。例如可以在画面中设置一个按钮，按钮的点击事件可以组态系统函数或系统函数列表，如组态“系统函数”→“历史数据”→“打开所有日志”。

如图8-2-4所示，如果要在运行系统启动时启动记录，则在“记录”区域中启用“运行系统启动时启用记录”选项，还可在运行系统中使用“StartLogging”系统函数来启动记录。

“重启时处理日志”的方式有：“重置日志”将日志空间清零，重新存入新的记录；“向现有日志追加数据”将接着现有的记录继续填充新的记录。

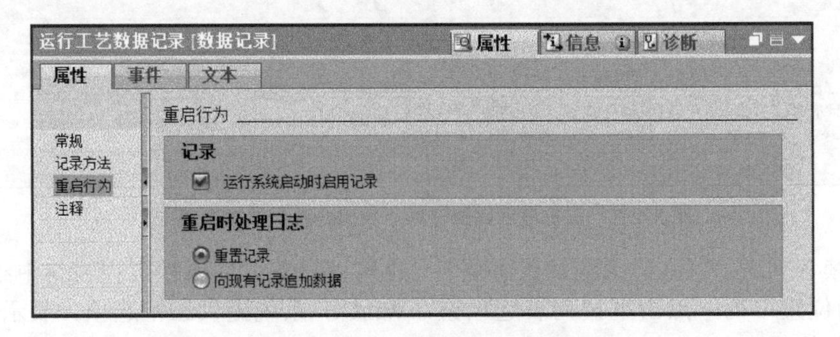

图 8-2-4 记录的重启行为属性

二、记录变量的属性组态

上一节介绍了记录属性的编辑组态，记录的主要内容是记录变量。对于“数据记录”，记录什么（即必须确定记录变量），什么时候记录（即必须指定采集模式或记录周期）等用户要予以确认。

在图8-2-2中，对应“数据记录”表格中的“运行工艺数据记录”，在“记录变量”表格中列出该记录的“记录变量”及其属性，有“上区温度”“氧浓度”等五个记录变量。

“名称”列，由用户定义的记录变量的名字。

“过程变量”列，记录变量指向的PLC变量或HMI内部变量，例如图8-2-2中的“上区温度”是PLC中的一个过程值变量，PLC前向检测通道测量的实时温度值存储在该变量中。

“采集模式”列，系统给出了三个选项：

①“循环” 表示WinCC运行系统按照一定的周期，定时采样记录“过程变量”的值。

②“必要时” 通过调用“LogTag”系统函数将“过程变量”的值记录在组态好的“数据记录”中。

③“变化时” 过程变量变化时记录变量。

“记录周期”列，当“采集模式”为“循环”时，确定记录的周期时间。WinCC 组态软件提供可选取的周期值，也可根据实际使用的需求创建一个新的周期，如本例图 8-2-2 中的数据记录采集周期为 15min，这是一个用自定义的周期值。

双击图 8-2-1 项目树中的“周期”文件夹，打开“周期”编辑器如图 8-2-5 所示。

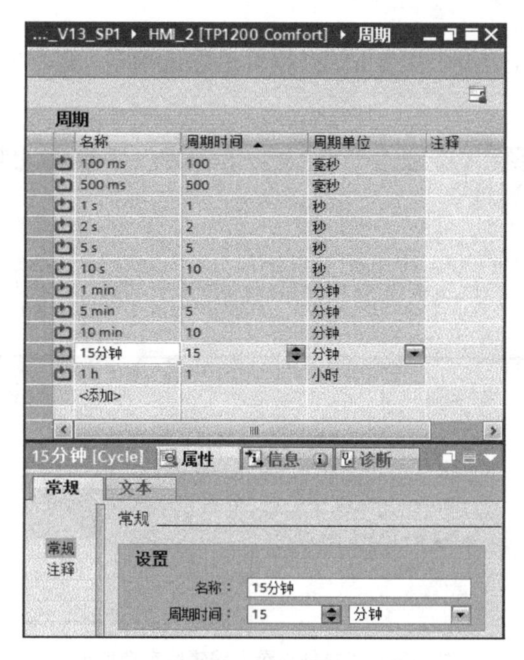

图 8-2-5　创建一用户自定义的周期值

双击图 8-2-5“周期”表格中的“添加”字符，可以创建一个新的周期值。供随后项目编辑组态中使用。可以看到目前 HMI 面板项目的最小可用周期为 100ms，这比前一代面板的性能有提高。

“上限”“下限”和“记录限值得范围”，需要跟踪记录的变量值变化范围可能很大，实际只需要记录一定范围内的变量值，可以限定变量值的记录范围，如图 8-2-6 所示。

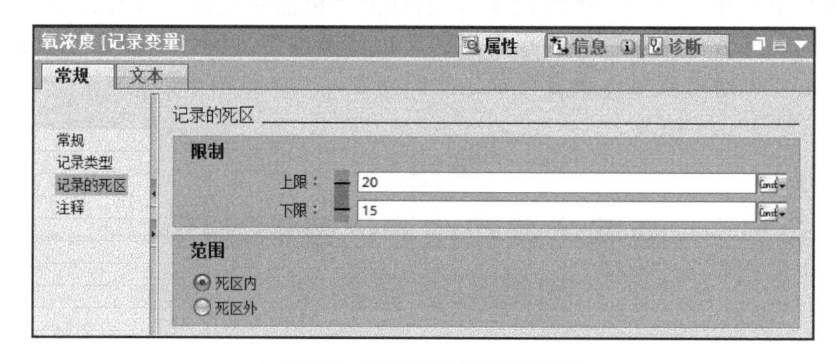

图 8-2-6　设置记录变量的限制值

“氧浓度”记录变量值的限制值上限为 20，下限为 15。若选定“死区内”,即“氧浓度”变量在 15～20 之内变化时做记录，在“死区外”变化，无记录数据，数据记录在时间上出现断续情况。

如果没有设置限制值，将连续记录变量。这样设置可以将记录变量在不同范围内的变化情况分配给不同的记录。

第三节 报警记录的编辑和组态

点击图 8-2-2 中右上角的“报警记录”编辑组态选项卡，编辑工作窗格显示如图 8-3-1 所示。

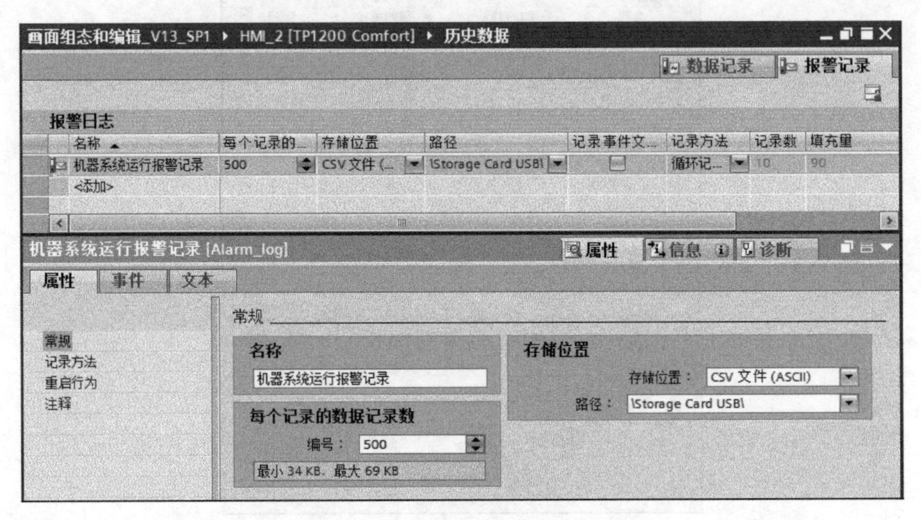

图 8-3-1 “报警记录”编辑组态选项卡

“报警记录”和“数据记录”本质是相同的，其不同是：对于“报警记录”，其记录的内容主要是不定时出现的异常、错误信息或者事件，可以是 PLC、触摸屏等系统诊断事件或错误报警事件（这是系统自带的部分，用户不能更改），也可以是用户工艺控制系统中由用户组态的报警信息和事件。记录内容指向明确，记录出现可以定时采集，也可以不定时。

图 8-3-1 中创建了一个“报警记录”，名称为“机器系统运行报警记录”，有了这个报警记录，则在第五章第三节的“报警视图”控件属性中，就可以组态该报警视图在运行系统中显示“机器系统运行报警记录”中的内容。

第四节 数据记录和报警记录的输出和模拟仿真案例

记录可以通过一定的文件格式输出，例如 Excel 表文件或 Access 数据库文件等。对于 PC 机显示处理设备，还可以输出到大型数据库中，供存储、检索、分析和处理。

前面两节，在学习数据记录和报警记录的编辑组态方法时，我们创建了三个数据记录（见图 8-2-2）和一个报警记录（见图 8-3-1），这些记录皆组态设定为一旦运行系统开始，即开始记录，并将记录保存在 CSV 文件中（即 Excel 表中）。

在“历史数据”编辑器窗格，上述“记录”编辑组态结束后，点击执行菜单命令“在线”→“仿真”→“使用变量仿真器”，组态软件编译所做的编辑组态工作，没有编译错误则启动运行系统，并打开变量仿真器开始模拟仿真操作。

在变量仿真器中，为“运行工艺数据记录”的几个记录变量，如“上区温度”“下区温度”“氧浓度”等赋值，并模拟实际情景，隔一段时间改变赋值。注意：由于本实例的采样周期选为 15min，所以仿真运行系统要持续工作一段时间。模拟仿真结束后，关闭仿真运行系统。在存储区得到系统自动生成的四个 Excel 表（对应四个记录），其中“运行工艺数据记录”的 Excel 表如图 8-4-1 所示。

运行工艺数据记录0

	A	B	C	D	E	F
1	VarName	TimeString	VarValue	Validity	Time_ms	
2	上区温度	2016/6/8 14:22	360	1	42529599025	
3	下区温度	2016/6/8 14:22	360	1	42529599025	
4	材料温度	2016/6/8 14:22	238.5	1	42529599025	
5	料温报警值	2016/6/8 14:22	0	1	42529599025	
6	氧浓度	2016/6/8 14:22	18	1	42529599025	
7	上区温度	2016/6/8 14:37	360	1	42529609442	
8	下区温度	2016/6/8 14:37	360	1	42529609442	
9	材料温度	2016/6/8 14:37	238.5	1	42529609442	
10	料温报警值	2016/6/8 14:37	0	1	42529609442	
11	氧浓度	2016/6/8 14:37	18	1	42529609442	
12	上区温度	2016/6/8 14:52	361	1	42529619858	
13	下区温度	2016/6/8 14:52	360.5	1	42529619858	
14	材料温度	2016/6/8 14:52	242	1	42529619858	
15	料温报警值	2016/6/8 14:52	0	1	42529619858	
16	氧浓度	2016/6/8 14:52	18.6	1	42529619858	
17	RT_OFF	2016/6/8 14:56	0	2	42529622792	
18	RT_COUNT	17				
19						

运行工艺数据记录0

图 8-4-1 “运行工艺数据记录”的 Excel 表输出

在图 8-4-1 中，有一些组态软件系统定义的字符，其含义如表 8-4-1 所示。

表 8-4-1 “记录”的 Excel 表中系统定义的字符的含义

系统定义字符	含义
RT_DIS	表示与数据记录的连接在此时间点被中断
RT_OFF	表示运行系统在此时间点被关闭
RT_ERR	在目标数据记录中复制操作不成功或被中断
$RT_COUNT	在数据记录的结尾生成此条目，并将其用于运行系统的启动
VarName	记录变量的名称
TimeString	字符串格式的时间标志
VarValue	记录变量的值
Validity	有效性验证值=1 表示数值有效，=0 表示出错
Time_ms	以毫秒为单位的时间标志

结合图 8-4-1 和表 8-4-1，可以看出：模拟仿真运行了 34min，3 次记录变量值（5 个记录变量共记录 15 个有效数据），14:56 关闭记录运行。

用户可以改变属性组态，查看记录输出。例如改变“记录方法”“采样模式”和“记录周期”等，仿真模拟，查看记录文件输出等。

也可以通过显示控件输出记录，例如由“趋势视图”“报警视图”等在画面中显示记录。

第五节 趋势视图控件的使用

“趋势视图”是组态软件系统提供的显示变量值随时间变化曲线[$y=f(t)$]图形的工具，在画面中可以用“趋势视图”来显示过程变量数据的变化趋势（Trend），“趋势视图”的重要作用是现场人员通过仔细观察和分析趋势图形，了解或者控制趋势变量的量化关系和变化规律。

一、认识“趋势视图”

图 8-5-1 为“趋势视图”编辑组态后在运行系统中的实际运行仿真画面，见图中标注说明，先对“趋势视图”应用有一个直观认识。

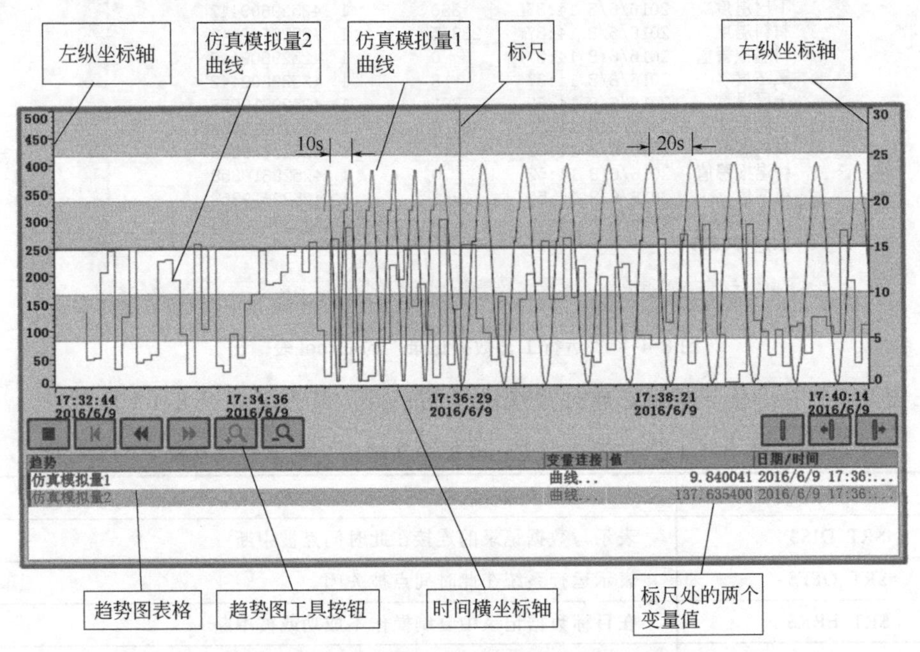

图 8-5-1 一个运行系统中的“趋势视图”案例

图 8-5-2 是图 8-5-1“趋势视图”趋势变量的仿真设定值。对于初学者，图表对照查看，可以更好地理解“趋势视图”的用法。

曲线图仿真 - WinCC Runtime Advanced 仿真器

文件(F) 编辑(E) 查看(V) ?

	变量	数据类型	当前值	格式	写周期 (s)	模拟	设置数值	最小值	最大值	周期	开始
	曲线仿真模拟量1	REAL	38.07824	十进制	1.0	Sine		0	400	20.000	☑
▶	曲线仿真模拟量2	REAL	202.1912	十进制	4.0	随机		0	300		☑
*	—										☐

连接到 H:\按照章节组态项目\画面组态和编辑_V13_SP1\画面组态和编辑_V13_SP1\IM\HMI\{118 NUM

图 8-5-2 图 8-5-1 趋势视图中趋势变量的仿真模拟设定

图 8-5-1 中，“趋势视图”共显示了两条曲线图形，即两个“趋势”。两个趋势的名称为“仿真模拟量 1”和“仿真模拟量 2”，这两个趋势图形表达的趋势变量为“曲线仿真模拟量 1”和“曲线仿真模拟量 2”，这也是两个 HMI 外部变量。

“仿真模拟量 1”趋势的曲线显示模式为“线”模式；“曲线仿真模拟量 2”趋势的曲线显示为“步进”模式。“趋势视图”画面对象在显示曲线图形时可以有四种显示模式供选择：“线”“步进”“点”和“棒图”模式。

观察趋势图形，“仿真模拟量 1”趋势的曲线是正弦曲线，图中曲线的振荡周期在 17：36：08 时点发生改变，由 10s 变为 20s。振荡幅值也有变化，在 10s 周期段，振荡幅值在 10～400 之间变化；在 20s 周期段，振荡幅值在 0～400 之间变化。“仿真模拟量 2”趋势的曲线是随机变化图形，最小幅值为 0，最大幅值不超过 300。

图形两侧为左、右纵坐标轴，可以分别设定坐标示值和单位。

图形上有一个可以在时间横坐标轴上移动的垂直线，称为“标尺”或称为“读线”。整个图形下方有一个表格，用来显示趋势变量的值。移动标尺（读线）到某个时点，则表格上显示该时点处趋势变量的值，运用“标尺”可以读取某时间点的准确数值，对于 HMI 外部变量，也就是 PLC 变量存储器中的值。

在图 8-5-1 中部有一行“趋势视图”操作工具按钮，各按钮功能见表 8-5-1 说明。

表 8-5-1　趋势视图上按钮工具使用说明

工具图标	工具图标名称	说明
	启动/停止	停止记录趋势或继续记录趋势
	转到开始位置	滚到趋势的当前值
	向后	回滚一个显示宽度
	向前	向前滚动一个显示宽度
	放大	减少显示的时间片
	缩小	放大所显示的时间区域
	标尺	显示或隐藏标尺，标尺显示相应位置的 X、Y 坐标值
	标尺向后	将标尺向后移动
	标尺向前	将标尺向前移动

二、“趋势视图”的编辑组态

现在我们来学习“趋势视图”的编辑组态。

打开在第四章创建的项目“画面组态和编辑_V13_SP1”的“运行参数曲线图”画面。在“工具箱”→“控件”展板上找到“趋势视图”控件，拖拽到“运行参数曲线图”画面中，系统默认命名为“趋势视图_1”，调整其在画面上的位置和大小。在属性巡视窗格编辑组态“趋势视图_1”的属性。

如图 8-5-3 所示，在“属性”→“属性”→“趋势”组态表中：

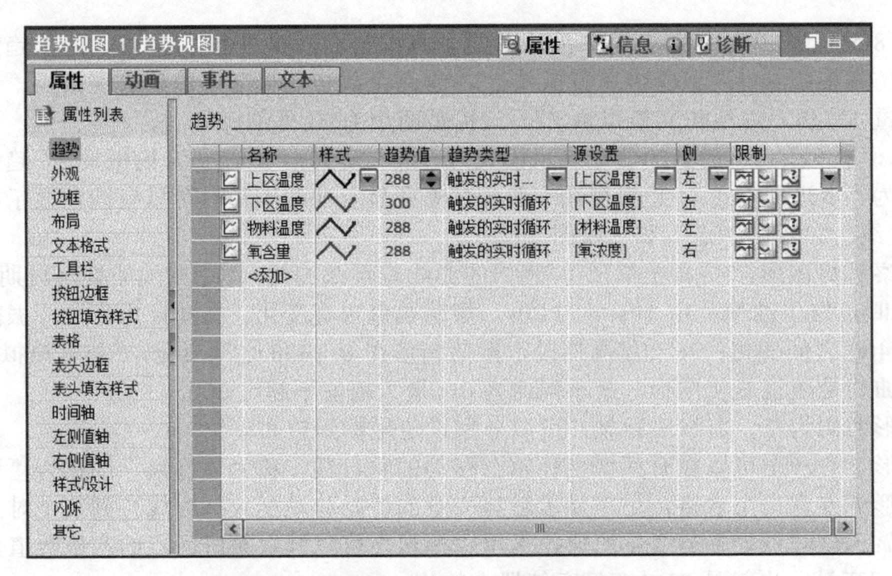

图 8-5-3 “趋势视图”的趋势属性的编辑组态

①“名称”列　可以自定义趋势的名称，如借用变量名称，方便认识和记忆。图 8-5-3 中共有四个趋势，即“上区温度”“氧含量”等。

②“样式”列　点击下拉选项按钮，弹出“样式”选项板，可选择“线”“点”“步进”和“棒图”图形显示模式。

③“趋势值”列　表示图形显示的趋势变量值的个数，最大 999 个。一般根据趋势变量的估计变化情况选择趋势值个数。够用就好，数值大，曲线显示细腻平滑，但 HMI 设备处理负担加大。

④“趋势类型”列　有四个选项，即“触发的实时循环”“触发的缓冲区位”“实时位触发”和“数据记录”。

a.“触发的实时循环”项　用于值的时间触发显示。以一个固定的采样周期，实时循环获取趋势变量的值，在趋势视图上以连续曲线图形的形式显示出来。这种类型适合显示连续的曲线图形，例如温度变化过程或者氧浓度变化过程。

b.“触发的缓冲区位”项　用于带有缓冲数据采集的事件触发趋势视图显示。要显示的值保存在 PLC 的缓冲区内。指定的一个位变量被置位时，读取一个数据块中的缓冲数据。这种变量变化图形适用于显示“历史趋势”，可以显示变量的快速变化。

c.“实时位触发”项　用于值的事件触发显示。启用缓冲方式的数据记录，实时数据保存在缓冲区内。通过在“趋势传送”变量中设置的一个位来触发要显示的值。读取完成后，该位被复位。位触发的趋势对于短暂快速变化的值非常有用。

“触发的缓冲区位”和“实时位触发”都可以将 PLC 中连续地址区中的数据通过趋势视图以曲线的形式输出。“实时位触发”用以触发显示一段连续地址区中的数据，“触发的缓冲区位”可以切换显示两段连续地址区中的数据。

d.“数据记录”项　用于显示变量的记录值。趋势视图显示来自数据记录的变量值，可以设置时间窗口，显示某一时间段内的变量纪录值。

⑤“源设置”列　指定趋势变量。

⑥“侧”列　指定当前趋势的纵坐标轴是左纵坐标轴，还是右纵坐标轴。

⑦“限制”列　点击下拉选项按钮，在弹出的选项板上，选择组态趋势曲线在不同值域范围或不确定状态时的显示颜色。例如温度大于 300 时，曲线显示红色等。

图 8-5-4 显示“趋势视图_1”的时间轴的定义，是否显示时间轴，刻度标签如何划分。其中本例时间轴显示范围为 259200s，这是一个 3 昼夜较长的时间段，这种设定是因为现场工艺控制需要查看和监视 3 个昼夜时长范围趋势变量的变化情况。图中“时间间隔”的选择取决于要查看趋势变量的监视查看时间范围。

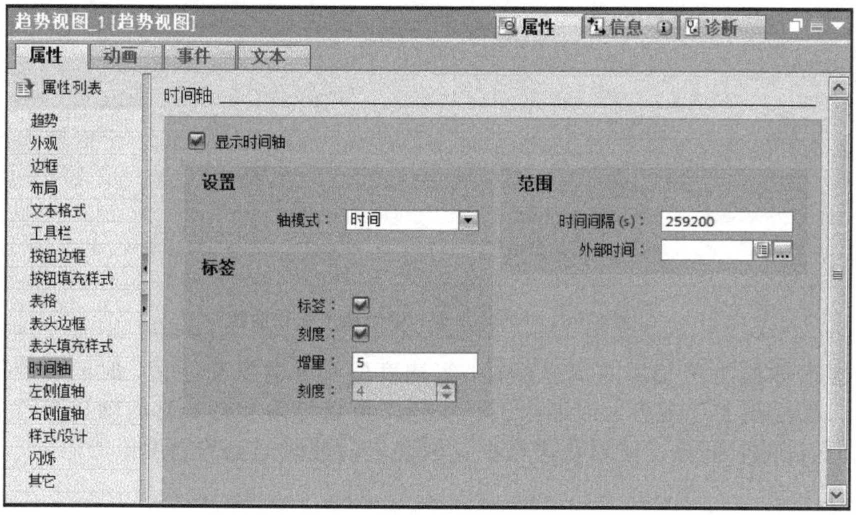

图 8-5-4 “趋势视图”的时间轴的定义组态

图 8-5-5 显示“趋势视图_1”左 Y 轴的设定，如图左 Y 轴显示范围是 0～500，在 250 处设置一辅助线，设定标签和刻度等，Y 轴的起始端和末端也可以用变量定义，也就是 Y 轴的现实范围可以是变化的，可以适应读取多种信号。

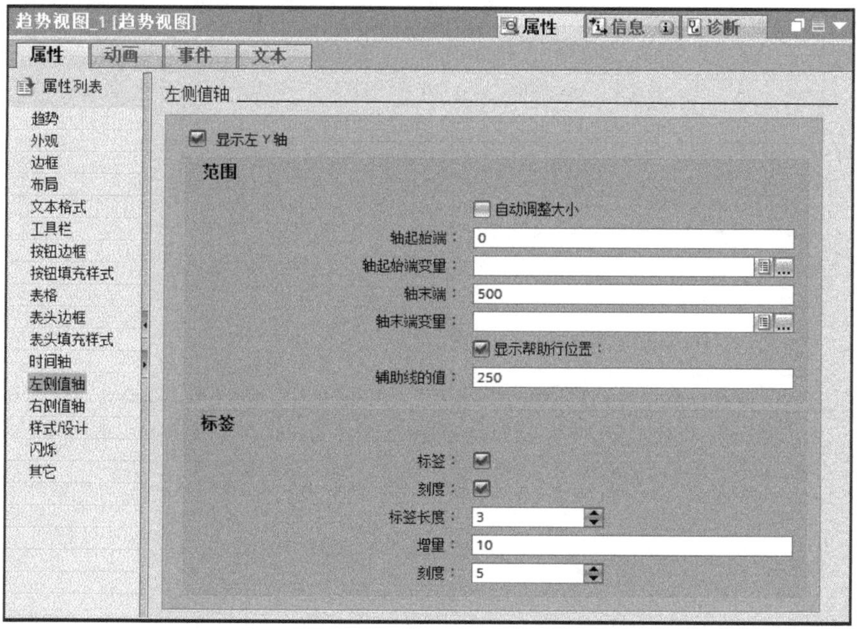

图 8-5-5 “趋势视图”的左 Y 轴的属性的编辑组态

右 Y 轴的定义方法相同。

图 8-5-6 为图 8-5-3“趋势视图_1”组态后的模拟运行画面。

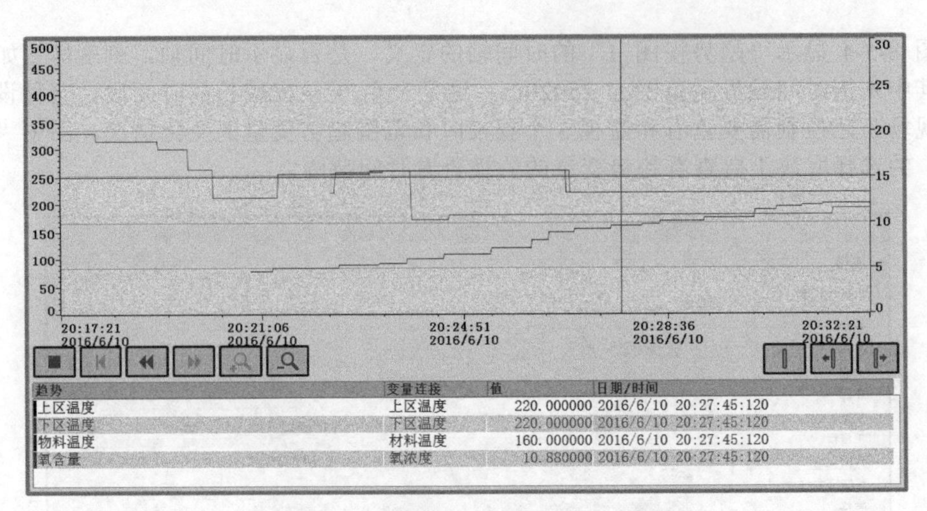

图 8-5-6 “趋势视图”显示温度变化曲线

三个温度曲线的 Y 值看左侧坐标轴，氧浓度值看右侧 Y 轴示值，时间轴的每一小格代表 60s，在视图上点击放大或缩小工具按钮，可以缩短和延长时间轴显示范围。移动“标尺”到关注的时间点，可以在表格中读取准确的此时间点的温度值等。

Chapter 09

第九章 报表输出和计划任务

第一节 HMI 的报表

西门子 HMI 设备的组态系统（工程项目组态软件）和运行系统（WinCC Runtime Advanced or Professional）提供了很多通过 HMI 设备归档数据信息的方法，其中在 HMI 设备上组态报表并打印报表是一种常用的典型的归档数据信息的方法。所谓“归档”是指以一定的格式归纳、汇总数据信息成某种便于保存、阅读和传递的文件的过程。可以归档成“电子版”文件，例如保存在 USB 或 SD 存储器上的 Excel 格式的文件等；也可以是通过打印机打印输出的“纸质版”的报表文件，例如，许多工厂采用轮班进行生产，在一个轮班生产结束时，需要将班中产生的大量的生产、机器、工艺、消耗等数据信息进行分类汇总归档成报表，即产生许多的报表供各管理和技术人员阅读和分析；也可以将各类信息梳理集合汇总到若干个报表中，也就是可以输出一个综合型的报表等。如何分类汇总到报表，组态什么样的报表就需要了解 HMI 设备提供的报表有什么样的报表结构和报表对象，有什么样的表达格式，这样才能方便组态报表功能。

一般来说，当需要处理的信息容量较大时，在生产现场会配置 PC 机类 HMI 设备，也就是工厂中说的上位机，其信息处理能力强，容量大，可以较全面地处理现场的生产数据，归档生成更多的现场管理所需要的报表等。触摸屏类 HMI 设备通常用来组态针对某个专题的数据采集的报表的归档输出，例如每个轮班某个机器的温度控制工艺数据的报表输出等。

精智型系列触摸屏提供组态和打印报表的功能。HMI 设备的报表有自己的结构、属性和组态方法，用户可以选择组态。

HMI 的报表的结构，报表可以组态成若干页面，主要有标题页、详情页和封底。详情页面上还可以组态页眉和页脚。标题页用来输出报表的标题和主题信息、常规信息、提示信息等；封底用来输出一些摘要和说明信息等（标题页和封底的组态和排版配饰也可根据用户要求和输出信息的内容灵活组态），标题页和封底没有页眉页脚。报表的主要信息细节输出在详情页上的工作区内，如果输出内容较多，可以组态页 1、页 2、页 3 等。页眉上可以组态输出日期、时间、标题和副标题等，页脚输出页码、总页码或其他常规信息。

在 SIMATIC WinCC Advanced V13 SP1 组态软件中，通过“报表”编辑器创建“报表”，在报表工作区组态报表布局，添加报表对象，正像在画面中添加画面对象一样，报表对象也是从“报表工具箱”中选取并排版安排在报表工作区中的。报表对象多少依据 HMI 设备型号而定。组态技术人员根据需要输出的报表内容安排报表布局和输出格式。

报表通过经安全性和可靠性测试的打印机打印输出，为此要为 HMI 设备配置通信良好、安全性和可靠性相匹配的打印机。对于采用 Windows CE 操作系统的触摸屏型 HMI 设备（西门子换代的精智系列触摸屏仍采用 Windows CE 操作系统）要配置打印机驱动程序或者组态通信良好的网络打印机。

何时打印输出报表，根据报表输出任务的需要而定，组态可以很灵活。一般情况下，大致分为时间驱动型和事件驱动型两种。

① 时间驱动型　即当某一个设定的日期和时间点到时，执行系统函数“打印报表”或者自定义 VB 函数打印输出报表。例如对于轮班报表，每天在各轮班结束时刻自动定时打印输出先前已组态好的报表。可以通过“计划任务”编辑器组态任务周期时间，具体详见“计划任务”相关章节。

② 事件驱动型　即在按钮单击、变量值超限、报警确认等事件出现时，执行系统函数“打印报表”或者自定义 VB 函数打印输出报表。

第二节 报表的组态过程

下面通过一个实例，介绍组态“报表”的一些概念、属性和组态方法等。

双击图 9-2-1 项目导航窗口中的“报表”→“添加新报表”，系统会自动创建“报表_1”，并打开报表编辑器工作窗口。如图 9-2-2 所示，将报表的系统默认命名重命名为“甲班 1#机报表”。

图 9-2-1　在项目树导航窗格“报表”编辑器创建报表

在图 9-2-2 中的页眉、页脚和详情页面（图 9-2-2 中未展开）组态报表对象，可用的报表对象如图 9-2-3 所示。在图 9-2-2 页眉中组态了一个“图形视图”用来显示报表 LOG；一个文本域“甲班 1#机报表”用来显示报表主题；一个日期-时间域用来显示打印输出报表的时间。

在报表页眉、页脚或详情页面工作区组态报表对象的方法：①当前鼠标活动焦点在某个工作区域时，双击工具箱中需要的报表对象，在相应区域中会自动生成一个双击的对象；②也可以采用拖动的方法将报表对象从工具箱中的选项板里拖拽到工作区域指定位置，本书多采用拖拽的方法在工作区生成需要的对象；③还有就是直接将画面中的对象复制到报表工作区中。

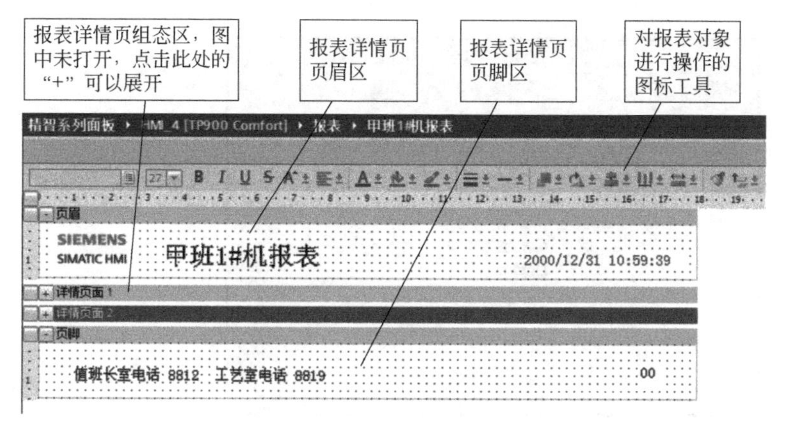

图 9-2-2 报表编辑器工作区

采用上述方法，在页脚中生成一个文本域显示相关部门的电话号码，将“工具箱”中的“元素”选项板里的“页码”元素，拖拽到页脚中，形成页码标记。

在图9-2-2报表工作区窗格的上方有一排图标工具，主要用来编辑报表对象，呈灰色时不可用。当鼠标点击选中报表对象时，图标工具按钮呈彩色颜色显示，可用来调整编辑报表对象，如文字颜色、对齐、翻转等编辑处理，不再详述。

图9-2-3显示的是WinCC Advanced V13 SP1组态精智型面板可以使用的报表对象。不同版本的组态系统和HMI设备，报表是否可用和对象多少是不同的。

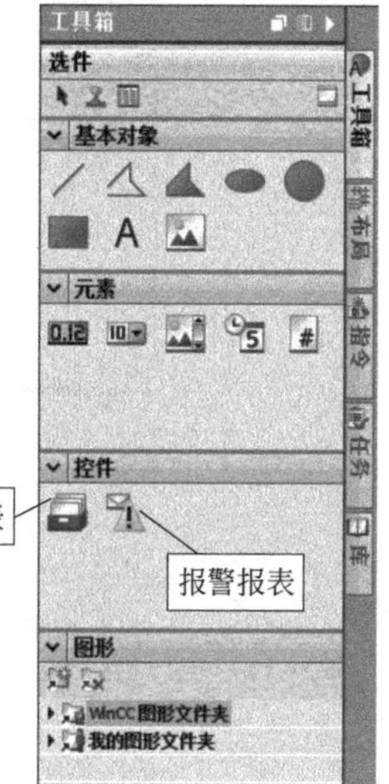

图 9-2-3 报表工具箱中的报表对象

“基本对象”展板上有直线、折线、多边形、椭圆、圆、矩形、文本域和图形视图域。报表上的文字和图形通过文本域和图形视图域实现。

“元素”展板上有I/O域、符号I/O域、图形I/O域、日期/时间域和页码。

“控件”展板上有配方报表和报警报表。

这些报表对象在报表工作区中的组态方法同画面中画面对象的组态方法基本一致，也是通过对象的属性巡视窗口进行组态和配置属性值。

我们先来看看巡视窗口中的报表属性，打开报表属性的方法：①点击或右击图9-2-2报表可编辑工作区之外的空白区；②在图9-2-2报表编辑工作区上右键快捷菜单中，点击“报表属性”命令，皆可打开报表属性，如图9-2-4所示。

在报表“属性”→“常规”→“常规”窗格中，可以组态详情页面是否需要页眉、页脚及其在报表中占用的高度；是否需要为报表配置标题页和封底页，这两页没有页眉和页脚，各独占一页。如果需要，则点选该项即可。

在报表“属性”→“常规”→“布局”窗格中，可以设定报表的页面大小和方向，设定边距和单位等。

如图9-2-5所示，在详情页面组态数据记录的报表输出。

在一个轮班中，为控制产品和操作的质量，需要每隔10min检测一下A区和B区的实际温度和控制的设定温度，在该轮班结束时或者需要时，将检测采集的数据打印出来。为此，组态如图9-2-5所示的打印报表。

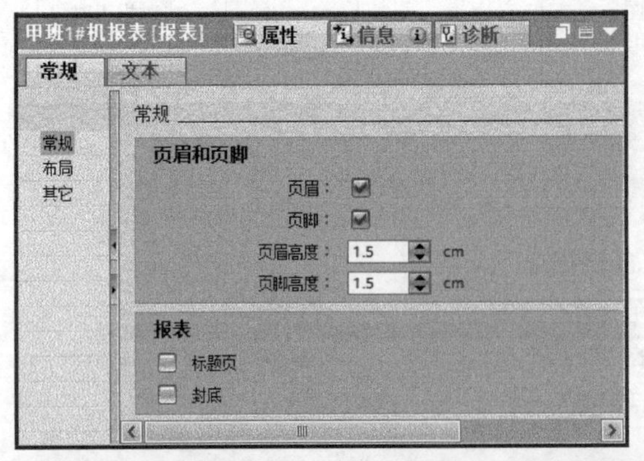

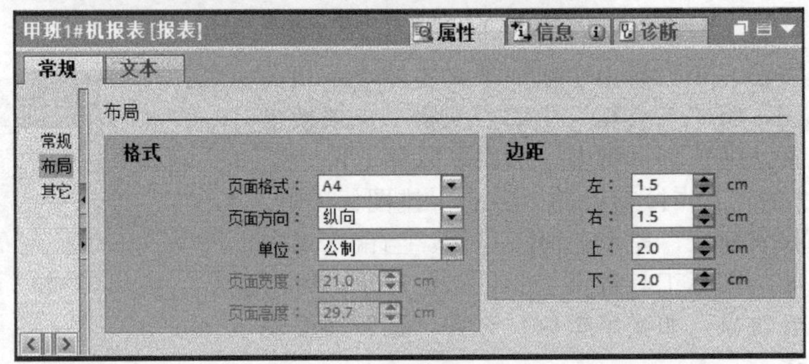

图 9-2-4 报表属性组态窗口

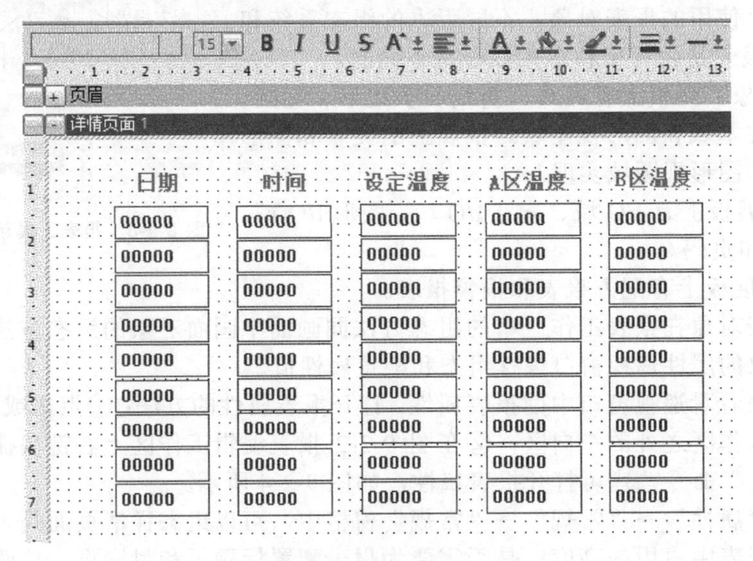

图 9-2-5 数据记录的报表输出

该报表使用了很多 I/O 域显示不同时刻的日期、时间值和设定值、测量值，各个 I/O 域对应组态 PLC 过程变量。

在画面上组态一个按钮对象，通过组态按钮的单击事件的系统函数列表，输出打印报表，如图 9-2-6 所示。为画面中的按钮组态单击事件，在众多的系统函数下拉列表中选择“打印报告”系统函数，并为该函数配置参数，即在许多已组态的报表中选出“甲班 1#机报表”。编译保存所做工作。

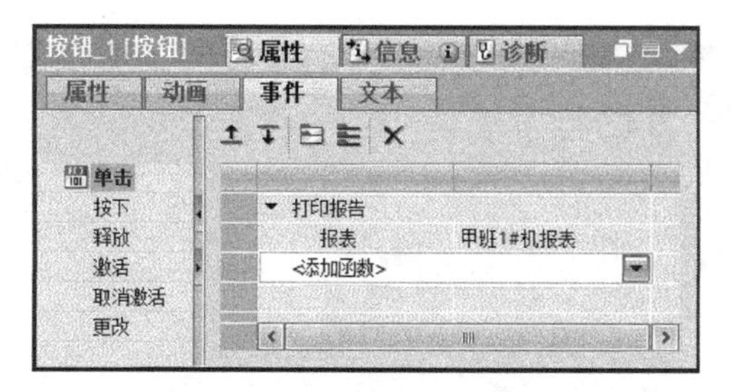

图 9-2-6　单击按钮打印报表

根据需要，可以建立和打印多个报表，在图 9-2-1 中的项目导航窗格中，双击“添加新报表”可以创建一个新报表，如重命名为“甲班 2#机报表”等。

如报表内容较多，可以生成多页报表，在报表详情页面上右击弹出下拉快捷菜单，执行其中“页面”→“在前面插入页面”（或“在后面插入页面”）命令，则会在当前页面之前（之后）生成一个新的详情页面。还可以执行右键快捷菜单命令，调整页与页之间的前后位置，或者删除页等编辑操作。

在打印报表时，执行这一任务的用时可能较长，同一输出动态变量在报表的前后可能会不一样，注意分辨。

第三节 配方报表

上一节我们介绍了数据记录报表的组态。组态系统还提供了“配方报表”和“报警报表”两个报表控件，可以直接引用，提高组态效率。

在如图 9-2-1 所示的项目导航窗格中创建一个报表，将“配方报表”控件从工具箱中拖放到报表的详情页面中，如图 9-3-1 所示，这是“配方报表”在组态界面中的图形表示形式。

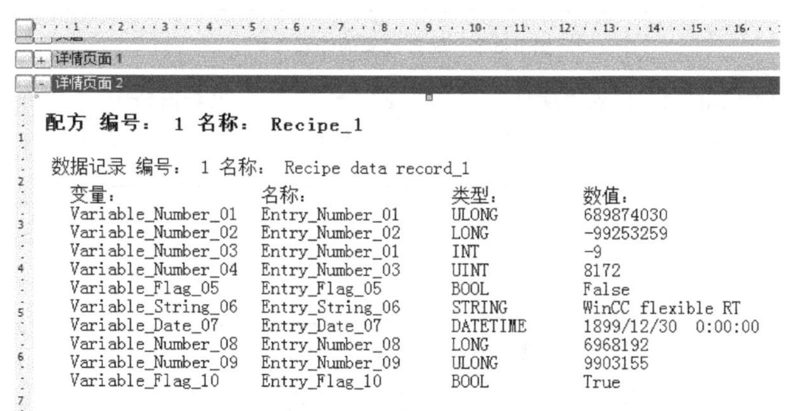

图 9-3-1　配方报表控件在详情页中的视图

在该配方报表的属性巡视窗口中组态其属性。

如图 9-3-2 所示，“配方选择”有三个选项：名称、编号、全部。

① 名称　若选择“名称”，表示指向某个具体的配方，在下面的“配方名称”输入格内右侧点击打开选项对话框，在列出的已组态好的配方名称中，选中需要制表的配方，如图 9-3-2 所示，选择配方“8011”。

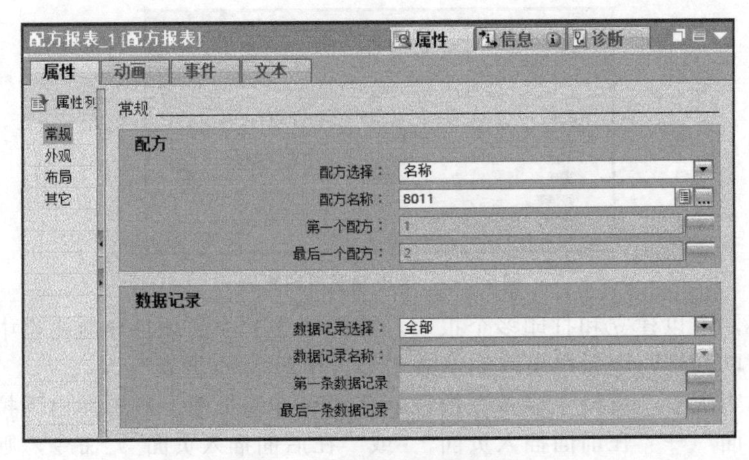

图 9-3-2　配方报表的常规属性

② 编号　按照配方的编号范围选择需要制表的配方。当选择该项时，“配方名称”输入格呈灰色不可用状态，“第一个配方”和“最后一个配方”呈可用状态，输入配方编号值或变量，这两个输入值所划定的配方都列入制表范围。

③ 全部　指所有配方都要制表。一般选择“全部”选项，其它选项格皆呈不可用状态。

“数据记录”的组态方法同理，一般选“全部”。

在图 9-3-3 中设置配方报表的“外观”属性。

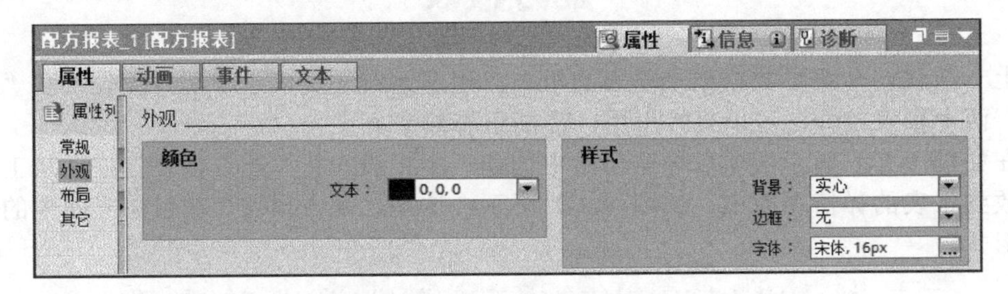

图 9-3-3　配方报表的外观属性

在图 9-3-4 所示的配方报表“属性”→“属性”→“布局”组态窗格中，“可见条目”下各选项的选择与否决定在配方报表中是否打印该项，“可见条目”全部选取对应图 9-3-1 打印格式。

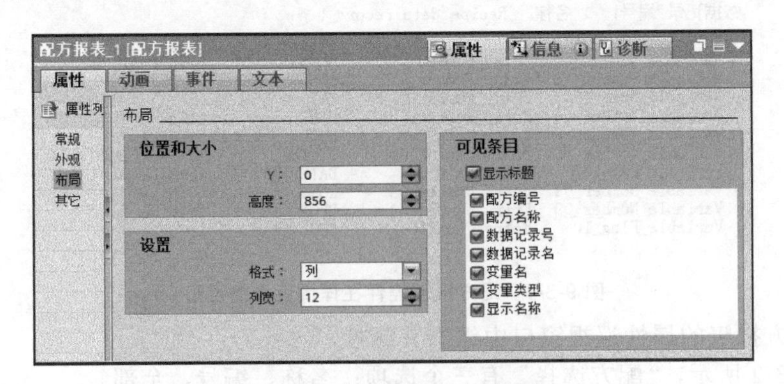

图 9-3-4　配方报表的布局属性

在图 9-3-4 的“布局”→“设置”→“格式”输入格中可选择“线”格式，其对应的打印输出格式如图 9-3-5 所示。

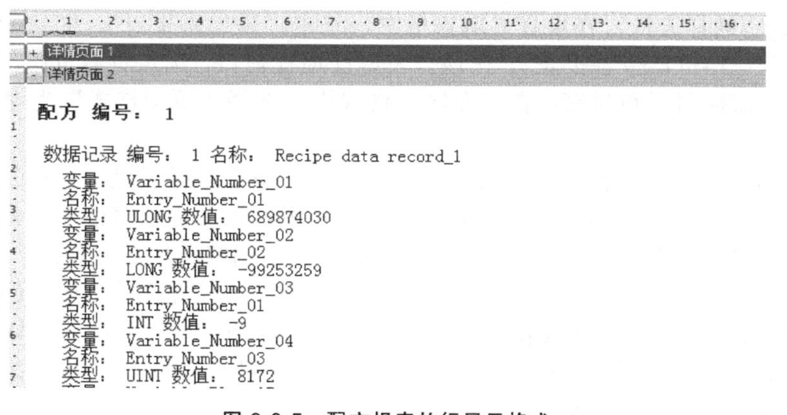

详情页面 1
详情页面 2

配方 编号： 1

数据记录 编号： 1 名称： Recipe data record_1
变量： Variable_Number_01
名称： Entry_Number_01
类型： ULONG 数值： 689874030
变量： Variable_Number_02
名称： Entry_Number_02
类型： LONG 数值： -99253259
变量： Variable_Number_03
名称： Entry_Number_01
类型： INT 数值： -9
变量： Variable_Number_04
名称： Entry_Number_03
类型： UINT 数值： 8172

图 9-3-5 配方报表的行显示格式

然后同样按照前述，设置时间（详见第五节的相关内容）或者事件（如图 9-2-6 所示）驱动打印输出配方报表。

第四节 报警报表

在实际生产现场管理过程中，经常要查询之前生产控制设备发生的报警信息，管理技术人员除了通过触摸屏查看外，也可以通过打印出来的报警报表查看，也方便传阅和分析报警信息。下面我们分步介绍组态报警报表的方法。

步骤一 如图 9-4-1 所示，在项目 HMI 变量表中声明两个内部变量，变量数据类型为 DateTime。这两个日期时间型变量确定一个时间段，我们希望把在这个时间段内发生的报警信息打印成报表。

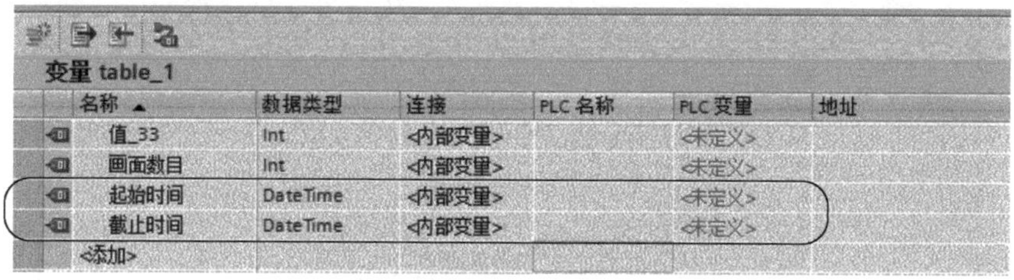

变量 table_1

名称 ▲	数据类型	连接	PLC 名称	PLC 变量	地址
值_33	Int	<内部变量>		<未定义>	
画面数目	Int	<内部变量>		<未定义>	
起始时间	DateTime	<内部变量>		<未定义>	
截止时间	DateTime	<内部变量>		<未定义>	
<添加>					

图 9-4-1 报警报表的变量声明

保存并编译在 HMI 变量表中声明创建的变量，只有编译正确无误，才能在项目的其它编辑组态选项中使用声明的变量。

注意：

每次声明 HMI 变量后都及时编译变量表是个好习惯。

这里重复几句，实际上对于组态编程人员来说，对于复杂些的项目，每做几步组态编程工作就编译一下所做工作是个好习惯，因为一旦当编译出现编译错误时，查找错误是比较麻烦的，虽然系统也会提供一些参考信息。如果两次编译之间的步骤不多，则查找错因可能会容易些。

步骤二 同样方法，在项目导航窗格中，双击“添加新报表”，创建一个新报表，并重新命名为“1#机器报警报表”。在该报表属性巡视窗口，选定页眉页脚，皆设定高度为 1.2cm；不需标题页和封底；在“布局”格式中，选择“页面格式”为 A4，“页面方向”为纵向。

在打开的“1#机器报警报表”工作区，展开其页眉，将报表“工具箱”→“基本对象”展板中的“文本域”拖放到“页眉”中。在报表对象的巡视窗格中，将“文本域”的文本定义为“1#机器报警报表”，宋体，21px 字体。调整布局及位置。

将报表“工具箱”→“控件”展板中的“报警报表”控件拖放到展开的“详情页面2”中，其默认名称为“报警报表_1”。点击图中左上角的“+”号按钮，则展开页眉或页面等项，如点击“-”号按钮，则关闭相应展开的页眉或页面项。“报警报表_1”报警报表控件在页面中，如图 9-4-2 所示。

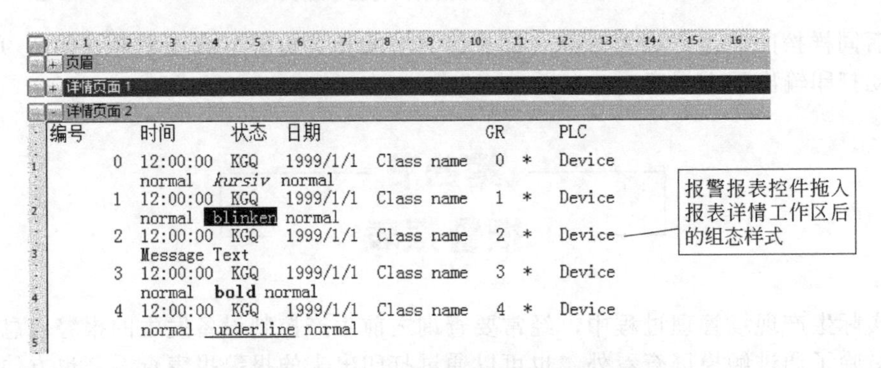

图 9-4-2 报警报表控件在组态系统页面中

步骤三 对于“报警报表_1”报警报表控件，在其属性巡视窗口中组态情况如图 9-4-3 所示。

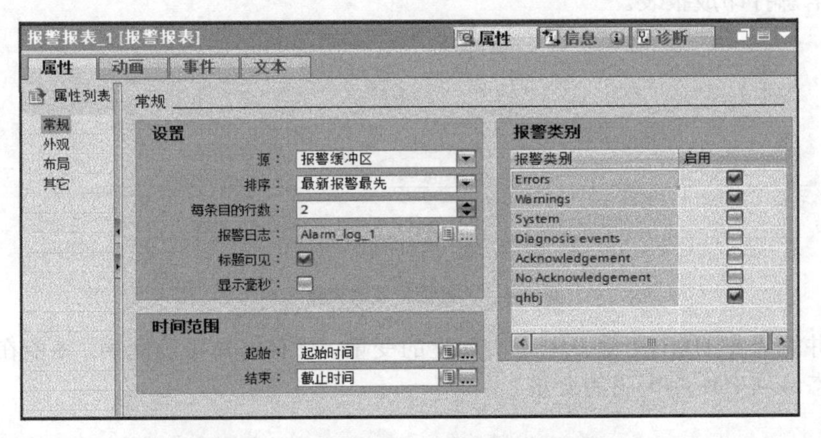

图 9-4-3 报警报表控件常规属性组态窗口

在“属性”→“属性”→“常规”→“设置”中，“源”选项指出报警信息的来源，有两个选项：一是“报警缓冲区”，从有关 WinCC 报警机制的学习章节中，我们知道，这是一个 HMI 设备的报警信息存储区，存储当前已经发生的很多报警记录，有系统定义的自诊断信息和警告报警信息，也有用户自定义的诊断或报警信息，有生产工艺技术类的，也有电气控制系统类的，存储信息的多少取决于 HMI 设备存取区容量的大小，与

HMI 设备选型有关；二是“报警记录”，指定需要打印成报表的报警信息来自哪一个已经创建好的报警记录。图 9-4-3 中“报警日志”选项格处于可用状态，点击其右侧选项按钮弹开选项窗口，选取已经组态好的“报警记录”名称。本例中“源”选项格选取“报警缓冲区”，“排序”选取“最新报警最先”。

在“属性”→“属性”→“常规”→“时间范围”中，如图 9-4-3 所示，“起始”和“结束”项选取之前在 HMI 变量表中创建的“起始时间”和“截止时间”两个内部变量。这表示一个筛选条件，即在“报警缓冲区”中的报警记录，其日期时间戳满足日期时间筛选条件，就列入报警打印报表中。

在“属性”→“属性”→“常规”→“报警类别”中，这取决于在“HMI 报警”编辑器中对系统报警功能的组态情况，本例的用户自定义报警列在“qhbj”类别中，系统的自诊断及报警信息归入“Error”和“Warnings”中。

“报警报表_1”控件布局选项如图 9-4-4 所示。

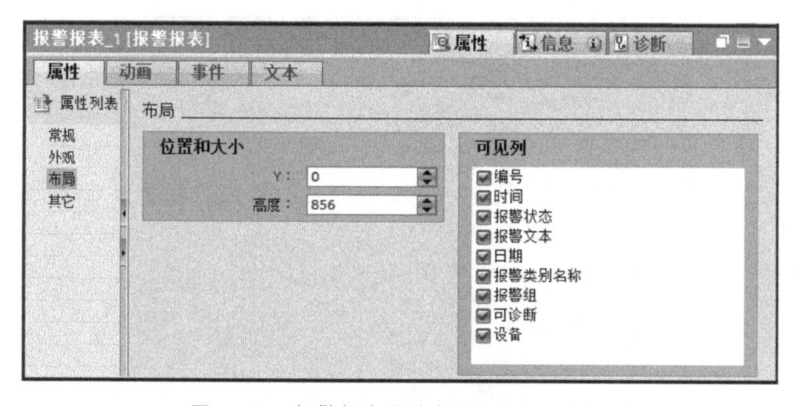

图 9-4-4　报警报表控件布局属性组态窗口

保存编译已做的组态工作。

步骤四　新建一个画面或在某个画面中组态如图 9-4-5 所示的画面对象，画面对象有四个文本域、两个 I/O 域、一个按钮和若干矩形图形。

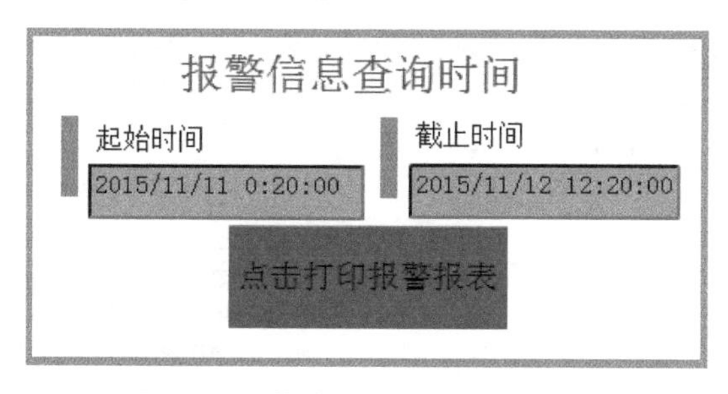

图 9-4-5　筛选和打印报警信息画面

两个 I/O 域的过程变量分别指向图 9-4-1 中的内部变量“起始时间”和“截止时间”。I/O 域类型为输入/输出型。

为按钮的“单击”事件组态“打印报告”系统函数，具体报表参数指向前面创建组态的“1#机器报警报表”，如图 9-4-6 所示。

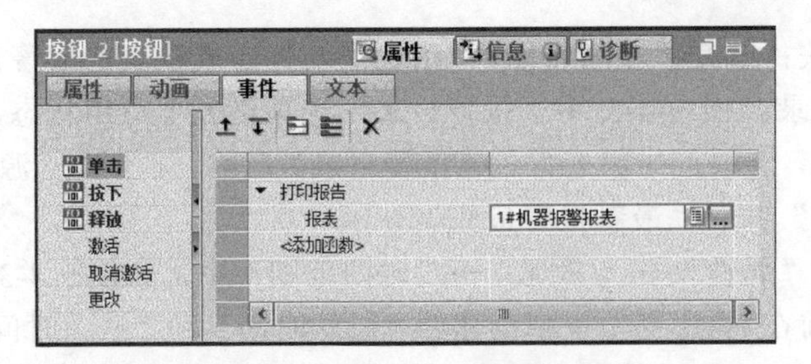

图 9-4-6 按钮打印报警报表事件

步骤五 在项目导航窗口“报表”编辑器项下（或者说“报表”编辑器文件夹中），选中需要打印设置预览的报表，在其右键快捷菜单中，点击命令“打印…”，弹出如图9-4-7所示的对话框，设置打印机名称、系统提供的文档布局格式等。如果HMI设备中安装有“Adobe PDF”软件，可以将报警报表直接打印成“PDF”文档。点击图9-4-7中“高级”按钮，打开图9-4-8对话框，可以选择“打印”设备等打印事项。

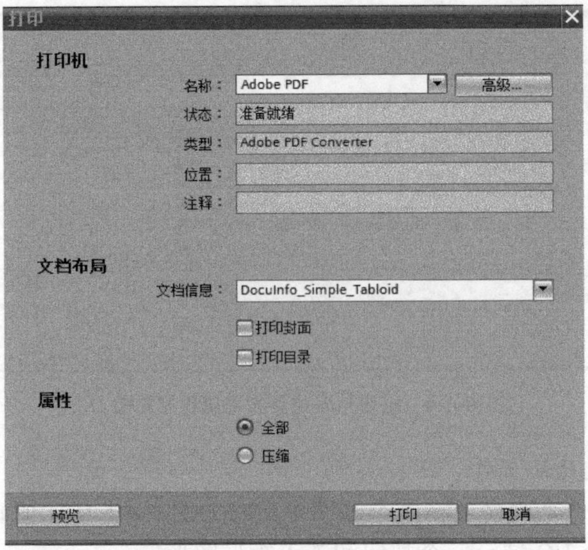

图 9-4-7 报警报表的打印设置

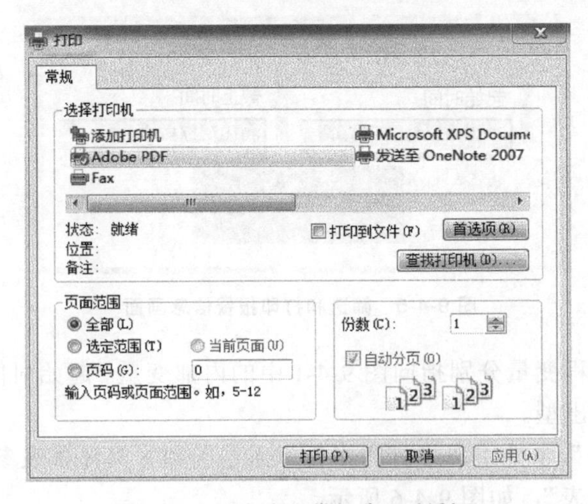

图 9-4-8 “打印”常规选项对话框

步骤六 保存编译以上全部组态设置，可以在安装有组态软件的 PC 机上模拟演示组态结果。

在组态软件的图标工具中，点击“开始仿真”按钮，仿真运行系统运行，在如图 9-4-5 所示的运行画面中，点击“起始时间”I/O 域，运行系统弹出软键盘，输入开始日期和时间，同理输入截止日期和时间。点击“点击打印报警报表”按钮，仿真运行系统给出对话框，在对话框内输入报警报表 PDF 文档的文件名称和保存地址，点击“确认”，仿真演示结果会生成一个的“报警报表”PDF 文档。

第五节 计划任务功能及打印任务

我们先来组态“计划任务”的打印任务实例，然后介绍“计划任务”功能。

在上一节报警报表实例中，通过图 9-4-5 运行系统画面中“点击打印报警报表”按钮单击事件打印报表，还可以通过 WinCC Advanced V13 SP1 组态软件的“计划任务”编辑器，为运行系统组态一个打印报表的任务,此时，不需要画面及按钮等，在运行系统后台自动执行打印操作。

双击项目导航窗格中“计划任务”编辑器，如图 9-5-1 中所示。打开图 9-5-2 所示“计划任务”编辑器窗口，在编辑器中创建一个“打印 1#机器报警报表”的任务。具体做法是：双击图中的“添加”字符，系统会创建一个名为“Task_1”的默认任务,在“名称”列中将“Task_1”重命名为“打印 1#机器报警报表”；在“类型”列中选中“函数列表”；在“触发器”列中的下拉列表中，选中“报警缓冲器溢出”，表示每当报警缓冲器报警信息溢出时执行任务，能够执行的任务很多，具体执行什么任务由该任务的更新事件指定。本例是打印报表任务，如图 9-5-3 所示。在该任务的属性巡视窗口中的事件选项卡上组态打印“1#机器报警报表”的任务。

图 9-5-1 创建计划任务

精智系列面板 ▸ HMI_4 [TP900 Comfort] ▸ 计划任务

计划任务

名称	类型	触发器	描述	注释
打印轮班报表	函数列表	每日	每天在 17:30。	
打印1#机器报警报表	函数列表	报警缓冲区溢出	报警缓冲区溢出时执...	
<添加>				

图 9-5-2 组态计划任务

由“计划任务”组态的报表打印任务，不需要画面和对象支持，在运行系统后台自动运行，这是“计划任务”所编辑的执行功能任务的特点。

“计划任务”是 WinCC Advanced V13 SP1 版本组态软件可以组态设置的重要功能，相当于 WinCC Flexible 中的调度器的功能。“计划任务”就是当某个时刻到达或者某个系统事件发生时，自动触发执行用户组态设定的操作任务。例如每天下午 17 点，定时打印工艺数据记录报表，不需要 HMI 设备画面的支持，不需要操作画面对象（如点击按钮

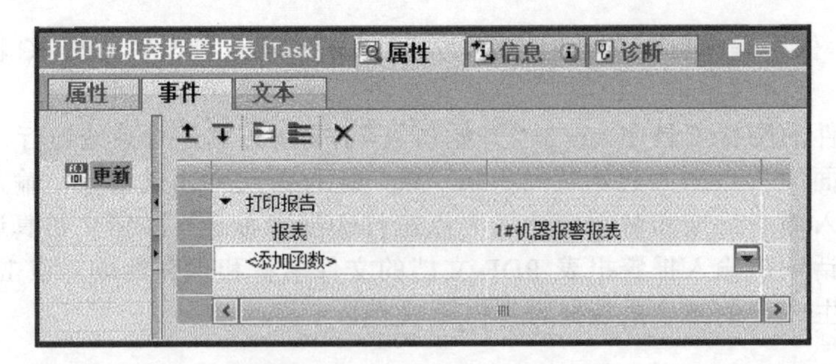

图 9-5-3　计划任务的更新事件

等)，打印任务到时会自动在后台执行。

通过上述“打印 1#机器报警报表”的实例，我们已经认识了“计划任务”的创建、组态的操作过程。下面再详细介绍其中的一些应用。

见图 9-5-2“计划任务”组态工作区，图中每一行定义一个任务，通过双击末行中的“添加”字符，创建一个新的任务，用户可以在“名称”列中重新为任务命名一个便于识别记忆的任务名。类型列的选项就一个“函数列表”，也可以在“计划任务”工作区下方的“计划任务”属性巡视窗口组态任务的详细选项，见图 9-5-4。

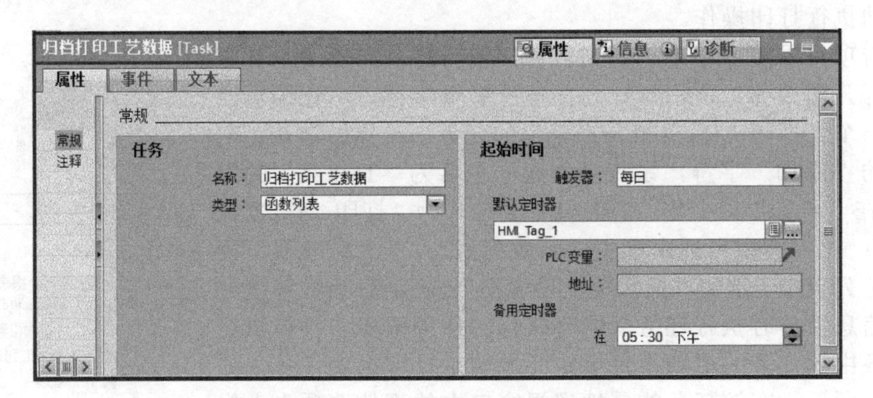

图 9-5-4　计划任务的常规属性组态窗口

“触发器”是组态工作的重点，触发器定义什么时候执行任务。在其下拉列表中选项较多，选项的多少根据 HMI 设备型号，组态软件版本等不同会有不同。就本书介绍的 WinCC Advanced V13 SP1 版本来说，“触发器”的选项和用法见表 9-5-1。

表 9-5-1　任务执行触发器选项

触发器选项	类型	作用
一次	非周期型触发	在任务属性中指定的时间点执行一次任务
运行系统停止	系统事件触发	在运行系统即将停止前执行任务
画面更改		当发生画面更改时执行任务
用户更改		当发生用户更改时执行任务
打开对话框时		每当打开对话框时执行任务
关闭对话框时		每当关闭对话框时执行任务
1 分钟	周期性触发	每一分钟执行一次任务，周期进行
1 小时		每一小时执行一次任务，周期进行
每日		每天执行一次任务，周期进行

续表

触发器选项	类型	作用
每周	周期性触发	每周执行一次任务，周期进行
每月		每月执行一次任务，周期进行
每年		每年执行一次任务，周期进行
已禁用	取消任务	取消执行任务

现以触发器选项“每日”的选项介绍“任务”属性巡视窗口中的组态，如图 9-5-4 所示。

“名称”：用户设定的任务名称。

“类型”：函数列表，即指执行的任务在“事件”中的函数列表中组态。

触发器的起始时间的设定：①当用户的任务执行起始时间不确定时，可以在“HMI 变量表”或者与 HMI 设备相连的 PLC 变量表中预定义一个变量，如图 9-5-4 中的“HMI_Tag_1”，数据类型必须为“DateTime”的 HMI 内部变量，在画面中设置一个 I/O 域，其过程变量链接该 HMI 内部变量，在运行系统中（或者仿真运行时），操作者输入一个日期时间，则在该时间执行任务；如果是 PLC 变量则在下方的“PLC 变量”格中选中 PLC 变量，也是一个数据类型为日期时间的变量。②当上述画面的 I/O 域没有输入日期时间值，则用户任务在“备用定时器”输入格里确认的日期时间起执行。

“起始时间”的组态会因触发器选项的不同而略有不同。

Chapter 10

第十章 HMI设备的用户管理

第一节 用户管理的目的

使用机器设备控制能量和原材料生产产品涉及人身安全、设备财产安全和产品质量安全等问题。现代机器和产品越来越向高精尖的方向发展，因此，一方面参与生产过程的人员需要接受良好的培训和教育，以使生产过程更加高效，绿色低成本、安全无故障；另一方面，机器控制系统本身也应具有一定防范错误和各种事故风险的措施。HMI 设备的用户管理功能就是其中的一种防范风险的安全措施。

本章中的“用户”概念，指的是机器购买和使用者，是指围绕机器开展生产活动的一群人，此前章节中的“用户”是指为机器设备设计组态 HMI 设备的人员，注意分清。

在生产现场，会有不同专业部门的人员参与机器设备的生产活动，同一专业部门也会有若干人参与，他们都是机器的用户。对于较复杂的机器生产过程，出于良好管理的需要，生产、工艺、质量、设备维修等部门的人员都要参与机器的生产和管理，每个部门的业务不同，其人员受到的技术培训和掌握的专业知识不同，在查看和操作机器时的侧重点就不同，他们关注和掌控机器有关自己部门业务的部分，对其它机器性能参数和操作不熟悉不了解，所有用户都是通过人机交互接口界面（Human Machine Interface，HMI）设备查看和操作机器，HMI 设备中有大量的数据和可操作对象，这样多的人员作用到同一个 HMI 设备，就存在误操作、泄露数据、输入错误数据等风险。从机器使用的角度，对这些使用人员就要有一个管理的问题，希望专业部门人员只查看和操作机器有关本专业业务的部分，其它部分没有查看和操作权限，这就是 HMI 设备的“用户管理”。

熟悉本部门业务的人员还要经过授权才具有本部门使用范围相应的权限，不同部门的人员具有不同的权限，权限是通过拥有唯一的机器用户名和掌握并输入机器密码实现的。“管理员组”的成员或者机器的综合生产管理者根据安全有序生产的需要将机器运行查看和操作的权限授权给各个部门的人员，或者删除某些用户及权限。所以，通过 HMI 设备的用户管理功能，可以较好地规避一些风险，辅助安全生产管理，防止机器被未经授权的人员查看和操作。

例如，机器的启动停止操作权限就只交给生产操作人员，其它部门的人员不可以启动和停止机器。又如机器上一些关键的工艺参数的设置和调整权限只交给工艺质量部门的人员，其他人员无法看到这些关键工艺参数，或者不能修改这些工艺参数等。通常，机器用户名、密码和权限的分配由被称为“管理员组”的成员控制，机器交到最终用户手里后，机器的生产管理者可将“管理员组”的密码更改或者再创建一个具有相同管理权限的用户，例如“综合生产管理员”等，管理机器的用户、密码和权限的分配或者取消用户的权限等。

高端的 HMI 设备还具有用户登录使用机器跟踪功能，即 HMI 设备会记录某个用户何时登录上机器，何时退出等。

第二节 运行系统中的用户管理

“用户管理”功能的组态和参数设置是在工程组态系统中进行的，即在 WinCC Advanced V13 SP1（本书介绍版本）软件中设计组态，组态好的程序下载到 HMI 设备中，在 HMI 设备中的运行系统中运行，即 WinCC Runtime Advanced 中运行。运行系统中的“用户管理”的功能和特点是在工程组态系统的“运行系统设置”“用户管理”编辑器和画面“用户视图”控件中组态和设定参数的。

本节认识“运行系统设置”中的“用户管理”。

如图 10-2-1 所示，在项目导航窗格中双击“运行系统设置”(Runtime settings)标签，打开“运行系统设置”编辑器窗口，如图 10-2-2 所示。

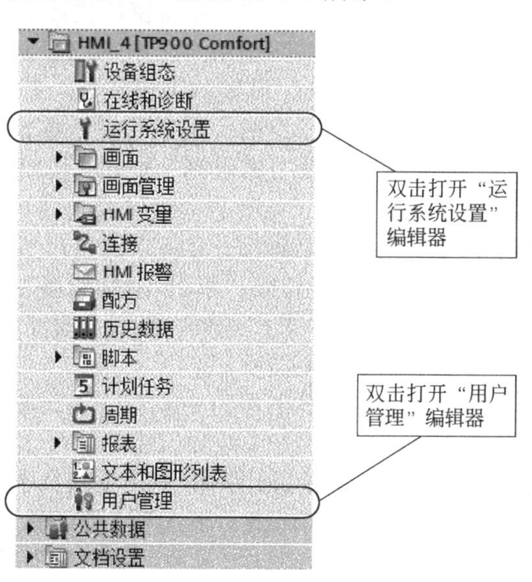

图 10-2-1　在项目树导航窗口打开“运行系统设置”编辑器

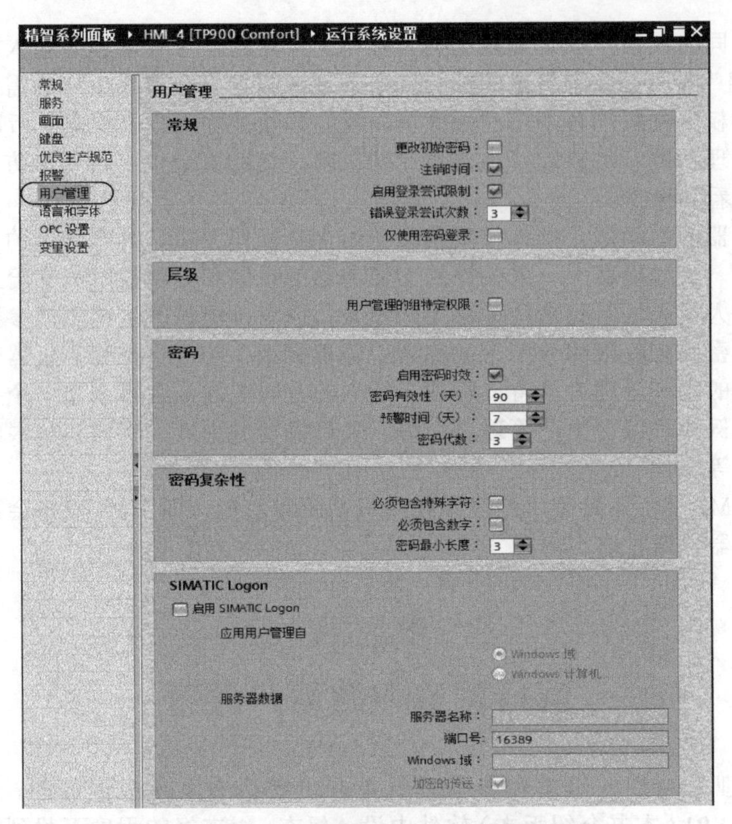

图 10-2-2　运行系统设置中的用户管理编辑区

在图 10-2-2 中，点击编辑器左侧导航区中“用户管理”(User administration)。标签，打开图中示右侧的“用户管理”编辑区，该区的几个编辑板块参数的设定，决定了“用户管理”在运行系统中一些特性。

在“常规”板块中，“更改初始密码”复选项被选中，则表示用户在初次登录时，必须更改管理员所分配的密码，通常密码默认为“administrator”。机器设备交付时，用户管理者可用该单词作为用户名和密码登录机器，并将密码更改。“注销时间”表示从运行系统检测不到操作员操作到用户管理自动注销用户之前的这段时间，也就是如果有一段时间用户没有操作 HMI 设备，将注销 HMI 设备的可操作性，必须再次用密码登录机器，才可执行操作。具体时间的多少在后面介绍的“用户管理”编辑器中设定。此处决定是否需要这个“注销时间”功能。“启用登录尝试限制”如果被选中，则表示在运行系统中，登录不成功再次登录的次数有限制，在下一项的“错误登录尝试次数”中设定次数，例如 3 次，如错误登录至第 4 次，则用户管理机制会将当前用户名分配到“未授权”组中，这表示该用户没有任何使用 HMI 设备的权限，直到 HMI 设备“管理员”重新为之分配授权。反之，如果“启用登录尝试限制”未被选择，则反复登录次数不受限制。“仅使用密码登录”即登录机器只要密码即可，无需用户名。

在“层级”板块中，选中“用户管理的组特定权限”复选框时，管理员只能管理其组编号小于或等于管理员自身组编号的用户。例如，组编号为 8 的管理员只能管理其组编号小于或等于 8 的用户，即管理员只能将用户分配到组编号小于或等于 8 的组中。

在“密码”板块中，选择“启用密码时效”复选项，则下面各项皆为可选状态：“密码有效性（天）”表示密码有效的天数，超过该天数，用户持有的密码将失效不再可用，需要用户“管理员”重新分配密码。“预警时间（天）”表示在快要失效的设定时间（天）

内，用户管理机制在用户登录机器时发出密码有效性快要到期的警示，提醒用户请“管理员”进行更改设置。如果“启用密码时效”复选项没有选中，则密码永久有效，其下各项处于灰色不可选状态。

在“密码复杂性”板块中，“必须包含特殊字符”选项选中则表示指定的密码中必须至少包含一个特殊字符。“必须包含数字”选项选中表示密码字符串中必须含数字。“密码最小长度”表示密码字符串的最小长度。

在“SIMATIC Logon”板块中，设置 HMI 设备在具有服务器的网络中登录机器的选项，对于单独 HMI 设备控制，不需选择。

做出以上组态后，关闭“运行系统设置”编辑器。待下载 HMI 设备后生效。

第三节 用户管理编辑器和用户视图

HMI 设备的用户管理主要是通过“用户管理”编辑器和画面中的“用户视图”控件实现用户管理的。

双击图 10-2-1 项目导航窗格中的“用户管理”编辑器标签，系统会打开如图 10-3-1 所示的“用户管理”编辑器窗口。窗口上部是用户管理工作区，有两个选项卡，即“用户”选项卡和“用户组”选项卡。窗口下部是属性巡视窗口，根据在上部分选择的对象，即在巡视窗口显示该对象的属性。

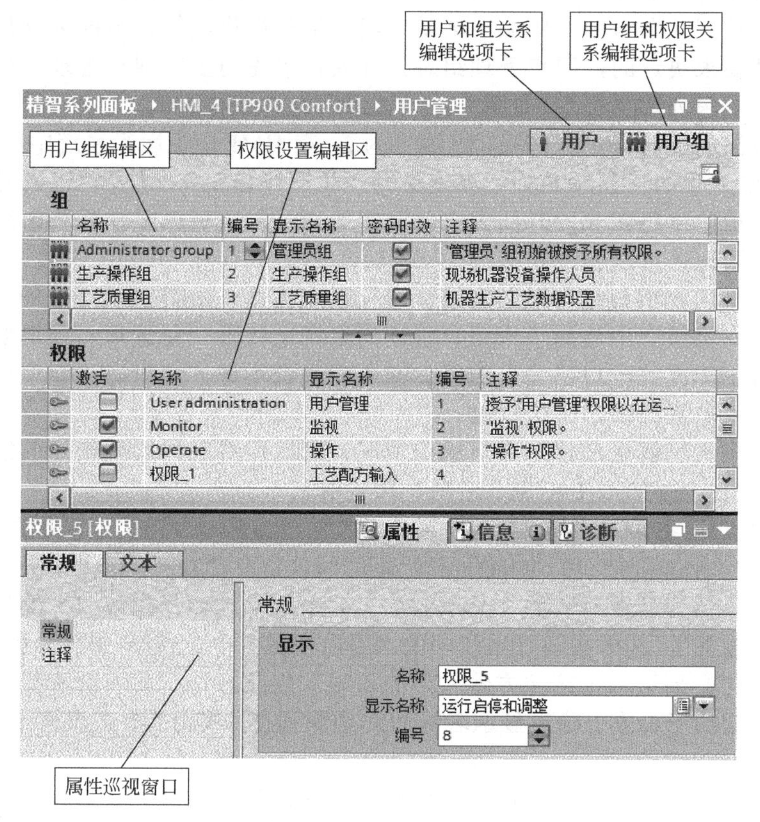

图 10-3-1 用户管理编辑器窗口“用户组”选项卡打开

图 10-3-1 为“用户组”选项卡打开的图表，图 10-3-2 为“用户”选项卡打开的图表（略去属性巡视窗口）。

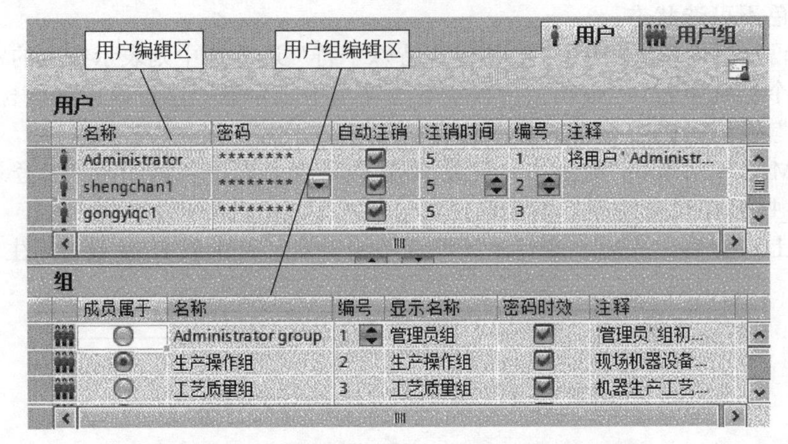

图 10-3-2 用户管理编辑窗口“用户”选项卡打开

初次打开这两个选项卡，在组态表格中会有组态系统预定义的一些设置，例如“权限”组态表中的“User administration”（用户管理）权限，“Monitor”（监视）权限和“Operate”（操作）权限；“组”组态表格中的“Administrator group”（管理员组）组；“用户”组态表格中的“Administrator”（管理员）组成员等。这些预定义的设置有些不可清除，在实际项目中可以使用也可以不使用，建议作保留处理。

我们现在先来了解图 10-3-1“用户组”选项卡的作用。首先把接触和操作使用机器的用户人员归纳到几个组中，例如工艺质量组、生产操作组等，组的划分是由生产现场人员组织管理要求决定的，用户管理组态设计人员事先与生产现场管理人员沟通好，按照现场生产的要求创建“组”，如图 10-3-1“组”组态表格中的“生产操作组”，这是组态技术人员添加创建的自定义的组，组编号为 2，在 HMI 设备运行系统中的“用户视图”（下面介绍用法）上的“显示名称”亦定义为“生产操作组”，选择“密码时效”有效，即该组所有成员的密码在一段时间内有效（例如 90 天），可以在注释列中添加对该组的解释和描述。同理还可以创建其它组。

注意组编号的大小与组与组之间的管理权限有关系，在图 10-2-2 中的“运行系统设置→用户管理→层级”中选择了“用户管理的组特定权限”复选项，则组编号大的组可以管理组编号小于或等于自己编号的组。如果该选项不选，则只有“管理员”具有用户管理权限，这也是系统预定义的权限。

当然，如果不了解生产现场人员组织情况，可以用具有一般代表性的组名创建组，例如组 1、组 2、组 3 等或者甲班、乙班、丙班等。

在“权限”组态表格中创建“权限”，其中已有组态系统预定义的权限：“User administration”“Monitor”和“Operate”，还可以自定义“权限_1”“权限_2”……可以将这些权限的具体含义在对应的“显示名称”列中细化。如“权限_1”的显示名称定义为“工艺配方输入”，这样在运行系统中的“用户视图”中，“管理员”分配用户权限时，权限选项列表中会显示“工艺配方输入”的权限。依此方法，将查看和操作项目画面中对象的全部权限给予命名，确定显示名称和编号罗列在“权限”组态表格中，如图 10-3-1 所示。

每个权限占用一行，其中左侧一列为是否“激活”复选项列。当在“组”表格中选中“生产操作组”时，在“权限”表格中的第一列选择“Monitor”选项，就表示给“生产操作组”授予了“Monitor”和“Operate”权限。HMI 设备用户管理的权限是授给“组”的，不是授给具体的“用户”的。同一组中的成员具有相同的权限。

再看权限和画面对象是如何关联的。例如画面中有一按钮（按钮_1)，定义其功能为启动和停机按钮，只有“生产操作组”的成员才可操作。如图 10-3-3 所示，在该按钮的属性巡视窗口中左侧的属性项列表中，点击打开“安全”选项板，点击“权限”输入格右侧的选项按钮，在弹出的“权限”选择窗口中选择在“用户管理”编辑器中“用户组”选项卡中定义的“Operate”权限。保存编译设置。结果是，在运行系统中，点击该按钮启动机器，“生产操作组”的人员具有密码和“Operate”权限，则点击有效可以开动机器。如果只将“Operate”权限授权给“生产操作组”，则只有该组的用户才能启动机器，其它任何组的成员都不可以。

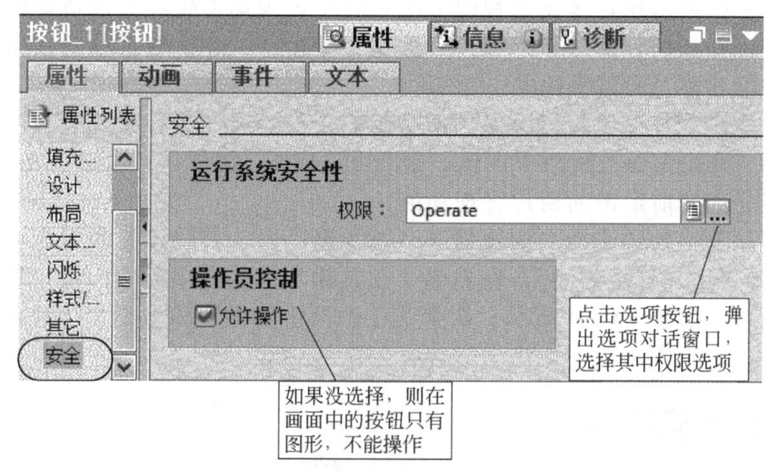

图 10-3-3　画面对象（如按钮）安全权限的组态

具有类似图 10-3-3 所示“运行系统安全性→权限”属性的画面对象很多，有 I/O 域、按钮、符号 I/O 域、符号库、图形 I/O 域、滚动条等，还有报警视图、配方视图、系统诊断视图控件等。这些画面对象在查看和操作时都可以为其组态安全权限，并通过“用户管理”编辑器的“用户组”选项卡授权给用户组。

怎样创建“用户”，有两个途径。第一个是如图 10-3-2 所示，在“用户”选项卡的“用户”表格中，在“名称”列中添加用户名，在“密码”列中点击下拉按钮，在弹出的窗口中输入密码和确认密码，即为该用户登录机器创建了口令密码。选择是否自动注销和注销时间，为用户指定唯一的编号等。或在该用户属性巡视窗口中组态密码等属性，见图 10-3-4。

图 10-3-4　用户属性巡视窗口

在图 10-3-2 下方的“组”表格的左侧第一列“成员属于”中，为每个用户划分组别。这个“组”表就是前面“用户组”选项卡中定义的那些组。例如图 10-3-2 中，用户

“shengchan1”属于“生产操作组”的成员，因此具有“生产操作组”的所有权限。其中用户“Administrator”是组态系统预定义的成员，一般保留。

在“用户”选项卡中定义的用户，下载到HMI设备后，在其运行系统的“用户视图”中可以正常使用，例如前述的机器启动停止按钮，其操作权限只交给了“生产操作组”，当用户“shangchan1”点击该按钮时，（如果之前未登录机器）运行系统会弹出如图10-3-5所示窗口。输入用户名和密码，点击“确定”，“Login”对话框自动关闭，用户“shangchan1”登录机器成功，由于该用户是“生产操作组”的成员，拥有权限，所以点击启动按钮，则机器运转。

如果由没有该按钮操作权限的“工艺质量组”成员“gongyiqc1”点击该按钮，运行系统会弹出警示，指出当前机器操作者授权不足。

实际上更多的机器用户定义及权限分配是在生产现场由生产管理员操作管理的，也是下一节要重点介绍的，即创建“用户”的第二个途径：在运行系统的“用户视图”中定义用户、分配权限、设置密码。

前面在“用户管理”编辑器中做的所有组态工作是通过运行系统的“用户视图”控件发挥作用的，为此先要在画面中声明一个“用户视图”控件，下载到HMI设备中，“用户视图”就会完成先前组态的用户管理功能。

在项目导航窗格的“画面”编辑器下，添加新画面，并将该画面重命名为“用户管理画面”，打开“用户管理画面”，在右侧“工具箱”控件选项板中，将“用户视图”控件拖放到画面中，如图10-3-6所示。调整其在画面中的位置和大小，在其属性巡视窗口中组态其属性，这里省略。

图10-3-5　运行系统中的用户登录对话框

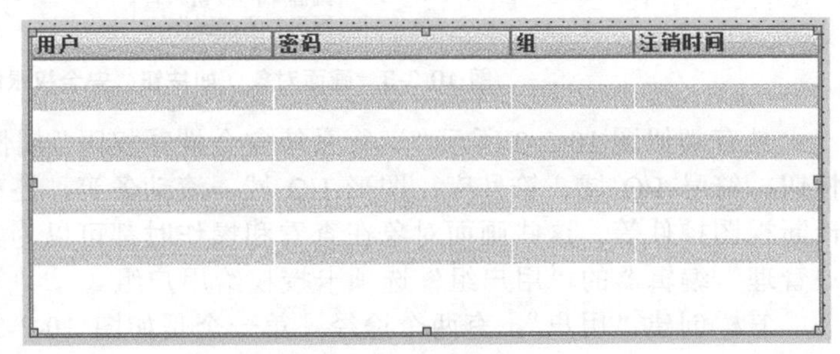

图10-3-6　用户视图

至此，保存编译项目组态工作。仿真用户管理功能，看其是如何在运行系统中工作的。

第四节 运行系统中的用户管理

在运行系统中，在之前无合法用户登录机器的情况下，用户查看和操作设置有保护权限的画面对象时，系统会自动弹出如图10-3-5所示的用户登录对话框。要求操作者输入正确的用户名和登录密码。这是在运行系统中出现的对话框。

也可以根据需要，在组态系统中为一个按钮或其它合适的画面对象的事件组态一个

“显示登录对话框”的系统函数，如图 10-4-1 所示。这样，在运行系统中，单击按钮即弹出图 10-3-5 所示登录对话框。

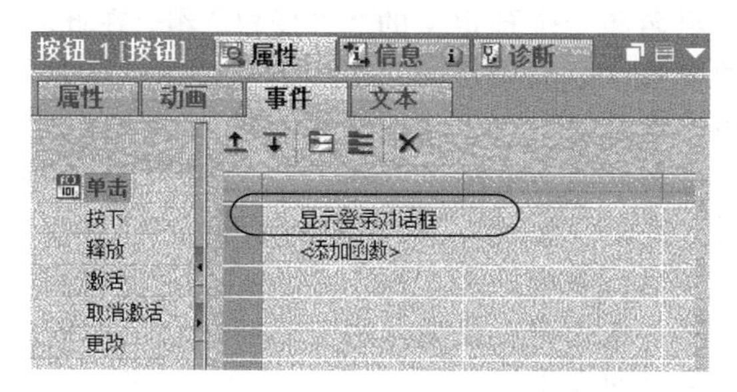

图 10-4-1　显示登录对话框系统函数

现在再来梳理一下组态系统在“用户管理”编辑器中预定义的用户“administrator”（管理员）、用户组“Administrator group”（管理员组）和权限“User administration”（用户管理）。系统默认在运行系统中的登录对话框中，以“administrator”作为用户名和密码登录机器，将拥有“User administration”（用户管理）的权限，如图 10-4-2 所示。所谓用户管理权限就是可以创建和删除用户名，分配权限或改变权限，为用户设置密码或更改密码等。

图 10-4-2　用预定义的管理员用户名登录

密码为“administrator”，点击确定，弹出图 10-4-3 的“用户管理视图”。

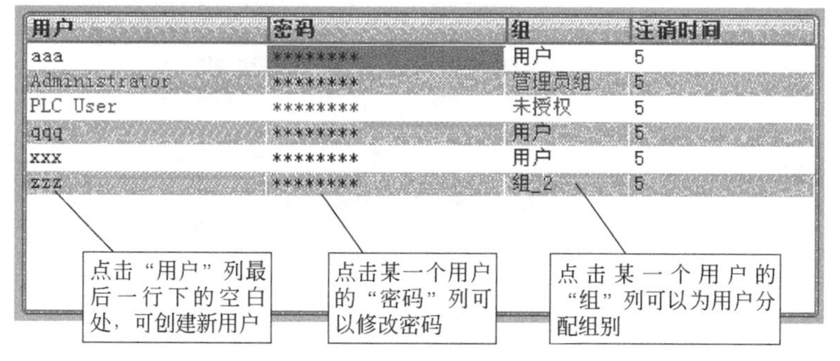

图 10-4-3　运行系统中的用户管理视图

只有具有“User administration”（用户管理）权限的“管理员”才能查看和管理图 10-4-3 所示用户管理视图。该运行系统中的用户视图罗列了所有参与机器操作使用的用户名、密码和权限（即分配到哪个组）。

点击用户管理视图中“用户”列最后一行下的空白处，可以添加新的用户名，随后在“密码”列输入新用户的密码，点击同行的“组”列，系统会弹出下拉列表，显示在组态系统中创建的所有组名和一个预定义的“未授权”组，在此将用户分配到某个组中，从而拥有了该组具有的权限。如果用户的“组”列选项是“未授权”则表示此用户没有任何权限，也就是在用户管理时，可以将违法用户纳入“未授权”组，对于多次登录失败的用户，系统会自动将其纳入“未授权”组。经“管理员”审核可以将纳入“未授权”组的用户重新分配权限（重新分配组），这就是运行系统中的用户管理的主要内容。

其他用户也可以登录运行系统的用户视图，但是只能看到自己的用户名，仅作自我管理之用，如修改密码等，或者查看组编号小于或等于自己组的成员情况。

注意登录时，区分字母的大小写。

第五节 用户管理组态实例

现在用一个实例介绍组态一台机器的用户管理的方法。

根据现场生产管理的需要，将操作使用机器的人员分为如下几个组。

① 生产操作组　由具体操作机器进行生产的人员组成，操作机器自动化运行的启动停止，手动调节机器，主要成员有 A1、A2、B1、B2、C1、C2 等。

② 工艺质量组　指定和控制机器的工艺参数、工艺配方、生产产品的质量指标，主要成员有 AG1、AG2、BG1、BG2、CG1、CG2 等。

③ 设备维护组　机器机电性能参数的调整和维护，主要成员有 SW1、SW2 等。

④ 综合管理组　机器生产的管理人员，承担用户“管理员”的职责，查看和掌握机器生产的产品数量、能耗、效率等数据记录，主要成员有 ZG1、ZG2 等。

下面是该实例的组态步骤。

步骤一　如图 10-5-1 所示，在项目的用户管理编辑器中组态“组”和“权限”。图中显示的是“综合管理组”的权限组态关系。

组

名称	编号	显示名称	密码时效	注释
Administrator group	1	管理员组	☑	'管理员'组初始被授予所有权限。
生产操作组	2	生产操作组	☑	现场机器设备操作人员
工艺质量组	3	工艺质量组	☑	机器生产工艺数据设置
设备维护组	4	设备维护组	☑	设备维护人员
综合管理组	8	综合管理组	☑	生产组织综合管理人员
<添加>				

权限

激活	名称	显示名称	编号	注释
☑	User administration	用户管理	1	授予"用户管理"权限以在运行系统中…
☑	Monitor	监视	2	'监视'权限。
☑	Operate	操作	3	"操作"权限。
☑	权限_1	工艺配方输入	4	
☑	权限_2	查询过程数据	5	
☑	权限_3	报警信息查看	6	
☑	权限_4	运行参数显示	7	
☐	权限_5	运行启停和调整	8	
<添加>				

图 10-5-1　实例的“组”和“权限”表

其中，综合管理组的组编号值最大，为 8，赋予的权限最多，包括第一项“User administration”(用户管理)系统预定义权限，接管保留的 Administrator group 组的权限。原预定义的“Administrator group”组的权限“User administration”取消激活。

点选图中的不同组，可以看到各组拥有的权限不同。例如综合管理组没有“权限_5”，即“运行启停和调整”的权限。本例 HMI 设备的画面中，有一个画面，其上有机器自动运行的启动停止按钮、手动操作和机电参数调整 I/O 域、滑块等，通过一个按钮打开此画面，这个按钮的运行系统安全权限为“权限_5”(运行启停和调整)。

图 10-5-1 中的“权限_1”(工艺配方输入)，组态给一个按钮，点击该按钮，打开一个工艺配方参数页面，用于查看和输入工艺配方参数。该权限赋予工艺质量组和综合管理组。其余权限同理类推。

步骤二 如图 10-5-2 所示，添加用户并分配组，将用户组态结构和用户名及密码等做好记录并交现场综合管理组人员，由其根据现场需要组织用户管理。

用户

名称	密码	自动注销	注销时间	编号	注释
Administrator	********	☑	5	1	将用户 'Administrator' 分配给 '管...
A1	********	☑	5	2	
AG1	********	☑	5	3	
SW1	********	☑	5	4	
ZG1	*****...	☑	5	5	
<添加>					

组

成员属于	名称	编号	显示名称	密码时效	注释
○	Administrator group	1	管理员组	☑	'管理员' 组初始被授予所...
○	生产操作组	2	生产操作组	☑	现场机器设备操作人员
○	工艺质量组	3	工艺质量组	☑	机器生产工艺数据设置
○	设备维护组	4	设备维护组	☑	设备维护人员
●	综合管理组	8	综合管理组	☑	生产组织综合管理人员
	<添加>				

图 10-5-2 实例的“用户”和“组”

步骤三 在项目画面中新建一个“用户管理画面”，将控件“用户视图”拖放到画面中，组态其属性。

保存编译组态项目，仿真运行该实例，以用户“ZG1”的用户名和相应密码登录用户管理视图，显示如图 10-5-3 所示。

用户	密码	组	注销时间
A1	********	生产操作组	5
Administrator	********	管理员组	5
AG1	********	工艺质量组	5
PLC User	********	未授权	5
SW1	********	设备维护组	5
ZG1	********	综合管理组	5

图 10-5-3 实例的用户视图窗口

只有用户“ZG1”可以看到图 10-5-3 所示的内容，并有修改的权限。

Chapter 11

第十一章 系统函数和自定义函数

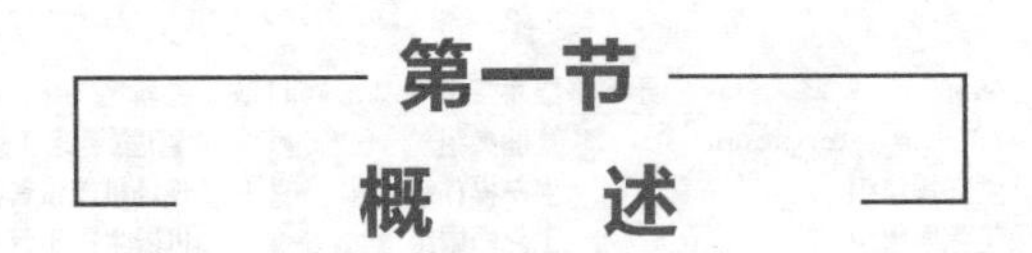

第一节 概述

英文单词“Function”可译为“功能”，也可译为“函数”。在PLC自动化控制系统中，“功能”和“函数”的含义是一致的，但在中文语境中使用还是有区别的，对于初学者来说不要造成理解上的疑惑。

在组态WinCC对象事件的函数列表中，可选择的函数主要有系统函数和用户自定义函数两类。系统函数是指WinCC系统自带的函数，可以运用在函数列表或用户自定义函数中。在前面各章节中陆续介绍了一些系统函数及用法，系统函数很多，几乎涉及WinCC系统的方方面面，甚至于Windows平台上工作的组件和系统。

用户自定义函数是指在“脚本”编辑器中编写的函数，也称为“用户自定义VB函数”(本书简称VB函数)，WinCC及西门子一些HMI设备支持VBS的拓展功能，“用户自定义VB函数”就是运用VBS编制的实现一定功能的代码集合，通过VBS脚本系统可以完成一些WinCC基本组态无法或较难实现的功能，例如做一个公式的运算，或者在画面中实现一个动画过程等。

VBS（即VBScript）是Visual Basic Script的缩写形式。VB（Visual Basic）是一种应用广泛的可视化编程语言，许多应用程序都是由VB语言编制的。在Windows操作系统的平台上，很多工作在其上的应用程序(例如WinCC或者Excel等)都是开放的，可以嵌入用户自己编制的新的任务程序，VBS就是一个嵌入口，因此VBS也称为运行脚本。VBS编制的任务代码（即用户任务程序）可以在Windows操作系统和应用程序合建的平台上运行，完成一定的控制任务。VBS是用户进行项目控制程序深入开发的一个重要工具，VB函数的使用给WinCC项目带来了极大的灵活性和开放性。

一个由 HMI 设备、PLC、通信网络等搭建的任务控制系统中，很多任务（控制任务中的功能片段）既可以由 PLC 程序完成，也可以由 HMI 设备的系统函数完成，也可以由 VBS 编制的 VB 函数完成。图 11-1-1 指示了用户在组态控制系统时的选择顺序。

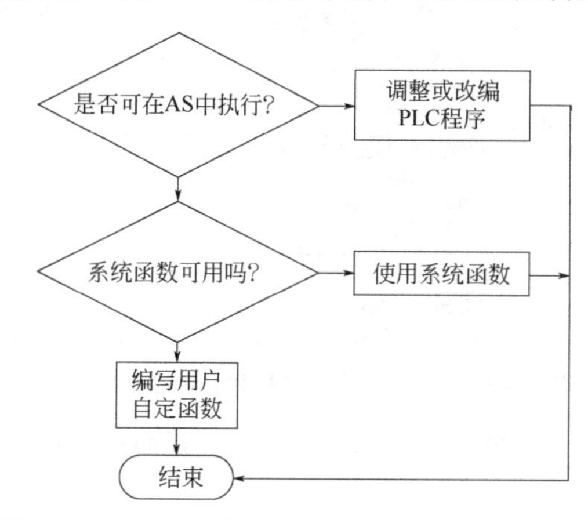

图 11-1-1　PLC 程序、系统函数和 VB 函数使用顺序

WinCC 的 VB 函数的运行平台是 HMI 设备的操作系统和 WinCC Runtime 运行系统，所以 VB 函数是上述二者的负载。VB 函数通过 PLC 执行控制任务要经过通信部件和网络，因此需注意，过大过多地运行正确的 VB 函数是否可以满足整个控制系统运行的要求要进行反复测试。一般来说，让 VB 函数去完成一些 PLC 程序和 HMI 设备系统函数不能或较难完成的任务。

本书主要介绍的西门子精智系列控制面板，如 TP900\TP1200 等，使用 Windows CE 操作系统，WinCC 运行系统是 WinCC Runtime Advanced；对于用工业计算机（PC）作为 HMI 设备的情况，通常操作系统是 Win7 等，WinCC 运行系统是 WinCC Runtime Professional。用户在选型或使用时要注意这些区别。它们的原理和学习过程基本一致，但是能够实现的任务和功能还是有差别的。

第二节　WinCC 的系统函数

我们先对系统函数做一个梳理。

在前面的章节中，我们知道系统函数通常用在函数列表中，如图 11-2-1 所示，在图中的下拉列表中，罗列着许多系统函数，作为对按钮、变量等对象的某个事件的响应，这都是系统已编制好的函数，它们能够完成不同的功能，供用户选用。图中选择“激活屏幕”系统函数作为对按钮“单击”事件的响应，“激活屏幕”系统函数有函数参数需要在函数列表中组态选择，如屏幕名称和对象号等，完整选择输入一个系统函数包括系统函数名和必要的参数。在运行系统中，当单击按钮时，HMI 设备由当前画面转换到显示指定的画面。

如果选择输入错误，组态系统会给出提示，或以红色填充输入格，直至更正。

如果控制过程需要，函数列表支持连续依次选择输入多个系统函数，它们在运行系统中会按照从上到下的顺序执行，如果过长，它们会以异步的方式执行。

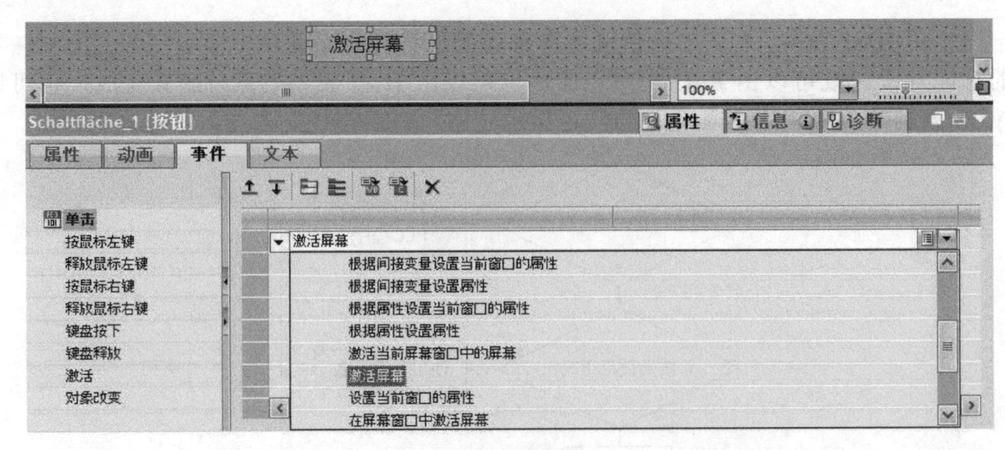

图 11-2-1 系统函数在函数列表中的选择界面

系统函数功能涉及计算、报警、配方、用户管理、画面和画面对象操作、操作 Windows 平台组件等方面。

对于中文版 WinCC Advanced V13 组态软件，系统函数以中文名称显示和使用。后面章节会学习到在用户自定义 VB 函数代码中引用系统函数时，必须使用系统函数的英文名称及参数。

表 11-2-1～表 11-2-12 列出了常用系统函数的中英文名称对照及功能说明。

表 11-2-1 报警

系统函数	中文名称	作用
ClearAlarmBuffer	清除报警缓冲区	删除 HMI 报警缓冲区中的报警
ClearAlarmBufferProtoolLegacy	清除报警缓冲区 ProTool	作用同上，适于 ProTool 编号方式
SetAarmReportMode	设置报警报告模式	确定是否将报警报表自动打印
ShowAlarmWindow	显示报警窗口	隐藏或显示 HMI 上的报警窗口
ShowSystemEvent	显示系统报警	显示已出现的系统事件

表 11-2-2 编辑位

系统函数	中文名称	作用
InvertBitInTag	对变量中的位取反	将变量中某位的值取反后，再将整个变量返回 PLC
ResetBitInTag	复位变量中的位	将变量中某位的值设为 0 后，再将变量返回 PLC
ResetBit	复位位	将位变量复位为 0
InvertBit	取反位	将位变量的值取反
ShiftAndMask	移动和掩盖	
SetBitInTag	置位变量中的位	将变量中某位的值设为 1 后，再将变量返回 PLC
SetBit	置位位	将位变量置位为 1

表 11-2-3 打印

系统函数	中文名称	作用
PrintReport	打印报告	在与 HMI 连接的打印机上打印输出报表
PrintScreen	截屏	在与 HMI 连接的打印机上打印输出显示打开的画面
SetAlarmReportMode	设置报警报告模式	启用或禁用自动打印报警报告

表 11-2-4　画面

系统函数	中文名称	作用
ActivateScreenByNumber	根据编号激活屏幕	切换到由变量值指定的画面,由画面编号识别
ActivateScreen	激活屏幕	切换到指定画面
ActivatePreviousScreen	激活前一屏幕	切换到最近激活的画面
ShowPopupScreen	显示弹出画面	打开画面的方式
ShowSlideInScreen	显示滑入画面	打开画面的方式

表 11-2-5　画面对象的键盘操作

系统函数	中文名称	作用
PDFZoomIn	放大	PDF 文档放大一个缩放级别
PDFZoomOut	缩小	PDF 文档缩小一个缩放级别
PDFGotoNextPage	移至下一页	移至 PDF 文档下一页
PDFGotoPreviousPage	移至上一页	移至 PDF 文档上一页
PDFGotoFirstPage	移至第一页	移至 PDF 文档第一页
PDFGotoLastPage	移至最后一页	移至 PDF 文档最后一页
PDFFitToWidth	使 PDF 文件的显示适合 PDF 视图窗口的宽度	
PDFFitToHeight	使 PDF 文件的显示适合 PDF 视图窗口的高度	
PDFZoomOriginal	将显示更改为原始大小	
PDFScrollUp	向上滚动	
PDFScrollDown	向下滚动	
PDFScrollLeft	向左滚动	
PDFScrollRight	向右滚动	
PDFGotoPage	移至指定页	
AlarmViewEditAlarm	报警视图编辑报警	为报警视图的报警触发编辑事件
AlarmViewAcknowledgeAlarm	报警视图确认报警	在报警视图中确认选择的所有报警
AlarmViewShowOperatorNotes	报警视图显示操作员注释	显示报警视图中选定报警的工具提示
AlarmViewUpdate	更新视图	更新报警视图的显示内容
ActivateSystemDiagnosticsView	激活系统诊断视图	在某画面上显示系统诊断视图
RecipeViewSaveDataRecord	配方视图保存数据记录	保存当前配方视图的配方数据记录
RecipeViewMenu	配方视图菜单	打开指定配方视图的菜单
RecipeViewGetDataRecordFromPLC	配方视图从 PLC 获取数据记录	将 PLC 的配方数据记录传送到 HMI 的配方视图中
RecipeViewOpen	配方视图打开	将配方数据记录传送到基本配方视图
RecipeViewBack	配方视图后退	返回到基本配方视图的上一个字段
RecipeViewSetDataRecordToPLC	配方视图将数据记录设置到 PLC	将当前配方视图的数据记录传送到 PLC

续表

系统函数	中文名称	作用
RecipeViewSaveAsDataRecord	配方视图另存为数据记录	以新名称保存当前的配方数据记录
RecipeViewClearDataRecord	配方视图清除数据记录	删除当前配方视图的数据记录
RecipeViewShowOperatorNotes	配方视图显示操作员注释	显示配方视图上注释
RecipeViewNewDataRecord	配方视图新建数据记录	创建新的数据记录
RecipeViewSynchronizeDataRecordWithTags	配方视图与变量同步数据记录	配方视图的所有数据记录写入配方变量中
RecipeViewRenameDataRecord	配方视图重命名数据记录	在配方视图中重新命名所选的数据记录
ScreenObjectCursorUp	屏幕对象光标向上	在用户视图、报警视图、配方视图中使光标向上移动
ScreenObjectCursorDown	屏幕对象光标向下	在用户视图、报警视图、配方视图中使光标向下移动
ScreenObjectPageUp	屏幕对象上一页	在用户视图、报警视图、配方视图中向上翻页
ScreenObjectPageDown	屏幕对象下一页	在用户视图、报警视图、配方视图中向下翻页
StatusForceGetValues	强制获取值状态	强制读取 PLC 的值更新视图中的值
StatusForceSetValues	强制设置值状态	强制用视图中的值更新写入 PLC
TrendViewBackToBeginning	趋势视图回到开头	滚动到趋势视图的曲线起始位置
TrendViewScrollBack	趋势视图回滚	趋势视图回滚（向左）一个显示宽度
TrendViewExtend	趋势视图扩展	缩短趋势视图显示的时间段
TrendViewStartStop	趋势视图启动停止	开始或停止趋势记录
TrendViewScrollForward	趋势视图向前滚动	趋势视图前滚（向右）一个显示宽度
SmartClientViewDisconnect	智能客户端视图断开连接	将智能客户端视图的功能断开
SmartClientViewLeave	智能客户端视图离开	退出智能客户端视图返回到 HMI 操作员控制，与远程设备连接保留
SmartClientViewConnect	智能客户端视图连接	将智能客户端视图与组态的 HMI 设备连接
SmartClientViewRefresh	智能客户端视图刷新	更新智能客户端视图的内容
SmartClientViewReadOnlyOn	智能客户端视图只读打开	只能查看远程 HMI 设备工作模式打开
SmartClientViewReadOnlyOff	智能客户端视图只读关闭	只能查看远程 HMI 设备工作模式关闭

表 11-2-6　计算脚本

系统函数	中文名称	作用
DecreaseTag	减少变量	从变量值中减去指定值
SetTag	设置变量	为变量设定一个新值
LinearScaling	线性缩放	为变量 Y 分配一个值，该值根据指定变量 X 的值通过线性函数 $Y=aX+b$ 计算得出
InvertLinearScaling	线性缩放取反	为变量 X 分配一个值，该值根据指定的变量 Y 和线性方程 $X=(Y-b)/a$ 计算得出。与上互为逆运算
IncreaseTag	增加变量	为变量增加指定值

表 11-2-7　键盘

系统函数	中文名称	作用
OpenScreenKeyboard	打开屏幕键盘	隐藏或显示屏幕键盘
SetScreenKeyboardMode	设置屏幕键盘模式	启用或禁用 HMI 设备画面键盘的自动显示
ShowOperatorNotes	显示操作员注释	显示为所选对象组态的提示信息
SetBitWhilKeyPressed	按下按键时置位位	按下组态的键时，指定变量的位设置为 1（TRUE），并返回到 PLC
DirectKey	直接键	启用 HMI 设备触摸屏上的快速键操作

表 11-2-8　历史数据（即数据日志）

系统函数	中文名称	作用
OpenAllLogs	打开所有记录	打开所有记录文件,以重新进行记录。恢复 WinCC 与日志文件或日志数据库之间的连接
CopyLog	复制记录	将所指定记录的内容复制到另一个记录中
CloseAllLogs	关闭所有记录	关闭所有记录,终止 WinCC 与日志文件或日志数据库之间的连接。例如，如果想在不退出运行系统软件的前提下启用 HMI 设备上存储介质的热插拔，则可以使用该系统函数
ArchiveLogFile	归档记录文件	此函数将日志移至或复制到其它存储位置以进行长期归档
StartLogging	开始记录	启动指定记录中的记录过程。在运行系统中，可通过调用“StopLogging”系统函数中断记录
StartNextLog	开始下一个记录	在分段循环记录中，停止当前记录，开始在下一个记录中记录
ClearLog	清除记录	删除指定记录文件的所有数据记录
LogTag	记录变量	将指定变量的值保存在给定的数据日志中。使用该系统函数记录特定时刻的过程值
StopLogging	停止记录	停止指定记录中的记录过程。要在运行系统中恢复记录，可选择“StartLogging”系统函数

表 11-2-9　其它函数

系统函数	中文名称	作用
OpenInternetExplorer	打开 InternetExplorer	打开以太网浏览器
SendEMail	发送电子邮件	从 HMI 设备向指定收件人发电子邮件
UpdateTag	更新变量	从 PLC 读取具有指定更新 ID 的所有变量的实际值

续表

系统函数	中文名称	作用
ControlSmartServer	控制 SmartServer	启动或停止 Sm@rtServer
ControlWebServer	控制 Web 服务器	启用或停用 Web 服务器
StartProgram	启动程序	在 HMI 设备上启用指定的应用程序。运行系统软件继续在后台运行
StopRuntime	停止运行系统	在 HMI 设备上退出运行系统和项目
ShowSoftwareVersion	显示软件版本	显示或隐藏运行系统软件的版本号

表 11-2-10　设置

系统函数	中文名称	作用
ChangeConnection	更改连接	关闭当前使用的与 PLC 的连接并指定新的连接
ReadPLCMode	获取 PLC 模式	获取 PLC 的工作模式（RUN、STOP）
SetPLCMode	设置 PLC 模式	设置 PLC 的工作模式（RUN、STOP）
SetWebAccess	设置 Web 访问	设定运行系统远程访问的模式
SetScreenKeyboardMode	设置屏幕键盘模式	启用或禁用画面键盘的自动显示
SetDeviceMode	设置设备模式	更改 HMI 设备的操作模式（在线、离线、传送）
SetLanguage	设置语言	更改 HMI 设备的语言，所有组态的文本和系统事件所用的语言

表 11-2-11　系统

系统函数	中文名称	作用
SafelyRemoveHardware	安全删除硬件	检查是否可以安全移除存储介质
BackupRAMFileSystem	备份 RAM 文件系统	将 RAM 文件系统的数据保存到 HMI 设备的存储介质中
OpenControlPanel	打开控制面板	打开显示 WinCE 控制面板的窗口
OpenCommandPrompt	打开命令提示符	打开 Windows 命令输入行。如运行其他应用程序或执行命令。
OpenTaskManager	打开任务管理器	显示任务管理器。在 HMI 设备上，通过任务管理器切换到其它任务
GetBrightness	获取亮度	确定显示屏显示的亮度
ActivateCleanScreen	激活清除屏幕	在 HMI 设备上激活清洁屏幕操作。此功能使系统在指定时间内停止，屏幕上会显示剩余时间进度条
SetBrightness	设置亮度	调节显示屏显示的亮度
SetAcousticSignal	设置声音信号	组态操作触摸屏的声音反馈信号
CalibrateTouchScreen	校准触摸屏	调用校准触摸屏的程序

表 11-2-12　用户管理

系统函数	中文名称	作用
ExportImportUserAdministration	导出导入用户管理	将当前激活项目的用户管理中的全部用户导出到指定文件，或者从指定文件中导入这些用户数据
Logon	登录	使用户登录到 HMI 设备

续表

系统函数	中文名称	作用
GetPassword	获取密码	读取当前登录到 HMI 设备的用户密码，并将该值写入变量
GetUserName	获取用户名	将当前登录到 HMI 设备的用户名写入到指定变量
GetGroupNumber	获取组编号	读取当前登录到 HMI 设备的用户的所属组的编号
ShowLogonDialog	显示登录对话框	在 HMI 设备上打开用户登录对话框
Logoff	注销	将当前用户从 HMI 设备上注销

与配方有关的函数见第七章的表 7-3-2。

上述各表只列出系统函数中英文名称，实际使用时很多系统函数要配置参数。如图 11-2-2 所示，系统函数“显示弹出画面”有六个参数，其中“画面名称”指定要弹出哪个画面；“X、Y 坐标”指定弹出画面在当前画面中的定位位置；“显示模式”指定滑入画面的模式；“动画”指定从当前画面的哪个方向滑入弹出画面；“动态化的速度”指定滑入画面的速度。

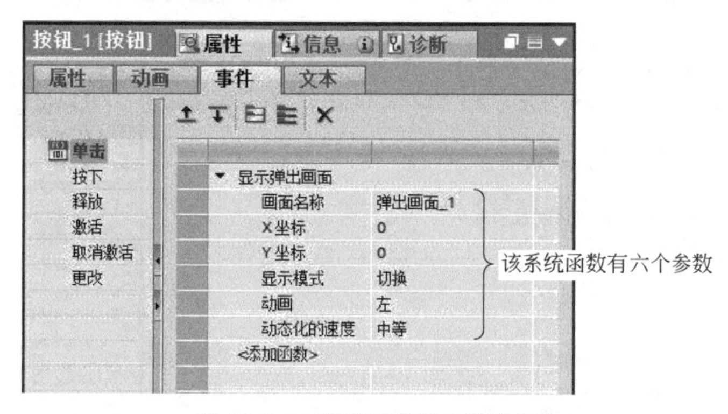

图 11-2-2　系统函数的参数配置

函数参数是系统函数正确工作的条件，正确配置参数是学习使用系统函数的重要内容。组态软件系统会引导用户逐步为系统函数配置参数，如果出现输入错误，系统会给出提示。系统函数的错误组态在运行系统中是不会执行的。

不同型号的 HMI 设备或者不同版本的组态软件支持的系统函数不同。

第三节　VBS 脚本编辑器

现在，再来学习和认识用户自定义 VB 函数。

在事件的函数列表中，除可以选用系统函数外，还可以选用用户自定义 VB 函数。如果众多的系统函数不能够满足控制任务的要求，用户可以编制完成用户项目特定任务的 VB 函数，已经编制好的 VB 函数的函数名会自动显示在图 11-2-1 所示的函数列表的下拉列表中。下面介绍如何使用 VBS 脚本编辑器。

在项目树窗口中，打开 HMI_1[TP900 Comfort]设备下→脚本→VB 脚本→添加新 VB

函数。

双击“添加新 VB 函数”，打开 VB 脚本编辑器工作窗口，如图 11-3-1 所示，同时新建了一个名为“VBFunction_1”的 VB 函数，图 11-3-1 中左上窗格为该“VBFunction_1”VB 函数的代码编写工作区，左下窗格为 VB 函数的属性巡视窗口，右侧为代码编写任务辅助功能选项板。

一、代码编写工作区

初次打开代码编写工作区，WinCC 组态系统会提供一些简单的编写工作提示信息，见图 11-3-1 中代码的第 2 行至第 7 行，呈绿色字符显示，每行前有“'”符号，表示该行为注释行，通常由用户编写一些代码进程的说明，使阅读者尽快理解代码含义。对于注释行，运行系统不会执行，仅作为说明，若删去不影响代码的正确运行。

图 11-3-1 VBS 脚本编辑器

第 8 行至第 9 行为代码实际被执行的内容：第 8 行 SetBit“冷却水欠压”，表示将 HMI 变量“冷却水欠压”置位，第 9 行 ActivateScreen“运行状态 C”，0，表示激活画面“运行状态 C”。执行“VBFunction_1”的自定义 VB 函数后的效果是：变量“冷却水欠压”为1值，然后HMI设备显示从当前画面跳转到“运行状态C”画面。

第1行和第12行为代码起始和结束的固定格式，如果是子程序类型VB函数，则以关键词Sub开头，End Sub结束；如果是函数类型VB函数，则以关键词Function开头，End Function结束。函数类型的VB函数被执行后，会有一个输出值，即该VB函数会得出一个函数值，而子程序类型VB函数不会有输出值（可在代码中，通过变量传送，输出代码处理结果值），但无本质区别。在这里我们统称为VB函数，即VB函数的两个类型。

第1行中的“VBFunction_1”为VB函数名，可以在属性巡视窗格中重命名。VB函数的自定义名称只可用大小写的英文字符、数字和下划线“_”等组成，不可用中文名称，也不可使用代码已规定的关键词。其后的圆括号内为向代码程序传递的参数，是参与代码程序运算处理的数值或变量等参数的输入口，由关键词ByVal或ByRef引出。

VBS运行脚本有一套规定的词法和语法（实际上是VB语言的衍生品，就像C脚本是C语言的衍生品一样，学习过VB语言的读者较容易掌握使用VBS脚本）。VBS定义了一系列自己的代码指令单词(很多沿用VB语言的用法，也有HMI设备独有的)，如Function、HmiRuntime、ByVal等,包括系统函数名、合法的变量名等，能够被VBS脚本编辑器识别、解释并被执行，这些单词称为关键词（关键字）。编程使用时，要严格按照VBS词法规定使用。在编辑代码时，使用了VBS不能识别的词句时，VBS编辑器会对错误关键词标记红色波浪下划线，提示编程者改正。VBS脚本编辑器对代码中的关键词、VB函数、系统函数、变量等以不同的颜色显示，便于识别，方便编程，见表11-3-1。

表11-3-1 代码符号颜色的含义

颜色	含义	示例
红色波浪下划线	无法识别的关键字，用错关键字	Import DataRecords
蓝色	关键字	If,then
暗紫色	函数	ImportDataRecords
深褐色	系统函数	SetTag
橙黄色	HMI变量	Tag_110
绿色	注释	'在上撇符号后为代码做出注释

对于WinCC Advanced V13 SP1组态软件，代码编写时要关掉各种中文输入法功能，代码只在英文输入环境下有效。如果不小心在非英文输入法下编写代码，即使没有当时报错，在点击图标工具“检测脚本的语法错误”后，在巡视窗口将看到代码编译出现错误，但无其它诊断出错信息。这时，代码无法运行，表面上看也没有代码语法或词法错误，其实只是在编制代码时，使用了非英文输入法。

VB函数代码需要输入外部参数时，通过关键词ByVal和ByRef引导在VB函数名称后的括号内输入，不需要参数时，保留空的括号。

ByVal（Call by Value，按值调用），即传递参数值。如果将变量作为参数传递，就是将变量的值传递到VB函数代码中。VBS脚本编辑器默认传值参数可以省略关键词ByVal，只需将具体的数值或变量输入在括号内即可。

ByRef（Call by Reference，按址调用），即传递参数地址。如果将变量作为参数传递，就是将变量地址传递到VB函数代码中。在VB函数中调用VB函数和系统函数时，参数将作为传址参数。

表 11-3-2 详细说明了图 11-3-1 代码编辑窗格中图标工具的用法。通过这些工具打开相应的选择列表，可以很快找到代码需要并可用的 WinCC 运行系统的对象（Object）、属性(Property)、方法(Method)，系统函数、自定义 VB 函数、VBS 自有的标准函数、常数，HMI 变量，用户画面、画面对象等。还可以通过图标工具，调整代码行文格式，增减和查找书签，便于识读。可以增加注释语句行或删除注释行。还可以检查代码的语法是否错误等。

表 11-3-2 VBS 编辑器图标工具使用说明

工具图标	作用	说明
	检查脚本的语法错误	在巡视窗口会给出对脚本代码编译检查的结果
	增大行缩进	当前行向右缩进，整理语句格式方便阅读，不影响代码运行
	减少行缩进	当前行向左移动
	注释所选行	在当前行前添加 ' 绿色符号，使该行变为注释行
	取消所选行注释	取消注释行
	设置或清除当前行的书签	在当前行号前添加或取消书签标记符
	跳转到下一个书签	查看下一个标有书签的行代码
	跳转到上一个书签	查看上一个标有书签的行代码
	清除代码中所有书签	清除代码中的所有书签
	指定目标行	以行号为线索，转到指定的目标行
	显示与参数有关的信息	显示与当前光标处指令相关的参数信息
	显示提示工具	显示与当前光标处指令有关的信息
	打开所有对象和函数列表	自动显示可选用的对象、函数、方法、属性等。 快捷键<Ctrl+I>
	列出所有系统函数	自动显示全部系统函数，供选用
	列出所有用户函数	自动显示全部用户定义的函数
	列出脚本所有标准函数	自动显示 VBS 编辑器可用的标准函数
	列出所有常数	显示常数列表，供选用
	列出对象	弹出 PLC 和 HMI 设备可选用的对象窗口。 快捷键<Ctrl+J>

二、VB 函数属性巡视窗格

在代码属性巡视窗格，可以查看和重新定义 VB 函数的名称。选定 VB 函数的类型，即 Sub 型（子程序型 VB 函数）或者 Function 型（函数型 VB 函数）。

在属性→常规→参数表格中，双击“添加”，可添加传递的参数，可选择是传值参数（通过 ByVal 关键词），还是传址参数（通过 ByRef 关键词）。

三、脚本指令选项板窗格

同高级语言（如 VB、VC）一样，VBS 脚本代码根据任务的需要常会执行一些语法规定的循环语句（For To Next）或判断语句（If Then）等指令。当需要输入这些功能指令语句时，对应代码中光标闪烁的位置，点击“脚本指令”→“代码模板”中需要的功能代码，该代码语句就会以标准格式显示在光标闪烁处，编程者只需按照已显示的代码模板的要求输入任务指令语句即可，省去了逐字输入指令关键词的麻烦。

“代码模板”中的代码语句（或代码指令）在 VBS 脚本编程中经常用到，功能各异。读者可参阅相关的 VB 或 VC 语言的学习书籍。

四、函数列表选项板窗格

在编写 VB 函数代码时，可以引用现成的系统函数，但必须使用系统函数的英文名称，如图 11-3-1 代码编制工作区的第 8 行、第 9 行代码各引用了一个系统函数。当在编制代码时，需要用到系统函数，而又忘记其规定的英文名称时，可以采取下述的方法。

图 11-3-1 右下窗格的“函数列表”选项板的作用是：将我们已经比较熟悉的函数列表中的系统函数功能翻译成 VBS 代码指令，便于在代码编程中使用。

如图 11-3-1 所示，在函数列表中用系统函数组态：置位“冷却水欠压”变量，然后激活“运行状态 C”画面，依次输入了两个系统函数，点击“应用”按钮，则在代码窗格的光标闪烁处自动添加上述函数列表任务的 VBS 代码，如图 11-3-1 的第 8、9 行。执行 VB 函数的这两行代码等同于执行函数列表中的两个系统函数。

点击“全部删除”按钮，则清除函数列表中组态内容。以备再用。

五、代码的保护

编制的代码需要密码才能打开查看和编辑。右击项目树窗格中 HMI 设备项下的“脚本”→“VB 脚本”→需要加密的 VB 函数名。在弹出的快捷菜单中，点击“专有技术保护（W）”命令，出现图 11-3-2 中上面的对话框，点击“定义”按钮，弹出下面的对话框，输入密码，点击“确定”按钮。

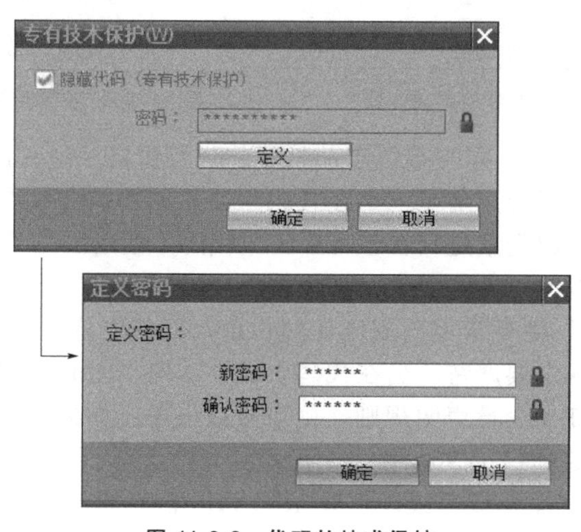

图 11-3-2 代码的技术保护

再次打开 VB 函数代码窗口时以及需要删除或更改密码时，需要输入设定的密码。

第四节 VB 函数编制实例

一、VB 函数编制实例一（公式计算）

某型传感器的输入输出特性如下公式所示：

$$V=\frac{8.314\times(273+t)}{4\times96500}\times\ln\frac{20.6}{H}$$

给出条件 t 和 H 值，计算出 V 值。式中有自然对数的运算。

现在用 VB 函数计算公式值：

步骤一 在 HMI 变量表中定义三个内部变量如图 11-4-1 所示，分别代表公式中的变量 H、t、V。数据类型为 Real。

步骤二 在项目树导航窗口的“脚本”下拉选项中，双击“添加新 VB 函数”创建一个新 VB 函数“VBFunction_3”，见图 11-4-2。

默认变量表

名称 ▲	数据类型	连接	PLC 名称	PLC 变量
mmzhi	Real	<内部变量>		<未定义>
opcTag_1	UInt	<内部变量>		<未定义>
Tag_2	UInt	<内部变量>		<未定义>
Tag_ScreenNumber	UInt	<内部变量>		<未定义>
实测氧含量	Real	<内部变量>		<未定义>
氧含量显示值	Real	<内部变量>		<未定义>
H设定氧含量值	Real	<内部变量>		<未定义>
t设定温度值	Real	<内部变量>		<未定义>
V氧电势计算值	Real	<内部变量>		<未定义>

图 11-4-1 HMI 变量表定义变量

图 11-4-2 在项目树导航窗口创建新 VB 函数

在创建“VBFunction_3”同时系统自动打开的代码窗格中输入图 11-4-3 所示的代码。

Dim aaa,bbb,ccc 语句声明了三个在代码中要用的局部变量。Dim 是用于定义局部变量的关键词。所谓局部变量是只在该 VB 函数代码中使用的变量，不会在“HMI 变量表”中出现，未经定义使用局部变量，编译程序会报错。

在“HMI 变量表”中变量声明规则比较自由，例如支持中文符号变量名。但 VBS 代码中变量名称命名规定要严苛。当在代码中需要访问“HMI 变量表”中的变量时，如果 HMI 变量名符合 VBS 变量声明规则，则可直接引用；如果不符合，则直接引用就会出现错误。这时，VBS 提供了 SmartTags( )函数。

SmartTags( )称为智能变量函数，是 WinCC VBS 自有的函数，在 HMI VBS 代码中应用较为频繁，用于将 HMI 变量转换成 VBS 代码能够识别的变量。例如本例中的 HMI 变量的符号名称多为中文字符，VBS 是不识中文字符的，但经过 SmartTags(　)的智能转换为局部变量后可被正确识别使用。

图 11-4-3 中的 VB 函数为 Sub 型函数。

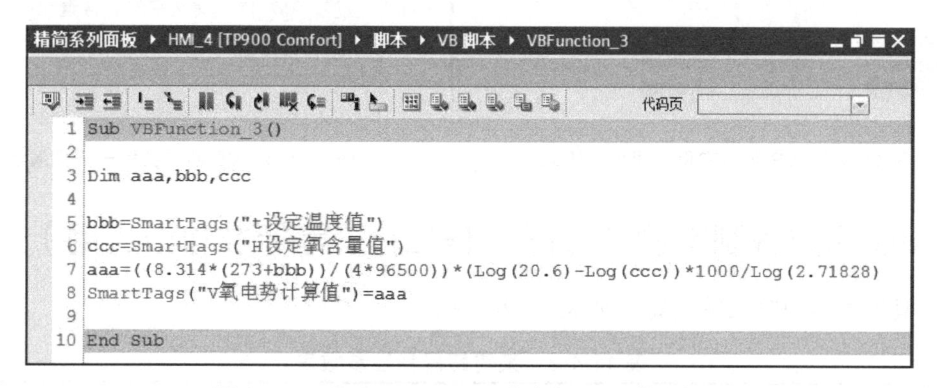

图 11-4-3 “VBFunction_3”自定义 VB 函数的代码

第 7 行的计算表达式中运用了 VBS 自有的标准函数 Log(常用对数函数)来分解计算上述公式中的自然对数。用代码语句的方式表达计算公式要注意括号（）的正确使用。

第 8 行将计算好的 aaa 值转换到 HMI 变量“V 氧电势计算值”中，通过 HMI Panel 显示出来。

步骤三　前两步将公式计算的 VB 函数组态完毕，下面介绍如何显示和使用 VB 函数。

在画面中组态画面对象如图 11-4-4 所示。

主要画面对象的属性如表 11-4-1 所示。

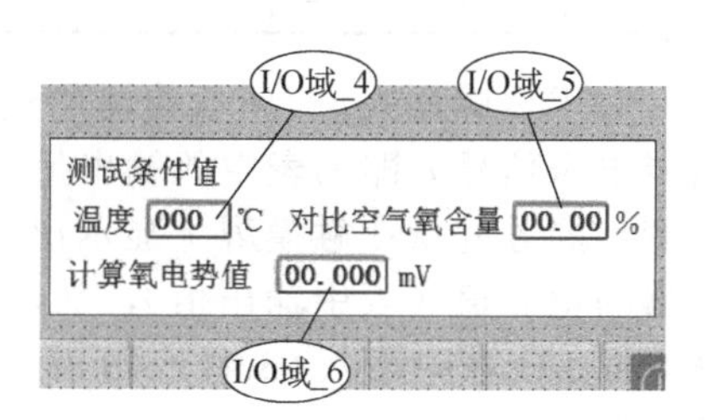

图 11-4-4　VB 函数实例一画面对象组态

表 11-4-1　VB 函数实例一主要画面对象属性

画面对象	过程变量	类型	显示格式	格式式样
I/O 域_4	t 设定温度值	输入	十进制	999
I/O 域_5	H 设定氧含量值	输入	十进制	99.99
I/O 域_6	V 氧电势计算值	输出	十进制	99.999

步骤四　通过对象事件触发 VB 函数的执行。在这里，我们希望在图 11-4-4 中依序输入给定计算条件：温度值和氧含量值后，触发 VB 函数执行，立刻显示氧电势值。为此，为 I/O 域_5 的“属性”→“事件”→“输入已完成”事件的函数列表中选择“VB 函数”→“VBFunction_3”，如图 11-4-5 所示。

步骤五　点击“保存项目”工具命令按钮，保存以上各步骤的组态设置。

点击“开始仿真”工具命令按钮，组态系统会对上述组态项目进行编译，编译正确，则进入运行系统仿真运行。

在仿真运行系统画面，输入“温度值”和“氧含量值”，画面立刻给出“氧电势值”，完成 VB 函数的公式计算，如图 11-4-6 所示。

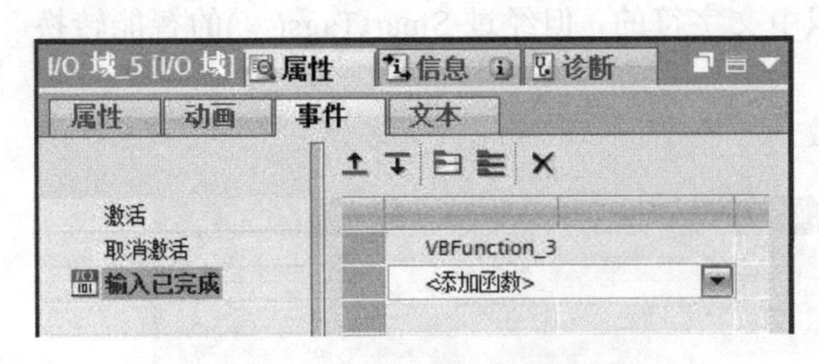

图 11-4-5 VB 函数实例一事件的组态

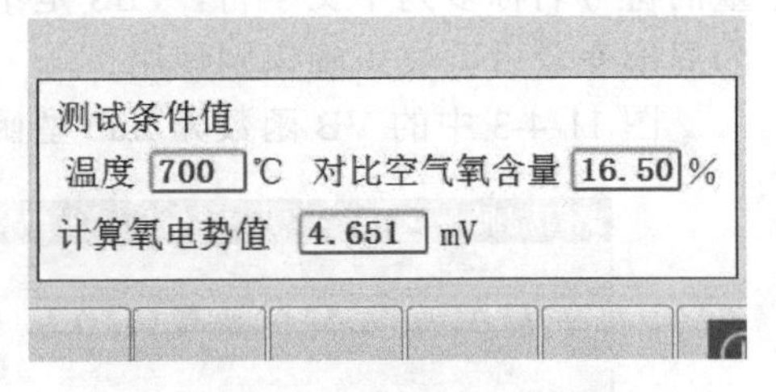

图 11-4-6 VB 函数实例一仿真演示

二、VB 函数编制实例二（IF…THEN…等标准句型应用）

某型传感器的输入输出特性如表 11-4-2 所示。

表 11-4-2 某传感器特性参数表

输入值	0.1	1.0	2.0	3.0	4.0	5.0	6.0	7.0	8.0	9.0	10.0
输出值	111.67	63.41	48.88	40.38	34.35	29.67	25.85	22.62	19.82	17.35	15.14
输入值	11.0	12.0	13.0	14.0	15.0	16.0	17.0	18.0	19.0	20.0	20.6
输出值	13.15	11.32	9.64	8.09	6.64	5.29	4.02	2.82	1.69	0.61	0

对于传感器来说，所要检测的过程量即为表 11-4-2 中的输入值，传感器的输出值（电流或电压信号）即为表中的输出值。本实例的任务是，根据表 11-4-2 的数据，将传感器检测到的过程量在触摸屏上显示出来。本例通过在一个画面 I/O 域输入一个数值代表传感器的检测值（表中输出值），然后由 VB 函数判断输出显示值（表中输入值）。例如当在画面 I/O 域中输入 63.41～48.88 之间的一个数值时，显示屏显示 1.5，即检测显示误差为 0.5。

现在用 VB 函数的 IF…THEN…判断语句实现上述任务。

步骤一 在 HMI 变量表中定义两个内部变量，如图 11-4-7 所示。

默认变量表

名称 ▲	数据类型	连接	PLC 名称	PLC 变量
mmzhi	Real	<内部变量>		<未定义>
opcTag_1	UInt	<内部变量>		<未定义>
Tag_2	UInt	<内部变量>		<未定义>
Tag_ScreenNumber	UInt	<内部变量>		<未定义>
实测氧含量	Real	<内部变量>		<未定义>
氧含量显示值	Real	<内部变量>		<未定义>
H设定氧含量值	Real	<内部变量>		<未定义>
t设定温度值	Real	<内部变量>		<未定义>
V氧电势计算值	Real	<内部变量>		<未定义>

图 11-4-7 VB 函数实例二变量表

步骤二 方法同实例一，创建 VB 函数“VBFunction_2”，并在其代码窗口编制代码如图 11-4-8 所示。

代码第 5 行表示：如果 xx≥ 0 而又＜0.61，则将 20.6 传送至变量 yy。

其它行意思相同。代码中的 and 是 VBS 的逻辑“与”运算符。

第 27 行：如果 xx≥118，则 yy=−100，用一个负值表示检测错误或传感器故障。

步骤三 方法同实例一，在画面中组态的对象如图 11-4-9 所示。

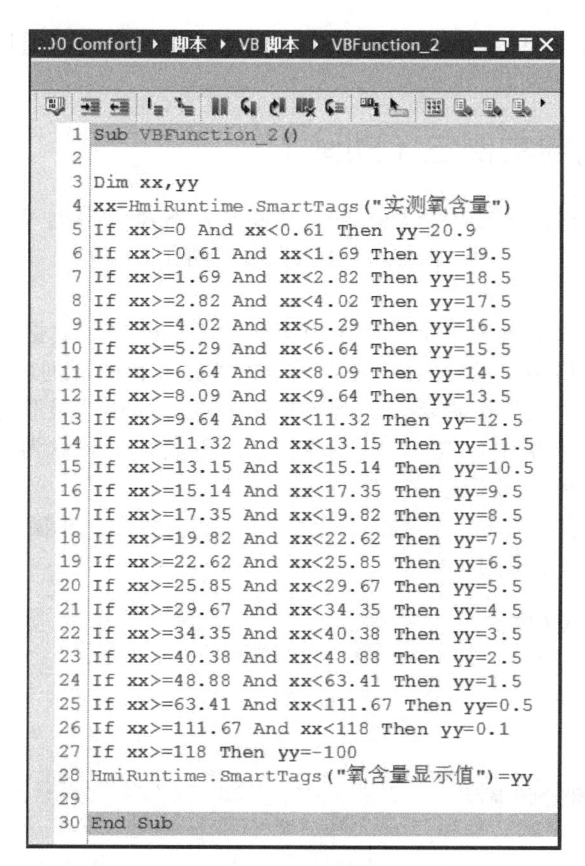

图 11-4-8　VB 函数实例二代码

图 11-4-9　VB 函数实例二的触发事件

步骤四　实例一的 VB 函数运行触发事件是画面 I/O 域对象的“输入已完成”。

实例二的触发事件可改为变量的“数值更改”时，如图 11-4-9 所示，即在运行系统中，当变量的值变化时认为是一个事件，可以触发运行函数列表。具体做法是：打开项目的“HMI 变量表”，选中“实测氧含量”，在其下面的巡视窗口属性中，打开“事件”选项卡，如图 11-4-9 所示组态。

对比实例一和实例二的触发事件，掌握其运用条件、组态路径和观察运行系统中的不同效果。

用哪个事件触发，用户可根据实际运行情况选择。

步骤五　保存项目，开始仿真，如图 11-4-10 所示，当在“氧含量检测毫伏值”中输入 8.19（可以是 0～111.67 之间的任意实数），模拟传感器检测值。“氧含量显示值”输出显示 13.5。实际运用

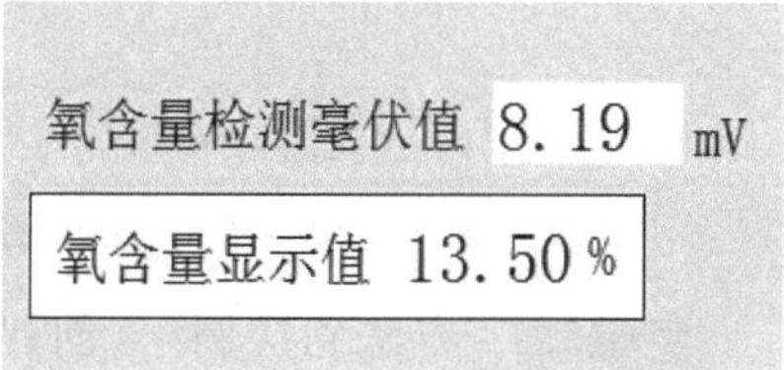

氧含量检测毫伏值 8.19 mV
氧含量显示值 13.50 %

图 11-4-10　VB 函数实例二仿真演示

中（不是模拟仿真），8.19 是现场过程值通过 A/D 模块检测后，通过通信送给 VB 函数的参数。

三、VB 函数编制实例三（动画）

作者多年前在某网站有个“飞豹”的动画帖子，现将其根据 WinCC Advanced V13 的要求，修改代码，示例如下。当然，“飞豹”做自动化有点难，主要是参考动画制作的一种做法和其代码。

步骤一 在 HMI 变量表中定义一个内部变量“Tag_2”，数据类型为“UInt”。

在项目树导航窗格中，找到 HMI 设备项下的“文本和图形列表”编辑器图标，双击之打开“文本和图形列表”编辑器。在其工作区中点击打开“图形列表”选项卡。

在“图形列表”窗格中，双击“＜添加＞”，生成一个名称为“Graphic_list_1”的图形列表，并在“选择”列下选择“值/范围”选项。

在“图形列表条目”窗格中，输入图形素材，定义名称，并输入图示的“值”范围。保存已做的组态工作，见图 11-4-11。

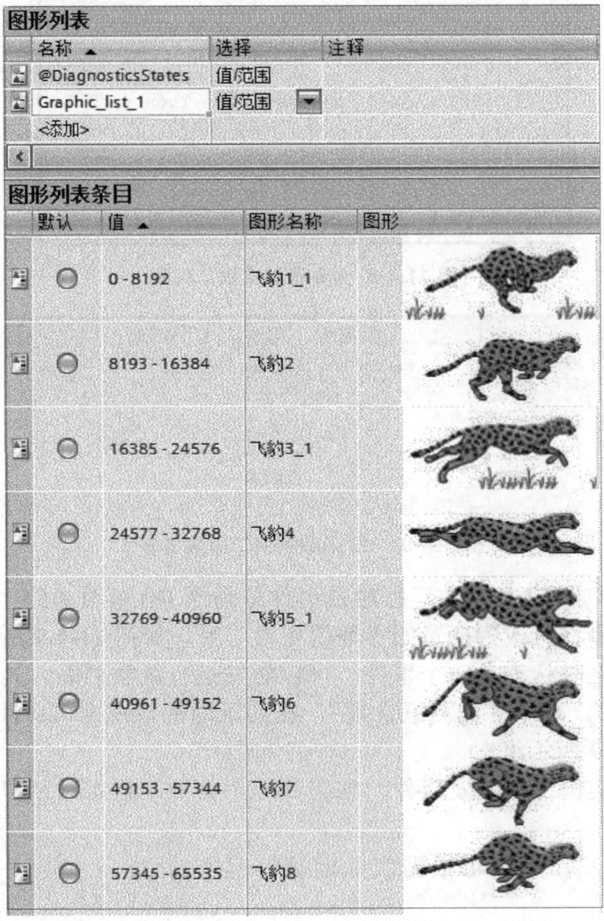

图形列表

名称	选择	注释
@DiagnosticsStates	值范围	
Graphic_list_1	值范围	
<添加>		

图形列表条目

默认	值	图形名称	图形
	0 - 8192	飞豹1_1	
	8193 - 16384	飞豹2	
	16385 - 24576	飞豹3_1	
	24577 - 32768	飞豹4	
	32769 - 40960	飞豹5_1	
	40961 - 49152	飞豹6	
	49153 - 57344	飞豹7	
	57345 - 65535	飞豹8	

图 11-4-11 飞豹图形列表

步骤二 方法同实例一，创建一个 VB 函数“VBFunction_4”。输入代码，如图 11-4-12 所示。

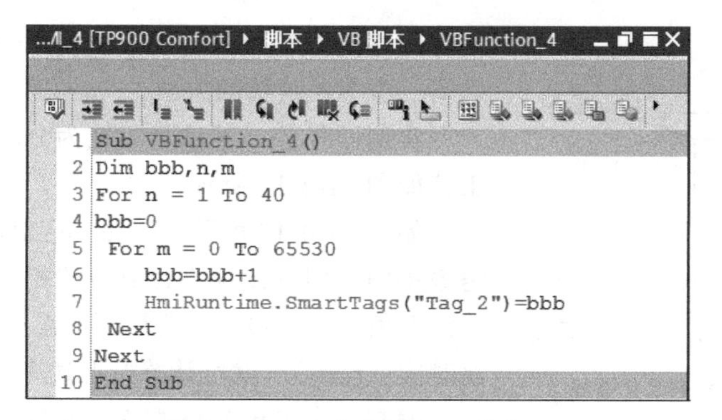

```
...ll_4 [TP900 Comfort] ▸ 脚本 ▸ VB 脚本 ▸ VBFunction_4
1  Sub VBFunction_4()
2  Dim bbb,n,m
3  For n = 1 To 40
4  bbb=0
5   For m = 0 To 65530
6      bbb=bbb+1
7      HmiRuntime.SmartTags("Tag_2")=bbb
8   Next
9  Next
10 End Sub
```

图 11-4-12　飞豹动画 VB 函数代码

步骤三　创建名称为“飞豹”的画面，在画面属性巡视窗格中，定义背景色和网格颜色皆为白色。

在右侧“工具箱”→“元素”选项板上找到“图形 I/O 域”图形元素，将其拖入画面，生成一个名称为“图形 I/O 域_1”的图形 I/O 域，组态其属性如图 11-4-13 所示。

图 11-4-13　VBS 实例三图形 I/O 域属性组态

为其组态过程变量为先前声明的内部变量“Tag_2”，图形列表选中之前定义的“Graphic_list_1”

在画面中生成一个按钮，按钮标签为“开始”。

步骤四　为“开始”按钮的“属性”→“事件”→“单击”的函数列表中选中 VB 函数“VBFunction_4”。

步骤五　保存项目，开始仿真，如图 11-4-14 所示，当点击“开始”按钮，飞豹即跑动起来。

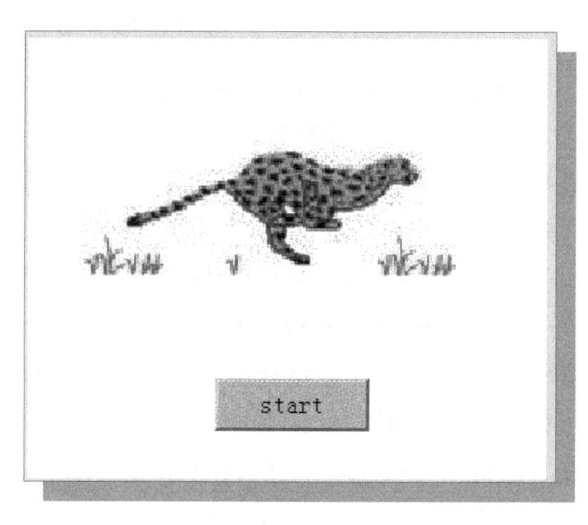

图 11-4-14　VB 函数实例三动画效果仿真演示

四、VB 函数编制实例四（参数的使用）

前述三例的 VB 函数介绍的是 Sub 型 VB 函数，本例介绍一个 Function 型 VB 函数，

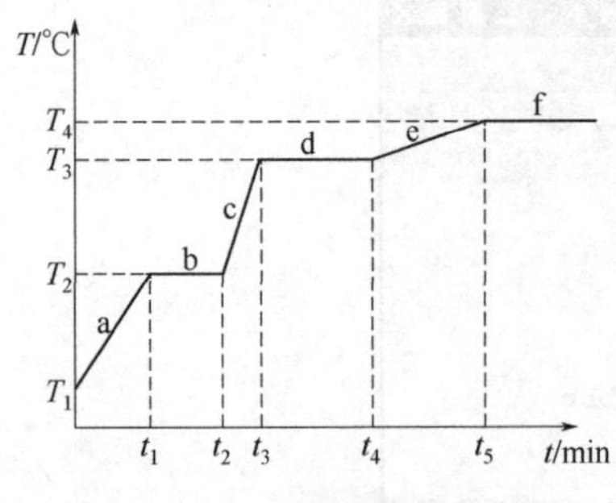

图 11-4-15 温度控制工艺曲线

同时叙述函数参数的使用方法和在一个 VB 函数中调用另一个 VB 函数的方法。

实例四任务：某项目工艺为分段升温，温度控制工艺如图 11-4-15 所示。

如图 11-4-15 所示，a、c、e 三段为升温段，升温速率不同，但升温速率计算方法相同，即只要给出段首温度值（如 T_2）、需要达到的温度值（如 T_3）及升温时间（t_3-t_2），就可计算升温速率。

编制一个 Function 型 VB 函数，计算升温速率，将段首温度值、需要达到的温度值及升温时间三个数据作为 VB 函数的传值参数（相当于数学中函数的自变量）。

再编制一个 Sub 型 VB 函数，执行温度曲线工艺的温控任务（不再编码），当开始 a、c、e 升温段时，分别调用上述 Function 型 VB 函数计算升温斜率即可，不必每次都要编写一遍内容相同的代码。这种编程方法或者结构，可以提升编程效率，程序过程清晰，方便识读和编辑，特别是对于复杂量大的程序代码。

下面分步叙述使用 Function 型 VB 函数及参数，VB 函数调用 VB 函数的实例。另外，VB 函数也可以调用自身，即所谓的递归调用，不再细述。

步骤一 在“HMI 变量表”中声明四个变量，如图 11-4-16 所示。

默认变量表

名称 ▲	数据类型	连接	PLC 名称	...	地址	访问模式	采集周期
升温时间	Int	<内部变量>		...			1 s
升温速率	Real	HMI_连接_1	PLC_1	...	%DB1.DBD0	<绝对访问>	1 s
实测氧含量	Real	<内部变量>		...			1 s
段末温度	Real	<内部变量>		...			1 s
段首温度	Real	<内部变量>		...			1 s

图 11-4-16 VB 函数实例四声明 HMI 变量

步骤二 依照实例一的方法，创建一个新 VB 函数，在 VB 函数巡视窗口中，如图 11-4-17 所示，将函数名称更改为 Risingrate，VB 函数类型组态为 Function 型，即函数型 VB 函数。随后在参数栏目中新建三个传值参数，其名称采用默认值。其中 Paramet_1 用来接收 HMI 变量“段首温度”值；Paramet_2 用来接收 HMI 变量“段末温度”值；Paramet_3 用来接收 HMI 变量“升温时间”值。

在巡视窗口做出组态设定后，可以在代码窗口看到函数名、参数设置的变化。然后编写图中代码，直接将计算公式赋值函数名 Risingrate。函数型 VB 函数在代码执行完后会有一个返回值，即函数名作为一个变量会有一个值，可以认为 Risingrate 既是一个函数，也是一个变量，可供其它场合采用。

完成图 11-4-17 中的组态后，点击图中左上角的“检查脚本的语法错误”图标工具，系统对用户当前编码进行检查，无误保存。在编码过程中和编码结束后，及时点击该图标工具，及时检查编码语法，及时查错纠错，是个好习惯。有时编制了很长一段编码，若出现错误，查找起来就很吃力了。

下面再创建一个 VB 函数来调用上述 Risingrate VB 函数，如图 11-4-18 所示。

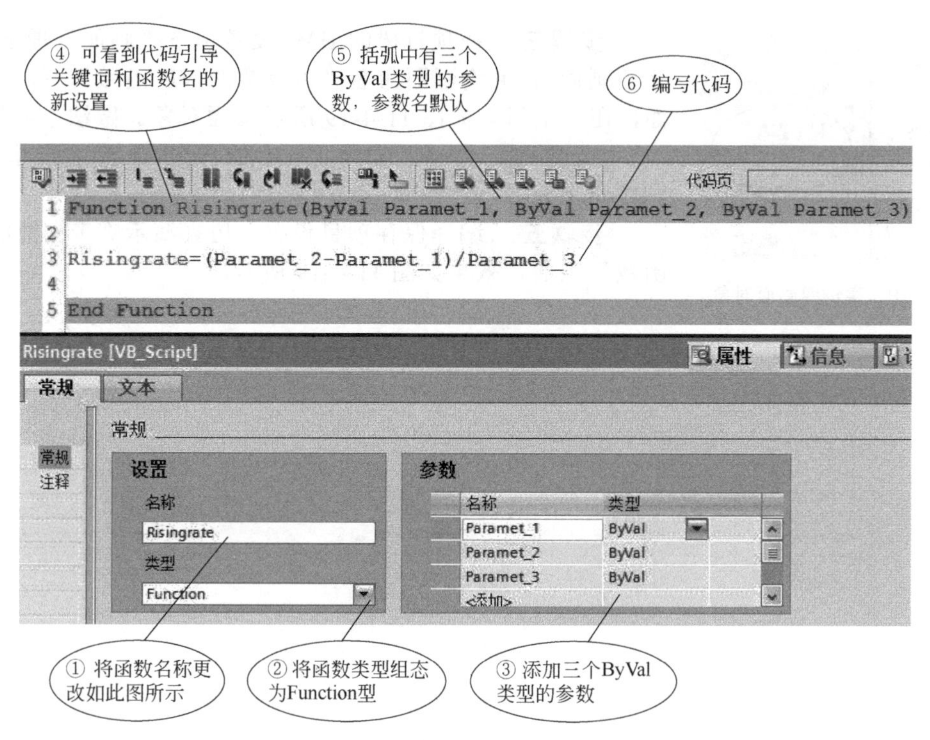

图 11-4-17　实例四创建函数型 VB 函数

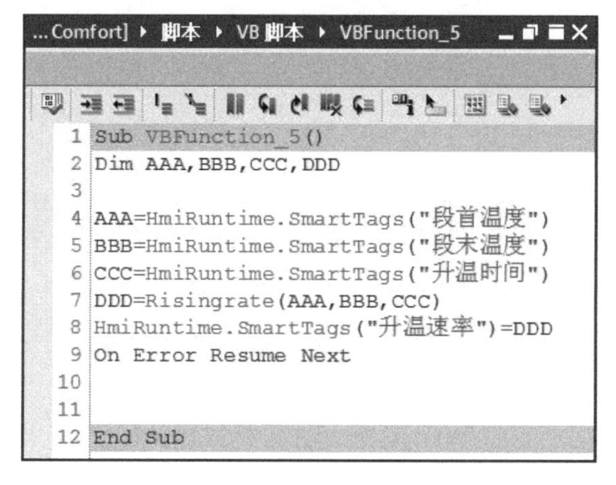

图 11-4-18　实例四创建 Sub 型 VB 函数

这个 VB 函数的名称沿用默认值，即 VBFunction_5。在其代码中，首先声明四个局部变量，其中 AAA、BBB、CCC 用来引入三个已定义好的 HMI 变量。代码的第 7 行，调用 Risingrate 函数，并将其返回值赋值 DDD。在代码工作区编写 Risingrate 时，代码系统会提示此 VB 函数需要配置三个参数，在括弧中按序输入 AAA、BBB、CCC，注意顺序不要错，因为它们与定义 Risingrate 函数时的三个参数按顺序对应。代码执行第 7 行时，会自动调用 Risingrate VB 函数，并根据给出的参数值计算“升温速率”，然后赋值 DDD。下面将 DDD 传回到 HMI 变量“升温速率”中，在触摸屏上显示即可。

第 9 行，On Error Resume Next，意即，碰到错误执行下一个语句。有时代码编译也没有问题，但在执行时仍会出错，此句作用是不要造成代码停止运行。

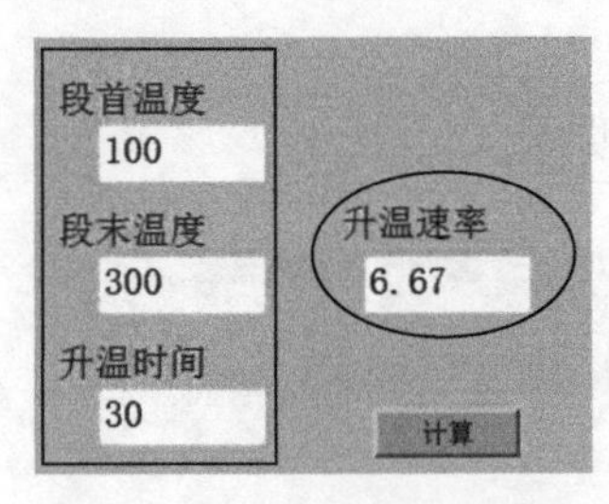

图 11-4-19　实例四画面对象

步骤三　在项目树的 HMI 设备项下“画面”项下“添加新画面”，并为画面命名“带参数的 VB 函数”，打开该画面，在其上组态如图 11-4-19 所示画面对象。做法不再赘述。

步骤四　为图 11-4-19 中的按钮组态单击事件为 VBFunction_5。

步骤五　编译保存项目设置，仿真演示“带参数的 VB 函数”画面，效果如图 11-4-19 所示。

Chapter 12

第十二章 WinCC图形文件夹

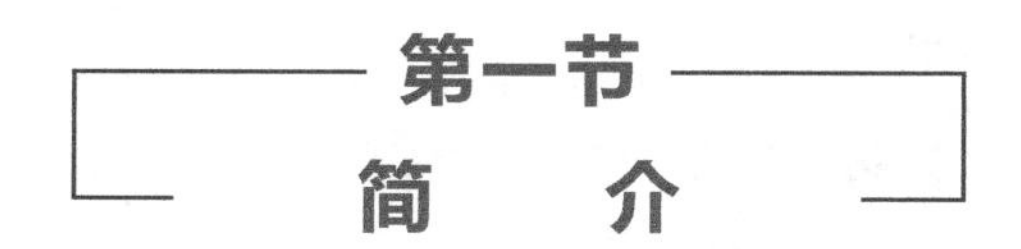

第一节 简介

WinCC 是西门子公司为组态，设计和编制 HMI（Human Machine Interface）设备（主要是工业 PC 和各种西门子公司出品的触摸屏、键控屏等控制面板）的人机交互控制功能及画面的大型自动化工程软件的统称，是目前全球顶尖的自动化控制系统设计组态软件。博途软件基本继承了 WinCC 的精美图形文件。

本书在前几章先后介绍了博途软件工具箱中的基本对象、元素、控件等画面对象的属性和用法。现在再介绍一下博途软件的 WinCC 图形文件夹中的各种各样的图形，涉及能够使用 HMI 等自动化设备的社会、行业的方方面面。这些图形也有一些可组态的属性，可以作为画面的素材供用户选用。

博途软件的 WinCC 图形文件夹通常保存在 C:\Program Files\Siemens\Automation\Portal V13\Lib\Graphics\Graphics_All（文档压缩包）中，这些图形或者图片多以（.wmf）图形文件格式保存。(.wmf)是 Windows Metafile 的缩写，简称图元文件，是微软公司定义的一种 Windows 平台下的图形文件格式。西门子 HMI 设备是工作在 Windows 操作系统上的，故支持（.wmf）图形文件格式。

（.wmf）图形文件属于矢量文件格式，可以任意缩放不影响图形质量，文件短小，图案造型化。整个图形是由许多各个独立的组成部分拼接而成，易于用户重组和处理。

第二节
博途的 WinCC 图形文件夹

博途图形的 WinCC 文件夹中的图形很多，不会样样用到，但浏览了解一下，对今后组态画面时，快速查找和选用，提高组态效率会有帮助。

在组态 HMI 设备画面及功能时，在 Portal V13 工作界面的右侧点选“工具箱”选项板，见图 12-2-1。其中“图形”选项板上有“WinCC 图形文件夹”，该文件夹内保存有系统自备的大量的图形，供组态画面时选用。点击图中文件夹前的三角形图标，可进一步查看文件夹内的子文件夹的内容。

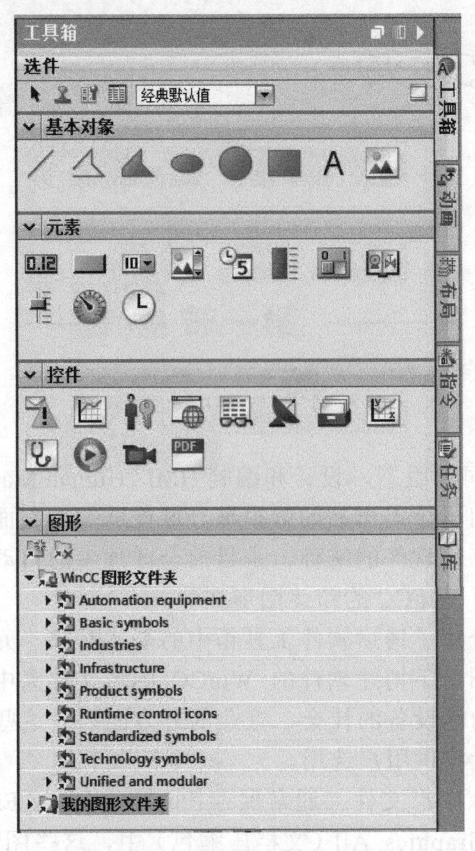

图 12-2-1 博途软件图形文件夹

分类图形文件夹：

① Automation equipment （自动化设备或装置）；

② Basic symbols（基本符号）；

③ Industries（工业类）；

④ Infrastructure（基础设施类）；

⑤ Product symbols（产品符号类）；

⑥ Runtime control icons（运行控制图标）；

⑦ Standardized symbols（标准化符号）；

⑧ Technology symbols（工艺技术符号）；
⑨ Unified and modular（合成和建模基本图形）。

一、Automation equipment （自动化设备或装置）

1. Blowers（风机）

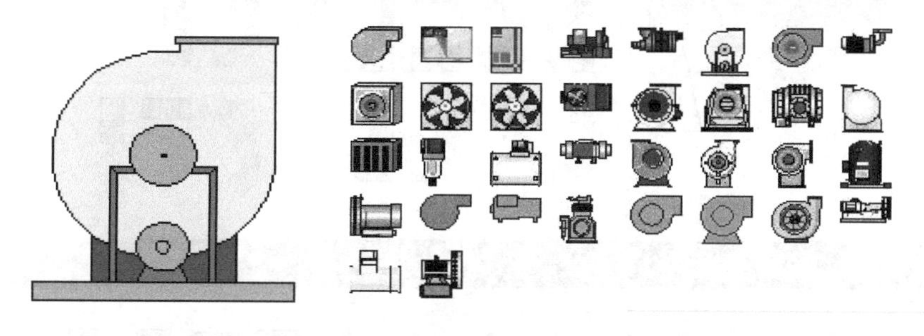

2. Boilers（锅炉）

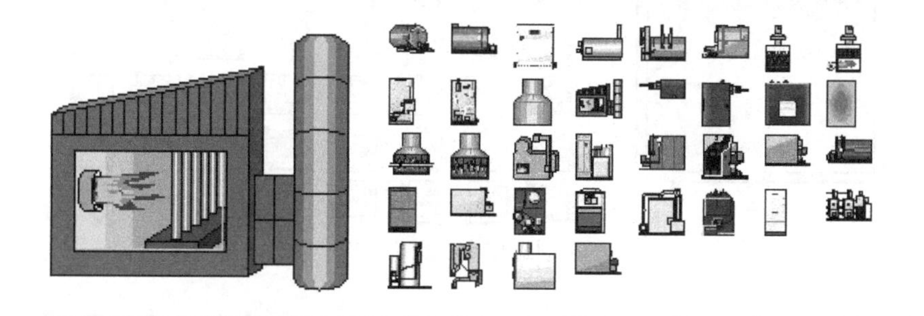

3. Conveyors belt（传送带）

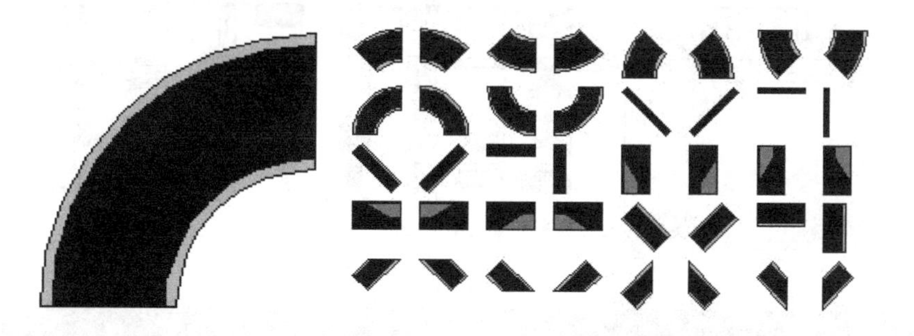

4. Conveyors miscellaneous（各式各样的输送装置）

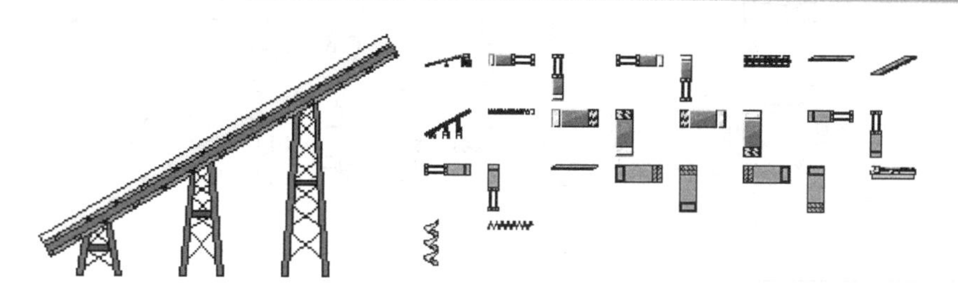

5. Conveyors simple（输送带示意图）

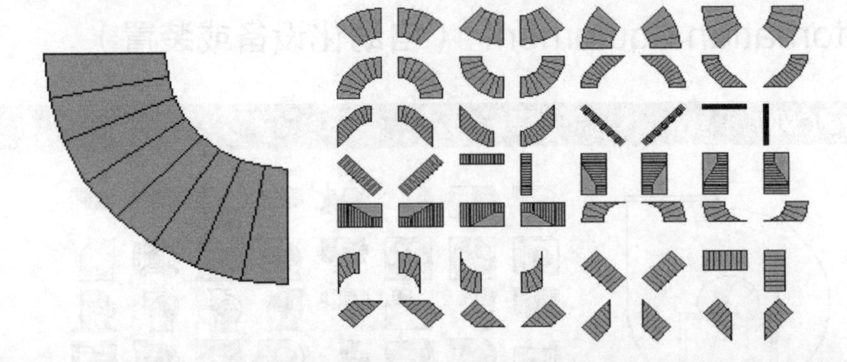

6. Ducts（风道、管道连接件）

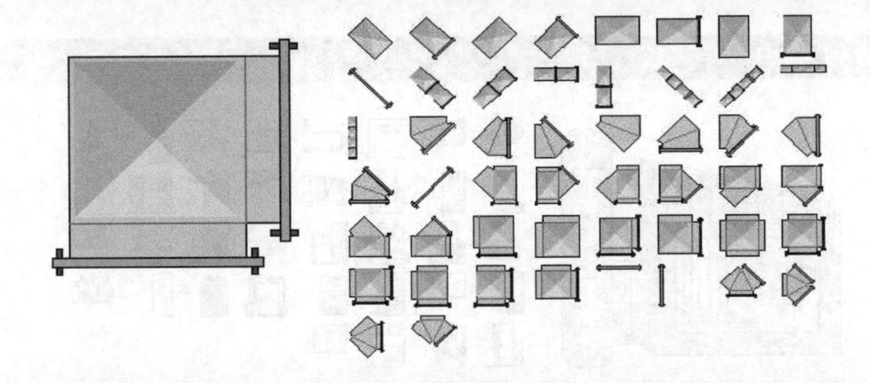

7. Flow meters（流量表计）

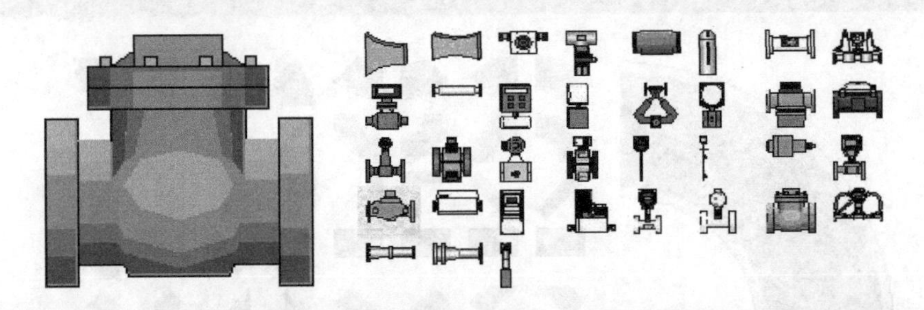

8. Mixers（搅拌器）

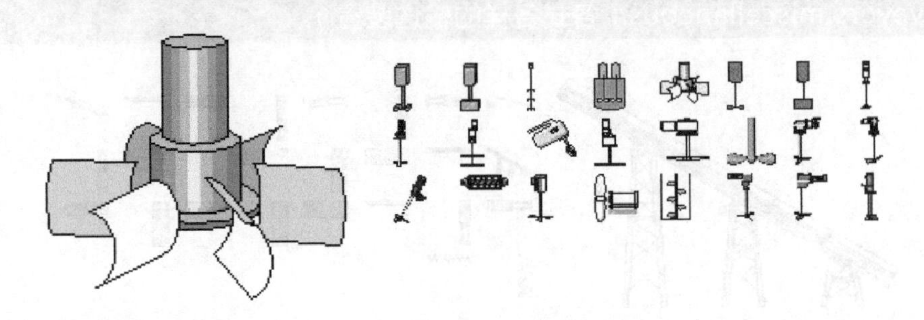

9. Motors（马达）

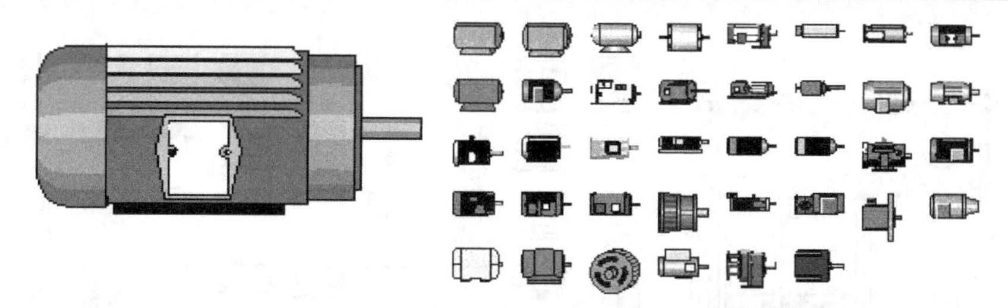

10. Pipes miscellaneous（各式各样的管件）

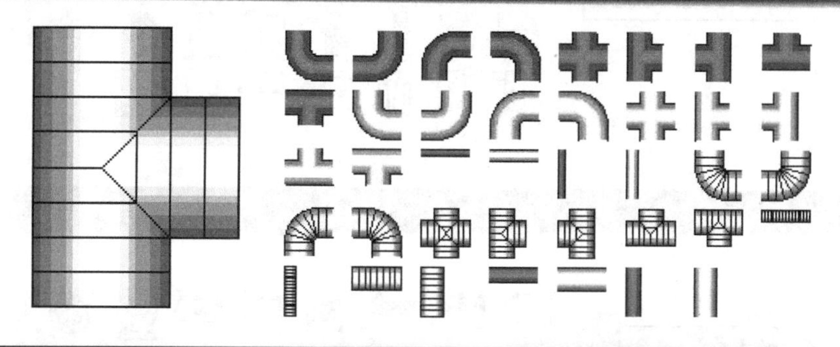

11. Pipe segmented（管件、管节）

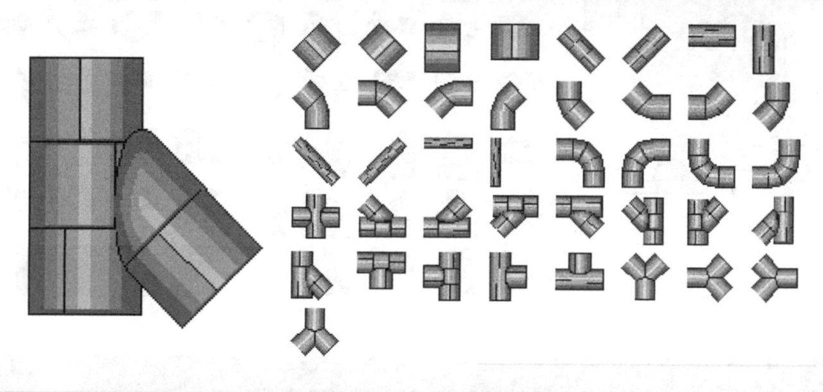

12. Pipes（管件）

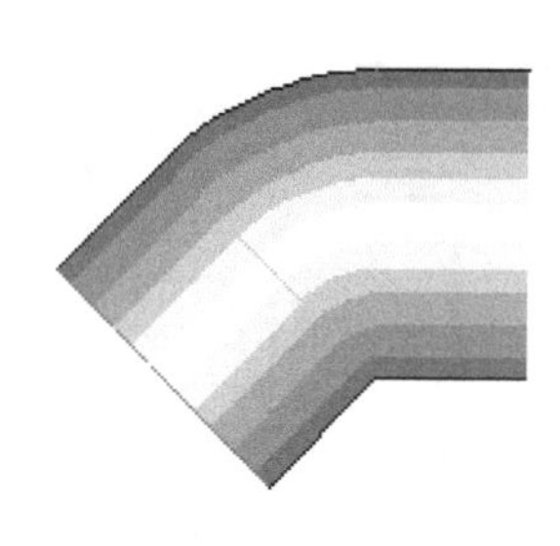

13. Process Heating（热工器件）

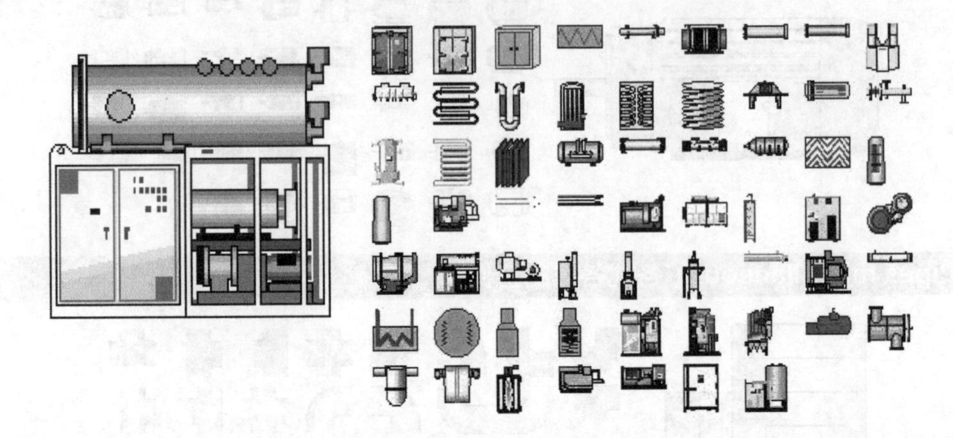

14. Pumps（泵）

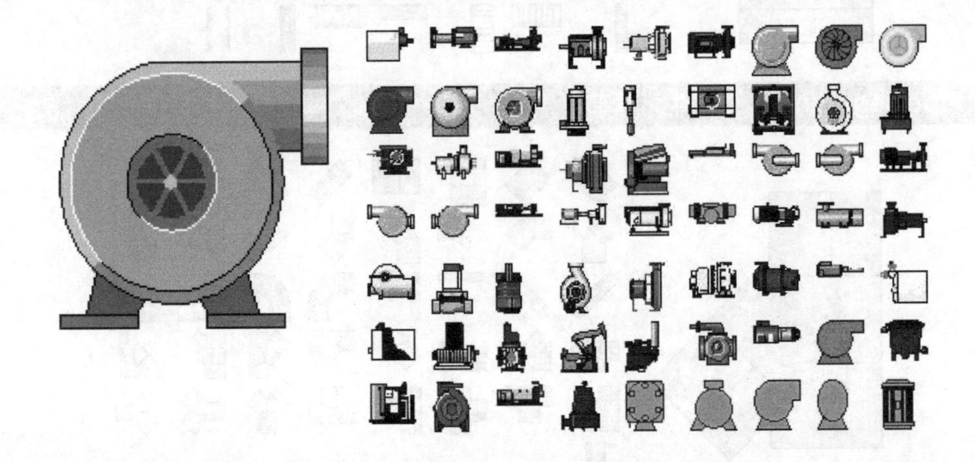

15. Scales（计量示值）

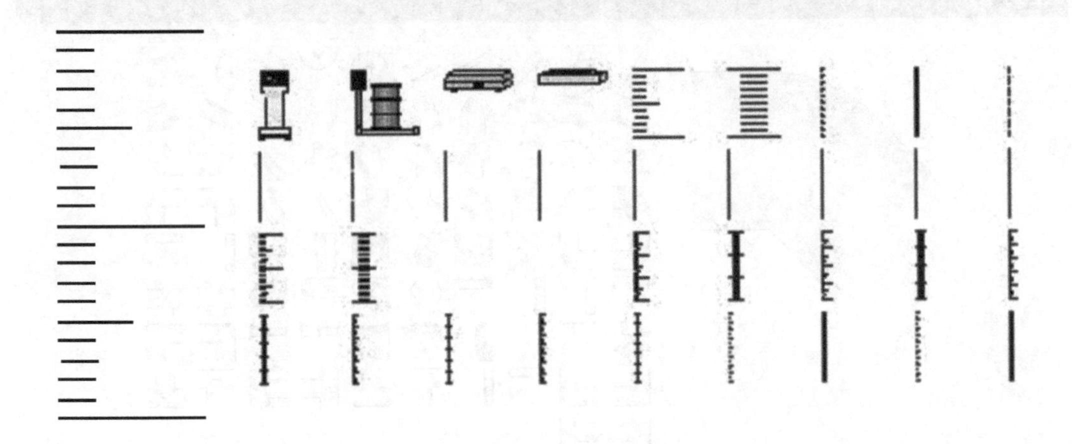

16. Sensors（传感器）

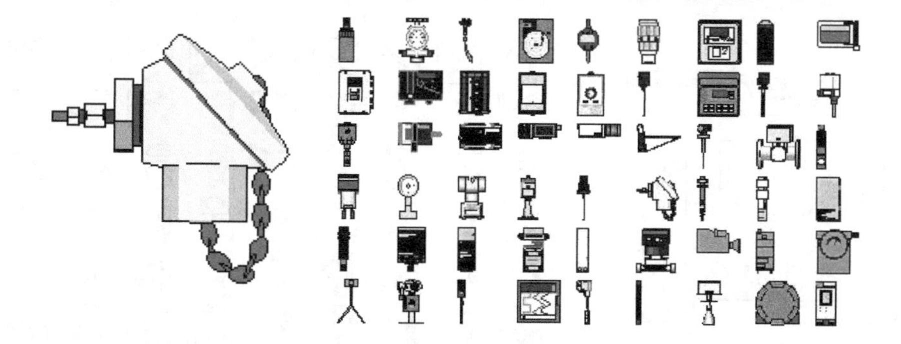

17. Tanks Cutaways（罐槽剖视）

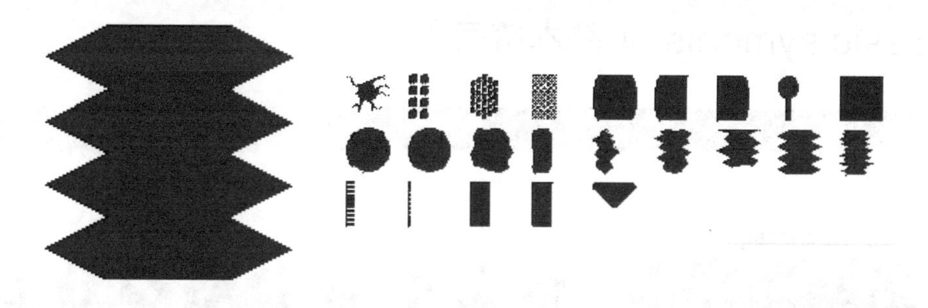

18. Tanks（罐槽柜箱类装置）

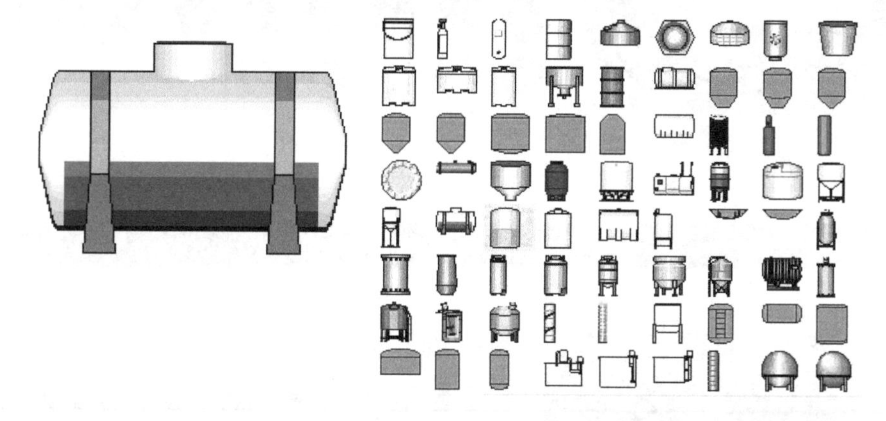

19. Tubing flexible（配管软连接件）

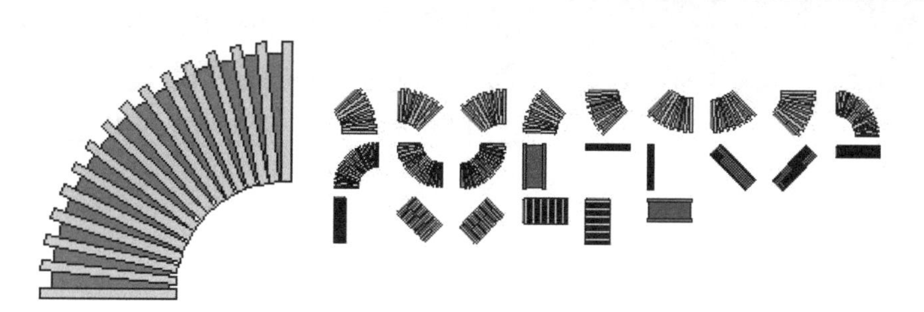

20. Valves（阀）

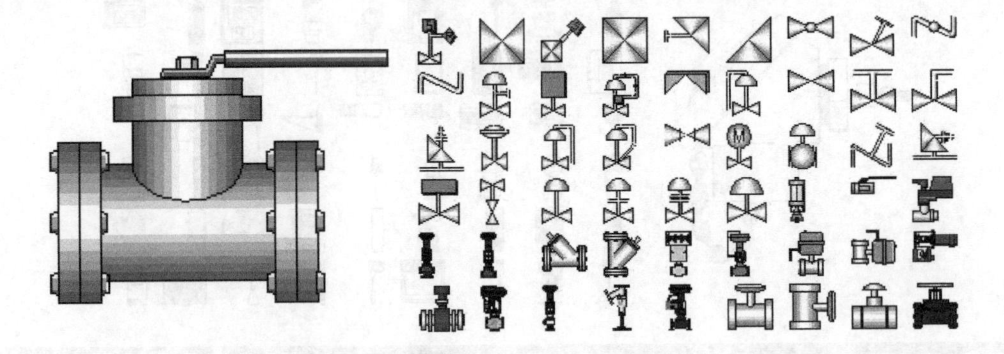

二、Basic symbols （基本符号）

1. Arrows（箭头）

2. Flag（旗帜）

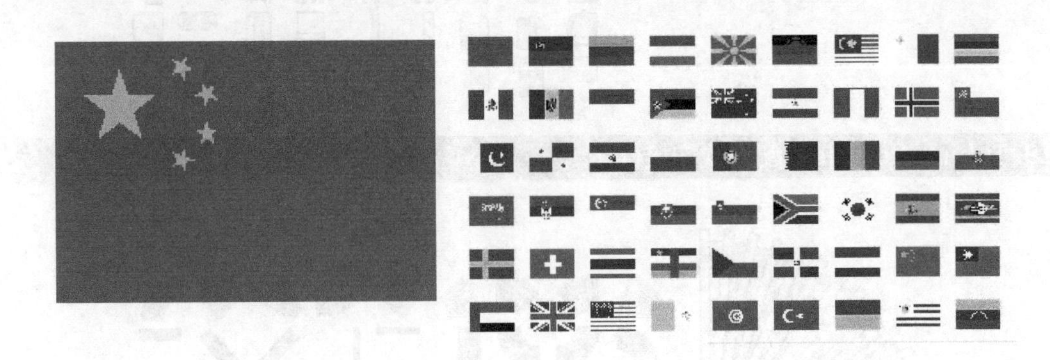

三、Industries（工业类）

1. Chemical（化工业）

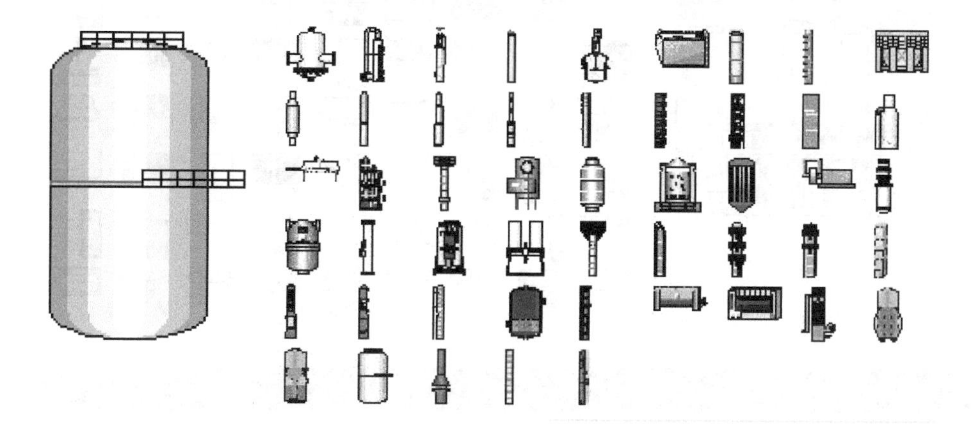

2. Finishing（装配总成）

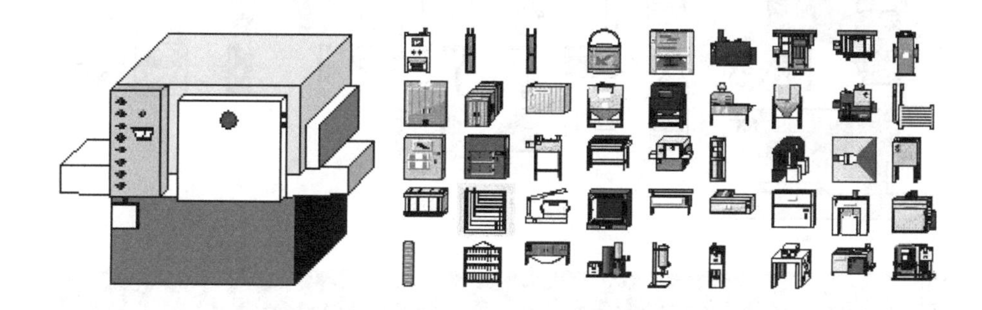

3. Food（食品工业）

4. HVAC（采暖、通风和空调）

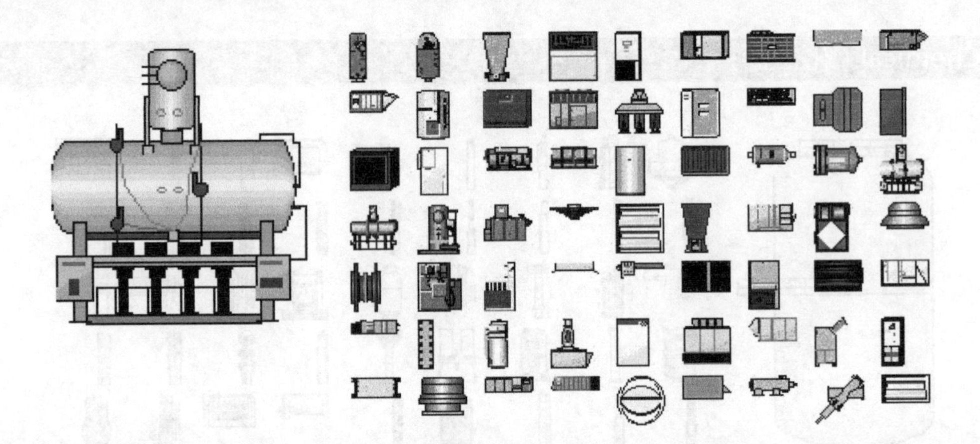

5. Laboratory（实验室及器材）

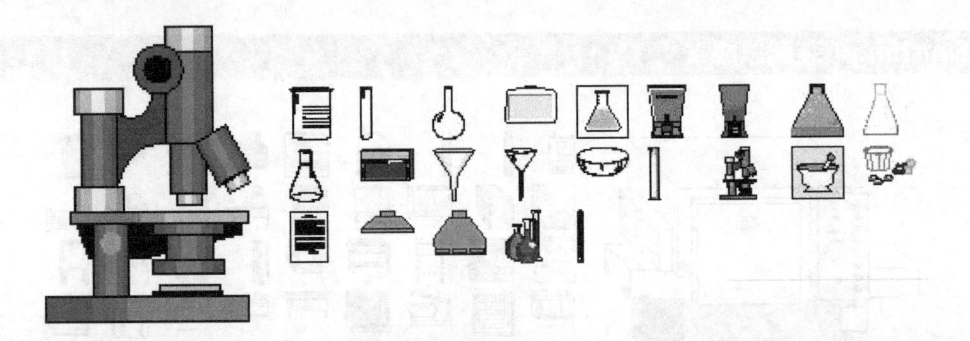

6. Machining（机床及精加工）

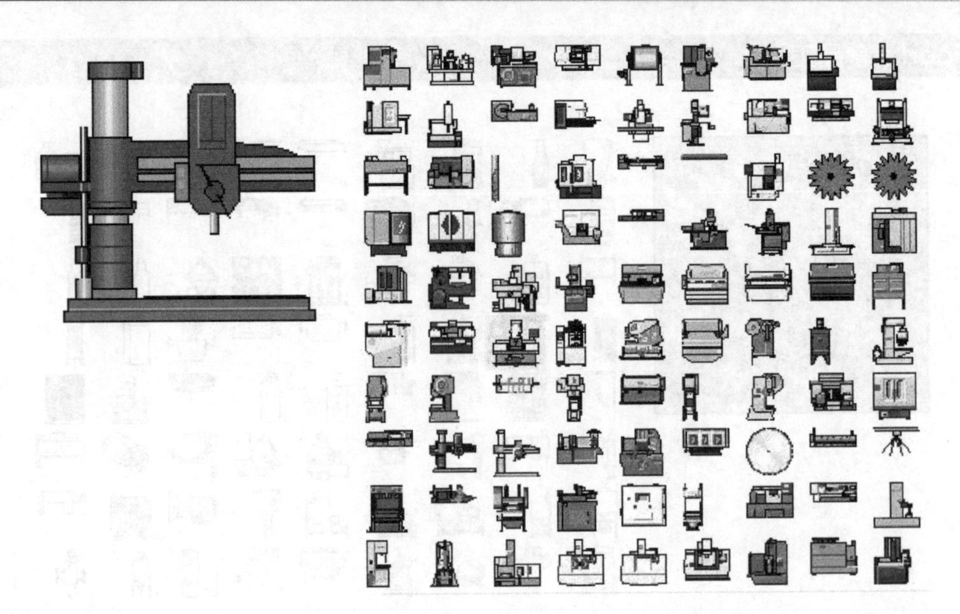

7. Material Handling（材料加工）

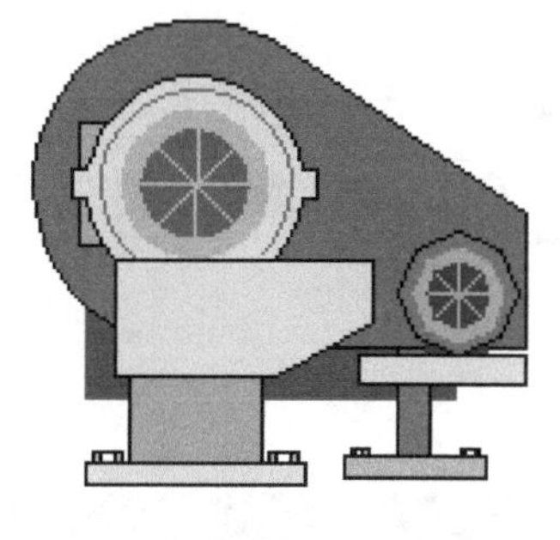

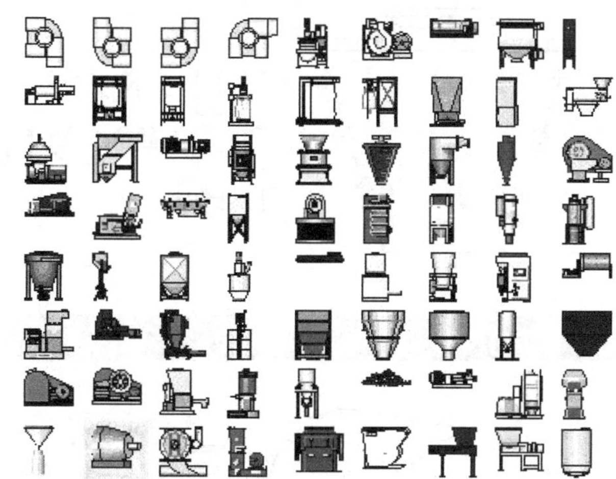

8. Mining（采矿业）

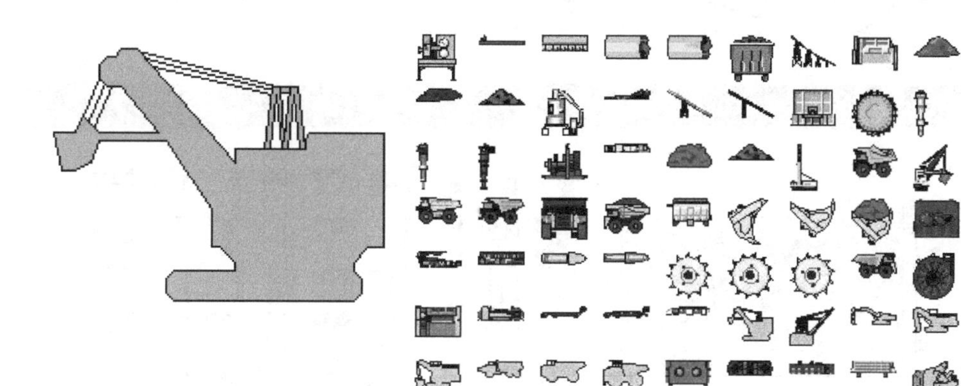

9. Power（动力）

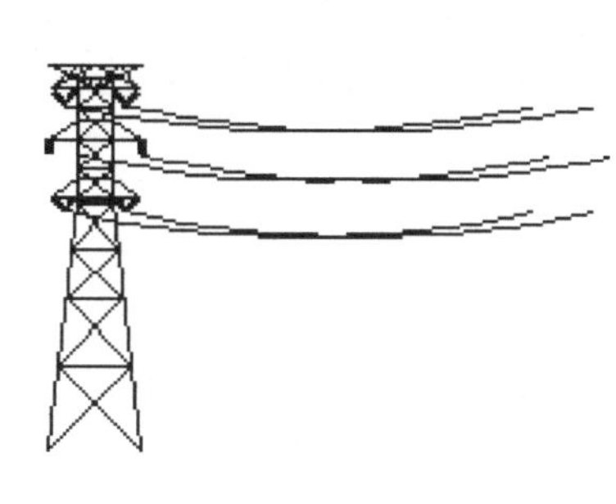

Chapter 1
Chapter 2
Chapter 3
Chapter 4
Chapter 5
Chapter 6
Chapter 7
Chapter 8
Chapter 9
Chapter 10
Chapter 11
Chapter 12
Chapter 13

10. Process cooling（制冷及冷却处理）

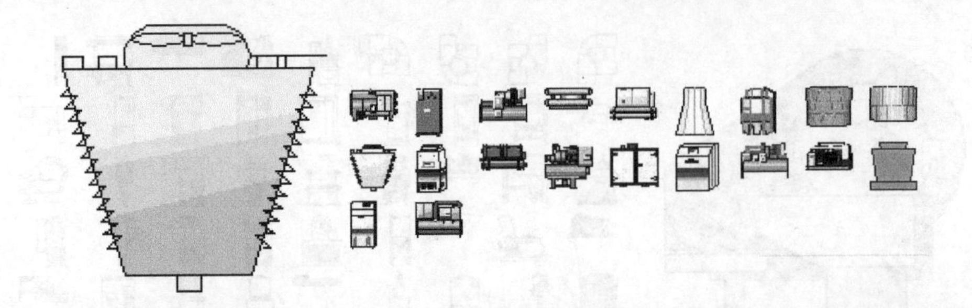

11. Pulp & paper（纸浆与造纸）

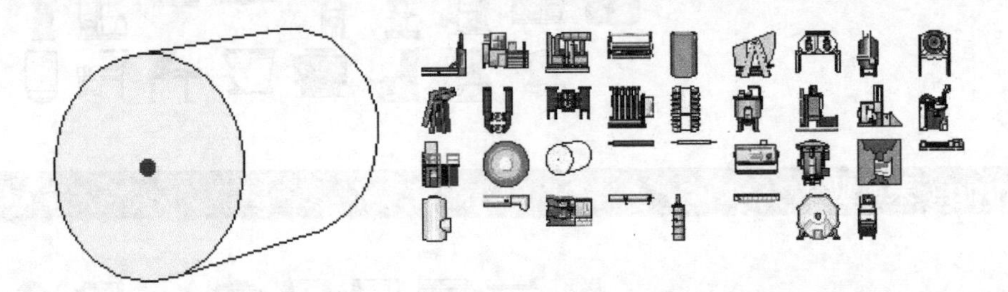

12. Water & Wastewater（水及废水处理）

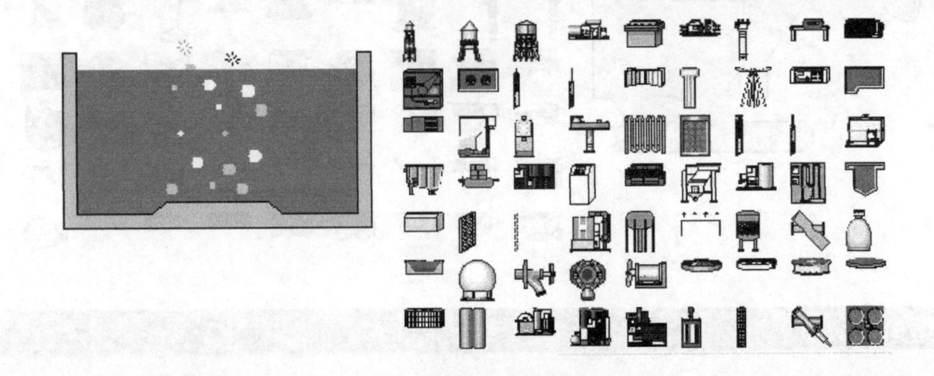

13. Wire & Cable（电线与电缆）

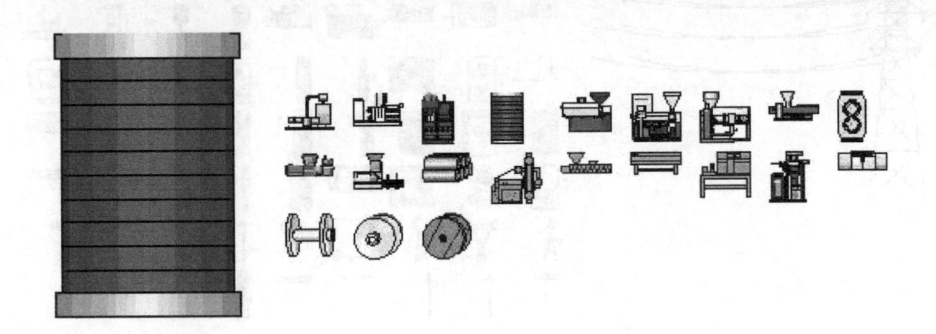

四、Infrastructure（基础设施类）

1. Architectural（基本建设）

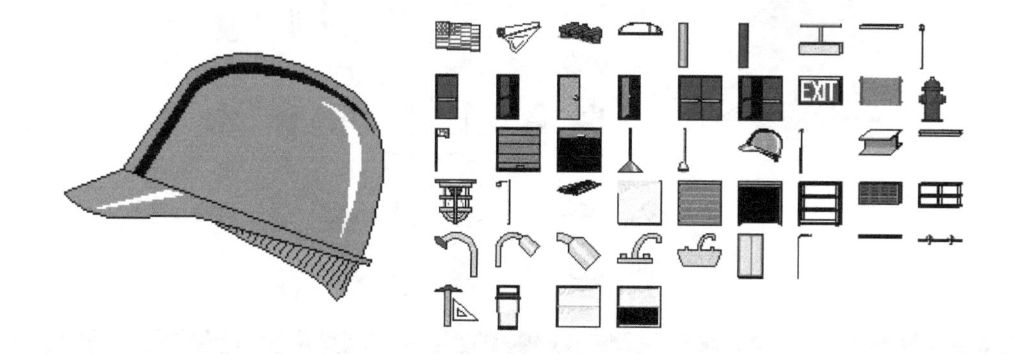

2. Buildings（建筑物）

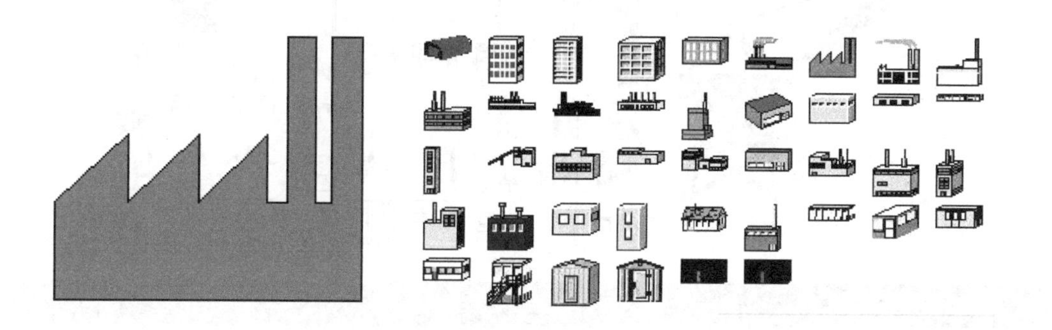

3. Containers（容器与包装物）

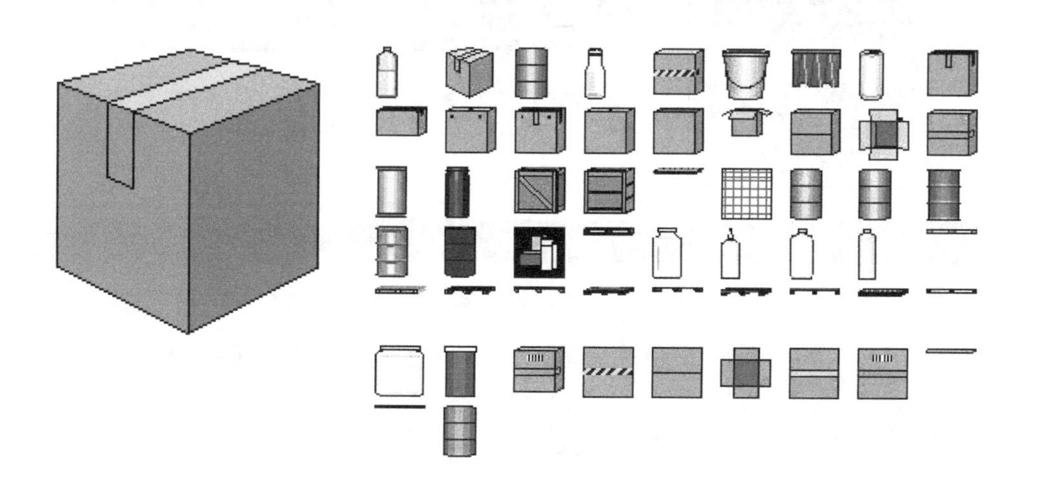

4. Nature（自然类）

5. Plant Facilities（工矿设备）

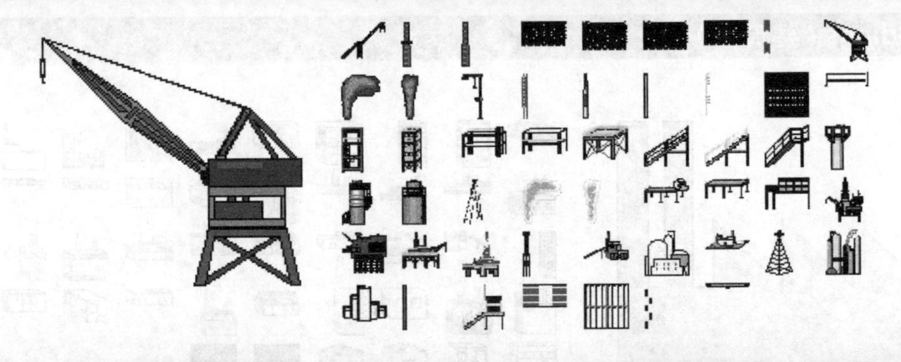

6. Safety（安全）

7. Vehicles（交通运输类）

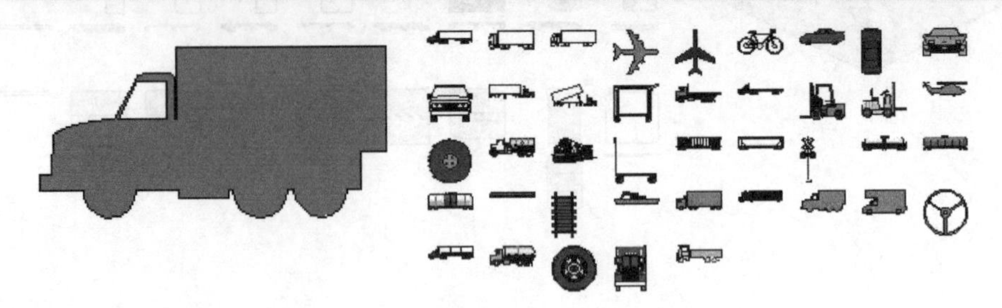

五、Product symbols（产品符号类）

该文件夹中保存的是西门子公司生产的各种自动化产品（如电动机、HMI 设备、PLC 模块及 ET200 分布式模块、驱动器、工业 PC、数控机床控制器等）的图像符号，皆采用(.png)图像文件存储格式。

六、Runtime control icons（运行控制图标）

该文件夹中保存的是西门子公司 HMI 设备中画面控件视图上呈现的图形符号，皆采用（.emf）图像文件格式绘制存储。

七、Standardized symbols（标准化符号）

主要是国际上采用较多的技术协会和组织制定的行业、协会标准图形和符号。例如 ASHRAE（American Society of Heating Refrigerating and Air-Conditioning Engineers,Inc.）美国采暖、制冷与空调工程师学会等，涉及这些技术标准的设备应用可以作为参考。

如需要在 HMI 设备上呈现项目系统工作原理图，或者想用工作原理图来表达系统的工作过程和工作参数（配方），可以使用这些图形符号。也可以预先做好国外技术标准图形符号与中国技术标准的对接转化工作，将需要的中国国家标准符号绘制好，供随时调用。

该文件夹中的图形文件格式为（.wmf）。

八、Technology symbols（工艺技术类符号）

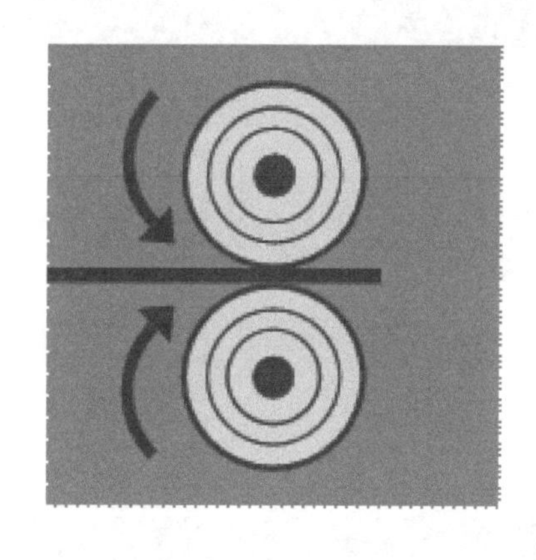

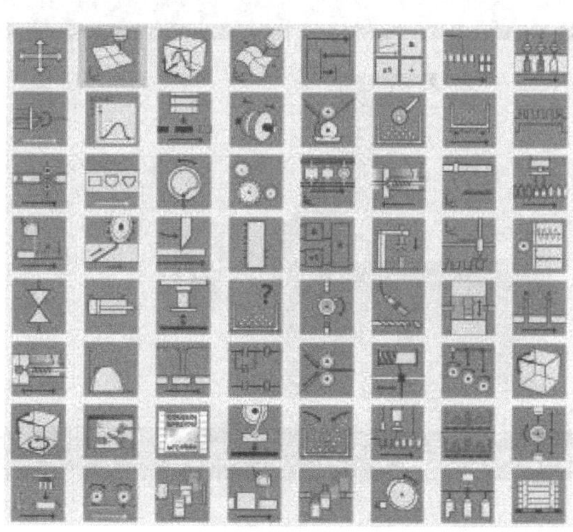

该文件夹中的图形文件格式为（.emf）。图形色彩单一（当然也是一种风格），用户可以将其调出，用 VISIO 等打开，重新绘制或改变色调再使用。对于第二代精简面板和精智面板，其色彩数和分辨率都大大提升，可以显示更加精彩的图形画面。

九、Unified and modular（合成和建模基本图形）

该文件夹中的图形为（.emf）格式，为一些设备器件的图形素材，可选用或借鉴。

1. Accessoires（组件）

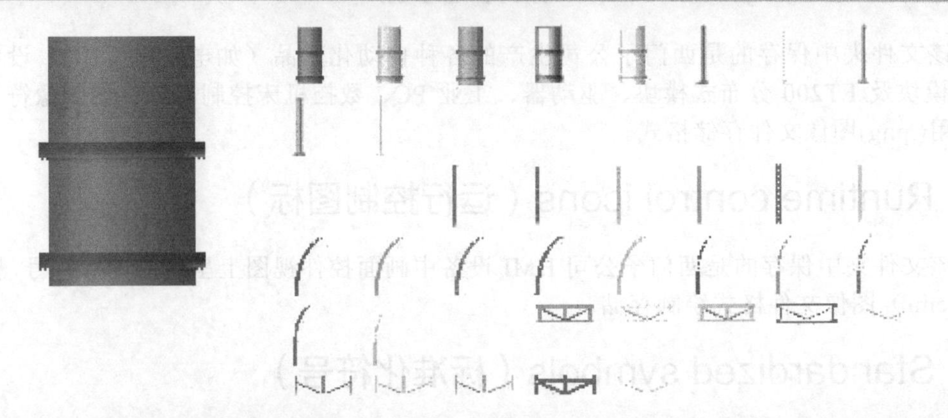

2. Blowers（风扇）

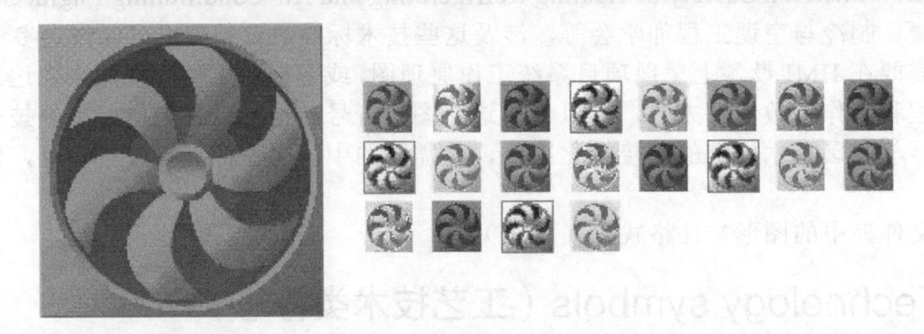

3. Boilers（锅炉）

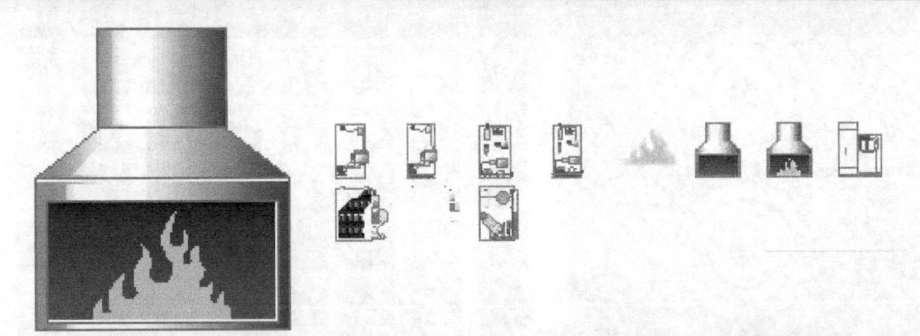

4. Heatings（采暖）

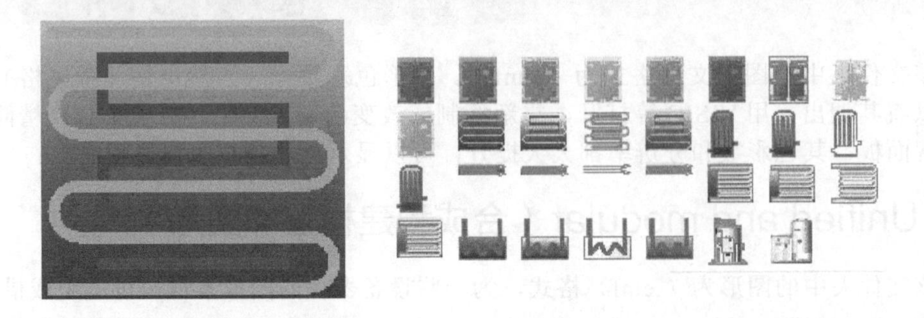

5. Motors（马达）

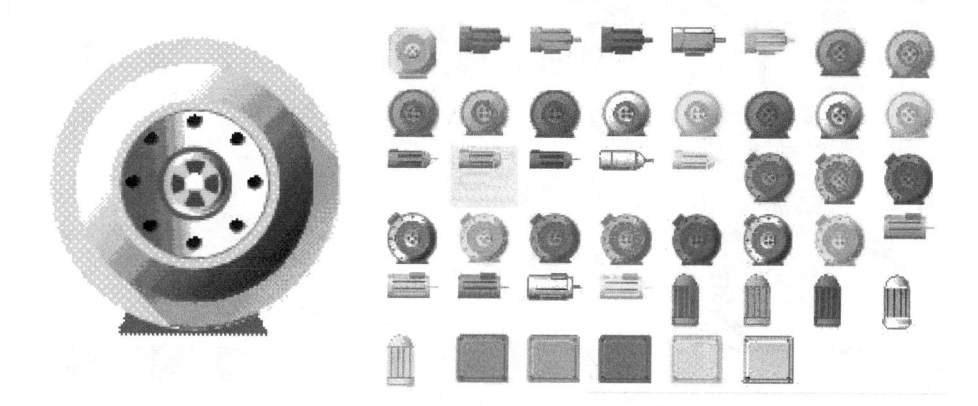

6. Pipes（管件）

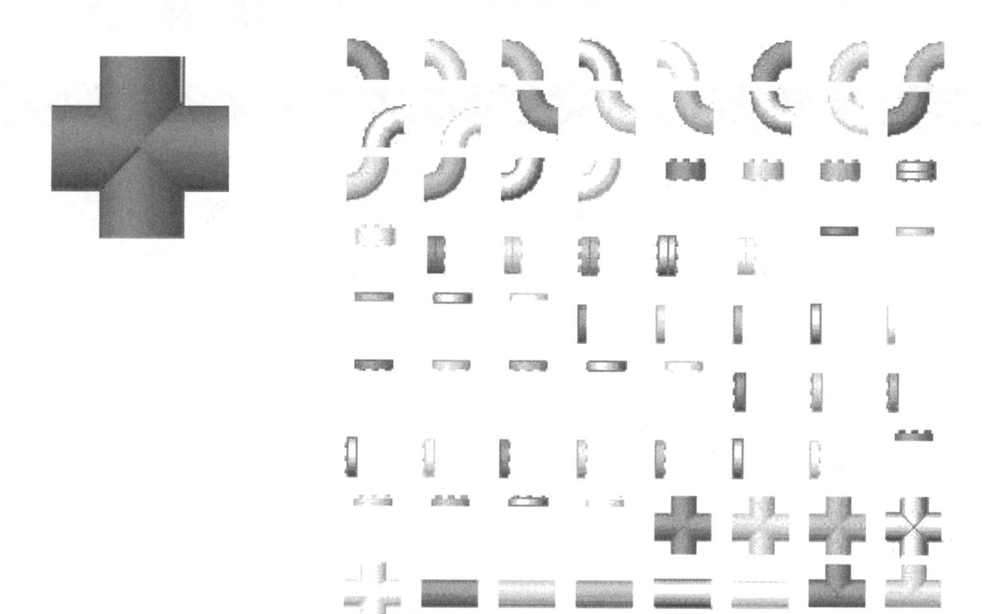

7. Signal towers（信号灯）

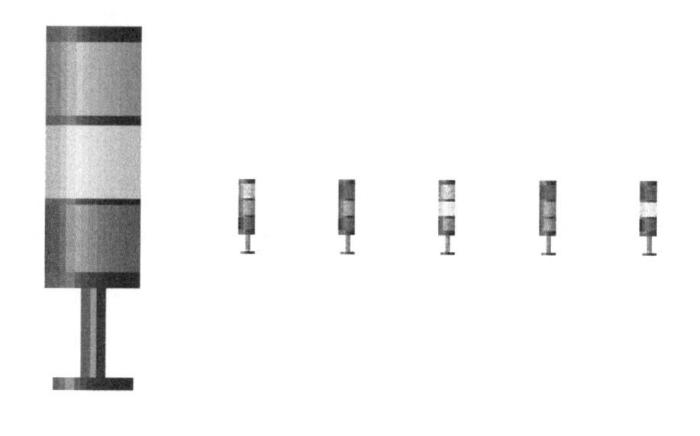

8. Pumps（泵）

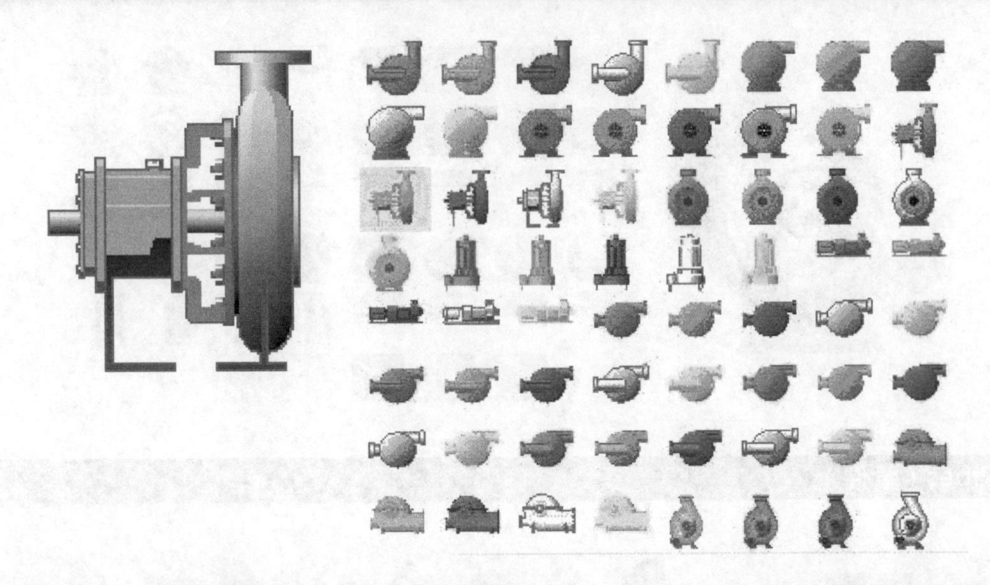

9. Valves（阀门）

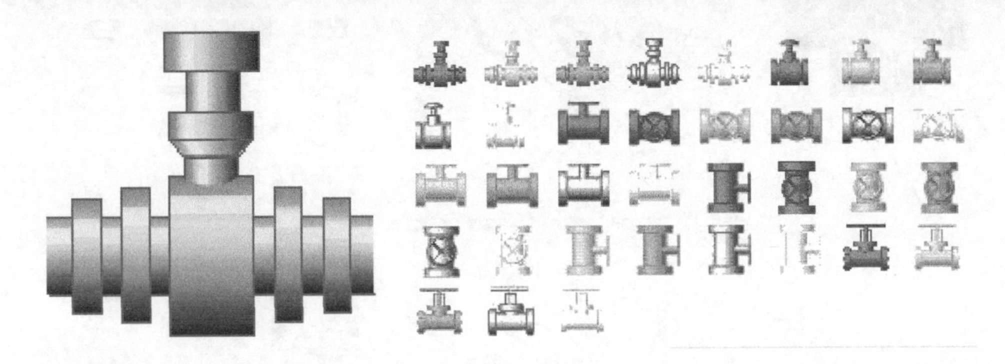

Chapter 13

第十三章
项目下载和其它HMI设备应用

第一节 HMI 项目文件的下载

HMI 项目组态编译完成后，要下载到 HMI 设备中，下载的方法、途径很多，如今比较通用和方便的方法是通过（工业）以太网络（线）下载 HMI 组态文件。

一、以太网方式或 PN/IE 方式下载

1. 下载要求

（1）以太网电缆

西门子提供性能较好、抗电磁干扰更强的 PROFINET 网线，可作为下载项目文件用，也是控制系统项目中工业网络连接的首选，更加适合于在工业生产现场使用。

在环境相对较好、干扰较少、安全运行有保障的场合，也可以采用市售网线或自己制作网线，见图 13-1-1。那么图中 RJ45 水晶接头和 8 芯网线是如何连接的？

以太网网线为 8 芯，四对双绞线，以线皮颜色区分线序，见图 13-1-2。有两种线序标准（T568B 和 T568A），主要有两种接法。

一是交叉线：即一端采用 T568A 标准（白绿,绿,白橙,蓝,白蓝,橙,白棕,棕）。另外一端采用 T568B 标准（白橙,橙,白绿,蓝,白蓝,绿,白棕,棕），也就是反线或者计算机之间的连接线。

二是直通线：对于西门子的 HMI 面板（也包括其它西门子工业以太网连接的设备），其所带的以太网卡具有自适应功能，如果您的计算机也支持自适应功能，那么也可以采用直通线序标准制作连接网线，即一端采用 T568B 标准（白橙，橙，白绿，蓝，

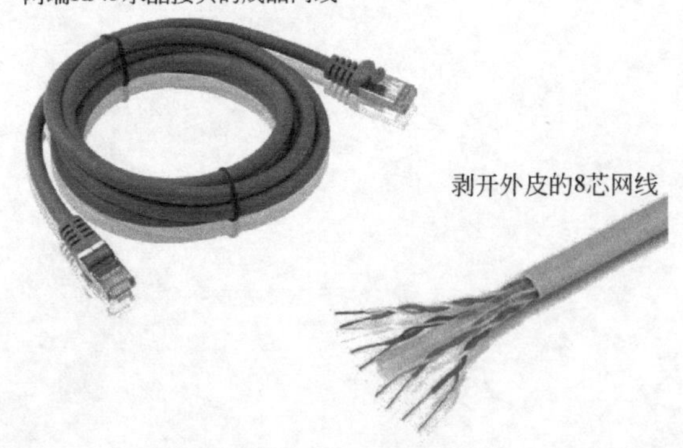

图 13-1-1 以太网电缆

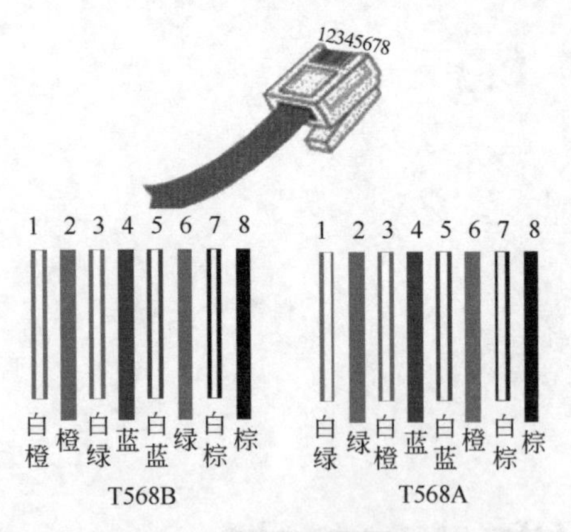

图 13-1-2 以太网电缆接头线序标准

白蓝，绿，白棕，棕），另外一端也采用 T568B 标准（白橙，橙，白绿，蓝，白蓝，绿，白棕，棕）。

以上两种接线方法都可以使用，采用直通线法更方便。

（2）计算机安装以太网卡（或者集成网卡）

计算机需要安装有以太网卡，或者有集成的网卡。

（3）电缆连接方法

Ethernet 电缆的一端连接到计算机的以太网网卡的 RJ45 接口上，另外一端直接连接到 HMI 面板下部 Ethernet 接口上(即 PN 口)。

项目系统网络中通过交换机或者 HUB 进行连接时，HMI 设备的 Ethernet 接口被占用或不方便，也可以通过交换机或 HUB 上的网络端口，进入网络，下载项目文件。

2. 下载设置

（1）HMI 面板的设置

以 TP900 Comfort 为例：

TP900 上电后，进入 Windows CE 操作系统，将自动显示“Loader”（装载）对话框。如图 13-1-3 所示，“装载”对话框中有四个按钮，单击其中的“Control Panel”（控制面板）按钮打开 HMI 面板的操作系统的控制面板，如图 13-1-4 所示。

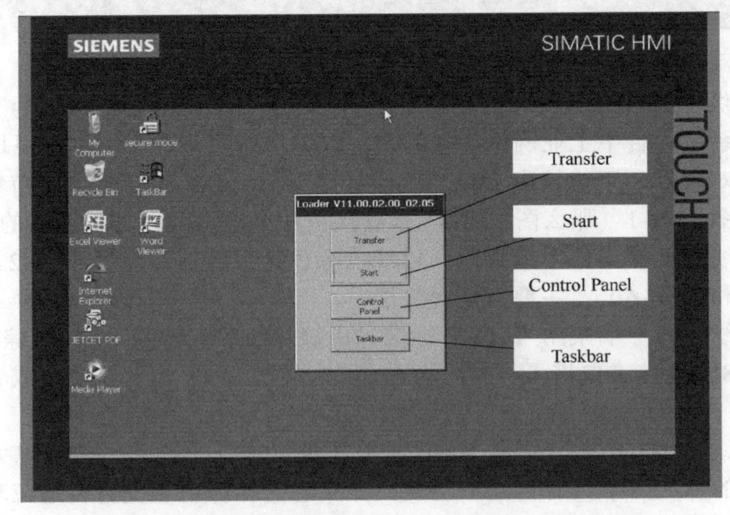

图 13-1-3 HMI 面板通电显示开始“装载”工作对话框

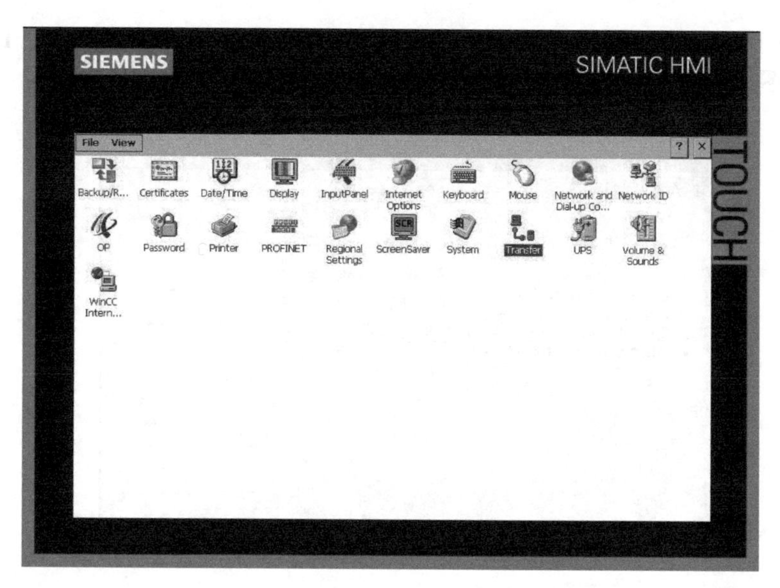

图 13-1-4　HMI 设备操作系统的控制面板

点击图 13-1-3 中的“Transfer”（传输）按钮，HMI 设备进入传输工作状态，准备传送工作。点击“Start”（开始）按钮，HMI 设备开始项目运行工作，如果 HMI 面板中已有项目文件，则运行显示项目的起始画面。点击“Taskbar”HMI 设备进入任务条工作状态。

双击打开图 13-1-4 中“Transfer”图标，打开“Transfer Setting”（传输设置）对话框，如图 13-1-5 所示。

打开“Channel”（通道）选项卡中进行传送设置：

勾选“Enable Transfer”选项使能对 HMI 面板的传送。

勾选“Remote Control”选项使能自动切换传输模式功能（注意：调试结束后应当取消“Remote Control”，以防止不经意的项目传送导致面板中的运行系统被终止）。不勾选此项，则表示 HMI 面板通电后延时若干秒即转入已经下载的项目运行状态。

在选项列表中选择“Ethernet”(即以太网方式)或者选择“PN/IE”（即 PROFINET 网络方式）。

单击“Properties...”（属性）按钮进行参数设置，弹出图 13-1-6 所示图标，表示当前 HMI 面板所处的网络图标。

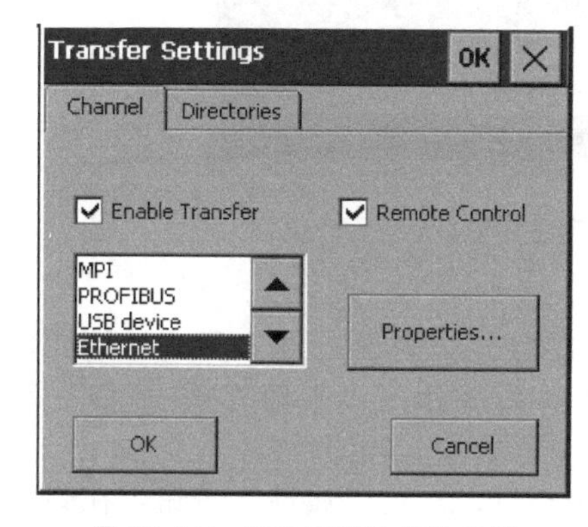

图 13-1-5　HMI 面板的传输设置

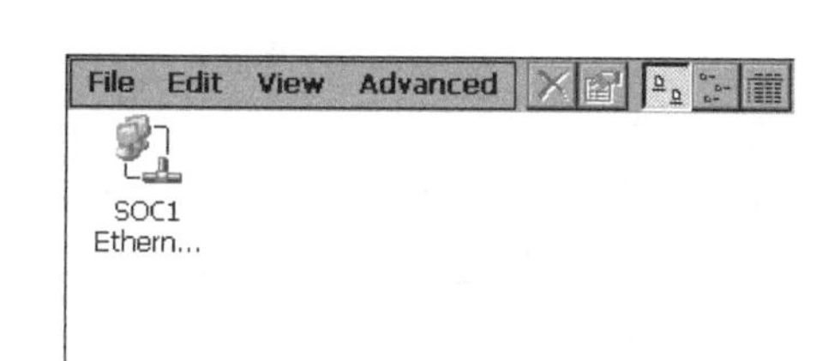

图 13-1-6　HMI 面板所处的网络图标

双击该网络连接图标，打开网络连接设置对话框，为 HMI 面板分配 IP 地址及子网掩码，如图 13-1-7 所示。

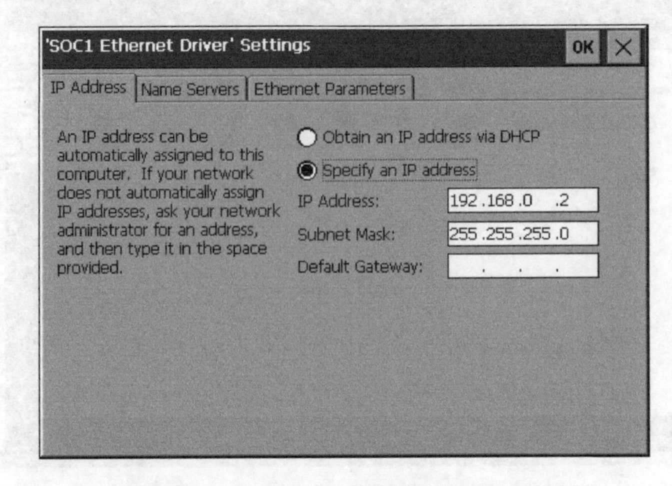

图 13-1-7　为 HMI 面板设置所处网络的 IP 地址

输入此面板的 IP 地址（该地址同下载计算机的 IP 地址需在同一网段），例如此例我们使用 192.168.0.2，子网掩码使用 255.255.255.0（子网掩码需同下载计算机的子网掩码一致），其他不用指定。

参数设置完成后关闭控制面板，回到图 13-1-3 画面，单击其中的“Transfer”按钮，将 HMI 面板切换到传输模式，如图 13-1-8 所示，等待来自下载电脑的项目文件。

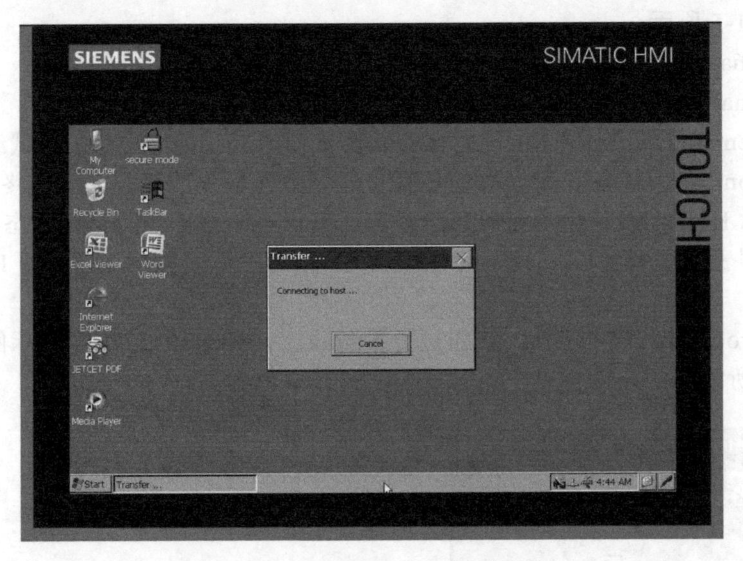

图 13-1-8　HMI 面板的传输工作模式

（2）计算机设置

打开下载项目文件电脑的本地连接的属性，如图 13-1-9 中第一步，双击连接西门子面板的以太网本地连接图标，打开本地连接属性，系统弹出“本地连接 属性”对话框，如图 13-1-9 第二步所示。

在列表中选择“Internet 协议版本 4（TCP/IPv4）”，点击“属性”按钮，在弹出的 Internet 协议版本 4（TCP/IPv4）属性对话框中指定 IP 地址和子网掩码，该 IP 地址必须和面板的 IP 地址在一个网段，此例中为 192.168.0.1，子网掩码设为 255.255.255.0。如图 13-1-9 第三步所示。依次点击“确定”按钮回到计算机的控制面板界面。

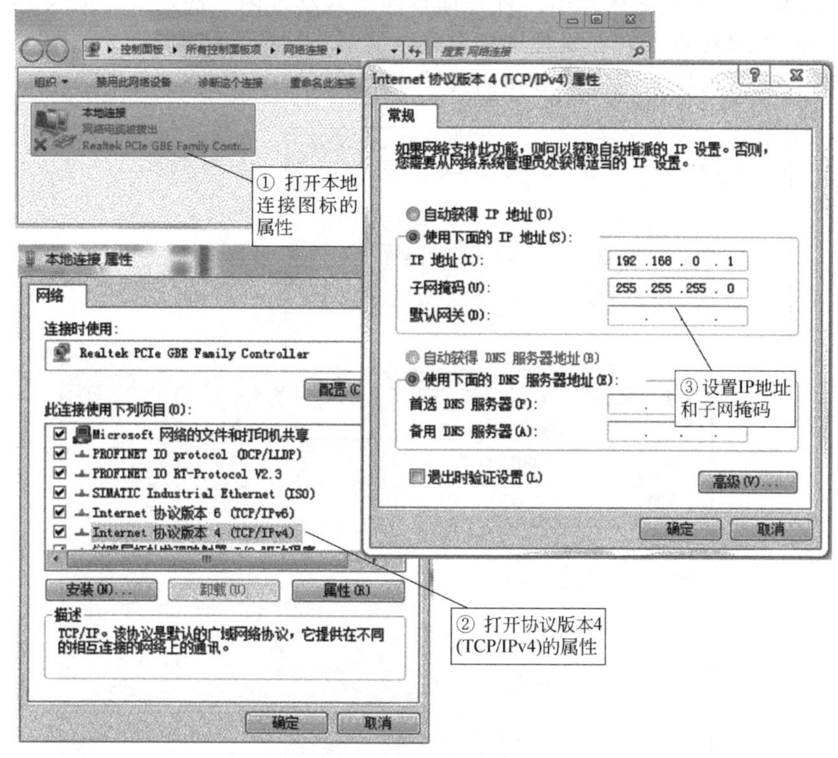

图 13-1-9　下载 HMI 文件电脑的以太网 IP 地址的设定

在计算机的控制面板上，双击打开“设置 PC/PG 接口”编辑器，如图 13-1-10 所示。

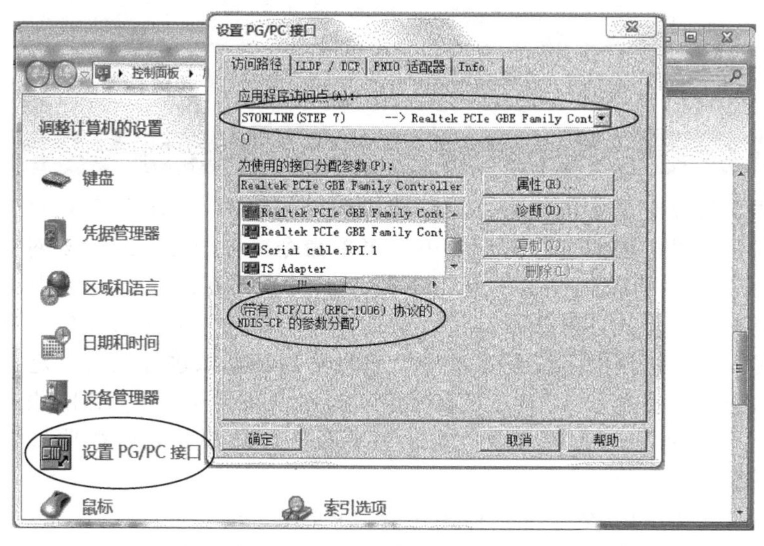

图 13-1-10　设置计算机的 PC/PG 接口参数

在图 13-1-10 中的应用程序访问点列表中选择“S7ONLINE（STEP7）”，在设备列表中选择 TCP/IP Bor…（此处所用的网卡不同，显示不同，请注意），点选后，在应用程序访问点中显示 S7ONLINE（STEP 7）…TCP/IP…即可，如图 13-1-10 中接口参数说明。单击“确定”，保存设置。

（3）在博途组态软件中为HMI面板设置工业以太网络地址

在Portal V13 SP1组态软件中，打开项目的“网络视图”选项卡（见图13-1-11），鼠标选中图中的HMI设备，在属性巡视窗格，查看HMI设备的属性（见图13-1-11），为HMI设备设定其在以太网中的IP地址和子网掩码等。

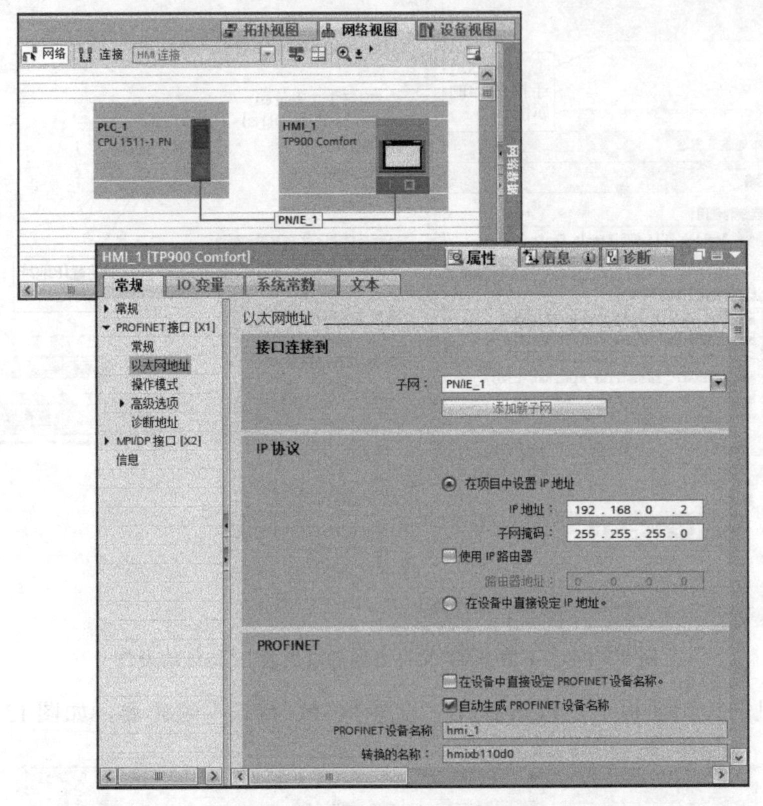

图13-1-11 在博途组态软件中为HMI面板设置网络地址

3. HMI项目文件下载操作

完成上述下载设定准备工作后，鼠标选中项目树中的HMI设备项目文件，然后点击执行“在线”→“扩展的下载到设备…”菜单命令。弹出图13-1-12对话框。也可以点击图标命令工具“下载到设备”开始下载。该对话框在之后的下载中将不会再次弹出，下载会自动选择上次的参数设定进行。如果希望更改下载参数设定，则可以通过单击菜单“在线”→“扩展的下载到设备…”来打开对话框以进行重新设定。

在“组态访问节点属于HMI_1”表格中，显示当前要下载的HMI设备文件所定义的设备名称、设备类型、子网名称和地址等参数。这些都是之前在项目组态“网络视图”等处编辑组态的参数。

在“PG/PC接口的类型”选项格中选择“PN/IE”项（也可选择“以太网”项）。“PG/PC接口”选项格选择当前下载电脑的网卡设备，其它选项如图13-1-12所示。

然后，勾选“显示所有兼容的设备”选项，单击“开始搜索”按钮。组态软件开始搜索所连接网络上所有兼容的设备，并显示在“目标子网中的兼容设备”表格中，如图13-1-13所示。

图 13-1-12 博途组态软件扩展的下载到设备对话框

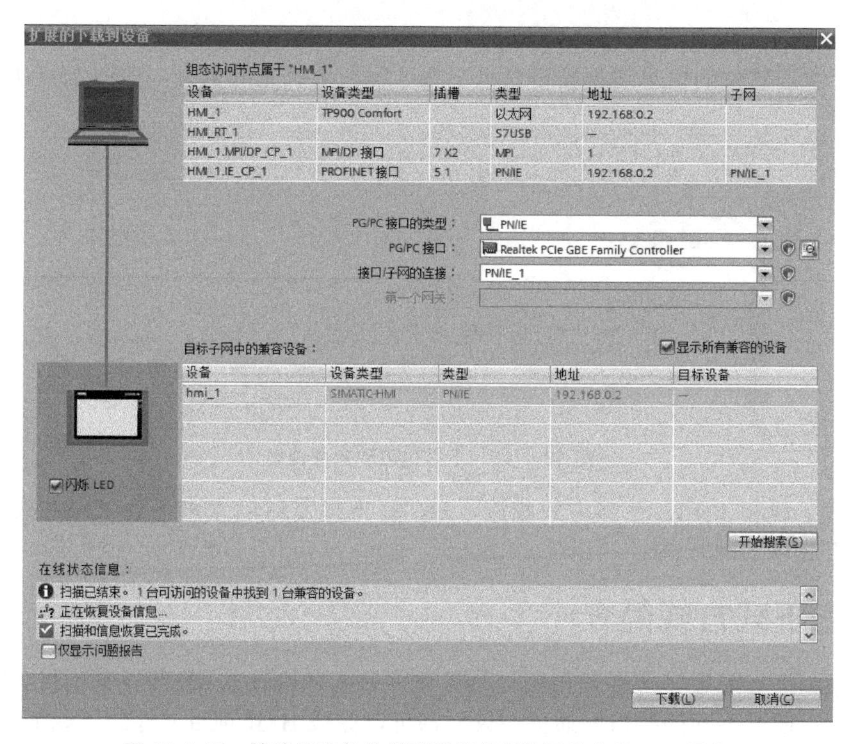

图 13-1-13 博途组态软件搜索到当前所连网络上的 HMI 设备

勾选图 13-1-13 中的“闪烁 LED”选项，则当前网络中的目标 HMI 面板呈闪烁状态，如果网络中的 HMI 设备较多，则当前屏幕闪烁的 HMI 设备就是 IP 地址为 192.168.0.2 的目标面板。确认目标后，取消“闪烁 LED”选择。

单击“下载”按钮，弹出图 13-1-14 对话框，勾选“全部覆盖”单选项，单击“下载”按钮，组态软件对 HMI 项目文件进行编译，无错误则下载。此时目标 HMI 面板显示处于下载状态中。

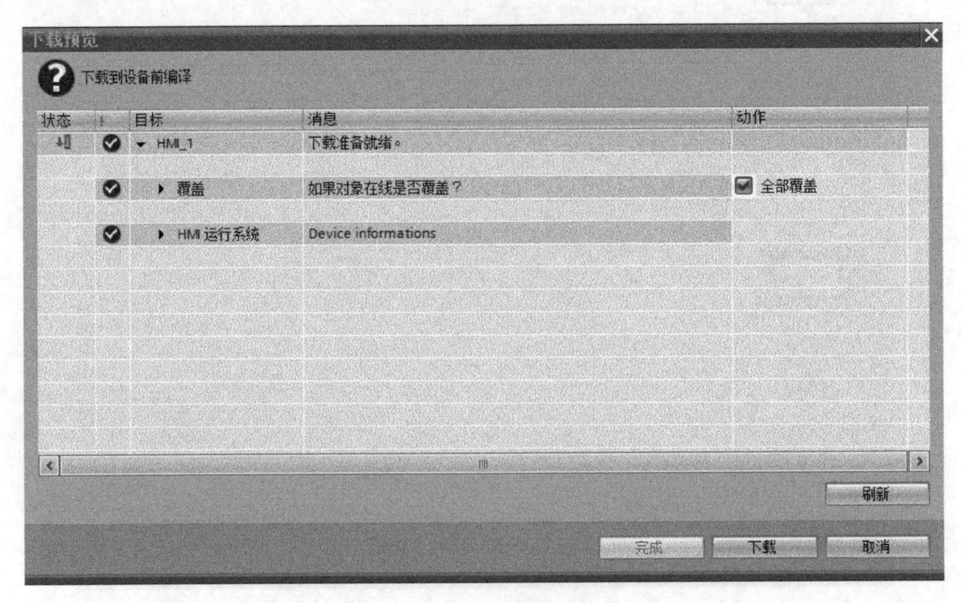

图 13-1-14　下载预览对话框

下载结束后，HMI 面板自动转入项目运行状态，通常显示根画面。

同时，组态软件的信息巡视窗格显示下载过程和下载完成信息，如图 13-1-15 所示。

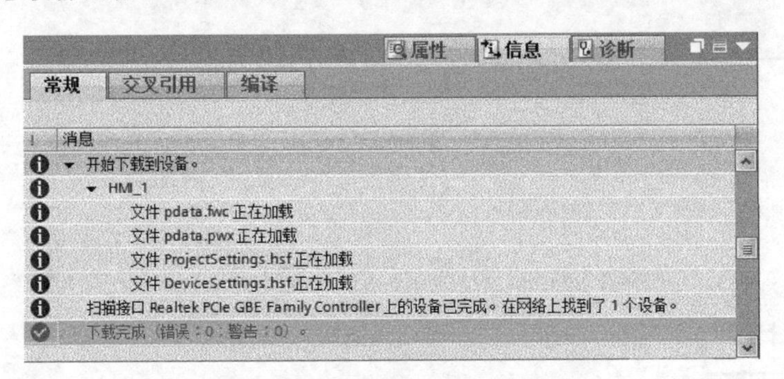

图 13-1-15　下载过程和完成信息

以太网下载和 PN/IE 下载方式相近，PN/IE 方式是对以太网下载工作方式的扩展，即所谓的工业以太网方式。

二、其它下载方式简介

精智系列面板配置了许多通信接口，见第一章的图 1-1-9（精智系列面板各种接口示意图）所示。通过不同的接口和通信协议，都可以完成 HMI 项目文件的下载工作。

通过 HMI 面板的 PROFIBUS 接口，选择 MPI 或 PROFIBUS 接口类型完成下载。这里通常需要一个带有通信协议转换模块的数据线，以方便连到下载电脑的 USB 接口。

通过 Mini 型 USB 接口，选择 S7USB 接口类型执行下载。这里需要一个 USB 通信线，一端是连接下载电脑的 A 型 USB 接头，另一端是连接面板的 B 型 USB 接头。

第二节 Portal V13 SP1 自动化工程软件的在线访问

将安装有 Portal V13 SP1 工程软件的电脑通过 PN 网线与 HMI 面板硬件连接成 PN 网络。通过工程组态软件的“在线访问”编辑器，可以连接、查找、识别、定义与组态电脑连接的网络设备。

如图 13-2-1 所示，在工程组态软件的项目树窗格中(点击小三角指示符号)展开“在线访问”编辑器，其中“Broadcom 802.11n 网络适配器”指向当前电脑的无线网卡。“Realtek PCIe GBE Family Controller”指向当前电脑的集成以太网卡，本例在该网卡上通过 PN 网线连接了一台 TP900 精智触摸屏，并预设定 PN 通信 IP 地址为[192.168.0.2]。双击图中以太网卡下的“更新可访问的设备”，工程组态软件启动扫描该网卡上连接的设备，找到与之相连的 HMI 面板，如图 13-2-2 所示。

图 13-2-1 项目树窗格中的“在线访问”编辑器

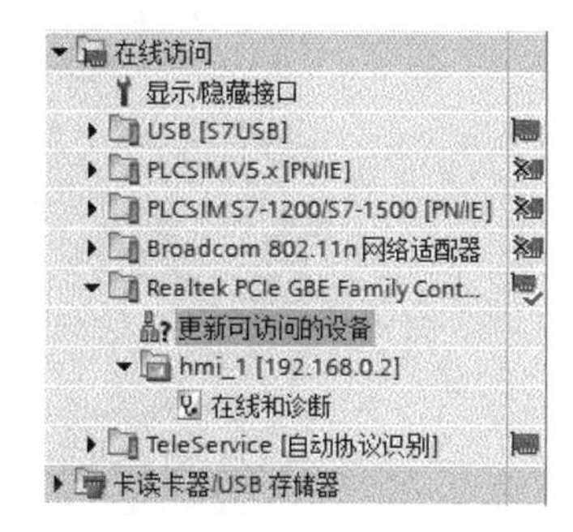

图 13-2-2 “在线访问”编辑器通过以太口搜索到一个 HMI 设备

在图 13-2-2 中的以太网卡下显示扫描到的设备“hmi_1[192.168.0.2]”，双击“在线和诊断”，打开图 13-2-3 所示的当前设备的在线诊断对话框，题标呈黄橙色显示，表示当前组态电脑在线。

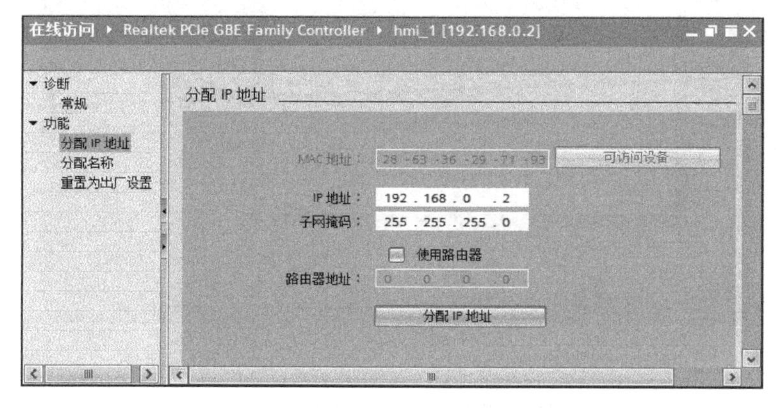

图 13-2-3 “在线访问”搜索到的 HMI 设备

在图 13-2-3 的设备在线对话框中，可以确认当前设备的 MAC 地址，可以为当前设备分配 IP 地址和子网掩码，如果网路中使用了路由器，可以为路由器设定地址等，也就是可以在此界面为网络中的设备设置 IP 地址、设备命名等。

如果没有预先在 HMI 面板设备上设置 IP 地址，则图 13-2-3 中可通过设备的 MAC 地址，搜寻可访问的设备，可以与实物型号标签上 MAC 地址进行对照，继而为 HMI 设备设置 IP 地址、子网掩码等，点击“分配 IP 地址”，则完成当前 HMI 设备的以太网地址的设置输入。

第三节 精简/精智面板的功能键组态

型号以 K 字母开头的 HMI 面板具有功能键，K（Key）表示键盘式操作的面板，如图 13-3-1、图 13-3-2 所示。

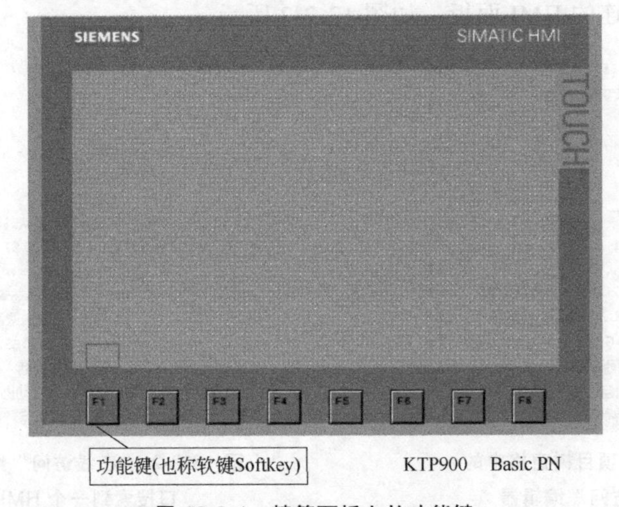

图 13-3-1 精简面板上的功能键

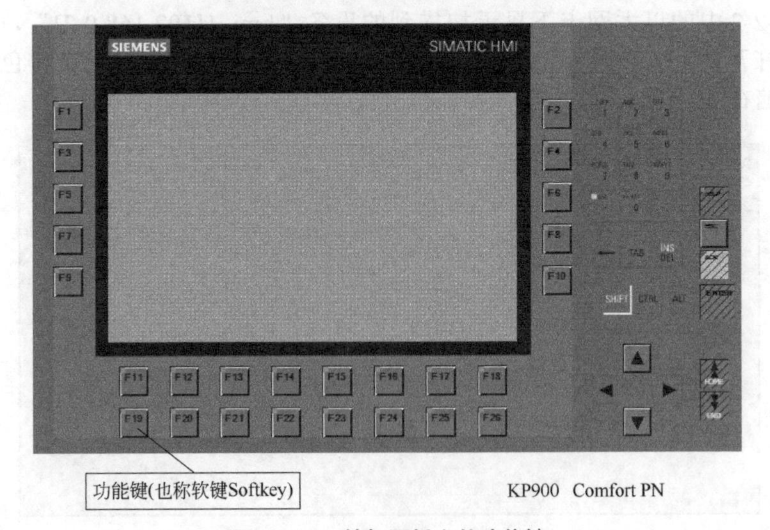

图 13-3-2 精智面板上的功能键

例如，图 13-3-1 显示的型号为 KTP900 Basic PN 的精简面板上有 8 个功能键，分别以 F1～F8 示之。图 13-3-2 显示的型号为 KP900 Comfort PN 的精智系列面板上有 26 个功能键，分别以 F1～F26 表示。功能键就是 HMI 设备上的实际按键（也称为软键，对应触摸屏上从工具箱中拖拽到画面中的画面对象---按钮，则称为硬键），在 HMI 面板运行时，点击这些功能键，各起到什么作用，是在设计组态 HMI 项目时进行功能键的功能组态分配的，可以组态在不同的画面显示时，点击同一个键其作用（功能）不同（即所谓的功能键的功能的局部分配）；也可以组态无论哪个画面在显示，功能键的作用(功能）始终一样（即所谓的功能键的功能的全局分配）。也就是说，可以为功能键分配全局功能或者局部功能。

功能键的功能分配是通过为按键的事件定义系统函数列表或者 VB 函数来完成的，按键的事件有“键盘按下”和“释放键”。

一、功能键的全局功能的编辑组态

功能键的全局功能是指无论当前显示哪个画面，功能键的功能不变。例如，只要按下 F1 键，功能是激活显示起始画面（或称根画面），与当前显示画面无关，这就是为 F1 键分配了全局功能。如果在显示画面_1 时，F1 的功能为回到起始画面；而在显示画面_2 时，F1 的功能为显示登录对话框，即软键的功能是什么，与当前显示的画面有关，这就是为 F1 键分配了局部功能。

功能键的全局功能是在“画面管理”→“全局画面”编辑器中定义的。以 KP900 Comfort 为例，如图 13-3-3 所示。

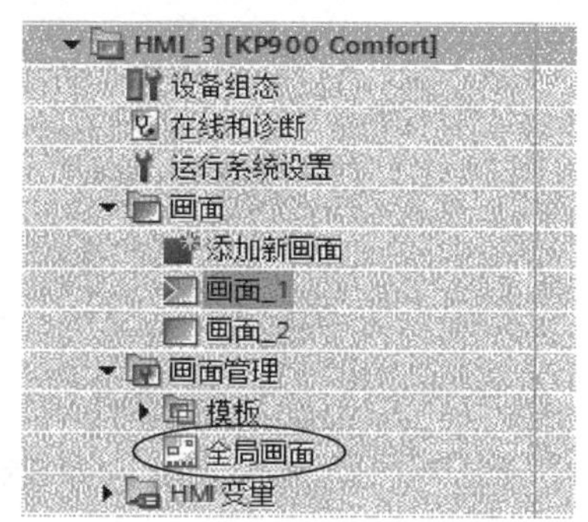

图 13-3-3　功能键的全局功能分配从全局画面编辑器中组态

双击打开图 13-3-3 中的全局画面编辑器，其工作窗格显示如图 13-3-4 所示。

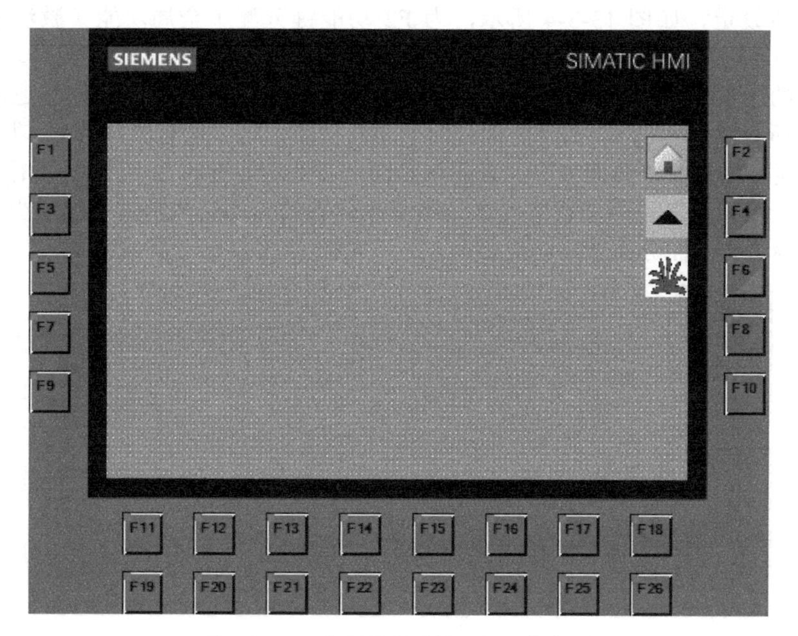

图 13-3-4　全局画面下的画面工作窗口

单击图中的 F2 功能键，在属性巡视窗格的常规属性中设定，如图 13-3-5 所示。

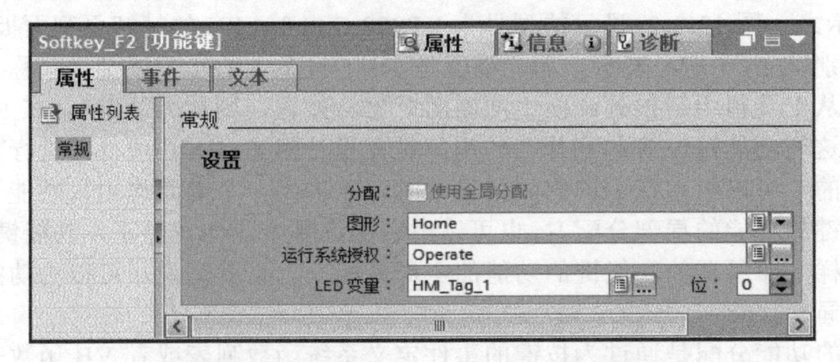

图 13-3-5 全局画面中 F2 软键的常规属性的设定

在“属性”→“常规”→“设置”→“图形”选项格中选择“Home”图形，在图 13-3-4 的 F2 功能键旁边的红色小方框中显示“Home”图形，为 F2 功能键设定操作权限“Operate”，设定 LED 变量。

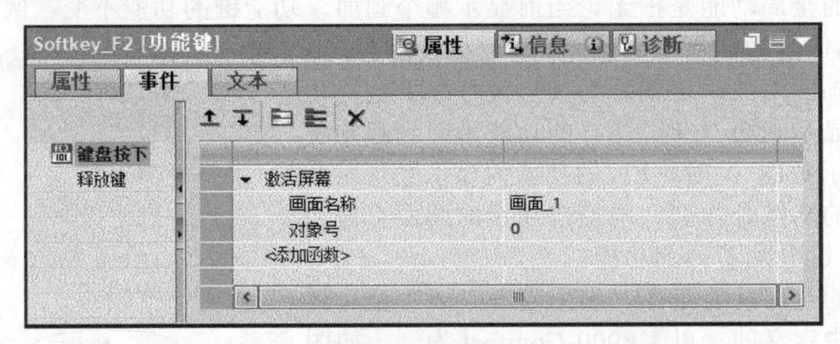

图 13-3-6 全局画面中 F2 软键的事件属性的设定（全局功能分配）

在“属性”→“事件”→“键盘按下”函数列表中，选择激活显示“画面_1”作为 F2 功能键的全局功能，设定“画面_1”为起始画面。

经过上述设定，如图 13-3-4 所示，为 F2 功能键分配了全局功能（激活显示起始画面），这时 F2 功能键上显示有绿色三角符号，表示已经为该键分配了全局功能。

功能键的全局功能分配是在“全局画面”编辑器中组态的，全局分配适用于设定的 HMI 设备的所有画面。例如 F2 功能键分配了全局功能，这时所有画面上 F2 功能键都分配了该全局功能，如打开“画面_2”，查看该画面上 F2 功能键的常规属性，如图 13-3-7 所示，“使用全局分配”呈勾选状态。这是组态软件系统自动完成的，可以减少组态设计工作量，无需为每个画面分配全局功能。

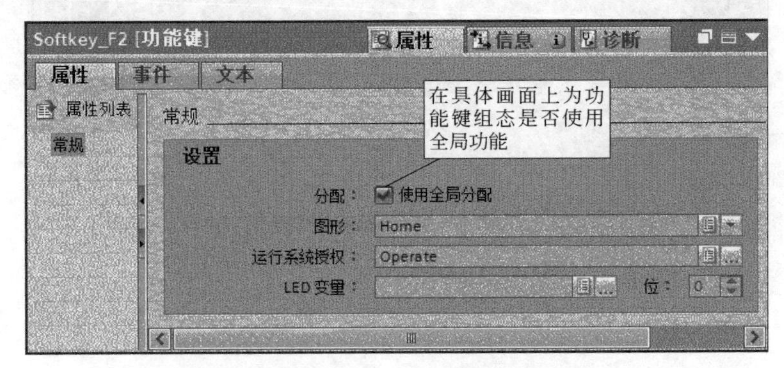

图 13-3-7 画面_2 中 F2 软键的常规属性

当在具体某个画面中，某个功能键不需要使用全局功能时，可以在此取消“使用全局分配”的选择，也可以使用模板局部功能或者使用画面局部功能，见下述。注意图 13-3-5 和图 13-3-7 的区别。

同理，在图 13-3-4 中 F4、F6 功能键上也有绿色三角符号，表示也已经编辑组态了全局功能。图中其它功能键上没有任何三角符号，则表示尚未编辑组态功能（无论是全局功能，还是局部功能）。

当然，图 13-3-5 的常规属性也可以留空不做设置，即不要分配小图形，也不要设置操作权限。

可以对以上的组态结果进行模拟仿真。

二、功能键的模板局部功能的编辑组态

局部功能分为模板局部功能和画面局部功能。模板的局部功能是在模板编辑器中编辑组态的，在模板中分配的局部功能对基于该模板的所有画面有效。

打开项目树键控 HMI 设备的“画面管理”→“模板”→“模板_1”，在“模板_1”组态工作窗格中选中 F1 功能键，其属性显示如图 13-3-8 所示。不要勾选“使用全局分配”选项。

在“属性”→“常规”→“设置”→“图形”选项格中选择“Up_Arrow”图形，在图 13-3-8 的 F1 功能键旁边的红色小方框中显示“Up_Arrow”图形，为 F1 功能键设定操作权限“Operate”。

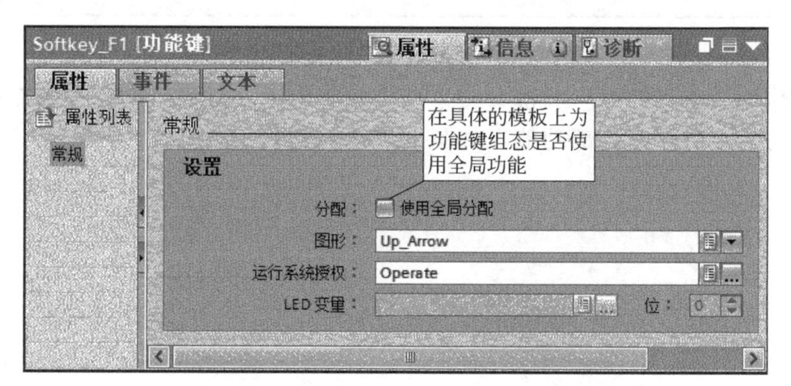

图 13-3-8　在模板_1 中 F1 软键的常规属性

在“属性”→“事件”→“键盘按下”函数列表中，选择“激活前一屏幕”系统函数作为 F1 功能键的模板局部功能。如图 13-3-9 所示。

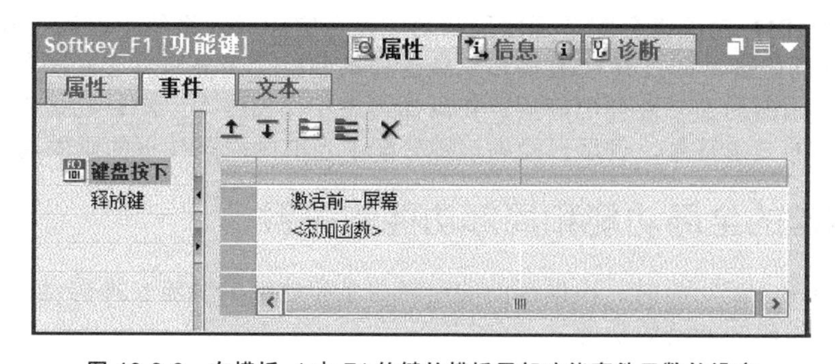

图 13-3-9　在模板_1 中 F1 软键的模板局部功能事件函数的设定

模板局部功能分配好后，在模板画面组态工作窗格中，F1 功能键上右下角会显示一个蓝色的三角符号，表示已经为该键分配了模板局部功能。这样所有基于“模板_1”的画面上的功能键的局部模板功能就组态好了。

三、功能键的画面局部功能的编辑组态

功能键的画面局部功能是在当前画面编辑工作窗格显示某一具体画面时，为当前画面上的功能键组态分配的功能。局部功能分为模板局部功能和画面局部功能，通常我们把画面局部功能直接简称局部功能，其编辑组态方法如下：

打开项目树键控 HMI 设备的“画面”→“画面_3”(已此画面为例)，在“画面_3”中选中 F11 功能键，其属性显示如图 13-3-10 所示。不要勾选“使用本地模板”选项，见图 13-3-10。

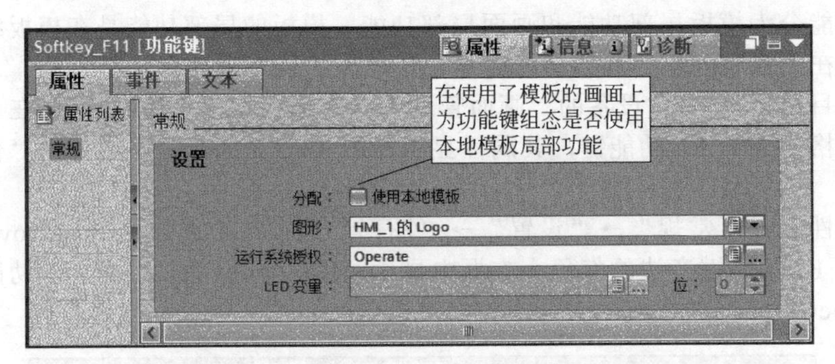

图 13-3-10　在画面_3 中 F11 软键的常规属性

在“属性”→“事件”→“键盘按下”函数列表中，选择“打开控制面板”系统函数作为 F11 功能键的画面局部功能。如图 13-3-11 所示。

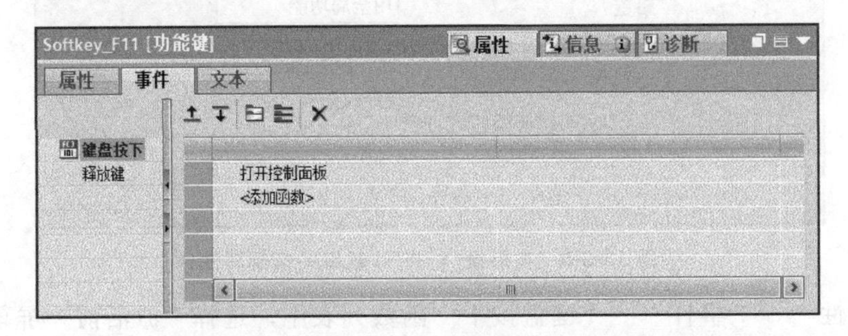

图 13-3-11　在画面_3 中 F11 软键的画面局部功能事件函数的设定

这样就为 F11 功能键分配了画面局部功能，在实际运行系统中，当打开“画面_3”时，点击 F11 功能键，即打开 HMI 操作系统的控制面板。在显示其它画面时，此键功能可能会改变。画面局部功能分配好后，在画面组态工作窗格中，F11 功能键上右下角会显示一个黄色的三角符号，表示已经为该键分配了当前画面条件下的画面局部功能。

四、功能键的全局功能和局部功能的关系

在为功能键分配功能时，根据画面的逻辑关系和软键的功能安排需要，可以从三个方面入手组态编辑功能键的功能：

① 在“全局画面”上，为功能键分配全局功能。

② 在“模板”上，为功能键分配模板局部功能。

③ 在“画面”上，为功能键分配画面局部功能。

注意在上述功能分配讲解实例中，列举的画面图例相似但不同，注意区别。

在功能键的全局功能、模板局部功能和画面局部功能组态分配讲解图例中，每个功能键只分配了一种功能，没有重复分配功能。例如 F2 键分配全局功能，F1 键分配模板局部功能，F11 键分配画面局部功能。

有时，出于实际画面和功能键功能安排的需要，一个功能键在画面 X 显示时，功能键功能服从画面局部功能，但在其它画面显示时则服从全局功能。就是说该功能键既要分配全局功能，又要分配画面局部功能，也就是功能覆盖问题，见表 13-3-1 的 F4 键。在这种情况下，局部功能分配覆盖全局功能分配，黄色三角色标覆盖绿色三角色标。其它还有很多情形，详见表 13-3-1。

表 13-3-1 功能键功能分配过程中色标符号的含义（功能的重复分配）

功能键色标符号	说明	功能键色标符号	说明
F1	未分配功能	F4	局部分配（局部分配可覆盖全局分配）
F2	全局分配	F8	局部分配（局部分配可覆盖模板的局部分配，模板的局部分配已覆盖全局分配）
F6	模板中的局部分配	F6	局部分配（局部分配可覆盖模板的局部分配）
F3	局部分配	F8	局部分配（模板的局部分配可覆盖全局分配）
F5	使用画面浏览分配按钮		

在功能键的组态过程中，为功能键分配操作权限后，在运行系统中，只有经过授权的人员才能操作该功能键，这样可以避免误操作，保证安全性。如果不要设置权限，在组态时可以组态项留白。

第四节 库的使用

库（Libraries）是博途自动化工程软件中用来存储和调试编辑优化 HMI 项目对象或者 PLC 项目对象的地方。这些库对象（或者库元素）可以看成是已经验证相对成熟的各种各样的构件，可随时从库中拿出去应用于项目，也可在库中再编辑优化，有更好、更成熟的版本构件的出现。可以通过复制粘贴或者拖放操作的方法从库中取出并应用到当前项目中或者其它项目中，也可方便地供其他组态技术人员共享取用。

HMI 项目画面上的“面板”（此处的“面板”概念是指画面上一些画面对象的集合，相当于一个有属性、事件等参变量的画面对象，该“面板”的创建和用法见本章第五节的介绍）和 HMI 数据类型等也是在项目库中创建的。

一、项目库和全局库

博途自动化工程软件有两种库，即项目库和全局库。

项目库是随项目建立而建立的库，依附于项目，随项目一起打开、保存和关闭。例如，在项目编辑组态应用过程中生成了较为常用，或较为经典，或较为复杂的逻辑程序块、画面对象集合（面板）、变量表、HMI 数据类型等应用对象，都可以放到项目库中作为库元素（或者库对象）保存。项目可能在不断地演变之中，但其某个局部构件或者演变过程中某时刻的全部被保存到项目库中，可供不时之需。每个项目都连接一个项目库。

全局库不依赖于项目，全局库元素可供多个项目使用。西门子公司创建的一些库元素作为系统库元素不可修改，保存在全局库里。用户创建的库元素也可以保存在全局库中。可以创建任意多个全局库，在多个项目中使用。

可以将一个库中的元素复制和移动到另一个库中。例如，可以使用库创建“模板”，将项目中选中的应用对象作为块通过复制粘贴到项目库的“主模板”文件夹中，这就相当于创建了一个模板。可以把这个应用对象从项目库复制到全局库中。全局库可以脱离具体的项目，单独保存和方便地以文件夹的形式进行传递共享。其它人员可以在自己的软件平台上打开该全局库，取用库中的元素。

同样，也可以使用库创建“类型”，例如，由若干画面对象（按钮、棒图、IO 域等）组成的集合，这里我们称为“面板”，这个面板上的按钮、IO 域等对象的属性、变量、事件等可能会随着应用的场合不同而不同，也就是这个面板可能有很多版本。这时，就可以把这个集合通过“创建面板”快捷命令创建并保存在“类型”文件夹中，然后可在项目库中进一步优化调试，适时以一个版本号进行发布。同样，可以将该面板类型复制到全局库，供其他人员应用、修改或者优化。

二、主模板和类型

保存在项目库或全局库中的库元素主要有两大类，即主模板和类型。

以项目库为例，见图 13-4-1，库中有“类型”和“主模板”两个一级文件夹，“类型”和“主模板”文件夹内可以通过快捷命令“添加文件夹”创建二级文件夹，需要作为“类型”或者“主模板”的库元素就保存在这些文件夹内。

“类型”文件夹内有一个“新增类型”编辑器，当需要新增“面板”、“HMI 数据类型”“HMI 样式”和“HMI 样式表”等类型时，双击该编辑器图标，可打开该编辑器。

1. 主模板

主模板是用于创建常用元素的标准副本。 可以重复创建所需数量的元素，并将其插入到基于主模板的项目中。 这些元素都将具有主模板的属性。

主模板既可以位于在项目库中，也可以位于在全局库中。 项目库中的主模板只能在项目中使用。在全局库中创建主模板时，主模板可用于不同的项目中。

例如，可以在库中将以下元素创建为主模板：

带有设备组态的设备、变量表、指令配置文件、监控表、文档设置元素，如封面和框架、块和包含多个块的组、PLC 数据类型与包含多种 PLC 数据类型的组、文本列表、报警类别、工艺对象等。

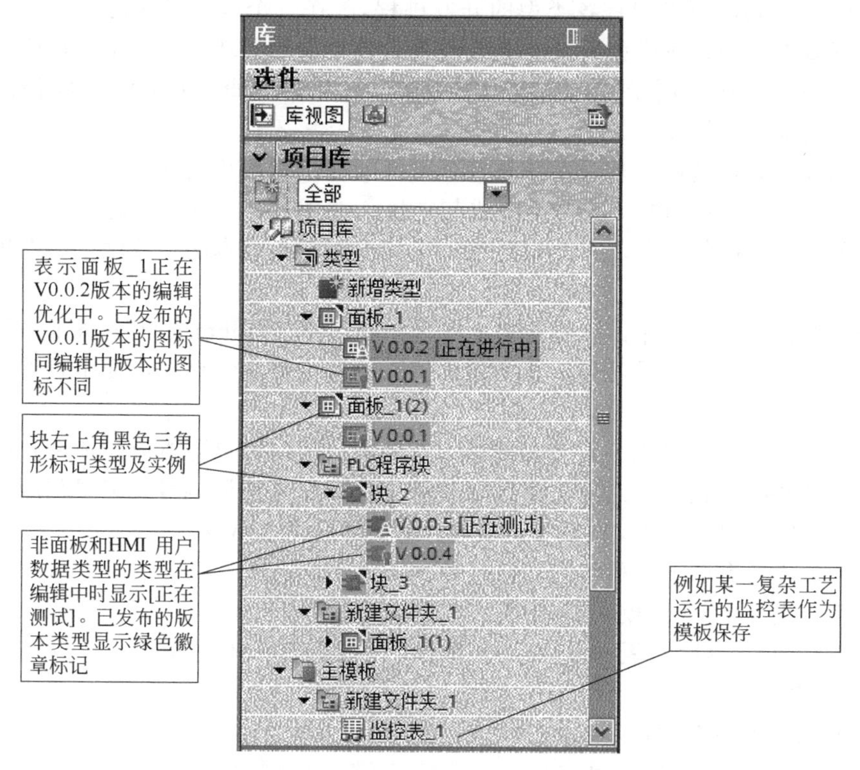

图 13-4-1 库中的类型版本及状态和库中的主模板

在许多情况下，作为主模板添加的对象都包含一些其它元素。例如，一个 CPU 可以包含多个块。如果所包含的元素使用某种类型版本，则将在库中自动创建该类型所使用的版本。之后可以将此处包含的元素用作一个实例并与该类型进行关联。

2. 类型

可以对类型进行版本控制，以下元素可作为类型存储在项目库或全局库中：

函数（FC）、函数块（FB）、PLC 数据类型、用户数据类型、面板、画面、类型、用户自定义函数。

把类型应用到项目树中即称为实例。可以通过拖放或者复制粘贴的方法由项目库中的不同版本的类型在项目树相应位置生成任意多个实例。这些实例与类型的版本形成关联，此时项目树中与类型关联的对象的实例图标的右上角会用一个黑色的三角形标记。

如果在当前项目中使用全局库中的类型生成实例，则将自动在当前项目库中创建该类型。这样，该实例就与项目库中的相应类型版本相关联。如果类型已存在于项目库中，请根据需要添加缺失的类型版本。这样，该实例就只与项目库中的相应类型版本相关联。图 13-4-1 显示项目库中的类型、主模板等。

通过进行类型版本控制，可以统一对类型进行开发，然后将最新版本通过更新命令集成到各个项目中。通过这种方法，可以将纠错功能和新增的工艺功能等轻松集成到现有项目中。如果已经创建了一个全局库的新版本，则可以对现有项目方便高效地进行快速更新。对于包含多个单独项目的大型自动化解决方案，这样可以将错误率降至最低，同时也极大降低了维护的工作量。

通过版本控制，可以跟踪各类型的开发进程。 在一个版本发布之前，可以在测试环境中进行试用，确认对类型所做的更改是否正确集成到了现有项目中。在确保一切正常后，才能发布一个可用于生产环境中的版本。可以随时查看项目中各实例的历史记录，并确定实例生成的版本。

TIA Portal 会自动检查是否存在与某个类型的各个版本相关的对象。例如，关联的对象可以是块中引用的 PLC 数据类型或其它块。在创建类型或在库之间进行复制时，已经考虑了所有关联的对象。在发布之前，还将检查类型版本的一致性以确保项目中没有不一致现象。

每种类型都会指定版本。版本号将同时显示在“库”（Libraries）任务卡中和相应类型旁边的库视图中。版本号还显示在类型实例旁的项目树中。这样，便于查看项目中所用实例的版本。

版本号由三个数字组成，数字间使用句点分隔。用户可以随机分配前两位数字。允许使用从 1 到 999 的数字作为前两个数字。第三位数字是编译编号。编辑与版本相关的实例时，该数字将自动加 1。在发布版本时，编译编号将复位为 1。

类型的版本共有以下三种状态（前两种处于编辑状态中）：

① [正在进行中]（面板和 HMI 用户数据类型）；

② [正在测试]（除面板和 HMI 用户数据类型之外的所有类型）；

③ 已发布。

见图 13-4-1 及图解说明。

三、博途工程软件中的库任务卡和库视图

库的应用是在博途工程软件的库任务卡和库视图界面上进行的。

在 Portal 视图右侧的选项卡窗格中，有一个名称为“库”的选项卡，这就是库任务卡。单击选择显示库任务卡，库任务卡上有项目库、全局库和信息等展板，可以同时展开，也可以分别展开。

如图 13-4-2 所示，库任务卡上项目库展板打开，其它展板关闭。

① 单击“库”选项卡标签，可以打开和关闭库任务卡。

② 当前全局库处于关闭状态，可以单击库名称前的符号 › 打开全局库。

③ 单击“库视图”图标按钮可打开库视图。当需要编辑优化库元素时，一般要展开库视图。

④ 单击库名称前的符号 ⌄ 可关闭库。

⑤ 类型文件夹用于保存被称为“类型”的库元素。通过右键“类型”文件夹图标，执行快捷菜单命令“添加文件夹”可在该文件夹内添加文件夹，形成新的文件结构。

⑥“新增类型”编辑器图标。双击可打开该编辑器。

⑦ 已经创建的一些类型的示例。“PLC 程序块”文件夹是通过快捷菜单命令新添加的。

⑧ 主模板文件夹用来存放被称为“主模板”的库对象，同样可内建文件夹。

⑨ 若干保存的主模板示例。

图 13-4-3 为库任务卡中的全局库展板打开，其它展板关闭。

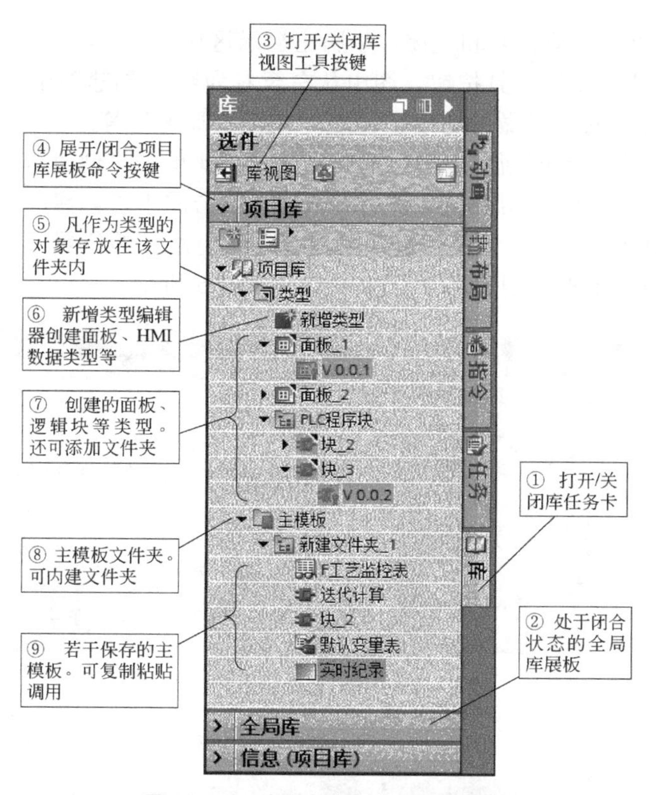

图 13-4-2　库任务卡中的项目库展板

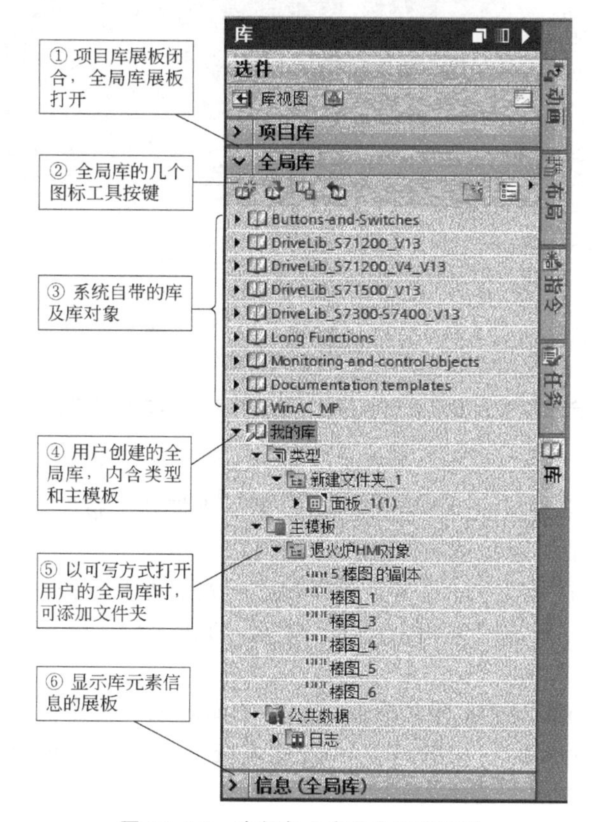

图 13-4-3　库任务卡中的全局库展板

① 库展板可以方便地打开和关闭，以腾出显示区域。

② 全局库有几个图标工具按钮，图中从左至右为“创建新全局库”、“打开全局库”、“保存对库所做的更改”、“关闭全局库”等。

前面已说过，全局库可创建多个。全局库就是在此单击“创建新全局库”工具按钮创建的。单击此按钮，弹出图13-4-4所示对话框。单击图中“创建”按钮，软件系统生成名称为“TEAM DESIGE”的全局库，并保存在指定路径的位置。同时在当前库任务卡的全局库展板上显示刚才创建的全局库。如图13-4-5所示。

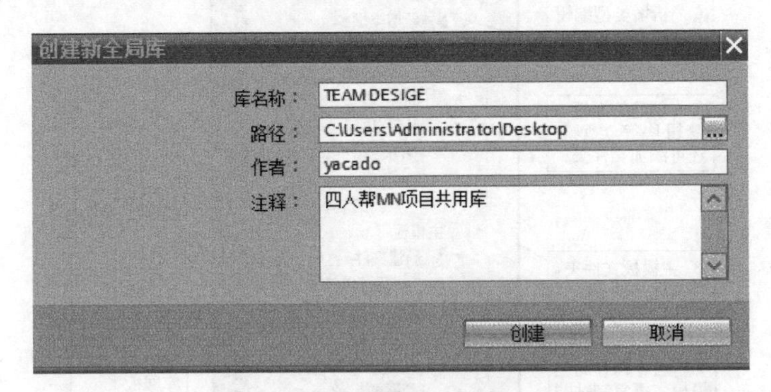

图 13-4-4 创建新全局库对话框

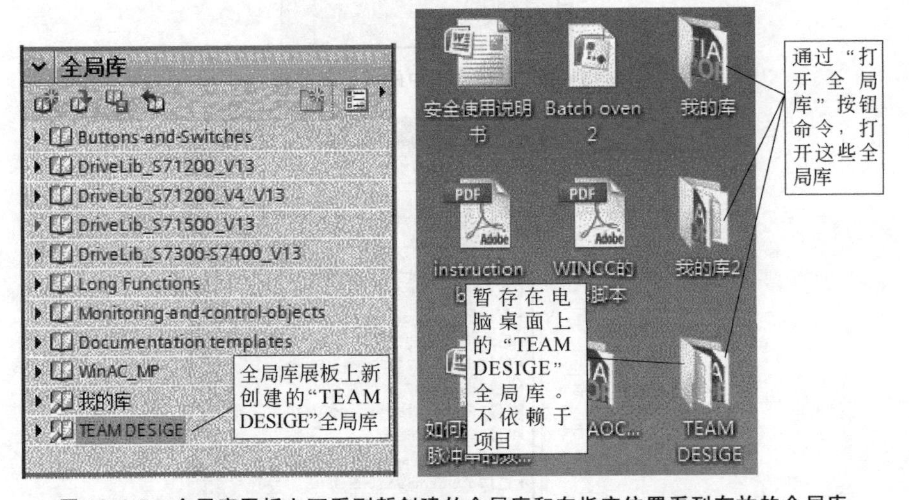

图 13-4-5 全局库展板上可看到新创建的全局库和在指定位置看到存放的全局库

当需要打开一个已经存在的全局库时，可以单击“打开全局库”命令按钮。显示图13-4-6对话框，找到库的存放位置和库名称，单击“打开”按钮。注意，当需要更新库内容等操作时，要取消“以只读方式打开”选项。

当对库内容进行了更改后，单击“保存对库所做的更改”按钮。

全局库使用完后，单击“关闭全局库”按钮，此时所关闭全局库将从全局库展板上消失。

③ 图13-4-3全局库展板上附带有系统原有的库对象，可用但不可编辑。

④ 用户创建的全局库“我的库”，软件系统会自动为所创全局库内建“类型”“主模板”和“公共数据”文件夹。

⑤ 全局库中用户保存的一些库元素。

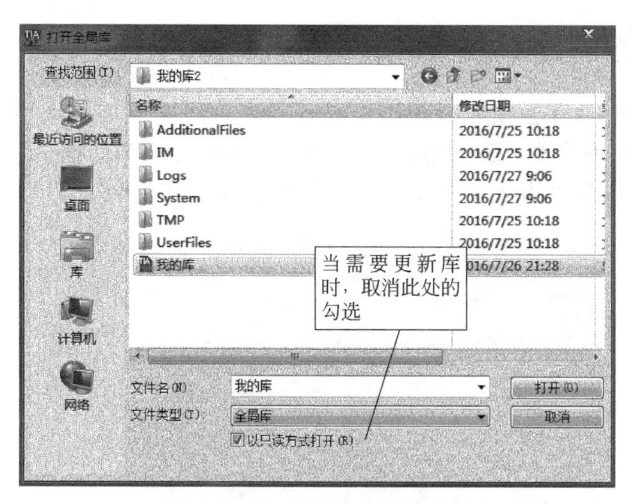

图 13-4-6　打开全局库对话框

下面再来看库视图。在图 13-4-2 中，单击“库视图”按钮，可展开库视图，如图 13-4-7 所示。在某些情况下，库视图将自动打开，例如在编辑某种类型的测试实例或在编辑面板和 HMI 用户数据类型时。

图 13-4-7　库视图

库视图展开时，库任务卡自动隐藏。左侧窗格为库树窗格，与库任务卡非常相似。

右侧窗格为库元素编辑工作区，可以组态编辑优化库元素。在该窗格上方有两条命令“发行版本”和“放弃更改并删除版本”。

当库元素编辑优化结束，单击“发行版本”命令发行当前版本类型，系统给出升级后的版本号。单击“放弃更改并删除版本”命令则放弃当前类型版本的修改编辑。

四、“类型”的创建、编辑和使用

方法一 如图 13-4-2 所示，类型都是保存在一级文件夹“类型”之中的，双击打开该文件夹中的“新增类型”编辑器，显示如图 13-4-8 所示对话框。也可以执行“类型”文件夹的快捷菜单命令“添加新类型…”，同样弹出图 13-4-8。

图 13-4-8 打开“新增类型”编辑器对话框

在“新增类型”对话框，可选择创建“面板”“HMI 数据类型”等类型。例如选择“面板”项，并在图中名称格内输入“面板_m”的名称，点击“确定”按钮。则系统会自动打开如图 13-4-7 所示的库视图，并在当前项目库中自动创建名称为“面板_m”的新增类型，同时显示该面板处于［正在进行中］的编辑状态和相应的版本编号等。在库视图中部的编辑工作区，就像前面章节介绍的创建编辑画面一样的方法，创建编辑“面板_m”，例如组态若干按钮、IO 域和棒图等画面对象，这些画面对象的属性、事件等可以有选择的继承沿用，也可创建新属性等，创建编辑结束，单击执行当前窗格上方的“发行版本”命令，弹出图 13-4-9 对话框，点击“确定”按钮，在项目库类型文件夹中就生成了一个名称为“面板_m”的面板类型。

如果不是新增类型，也就是已有老版本，如果需要，可以勾选图 13-4-9 下方的“从库中删除未使用的类型版本”选项，这样在创建新版本的同时，也会删除不用的类型版本。还有一种情况就是，假如当前项目实例中使用了老版本的“面板_m”，在创建了新版本的“面板_m”后，在发布新版本的“面板_m”时，勾选“更新项目中的实例”选项，则会在创建新版本的同时用新版本更新当前项目中老版本的“面板_m”实例。

类型新版本创建结束后，关闭库视图，显示隐藏的库任务卡。在库任务卡的项目库中显示有新版本编号的“面板_m”。

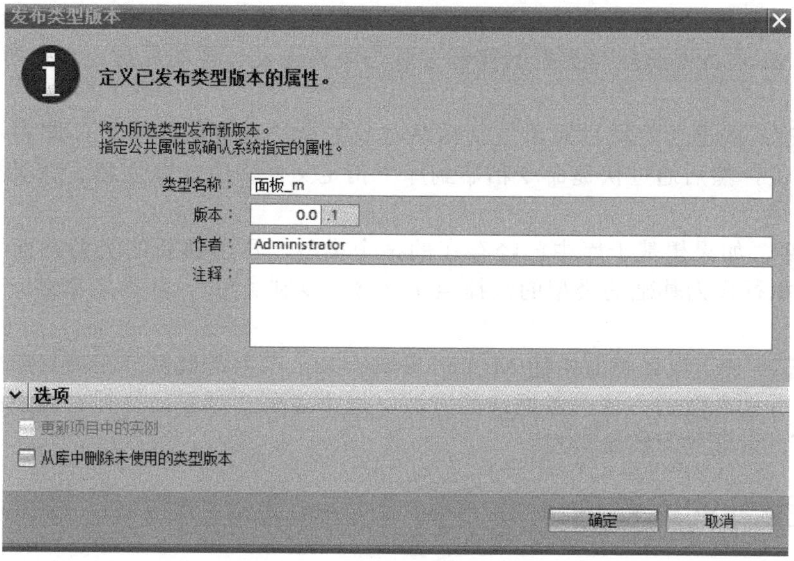

图 13-4-9 “发布类型版本”对话框

至此，这个”面板_m”是一个被称为类型的可被多次使用的库对象或库元素。当在组态编辑其它项目，需要用到“面板_m”时，就不必劳神再次组态编辑，只需将“面板_m”从库中拖放到 HMI 项目的画面中即可。这时是作为类型的一个实例应用。实例与类型的关联，方便实例的更新，也就是方便项目的更新优化升级。

方法二 假如项目树窗格 PLC 项目中有名称为“块_3”的 FC 块，通过拖放操作，直接将该块拖拽到图 13-4-2 所示项目库的“PLC 程序块”二级类型文件夹中，会弹出“添加新类型”对话框，在对话框中输入名称等并确认，就创建了“块_3”类型 V0.0.1 版，同时关联项目实例（即被拖拽的块显示黑三角符号），即从当前项目的构件对象中创建类型。

在创建“块_3”类型时，在组态工作区显示“块_3”的内容，但只可查看不可编辑，需要调试编辑时必须执行工作窗格上方的“编辑类型”命令，其后，“块_3”方可被编辑，此时库任务卡项目库中的“块_3”显示 V0.0.2 [正在测试]，表示处于编辑状态。

同样，需要发布时，点击执行窗格上方的“发行版本”命令，如图 13-4-2 所示，“块_3” V0.0.2 版本发布；不需要当前的版本更改，点击执行“放弃更改并删除版本”命令。

项目中的实例块与版本相关联（显示黑三角），表明一旦有新的类型版本出现时，可以快速方便地用新版本更新项目实例。如果实例脱离了类型关联，就无法方便地更新使用块的新版本了！因此，类型的重要的应用之一就是使项目的组态、优化工作更加方便高效。

当项目调试完成，需要断开这种关联时，单击执行有黑三角符号实例块的快捷菜单命令“终止到类型的连接”，弹出图 13-4-10 所示对话框。

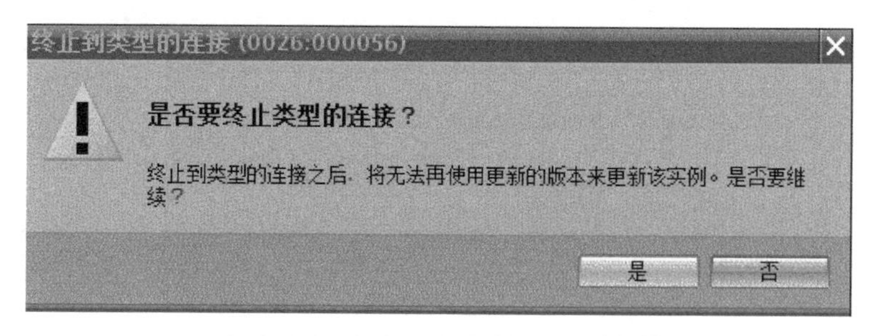

图 13-4-10 “终止到类型的连接”对话框

点击“是”按钮，块即脱离类型的版本关联。

对于 HMI 项目中面板等类型的实例关联与脱离也是一样的原理，方法稍异，读者可以测试一下。

方法三 基于当前项目采用复制粘贴对象的方法也可创建类型，即将项目对象复制到剪贴板上，然后通过快捷命令粘贴到库中指定文件夹中，即创建了新类型，原理类似，不再赘述。

方法四 如果想基于库中已经存在的某个类型，再创建新的类型，而不是升级新版本，可以执行作为基础的类型的快捷菜单命令“复制类型”，并为之命名，也可以创建新类型。

方法五 基于项目画面中的 M 个对象取出来，作为类型保存在项目库中，可以采取在画面中分别选取的方法或者框选的方法，选中需要的对象，执行右键快捷菜单命令“创建面板”，可创建面板新类型。

五、“类型”的库管理

作为库元素的“类型”，可能会有很多版本，每个版本可能关联很多实例。有些“类型”在创建时可能会应用了其它“类型”，也就是某个类型包含另外的类型。当“类型”很多时，我们识别类型的版本与实例的关联以及类型与类型之间的关系就会很困难。

这时，可以选择一个类型或包含类型的任意文件夹，在其右键快捷命令菜单中，选择执行“库管理”(Library management) 命令，则自动打开库视图，并显示库管理工作界面。

所谓库管理包括：

① 使用过滤器，选择显示类型。

过滤条件包括：a.无过滤器；b.未决变更（表示目前处于进行中或测试中的类型）；c.不在项目中使用；d.具有多个版本；e.已发布类型等。

② 运用库管理的几个图标工具，“更新使用”按钮，表示当项目中与类型关联的实例变更时，单击此按钮，更新库视图中的类型。“清除库”命令，会弹出对话框，选择条件，清除库中的相关类型。“统一项目”会统一项目和库中类型的名称和路径等。

③ 显示类型、版本及关联的实例。

④ 显示类型与其它库元素的关联关系。

⑤ 显示类型分别在项目中和在库中的使用情况。

通过库管理命令和库管理工作界面，可以对库元素进行管理，也可以通过快捷命令直接删除库中的元素（类型或主模板）。例如要删除类型“块_1”，单击执行“块_1”的快捷菜单命令“删除”，如果类型关联有实例，会弹出图 13-4-11 对话框，选择是否也删除实例。

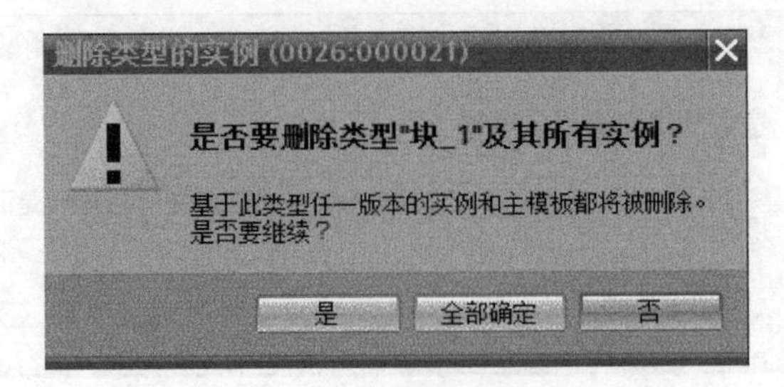

图 13-4-11 “删除类型的实例”对话框

六、“主模板”的创建、编辑和使用

主模板的创建可以采取拖放操作或者复制粘贴操作完成。可以作为主模板的项目对象很多，参见前述和视图。

当画面比较复杂，想把画面中的 N 个对象取出来，作为主模板保存在项目库中，可以采取在画面中分别选取的方法或者框选的方法，选取心仪的对象，执行右键快捷菜单命令“复制”到粘贴板，然后移动鼠标至项目库的“主模板”（或其二级文件夹）文件夹上，单击执行快捷菜单命令“作为单个主模板粘贴”，即创建了一个主模板，系统为之默认命名，可通过快捷命令重命名，给出一便于识别记忆的名字。

将主模板从库中拖拽到画面、项目树编辑器等恰当的应用位置，就是使用主模板。在项目中使用或再编辑等，如果需要可以再保存为主模板。可以进行从项目到项目库，从项目库到全局库，从全局库到其它电脑上的库或项目的模板传递，方便共享，提高工效。

七、归档全局库

在全局库展板上，通过全局库的快捷菜单命令“归档库…”，可将全局库进一步压缩归档为压缩文件，便于保存传递。对于博途 V13 SP1 版本的工程软件会将全局库文件归档压缩为文件名后缀为.zal13 的文件，需用时解压使用。

八、库与库、库与项目的更新

例如当前项目树窗格中有 A、B 两个项目，全局库展板中有两个全局库 M、N，这时 A、B 两个项目还有自己的项目库 A1、B1。特别是在团队组态设计项目时，需要统筹集成或者借鉴项目或项目构件时，会遇到这种情况。

这时，我们可以通过一个类型或者一个类型文件夹的快捷菜单命令“更新(项目、库)”，用一个库中类型或者一个类型文件夹去更新另一个库（或项目）中的类型或者类型文件夹，被更新的库必须以可写的方式处于被打开状态。这就大大提高了组态工作效率，省去了许多重复的工作和可能出现的错误。

根据用户具体工作的需要，可以项目库对全局库的更新，全局库对项目的更新（自动会在当前项目库中生成新更新的类型）等。

第五节 面板的组态与应用

一、“面板”简介

在上一节中，我们初步介绍了在项目库中创建的可以在 HMI 项目画面中作为画面对象使用的“面板”（Faceplates）类型的概念，本节做进一步的叙述。

我们在创建画面时，会应用到许多工具箱选卡上各展板中的画面对象，例如按钮、文本域等。本节介绍的“面板”也可看成是一个画面对象，也就是用户可以通过博途自动化工程软件提供的工作平台，可以创建私有的具有属性、事件等可组态参数的画面对象，应用到项目画面中就是所谓的“面板”。

面板是由若干画面显示和操作对象组合的集合，是具有自己的属性、事件的画面对象。同时由于面板是在项目库中创建的类型对象，面板亦具有上节介绍的“类型”的性质，即可在库中对这些面板对象集中进行管理和更改，可根据需要将面板应用在多个项目中。

面板类型和面板是两个概念。面板类型是在项目库中创建的，并确定类型的主要属性等，存放在项目库中。将之拖放应用到项目中时，即成为该面板类型的一个面板实例，简称面板。面板代表面板类型的局部应用。面板绑定面板类型，形成关联。在项目画面中的面板实例，称为面板；在项目库中的面板称为面板类型。

面板基于“类型-实例”关联模型，支持集中更改。一个面板类型可多次使用，可能会有多个面板实例，当面板类型修改或者优化改变了版本后，这种修改或者优化也可以自动落实到多个实例中，也就是面板类型的更改支持其实例的集中更改，这样会大大减少工作量。

二、支持“面板”使用的 HMI 设备

并非所有的 HMI 设备都支持面板应用，以下运行系统和 HMI 设备支持使用面板。

运行系统：WinCC Runtime Advanced；

WinCC Runtime Professional。

精智面板：KTP 400、KP 400、TP 700、KP 700、TP 900、KP 900、TP 1200、KP 1200、TP 1500、KP 1500、TP 1900、TP 2200。

面板：TP 277、OP 277。

移动面板：Mobile Panel 277、Mobile Panel 277 IWLAN V2、Mobile Panel 277F IWLAN V2、Mobile Panel 277F IWLAN（RFID 标签）。

多功能面板：MP 277、MP 377。

三、“面板类型”的创建和编辑

1. 面板类型的创建方法

我们在上一节介绍了“面板类型”的创建方法，其中方法一、三、五是我们创建面板类型常用的方法。

2. 面板类型编辑器

上节图 13-4-7 是编辑面板类型的工作界面，也称为面板编辑器工作界面，也是库视图中的一个界面。库视图包括许多编辑器。

3. 面板类型的编辑组态

步骤一 依据上节图 13-4-8 方法创建面板类型，打开库视图，如图 13-5-1 所示。

步骤二 在图 13-5-1 的面板编辑工作区编辑面板。

我们先来看一个面板实例，如图 13-5-2 所示。

画面中有两个面板实例，实际对应生产现场的两台设备的加工原料的重量输入。面板类型的名称为“退火炉面板”，两个画面面板的名称为“退火炉面板_1”和“退火炉面板_2”。

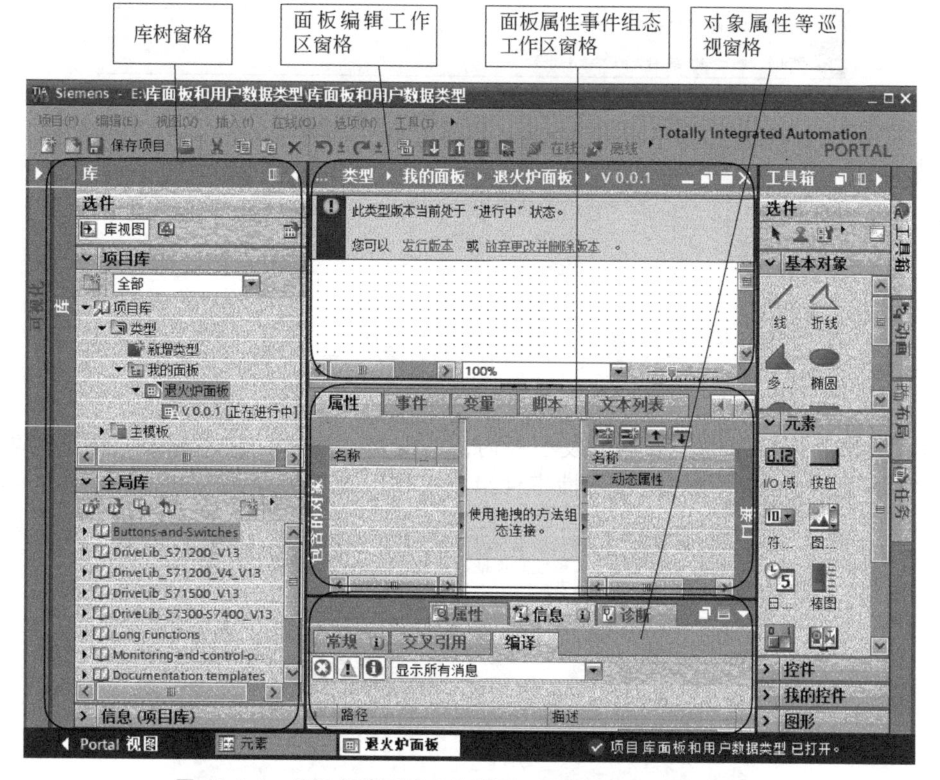

图 13-5-1　用于创建面板的库视图（面板编辑器工作界面）

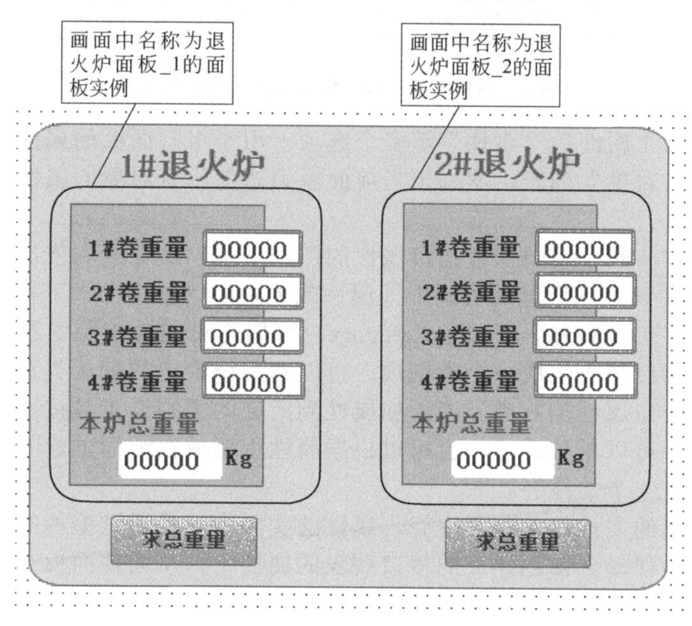

图 13-5-2　画面中的面板实例

现在在面板编辑工作区创建“退火炉面板”类型。

图 13-5-1 左侧库树窗格显示一个名称为“退火炉面板”V0.0.1 的面板类型正在编辑中。

在库视图的面板编辑工作区编辑“退火炉面板”类型，如图 13-5-3 所示。将画面对象从工具箱中取出，编辑在图中，包括六个字符标签、五个 IO 域和一个矩形等，它们的相关属性在图 13-5-1 下方的对象属性巡视窗格中定义组态（这同画面组态的方法一样）。

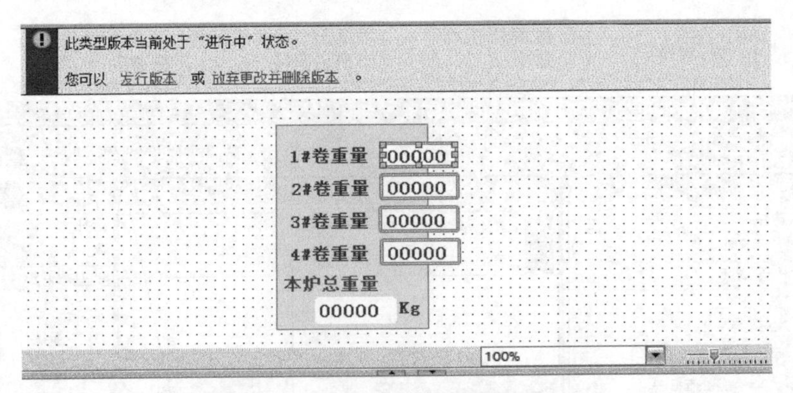

图 13-5-3 在面板编辑工作区编辑面板

面板类型的接口属性、事件以及面板内部的变量、脚本、文本列表、图形列表、文本语言等是在图 13-5-1 中的面板属性事件组态工作区窗格编辑组态的，见图 13-5-4。

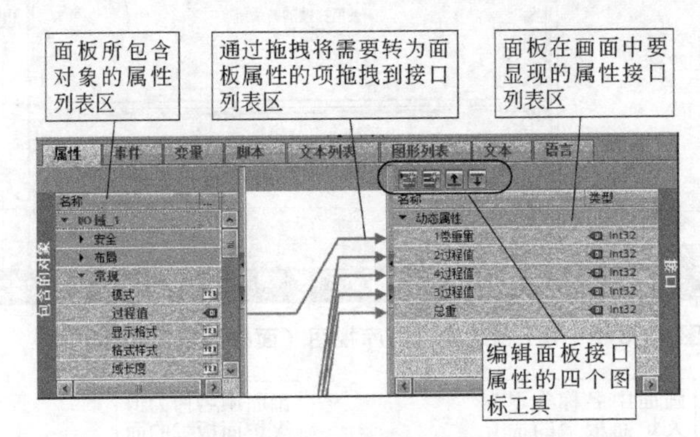

图 13-5-4 根据需要面板对象的属性转为面板的属性

图 13-5-4 中有“属性”“事件”等多个选项卡用于组态面板的属性、事件等。图中左侧显示“包含的对象”列表，罗列出当前面板组态的所有对象的属性清单，图中右侧显示“接口”列表。

接口列表上方有四个编辑面板接口属性的图标工具，从左至右依次为“添加类别”（Category）“添加属性到所选的类别”（属性或类别）“上移”“下移”。

“添加类别”工具按钮，类别（Category）可用于对属性按照主题进行划分。点击该工具按钮，在接口列表生成一个类别项。可以对系统给出的默认类别名称重命名，以适应作为面板的接口属性的归类。“添加属性到所选的类别”工具按钮，可以创建一个面板的接口属性，可以单独列出，也可以根据属性主题放在前面创建的类别项下。这里的类别可以看做是一个文件夹。

图标按钮创建的属性仅是一个空壳，属性的实际内容是通过拖拽的方法将左侧的面板包含对象的属性移动到前已建立的接口列表的属性中，从而使面板对象的属性通过接口显性表现为面板的属性，并定义属性的数据类型等，便于在画面组态面板时使用。其它面板对象的属性在面板编辑过程中都给予组态定义，相对固化在面板内部，在画面使用面板时一般不再变化，需要修改变化时，需编辑面板的新版本。

例如图 13-5-3，在画面使用面板时，我们只需要通过 IO 域输入现场实际重量，并显示总重量，其它属性相对固定不变，因此我们在编辑该面板时，只需把 IO 域的过程变量值拖拽引出至面板接口。

同理，面板的“事件”的组态编辑也是这样做的，如图 13-5-5 所示。

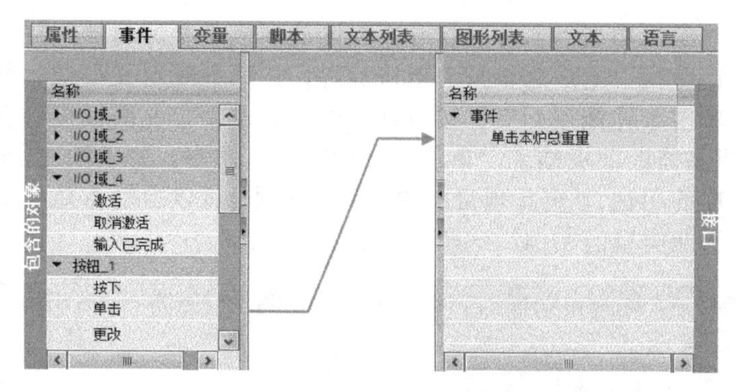

图 13-5-5　根据需要面板对象的事件转为面板的事件

在图 13-5-4 的“变量”选项卡可以创建在面板内部使用的局部变量。在“脚本”选项卡可以创建在面板内部使用的脚本。“文本列表”“图形列表”等亦同理。

步骤三　发行所建面板的版本，退出库视图。

面板编辑结束后，点击图 13-5-3 中上方的“发行版本”命令，系统将给出当前编辑面板的版本并保存。

点击图 13-5-1 左侧库树窗格左上方的“库视图”按钮，退出库视图，显示隐藏的库任务卡。在库任务卡上，在项目库类型文件夹中显示所创建的面板类型及版本号。

步骤四　面板在画面中的使用。

在 HMI 项目中，创建并打开一个空白画面，将项目库中的所建的“退火炉面板”类型拖拽到画面中，在画面中生成“退火炉面板_1”，再拖拽一次项目库中面板类型，在画面中生成“退火炉面板_2”，两次拖拽操作生成了两个面板实例。在画面上，调整面板的位置及大小，增加两个按钮和两个文字标签，形成图 13-5-2。

分别为面板中的 IO 域定义 HMI 内部变量。分别为“求总重量”按钮单击事件编制求和 VB 函数。

如图 13-5-6 所示，本例用的“退火炉面板”类型的版本是 V0.0.5(也是修改多次)。

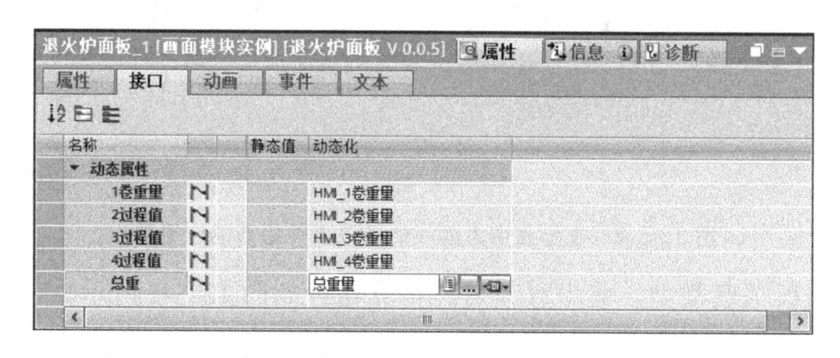

图 13-5-6　为画面中面板_1 的 IO 域的接口属性组态变量

仿真演示图 13-5-2 画面，在面板 IO 域中输入数值，点击求总重按钮，显示总重量。

步骤五　面板类型支持实例集中修改的应用

在图 13-5-2 画面中，我们想对面板做如下修改，删去两个“求总重量”按钮，将面板中的“本炉总重量”字符标签改为用按钮表示，形式是个字符标签，实际是个按钮，行使求总量量按钮的作用。这样当面板在实际运行系统中运行时，输入完各卷重量后，单击“本炉总重量”字符，即求出并显示总重量。

做法如下：

在库任务卡的项目库的类型文件夹中找到面板实例关联的面板类型，在其右键快捷

Chapter 1
Chapter 2
Chapter 3
Chapter 4
Chapter 5
Chapter 6
Chapter 7
Chapter 8
Chapter 9
Chapter 10
Chapter 11
Chapter 12
Chapter 13

菜单中点击执行“编辑类型”命令，打开库视图的面板类型编辑器，按照上述设想修改面板，用一个按钮替换“本炉总重量”字符标签，按钮外观定义得像一个字符标签，并将该标签按钮的单击事件拖拽到事件接口列表中，并重新定义面板接口事件名为“单击本炉总重量”。组态修改面板结束，单击“发行版本”命令，弹出图 13-5-7 对话框。注意图中两个多选项的用法。“更新项目中的实例”选项，可以自动将新版本中的修改更新到项目中所有基于此类型的实例，这即是集中修改实例。

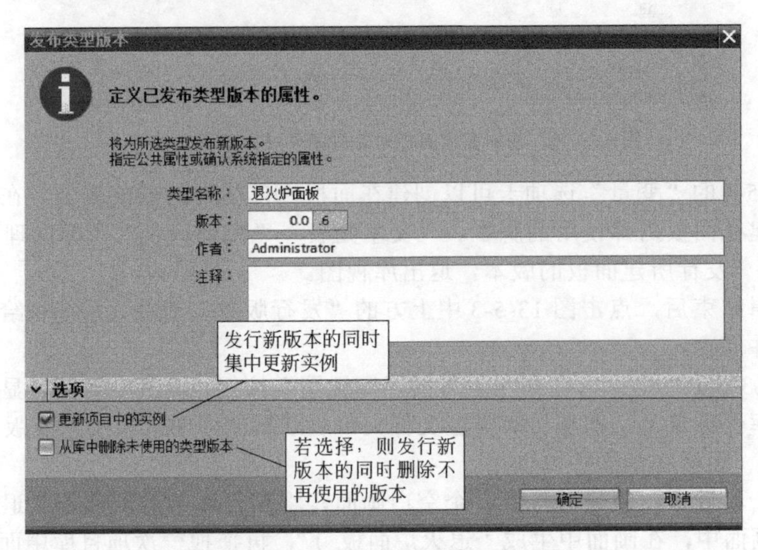

图 13-5-7 “发布类型版本”对话框

回到面板应用的画面中来，新版本中面板接口事件中新增“单击本炉总重量”事件，在画面组态应用该面板时要分别为之组态事件响应，见图 13-5-8。

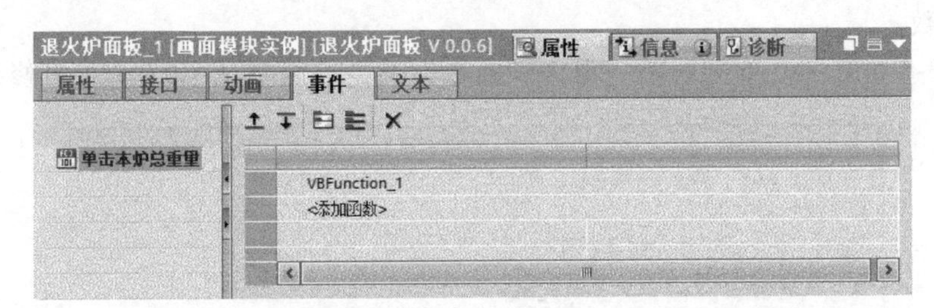

图 13-5-8 在画面中为面板的接口事件组态响应函数

画面中的面板关联类型，集中修改后，仿真运行如图 13-5-9 所示。

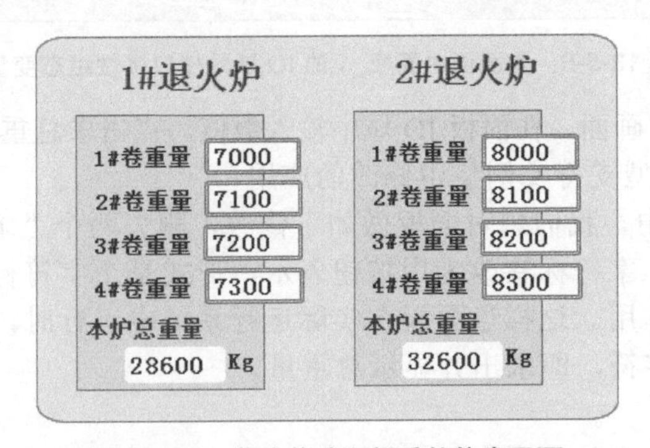

图 13-5-9 集中修改面板后的仿真画面

第六节 用户 HMI 数据类型的组态与应用

HMI 变量有数据类型的属性，博途 WinCC 软件系统定义了若干 HMI 变量的类型，例如 Int、DInt、Real 等，这些在前述章节中已有介绍。

除了系统定义的 HMI 变量数据类型，博途 WinCC 软件允许用户创建自己的 HMI 变量的数据类型，这就是本节所述的“用户 HMI 数据类型”（简称 HMI 数据类型）。实际上，在 PLC 项目中，博途组态软件系统亦允许用户创建“PLC 数据类型”，当 PLC 与 HMI 设备通信需要向 HMI 设备传送这一类“PLC 数据类型”的数据时，HMI 设备的变量如何接收？因此，作为对应通信关系，也必须允许用户 HMI 数据类型的创建和使用。

通过用户自定义 HMI 数据类型，方便用户根据项目的需要，将大量不同的变量捆绑在一起组成一个大的数据单元。HMI 数据类型是作为一个类型在库中创建的，并在项目中使用该类型的实例。

在不同的设备系列中使用 HMI 数据类型会存在一些差异。HMI 数据类型可用于以下设备系列：

WinCC Runtime Advanced 和面板；

WinCC Runtime Professional。

一、“用户 HMI 数据类型”的创建和编辑

打开库任务卡中的项目库，在“类型”文件夹中，双击打开“新增类型”编辑器，弹出图 13-4-8 对话框，点选图中的“HMI数据类型”选项钮，在名称栏中系统默认输入“用户数据类型_1”，点击“确认”键。软件系统弹出库视图 HMI 数据类型编辑器画面，如图 13-6-1 所示。

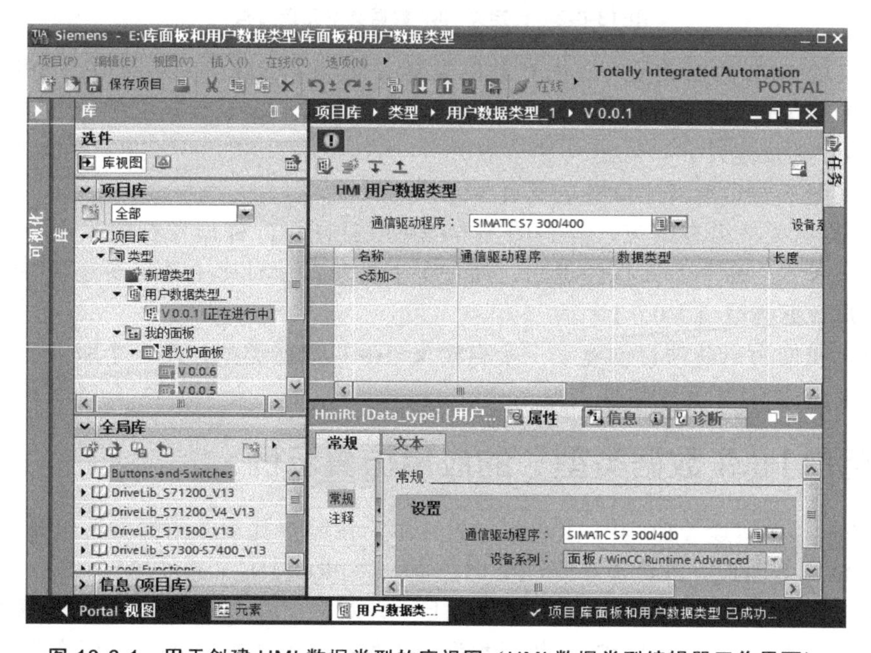

图 13-6-1 用于创建 HMI 数据类型的库视图（HMI 数据类型编辑器工作界面）

图 13-6-1 的库视图同我们之前看到的面板编辑器库视图相似，只是面板编辑工作区换成了 HMI 用户数据类型编辑表。

在 HMI 用户数据类型编辑表中：

通信驱动程序多项选择下拉列表中共有四个选项：〈内部通信〉、SIMATIC S7 1200、SIMATIC S7 1500、SIMATIC S7 300/400。这里，我们选择 SIMATIC S7 1500 选项，表示此处定义的用户 HMI 数据类型服务于与 S7-1500PLC 通信的变量。

设备系列选项为：面板/WinCC Runtime Advanced。

自定义 HMI 数据类型的元素结构如图 13-6-2 所示。

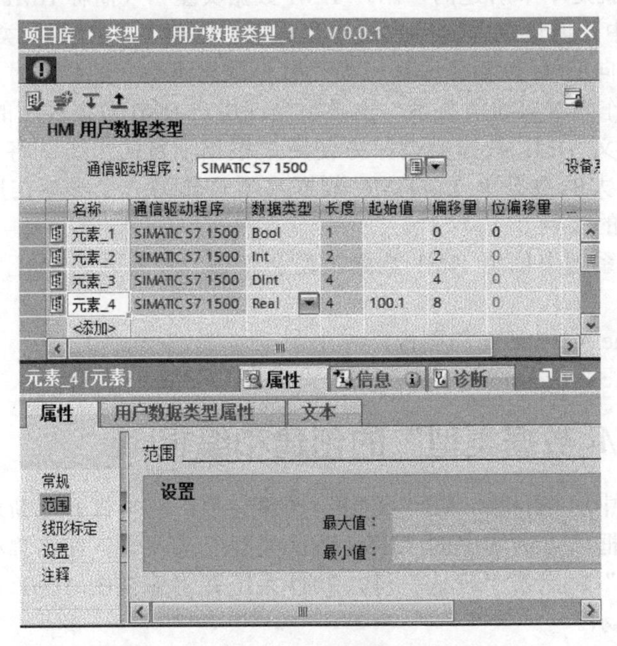

图 13-6-2 自定义 HMI 数据类型元素结构

自定义的 HMI 数据类型——用户数据类型_1 V0.0.1 由四个元素组成，占用 11 个字节，依序为 Bool、Int、Dint、Real 型数据组成。其中，Bool 数据占用一个字节（这是 S7-1500 PLC 的规定）。

可以在图下方元素属性窗格定义每个元素的属性。

HMI 数据类型组态结束，点击图上方的感叹号图标，弹出发行版本命令提示框，执行“发行版本”命令。库视图退出，库任务卡显示，项目库中显示新建的 HMI 数据类型（用户数据类型_1 V0.0.1）。

至此，我们为当前项目创建了一个自定义 HMI 数据类型，是一个服务于 S7-1500 PLC 外部变量的 HMI 变量数据类型。

二、“用户 HMI 数据类型”的应用仿真示例

步骤一 在博途 V13 SP1 工程组态软件中，按照前几章介绍的方法组建一个 HMI 设备(TP900 精智面板)+PLC 设备（CPU1513-PN）+PROFINET 系统项目。

步骤二 如图 13-6-3 所示，在 PLC 项目中，双击“PLC_1”→“PLC 数据类型”→“添加新数据类型”，打开 PLC 数据类型编辑器，在数据结构编辑区组态数据如图中

所示，这里的数据结构类型同图 13-6-2 中创建的 HMI 自定义数据类型一致。然后将左侧项目树中新创建的“PLC 用户数据类型_1”拖拽到项目库的“类型”文件夹中，就建立了新类型与实例的关联，右侧项目树表示实例关联类型后的情形。

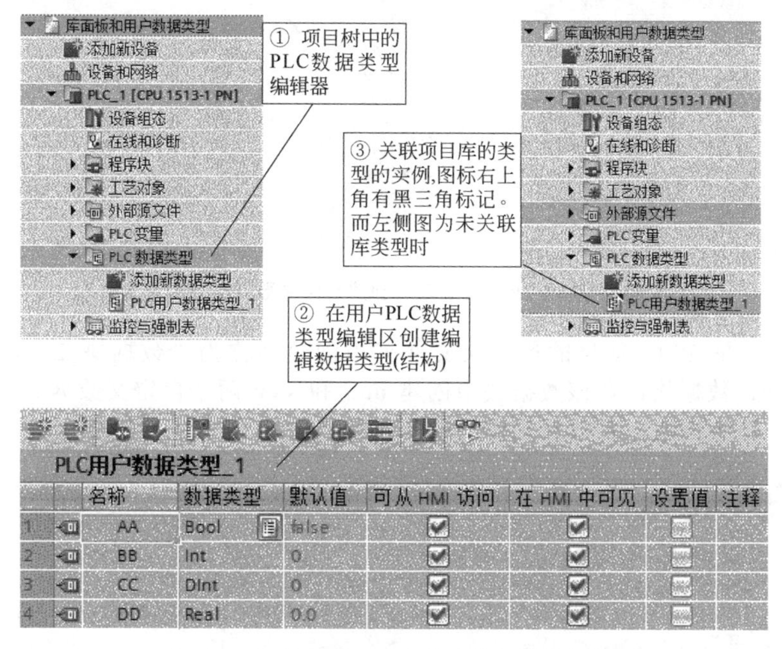

图 13-6-3　自定义 PLC 数据类型并关联项目库类型

图 13-6-4 为项目库中显示 PLC 用户数据类型_1。

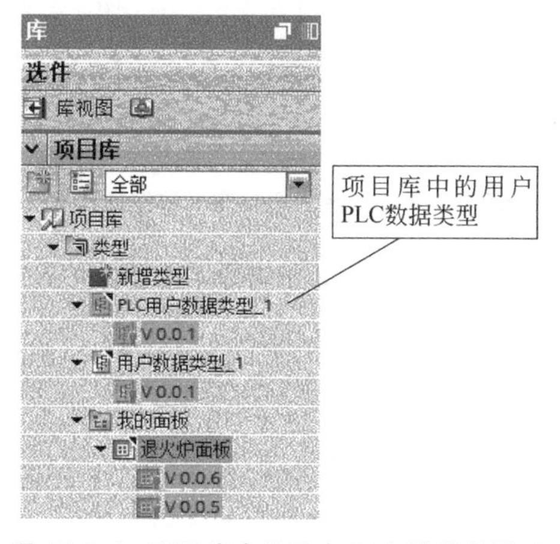

图 13-6-4　项目库中的用户 PLC 数据类型_1

这样做的优越性在于控制工艺和控制方案需要时方便数据类型的修改。

步骤三　步骤二自定义了一个用户 PLC 数据类型，这个自定义数据类型是由四种简单数据类型的四个变量组成。下面在 PLC 变量表中创建数据类型为“PLC 用户数据类型_1”（这是系统默认名称，用户可以重命名）的 PLC 变量，见图 13-6-5。添加 PLC 变量，变量名称为“我的数据”，变量数据类型为步骤二创建的“PLC 用户数据类型_1”，展开“我的数据”结构，可看到具体的数据元素情况。

库面板和用户数据类型 ▸ PLC_1 [CPU 1513-1 PN] ▸ PLC变量 ▸ 默认变量表 [55]

默认变量表

	名称	数据类型	地址	保持	在 HMI 可见	可从 HMI 访问	注释
1	Tag_1	Bool	%I3.0	☐	☑	☑	
2	Tag_2	Bool	%M100.0	☐	☑	☑	
3	Tag_3	Bool	%M100.1	☐	☑	☑	
4	▾ 我的数据	"PLC用户数据类型_1"	%I100.0	☐	☑	☑	
5	AA	Bool	%I100.0		☑	☑	
6	BB	Int	%IW102		☑	☑	
7	CC	DInt	%ID104		☑	☑	
8	DD	Real	%ID108		☑	☑	
9	<添加>			☐	☑	☑	

图 13-6-5　在 PLC 变量表中创建自定义数据类型的变量

步骤四　在 PLC 项目的程序块文件夹中创建名称为“数据块_2[DB1]”的数据块，双击打开该数据块，在该数据块中创建 uuu 和 vvv 两个自定义数据类型的 PLC 变量，然后编译该数据块，各数据元素变量的地址分配等见图 13-6-6。

库面板和用户数据类型 ▸ PLC_1 [CPU 1513-1 PN] ▸ 程序块 ▸ 数据块_2 [DB1]

数据块_2

	名称	数据类型	偏移量	启动值	保持性	可从 HMI 访问	在 HMI 中可见
1	▾ Static				☐	☐	☐
2	▾ uuu	"PLC用户数据类型_1"	0.0		☐	☑	☑
3	AA	Bool	0.0	false	☐	☑	☑
4	BB	Int	2.0	0	☐	☑	☑
5	CC	DInt	4.0	0	☐	☑	☑
6	DD	Real	8.0	0.0	☐	☑	☑
7	▾ vvv	"PLC用户数据类型_1"	12.0		☐	☑	☑
8	AA	Bool	0.0	false	☐	☑	☑
9	BB	Int	2.0	0	☐	☑	☑
10	CC	DInt	4.0	0	☐	☑	☑
11	DD	Real	8.0	0.0	☐	☑	☑

图 13-6-6　在 PLC DB 块中声明两个自定义数据类型的变量 uuu 和 vvv

步骤五　在 PLC 项目的程序块 OB1 块中编写图 13-6-7 所示程序。

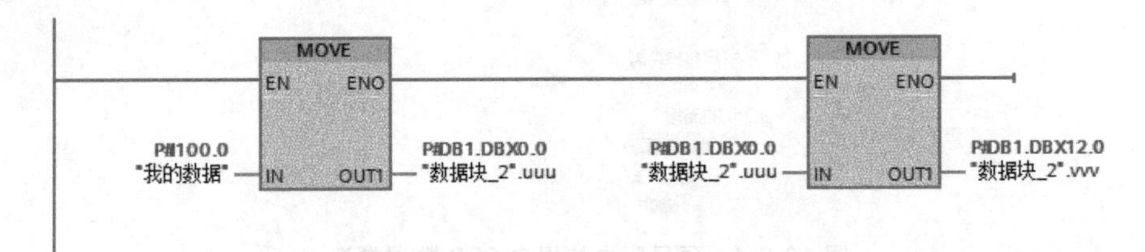

图 13-6-7　在 PLC OB1 块中编制程序段

注意数据变量的传递路径和地址偏移量的变化、程序中变量地址的表示方法等。

步骤六　回到 HMI 项目中来，在 HMI 项目变量表中创建一个 HMI 变量，变量名称为“我的 HMI 变量”，数据类型为本节图 13-6-2 所示创建的自定义 HMI 用户数据类型，指定该 HMI 变量集成通信连接 PLC_1 的变量，这里注意，西门子规定，HMI 自定义数据类型的外部变量连接 PLC 变量时，必须采用绝对访问模式，使用 PLC 变量的绝对地址，本例指向 PLC 变量 vvv 的绝对地址。

库面板和用户数据类型 ▸ HMI_1 [TP900 Comfort] ▸ HMI 变量 ▸ 默认变量表 [12]

默认变量表

名称	数据类型	连接	PLC 名称	PLC 变量	地址	访问模式
2HMI_1卷重量	DInt	<内部变...		<未...		
2HMI_2卷重量	DInt	<内部变量>		<未定义>		
2HMI_3卷重量	DInt	<内部变量>		<未定义>		
2HMI_4卷重量	DInt	<内部变量>		<未定义>		
2总重量	DInt	<内部变量>		<未定义>		
HMI_1卷重量	DInt	<内部变量>		<未定义>		
HMI_2卷重量	DInt	<内部变量>		<未定义>		
HMI_3卷重量	DInt	<内部变量>		<未定义>		
HMI_4卷重量	DInt	<内部变量>		<未定义>		
总重量	DInt	<内部变量>		<未定义>		
▾ 我的HMI变量	用户数据类型_1 V 0....	HMI_连接_1	PLC_1	<未定义>	%DB1.DBX12.0	<绝对访问>
元素_1	Bool	HMI_连接_1	PLC_1		%DB1.DBX12.0	<绝对访问>
元素_2	Int	HMI_连接_1	PLC_1		%DB1.DBW14	<绝对访问>
元素_3	DInt	HMI_连接_1	PLC_1		%DB1.DBD16	<绝对访问>
元素_4	Real	HMI_连接_1	PLC_1		%DB1.DBD20	<绝对访问>

数据类型为本节图13-6-2创建的用户HMI数据类型

HMI用户数据类型寻址PLC变量必须使用绝对地址

图 13-6-8 在 HMI 变量表中创建基于 HMI“用户数据类型_1”的变量“我的 HMI 变量”

步骤七 在 HMI 项目的画面编辑器中创建画面如图 13-6-9 所示。图中四个 IO 域的过程变量依次设定为“我的 HMI 变量”的四个元素变量，图中右侧的棒图的过程变量也组态为“我的 HMI 变量”的第二个元素变量（Int 型）。

画面演示用户自定义数据类型如何使用

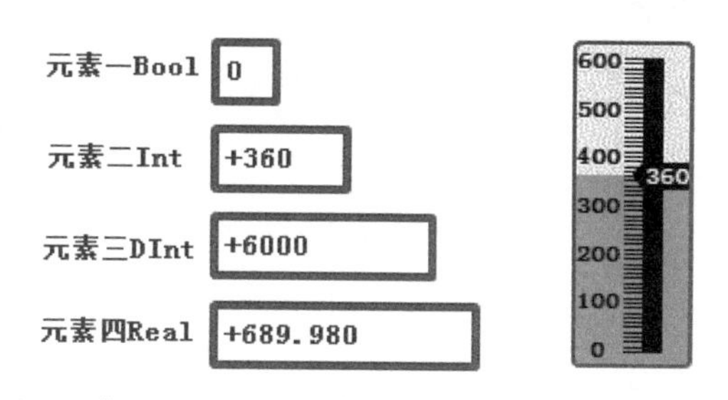

图 13-6-9 在 HMI 项目画面编辑器中创建自定义数据演示画面

如图 13-6-10 所示，画面对象的过程变量指定为 HMI 用户数据类型变量的元素变量。

I/O 域_1 [I/O 域] 属性 信息 诊断

属性 动画 事件 文本

属性列表：常规 外观 特性 布局 文本格式 闪烁 限制 样式/设计 其它

常规

过程 变量：我的HMI变量.元素_1 PLC 变量： 地址：%DB1.DBX12.0 Bool

类型

格式 显示格式： 移动小数点： 域长度： 前导零： 格式样式：

图 13-6-10 在 HMI 项目画面上 IO 域_1 过程变量的组态

步骤八 首先仿真运行 PLC 项目程序，将仿真 PLC 置于 RUN 状态，观察程序运行状态如图 13-6-7 所示，变量“我的数据”的变量值经过两次传递到 P#DB1.DBX12.0（即变量“数据块_2”.vvv）的第一字节地址。

同时打开仿真 SIM 表，输入 PLC 仿真变量“我的数据”及四个元素变量。

接着仿真运行 HMI 画面。

在 SIM 表中预置输入仿真变量（PLC 用户自定义数据类型），如图 13-6-11 所示。

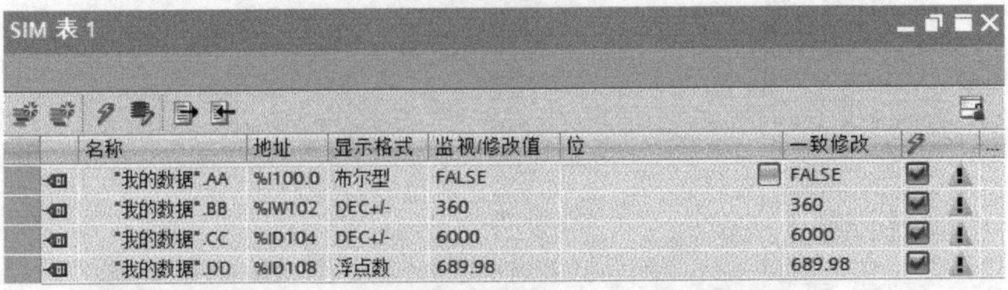

SIM 表 1

名称	地址	显示格式	监视/修改值	位	一致修改
"我的数据".AA	%I100.0	布尔型	FALSE		FALSE
"我的数据".BB	%IW102	DEC+/-	360		360
"我的数据".CC	%ID104	DEC+/-	6000		6000
"我的数据".DD	%ID108	浮点数	689.98		689.98

图 13-6-11 在仿真 SIM 表中预置 PLC 变量值

同时，在图 13-6-9 画面对象中正确显示传送过来的自定义数据类型的变量值。

仿真结果：我们在 PLC 项目和 HMI 项目中分别创建了用户数据类型的变量，它们的结构相同。仿真时，SIM 表预置 PLC 自定义数据类型数据，该变量在 DB1 数据块中二次传递，经 PN 总线通信传递到 HMI 面板的自定义数据类型变量，作用到画面对象，分别显示各元素变量的值。

如图 13-6-4 所示，我们在创建 HMI 用户数据类型和 PLC 用户数据类型时，分别关联了实例，这样做的目的是，当需要修改用户自定义数据类型时，就显得非常方便快捷，尤其当程序块或者画面中大量使用实例时，这种修改完善非常方便，读者可以自己仿真演示一下。

参 考 文 献

[1] 西门子公司. HMI 设备产品样本手册.

[2] 西门子公司. SIMATIC S7-1200 PLC 产品样本.

[3] 西门子公司. SIMATIC S7-1500 PLC 产品样本.